T0136805

Historický atlas obyvatelstva českých zemí

Historical Population Atlas of the Czech Lands

Martin Ouředníček – Jana Jíchová – Lucie Pospíšilová (eds.)

Historický atlas obyvatelstva českých zemí

Historical Population Atlas of the Czech Lands

Nakladatelství Karolinum Praha 2017

Karolinum Press Prague 2017

Rezenzenti
Scientific reviewers

Doc. RNDr. Zdeněk Čermák, CSc.
Prof. RNDr. Vladimír Ira, CSc.
RNDr. Tomáš Kostelecký, CSc.
Doc. RNDr. Dagmar Kusendová, Ph.D.

Název a číslo projektu
Name and number of the project

Zpřístupnění historických prostorových a statistických dat
v prostředí GIS, DF12P01OVV033
*Disclosure of historic spatial and statistical data in GIS
environment, DF12P01OVV033*

ISBN 978-80-246-3577-4

PŘEDMLUVA

Historický atlas obyvatelstva českých zemí je jedním z hlavních výsledků projektu DF12P01OVV033 „Zpřístupnění historických prostorových a statistických dat v prostředí GIS", který byl podpořen Ministerstvem kultury České republiky v rámci programu aplikovaného výzkumu a vývoje národní a kulturní identity (NAKI). Projekt byl řešen členy výzkumného týmu Urbánní a regionální laboratoře působícími na katedře sociální geografie a regionálního rozvoje Přírodovědecké fakulty Univerzity Karlovy ve spolupráci s dalšími kolegy. U zrodu projektu v roce 2011 byly konzultace jeho náplně a zaměření s předními českými odborníky z různých vědních oborů, mezi nimiž je potřeba zmínit především prof. PhDr. Jiřího Musila, CSc., který se následně stal i odborným garantem projektu.

Projekt byl řešen v letech 2012–2015 a jeho dílčí cíle směřovaly k různorodým výstupům, které jsou nyní dostupné na webovém portálu www.historickyGIS.cz. Za jeho hlavní výsledky je možné považovat metodiky vytvoření historických prostorových dat v prostředí GIS a přípravu (archivní práce, digitalizace a přepis, kódování, čištění) s nimi kompatibilních historických populačních dat. Díky této práci může Historický atlas obyvatelstva českých zemí jako první využívat geodatabáze historických hranic okresů a pracovat s historickými populačními daty v prostředí GIS. Metodika a postup tvorby map jsou představeny v první kapitole atlasu. Databáze byly využity také k tvorbě specializovaných map, které jsou dostupné na serveru www.atlasobyvatelstva.cz/cs/historie. Všechny výstupy projektu včetně zmiňovaných databází jsou veřejně dostupné a mohou sloužit širokému okruhu uživatelů.

Kromě autorského kolektivu se na dílčích pracích podílela celá řada dalších lidí. Proto bychom rádi na tomto místě poděkovali všem, kteří se zapojili v jednotlivých fázích přípravy atlasu. Velký dík patří především prof. PhDr. Evě Semotanové, DrSc., která byla součástí projektového týmu a přispěla řadou konzultací v oblasti historické geografie a kartografie. Nezanedbatelnou pomocí byly rovněž konzultace a archivní práce další členky týmu, PhDr. et Mgr. Evy Novotné, ředitelky Mapové sbírky PřF UK, a RNDr. Tomáše Grima, Ph.D. z Ústředního archivu zeměměřictví a katastru. Za dílčí konzultace bychom pak rádi poděkovali RNDr. Janu Müllerovi, doc. RNDr. Zdeňku Čermákovi, CSc., Mgr. Tomáši Burdovi, Ph.D. a RNDr. Borisu Burcinovi, Ph.D. Speciální poděkování patří pracovníkům Českého statistického úřadu, bez jejichž dat by atlas nemohl vůbec vzniknout, za trpělivost a ochotu při zpracování specifických požadavků na data jmenovitě Mgr. Barboře Serbusové.

Statistická data, publikace, mapové listy a další podklady, bez kterých by se výsledné výstupy neobešly, byly poskytnuty následujícími institucemi: Český statistický úřad, Historický ústav Akademie věd České republiky, Mapová sbírka Přírodovědecké fakulty Univerzity Karlovy, Národní archiv, Sociologický ústav Akademie věd ČR, Ústřední archiv zeměměřictví a katastru, Národní knihovna České republiky, Archiv poslanecké sněmovny, knihovna University of Wisconsin.

Závěrem bychom chtěli poděkovat všem recenzentům obsahu i kartografického zpracování atlasu, doc. RNDr. Dagmar Kusendové, Ph.D., prof. RNDr. Vladimíru Irovi, CSc., RNDr. Tomáši Kosteleckému, CSc. a doc. RNDr. Zdeňku Čermákovi, CSc. za cenné připomínky a náměty, které významně přispěly ke konečné podobě atlasu.

Tento atlas bychom rádi věnovali našim kolegům RNDr. Janě Temelové, Ph.D. a RNDr. Jakubu Novákovi, Ph.D., kteří stáli u zrodu celého projektu a podíleli se i na přípravě některých kapitol, avšak nebylo jim dopřáno tuto práci dokončit.

Martin Ouředníček,
Jana Jíchová,
Lucie Pospíšilová,
editoři

FOREWORD

The Historical Population Atlas of the Czech Lands is one of the principal outcomes of the DF12P01OVV033 project "Disclosure of Historical Spatial and Statistical Data in GIS Environment", supported by the Czech Ministry of Culture through the applied research programme of national and cultural identity (NAKI). The project has been carried out by members of the research team of the Urban and Regional Laboratory working at the Department of Social Geography and Regional Development Department of the Faculty of Sciences at Charles University in collaboration with other colleagues. The project grew out of consultations around its content and orientation with leading Czech scholars from various fields of science in 2011, particularly Prof. PhDr. Jiří Musil, CSc. who subsequently became the expert advisor to the project.

The project was carried out in 2012–2015 and its component goals were aimed at various outputs now available at www.historickyGIS.cz. Its main results include the methods for creating historical spatial data in GIS and the arrangement (archive work, digitization and transcription, coding, purification) of historical population data compatible with them. Thanks to this work the Historical Population Atlas of the Czech Lands is now the first such publication using a geodatabase of historical district borders and working with historical population data in GIS. The methodology and technique of map creation are outlined in the first chapter of the atlas. Databases were also used to create specialized maps available at www.atlasobyvatelstva.cz/cs/historie. All project outputs, including these databases are publicly accessible and available to a wide range of users.

Many others have taken part in some component work alongside the collective of authors. We would therefore like to thank all those who have become involved in the various stages of atlas preparation. Many thanks go to Prof. PhDr. Eva Semotanová, DrSc. who was part of the project team and contributed to many consultations in the area of historical geography and cartography. Significant help was also received from the consultation and archival work of PhDr. and Mgr. Eva Novotná, Director of the Map Collection of the Faculty of Sciences of Charles University, and RNDr. Tomáš Grim, Ph.D. from the Central Archive of Geodesy and Cadastre. Other advisors include RNDr. Jan Müller, Doc. RNDr. Zdeněk Čermák, CSc., Mgr. Tomáš Burda, Ph.D. and RNDr. Boris Burcin, Ph.D. Special thanks go to the employees of the Czech Statistical Office as the atlas could not have come into being without their data. We would also like to thank Mgr. Barbora Serbusová for her patience and attention to the various specific requirements of data processing.

Statistical data, publications, maps and other sources that were essential to the resulting outputs were provided by the following institutions: the Czech Statistical Office, the Institute of History of the Czech Academy of Sciences, the Map Collection of the Faculty of Sciences of Charles University, National Archives, the Institute of Sociology of the Czech Academy of Sciences, the Central Archive of Geodesy and Cadastre, the National Library of the Czech Republic, the Archive of the Chamber of Deputies and the Library of the University of Wisconsin.

Finally we would like to thank all reviewers of the content and cartographic processing of the Atlas, Doc. RNDr. Dagmar Kusendová, Ph.D., Prof. RNDr. Vladimír Ira, CSc., RNDr. Tomáš Kostelecký, CSc., and Doc. RNDr. Zdeněk Čermák, CSc. for their valuable comments and suggestions which contributed significantly to the final form of the Atlas.

We would like to dedicate this atlas to our colleagues RNDr. Jana Temelová, Ph.D., and RNDr. Jakub Novák, Ph.D., who were present at the birth of the whole project and worked on some chapters. Unfortunately, they did not live to see this work completed.

Martin Ouředníček,
Jana Jíchová,
Lucie Pospíšilová,
editors

HISTORICKÝ ATLAS OBYVATELSTVA ČESKÝCH ZEMÍ
HISTORICAL POPULATION ATLAS OF THE CZECH LANDS

Redakční rada
Editorial Board

Doc. RNDr. Martin Ouředníček, Ph.D., ideový koncept *Concept*
RNDr. Jana Jíchová, Ph.D., hlavní redaktorka *Editor in Chief*
RNDr. Jiří Nemeškal, výkonný redaktor *Executive Editor*
RNDr. Lucie Pospíšilová, Ph.D., členka *Member*
Mgr. Ivana Přidalová, členka *Member*
RNDr. Petra Špačková, Ph.D., členka *Member*

Garanti oddílů
Section Editors

1 Úvod a metodika *Introduction and Methodology*
Doc. RNDr. Martin Ouředníček, Ph.D.,
RNDr. Lucie Pospíšilová, Ph.D., RNDr. Lucie Kupková, Ph.D.
2 Územně správní členění *Administrative Division*
RNDr. Martin Šimon, Ph.D.
3 Rozmístění obyvatelstva *Population Distribution*
RNDr. Pavlína Netrdová, Ph.D.
4 Demografické struktury a procesy
Demographic Structures and Processes
RNDr. Lucie Pospíšilová, Ph.D.
5 Úmrtnost *Mortality*
Mgr. Ladislav Kážmér
6 Migrace *Migration*
Mgr. Ivana Přidalová
7 Ekonomická struktura *Economic Structure*
Mgr. Peter Svoboda
8 Kulturní struktura *Cultural Structure*
RNDr. Jana Jíchová, Ph.D.
9 Sociální status *Social Status*
RNDr. Petra Špačková, Ph.D.
10 Kriminalita *Crime*
RNDr. Jana Jíchová, Ph.D.
11 Volby *Elections*
RNDr. Martin Šimon, Ph.D.
12 Struktura osídlení *Settlement Structure*
Doc. RNDr. Martin Ouředníček, Ph.D.

Garant kartografického zpracování
Cartographic Editor

Mgr. Bohumil Ptáček

Kartografické zpracování
Cartographic Processing

Mgr. Alžběta Brychtová, Ph.D.
Bc. Adam Klsák
RNDr. Jiří Nemeškal
Bc. David Outrata
Mgr. Bohumil Ptáček

Grafická úprava
Graphic Design

Dr. Karel Kupka (P3K)
Bc. Vít T. Luštinec

Jazyková korektura
Proof-reading

Peter Kirk Jensen

Odborné konzultace
Consultations

Mgr. Tomáš Burda, Ph.D.
Doc. RNDr. Ludmila Fialová, CSc.
Prof. RNDr. Martin Hampl, DrSc.
RNDr. Jan Müller
Prof. PhDr. Eva Semotanová, DrSc.

Recenzenti
Reviewers

Doc. RNDr. Zdeněk Čermák, CSc.
Prof. RNDr. Vladimír Ira, CSc.
RNDr. Tomáš Kostelecký, CSc.
Doc. RNDr. Dagmar Kusendová, Ph.D.

Seznam autorů
List of the Authors

Prof. RNDr. Martin Hampl, DrSc.
RNDr. Jana Jíchová, Ph.D.
Ing. Lukáš Kalecký
Mgr. Ladislav Kážmér
Bc. Adam Klsák
Mgr. Zuzana Kopecká
RNDr. Lucie Kupková, Ph.D.
Doc. RNDr. Miroslav Marada, Ph.D.
RNDr. Jan Müller
Prof. PhDr. Jiří Musil, CSc.
RNDr. Jiří Nemeškal
RNDr. Pavlína Netrdová, Ph.D.
RNDr. Jakub Novák, Ph.D.
Doc. RNDr. Martin Ouředníček, Ph.D.
RNDr. Lucie Pospíšilová, Ph.D.
RNDr. Radim Perlín, Ph.D.
Mgr. Ivana Přidalová
Mgr. Peter Svoboda
RNDr. Martin Šimon, Ph.D.
RNDr. Petra Špačková, Ph.D.
RNDr. Jana Temelová, Ph.D.

Hlavní řešitel projektu
Principal Investigator of the Project

Doc. RNDr. Martin Ouředníček, Ph.D.

Koordinátor projektu
Project Coordinator

Mgr. Peter Svoboda

Archivní a rešeršní práce
Archival and Research Work

Prof. PhDr. Eva Semotanová, DrSc.
PhDr. et Mgr. Eva Novotná
RNDr. Tomáš Grim, Ph.D.
RNDr. Lucie Pospíšilová, Ph.D.
Doc. RNDr. Martin Ouředníček, Ph.D.
Mgr. Nina Dvořáková
Mgr. Petr Dušek

Tvorba vrstev prostorových dat
Creation of Spatial Data Layers

Bc. Martin Křivka
RNDr. Lucie Kupková, Ph.D.
Bc. Pavlína Marvanová
Doc. RNDr. Martin Ouředníček, Ph.D.
Mgr. Matěj Soukup
Mgr. Peter Svoboda

Technická spolupráce
Technical Help

Mgr. Petr Dušek
Mgr. Zuzana Kopecká
Mgr. Kristýna Soudková

Přepis, digitalizace a příprava dat
Data Transcription, Digitization and Processing

Jitka Hejličková
RNDr. Jana Jíchová, Ph.D.
Mgr. Zuzana Kopecká
Hana Křivková
Bc. Karolína Lafatová
RNDr. Jiří Nemeškal
Mgr. Lenka Petříková
RNDr. Lucie Pospíšilová, Ph.D.
Ing. Michal Pulda
Tomáš Pyrdek
Bc. Klára Seifertová
Ing. arch. Eliška Slámová
RNDr. Martin Šimon, Ph.D.
RNDr. Petra Špačková, Ph.D.

VYSVĚTLIVKY K POUŽITÝM DATŮM A MAPÁM
EXPLANATORY NOTES TO DATA AND MAPS

Většina v atlasu využitých dat pochází ze sčítání lidu a soupisů obyvatelstva z let 1921 až 2011. Metodika sčítání lidu prošla za sledovaných 90 let mnoha proměnami, z nich nejdůležitější se týká zjišťované populace. Data z let 1921 až 1950 byla publikována za přítomné obyvatelstvo, z let 1961 až 1991 za obyvatelstvo trvale bydlící, z roku 2001 za obyvatelstvo bydlící (s trvalým nebo dlouhodobým pobytem) a z roku 2011 za obyvatelstvo obvykle bydlící.

Důležité metodické změny sběru a zpracování dat (pocházejících ze sčítání lidu i dalších zdrojů) týkající se jednotlivých mapových listů jsou popsány v pracovních listech k Historickému atlasu obyvatelstva českých zemí dostupných na http://www.historickygis.cz/cs/pracovni-listy.

Zdroje dat pro jednotlivé mapy jsou uvedeny formou čísel vždy na úvodních listech kapitol, která odpovídají číslům v seznamu na str. 132–133.

Mapy využívají různé členění okresů dané správním uspořádáním státu i dostupností dat, pro roky 1921 a 1930 jsou použity soudní a politické okresy, pro rok 1946/47 správní okresy a od roku 1950 okresy. V případě jiného členění je informace uvedena přímo u dané kapitoly. Pro orientaci v názvech okresů je možné použít administrativní mapy na listech 2.1, 2.2 a 2.3.

Most of the data used in the atlas comes from the population censuses and population indexes carried out in the period 1921–2011. The population census methodology underwent a lot of changes during these 90 years. The most important relates to the surveyed population. Data were collected and processed for the present population in 1921–1950, for the residing population with permanent residence in 1961–1991, for the residing population with permanent residence and long-term residence permit in 2001, and for residing population with usual residence in 2011.

The important methodological changes of data collection and processing (data from population censuses and other sources) for each atlas chapter are described in Historical Population Atlas of the Czech Lands worksheets available at http://www.historickygis.cz/cs/pracovni-listy.

Data sources for the maps are stated by numbers on the first sheet of each chapter. The numbers correspond to the numbers in the list of data sources at the end of the Atlas (page 132–133).

The maps use various districts division based on the administrative state arrangement and the availability of data, for 1921 and 1930 juridical and political districts are used, political district for 1946/47 and administrative district since 1950. In the case of another division the information is provided directly in the chapter. For better orientation in the names of the districts, use the administrative maps on sheets 2.1, 2.2 and 2.3.

Série map v rámci jednoho mapového listu obvykle zachycují vývoj daného jevu v jednotné škále.

V případě velkých rozdílů u sledovaného ukazatele je využita skládaná legenda. Ta umožňuje porovnání období mezi sebou v rámci jednoho barevného spektra (vertikální škála), ale také regionální diferenciaci v jednotlivých mapách (horizontální škály).

Vertikální stupnice legendy je lineární a pokrývá kompletní rozsah dat všech zobrazených časových období. Stupnice jednotlivých map jsou pak vyneseny na horizontální škálu a zde umístěny podle průměrné hodnoty pro dané období.

The series of maps in one map sheet depicts usually the development of the phenomena using one colour scheme.

In the case of a large range of values the dual legend is used. It enables the evaluation of both the development of a phenomena (vertical colour scheme) and regional differentiation of a phenomena (horizontal colour scheme).

Vertical colour scheme is linear and covers complete range of data displayed for entire period. Intervals of single maps are plotted on the horizontal colour scheme by average value in given period.

SKLÁDANÁ LEGENDA
DUAL LEGEND

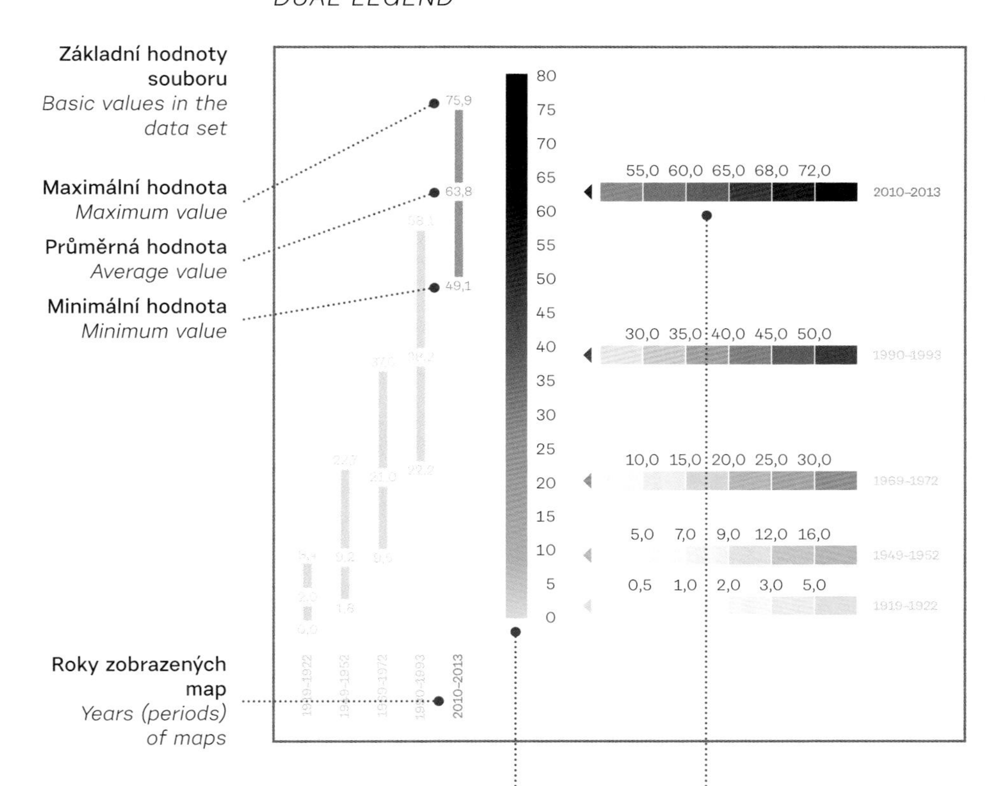
Základní hodnoty souboru
Basic values in the data set
Maximální hodnota
Maximum value
Průměrná hodnota
Average value
Minimální hodnota
Minimum value
Roky zobrazených map
Years (periods) of maps
80
75
70
65
60
55
50
45
40
35
30
25
20
15
10
5
0
55,0 60,0 65,0 68,0 72,0
30,0 35,0 40,0 45,0 50,0
10,0 15,0 20,0 25,0 30,0
5,0 7,0 9,0 12,0 16,0
0,5 1,0 2,0 3,0 5,0
2010–2013

Vertikální škála pro hodnocení vývoje jevu – sérii map (v barevném spektru s hodnotami pro celé období)
Vertical colour scheme for evaluation of development of a given phenomenon – by series of maps (values for entire period in colour scheme)

Horizontální škály pro hodnocení prostorové diferenciace jevu – jednotlivými mapami (v odstínech průměrné hodnoty)
Horizontal colour schemes for the evaluation of spatial differentiation of a given phenomenon – by single maps (in the shades of average value)

HRANICE V MAPÁCH
BOUNDARIES IN MAPS

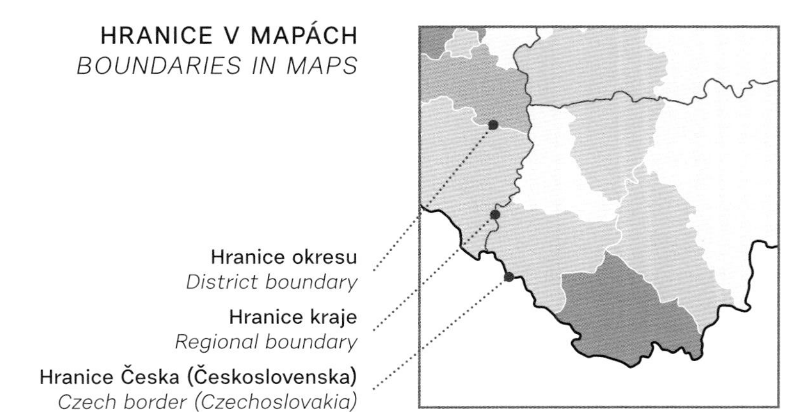
Hranice okresu
District boundary
Hranice kraje
Regional boundary
Hranice Česka (Československa)
Czech border (Czechoslovakia)

OBSAH
CONTENTS

Úvod a metodika
Introduction and Methodology

Garanti oddílu
Section Editors
Martin Ouředníček, Lucie Pospíšilová, Lucie Kupková

1.1 Úvod
Introduction
Martin Ouředníček, Lucie Pospíšilová

1.2 Metodický postup vzniku prostorových dat
Spatial Data Operating Procedure
Lucie Kupková, Martin Ouředníček, Lucie Pospíšilová

1.3 Použité mapové podklady
Maps Used
Lucie Kupková, Martin Ouředníček, Lucie Pospíšilová

Zdroje dat
Data sources

1.1 17, 19, 20, 21, 22, 23, 24, 25, 26, 27, 28, 29
1.2 6, 43
1.3 3, 4, 7, 8, 9, 12, 13

HISTORICKÝ ATLAS OBYVATELSTVA ČESKÝCH ZEMÍ přináší pohled sociálních geografů na prostorové aspekty vývoje obyvatelstva na dnešním území České republiky s využitím historických statistických dat. Cílem autorského kolektivu bylo prezentovat časové řady základních ukazatelů populační statistiky od doby vzniku samostatného státu, který je zachycen ve sčítání lidu z roku 1921, až po současnost, která je dokumentována mapami posledních populačních cenzů. Atlas je vyvrcholením práce na projektu aplikovaného výzkumu NAKI *Zpřístupnění historických prostorových a statistických dat v prostředí GIS*. Předkládané mapy využívají jako první u nás prostorové vrstvy, které odpovídají historickému vedení hranic v daných letech sčítání. Atlas navazuje a doplňuje poznatky z množství kartografických děl, která vyšla v průběhu 20. století. Z hlediska formy i přístupu ke zpracování pro nás byl inspirací Atlas obyvatelstva Slovenska a oba československé národní atlasy, které rovněž věnují pozornost některým vývojovým aspektům rozmístění, dynamiky a struktury obyvatelstva.

Mapy v atlase pokrývají zhruba OBDOBÍ OD VZNIKU ČESKOSLOVENSKÉ REPUBLIKY DO SOUČASNOSTI, prakticky jsou ale založeny na výsledcích sčítání lidu v letech 1921 až 2011, včetně soupisů obyvatelstva z poválečných let. Jedná se tedy převážně o představení vybraných populačních témat zhruba v desetiletých řezech sčítání konaných na našem území v letech 1921, 1930, 1946 a 1947 (soupisy obyvatelstva), 1950, 1961, 1970, 1980, 1991, 2001 a 2011. Některá další data z průběžné statistiky doplňují informace ve vybraných tématech i v mezilehlých letech sčítání až do roku 2013, který jsme určili za poslední rok sledování.

Atlas je zpracován pro DNEŠNÍ ÚZEMÍ ČESKÉ REPUBLIKY, proto jsou i mapy z období společného československého státu vytvořeny pouze pro české země – Čechy, Moravu a Slezsko. Slovensko a Podkarpatská Rus jsou ponechány stranou zájmu zejména proto, že informace z období společného státu jsou dobře a detailně zpracovány v národních atlasech (1935 a 1966), a také proto, že jako protiváha zde stojí velmi dobře zpracované slovenské atlasy v současnosti a částečně i v historické perspektivě zevrubně hodnotící populační aspekty pro Slovensko (Mazúr 1980, Mládek, Kusendová, Marenčáková 2006, Bleha, Vaňo, Bačík 2014). Z hlediska vnitřního členění státu využívají mapy úrovně okresů, v meziválečném období soudních okresů, v poválečných letech správních okresů a od roku 1960 okresů, které s určitými změnami existují v současnosti. Cílem bylo ukázat vývoj prostorové diferenciace hodnot vybraných ukazatelů vždy v rámci jednoho mapového listu, ideálně sérií map s jednotnou legendou. Protože se některé ukazatele v průběhu sledovaného období podstatně změnily, bylo relativně obtížné zvolit vhodnou jednotnou legendu pro všechny sledované roky. Řešením jsou skládané legendy, kde barvy zohledňují proměnu ukazatele v čase a odstíny barev umožňují územní diferenciaci okresů v daném roce sledování.

OBSAHEM atlasu jsou vybraná témata vztahující se přímo k obyvatelstvu. Záměrně nejsou hodnoceny složky fyzického prostředí, technické a sociální infrastruktury nebo ekonomická témata (produkce apod.). Z plánovaných témat zůstala také některá stranou, především proto, že se nepodařilo shromáždit potřebná data pro celé sledované období. Daný jev se buď v potřebném detailu nesledoval, nebo se autorům map nepodařilo potřebné informace dohledat. Velmi obtížně dostupná byla data zejména z prvních poválečných let, kdy bohužel probíhaly nejvýraznější proměny sociálně prostorové diferenciace v celém sledovaném období. V současnosti je nabídka dat týkajících se obyvatelstva mnohem pestřejší. Proti jejich zařazení – ať už z hlediska územní podrobnosti (např. za základní sídelní jednotky) nebo z hlediska rozsahu sledovaných dat hovořila nemožnost využít taková data i v ostatních letech sledovaných v atlase. V tomto ohledu odkazujeme například na naše dřívější práce shromážděné na webovém portále www.atlasobyvatelstva.cz nebo v Atlase sociálně prostorové diferenciace České republiky (Ouředníček, Temelová, Pospíšilová 2011) a také na Atlas krajiny České republiky (Hrnčiarová, Mackovčin, Zvara 2009).

Struktura atlasu je tvořena dvanácti vzájemně provázanými kapitolami s následujícím obsahem a záměrem:

ÚVOD A METODIKA. Z hlediska formy i obsahu je úvodní kapitola odlišná od zbývajících jedenácti. Nabízí vysvětlení cílů, účelu a struktury atlasu a jako jediná také základní informace ve formě textu. Představen je metodický postup přípravy atlasu v jednotlivých krocích a rovněž přehled mapových podkladů sloužících k vytvoření prostorových dat. Mapy vytvořené pro rozhodné okamžiky sčítání nebyly v první polovině 20. století zřejmě publikovány nebo se nedochovaly. Mapové podklady tak v tomto období nekorespondovaly se strukturou okresů v publikovaných datech sčítání, a jsou proto upraveny tak, aby byla kartografická prezentace v jednotlivých časových řezech sčítání lidu umožněna. Od roku 1961 je tato situace mnohem jednodušší a pro poslední tři sčítání jsou již k dispozici hranice a další atributy digitálně v prostředí GIS.

ÚZEMNĚ SPRÁVNÍ ČLENĚNÍ. I druhá kapitola zaměřená na vývoj územně správního členění od 20. let 20. století do současnosti má charakter úvodní – informativní části. Důvodem jejího zařazení do atlasu je seznámení čtenářů se základními změnami okresního uspořádání, které se dotkly i sběru a zpracování statistických dat. Správní mapy jsou zpracovány vždy k roku sčítání lidu, ukazují stav okresního uspořádání a korespondují s podklady využívanými v celém atlasu. Kromě nich jsou však v kapitole ukázány také dobové mapové listy, které byly vybrány tak, aby zprostředkovaly významné změny okresního uspořádání.

ROZMÍSTĚNÍ OBYVATELSTVA. Kapitola zaměřená na vývoj počtu a rozmístění obyvatel slouží jako vstupní obecný přehled o vývoji obyvatelstva ve 20. a 21. století, na který další kapitoly navazují. Ve třech částech je postupně v podrobnosti okresů a ve vývoji ukázán počet obyvatel, hustota zalidnění, celkový přírůstek, resp. úbytek obyvatelstva a hustota obcí. V kapitole jsou také představeny události s významným vlivem na změny počtu obyvatel Česka, historické populační maximum a minimum, která obě souvisejí s pohybem německého obyvatelstva, či posun geografického středu Česka. Dvoustrana s hodnocením vývoje celkového přírůstku využívá na rozdíl od zbylých dvoustran dat z průběžné statistiky. Uvozuje tak kapitoly věnující se demografickým a migračním procesům, kde jsou ukázány jeho komponenty.

DEMOGRAFICKÉ STRUKTURY A PROCESY. Základní vývoj demografické struktury obyvatel je shrnut na pěti mapových listech věnujících se postupně věkové struktuře a stárnutí obyvatel, rodinnému stavu, přirozenému přírůstku a potratovosti. Cílem kapitoly není postihnout demografický vývoj Česka v celé jeho šíři, pro který by mohl být vydán samostatný atlas, ale spíše ukázat základní trendy v historické perspektivě. Kapitola se proto zaměřuje na dopady důležitých politických událostí a legislativních změn i na proměny hodnotového systému ve společnosti. Jednotlivé listy řeší proces demografického stárnutí, změny ve sňatkovém chování a jejich projevy ve struktuře obyvatel podle rodinného stavu, proměňující se vliv přirozené měny na populační růst/úbytek a důležité změny v potratovosti. Demografická struktura obyvatel poskytuje také kontext pro interpretaci dalších vybraných témat, jako například vzdělanosti nebo migrace.

ÚMRTNOST. Tři mapové listy volně navazují na předcházející kapitolu a podrobněji hodnotí vývoj úmrtnostních poměrů. První list této kapitoly ukazuje proměnu standardizované úmrtnosti, měr úmrtnosti podle věku v rozdělení na tři věkové skupiny, výrazný pokles kojenecké úmrtnosti i úmrtnosti v prvním roce života a naopak nárůst naděje dožití. Následující dva listy jsou pak věnovány příčinám úmrtí. Vybráno bylo šest skupin příčin úmrtí, u kterých došlo ve 20. století k důležitým proměnám, především vlivem společenského a ekonomického rozvoje, pokroku v medicíně a změn v životním stylu souhrnně nazývanými epidemiologickým přechodem. Data jsou upravená tak, aby korespondovala s 9. revizí Mezinárodní statistické klasifikace nemocí a přidružených zdravotních problémů.

MIGRACE. Migrace je nejdůležitějším procesem ovlivňujícím změny v sociálně prostorové struktuře obyvatel. Kapitola v šesti mapových listech hodnotí historické a současné migrační chování obyvatel na území Česka. První mapový list se věnuje celkové bilanci stěhování se zřetelem na rozlišení vnitřního a zahraničního stěhování a prostor je rovněž ponechán poválečnému dosidlování pohraničí, které se významně zapsalo do české historie a stále ovlivňuje socio-ekonomickou situaci dotčených regionů. Následující tři dvoustrany se zaměřují na problematiku vnitřního stěhování, proměnu jeho směrů a struktury migrantů. Na ně navazuje hodnocení zahraniční migrace představující důležitá období migrační historie – meziválečnou emigraci, období po druhé světové válce, emigraci 60. let a ekonomickou konjunkturu 2006–2008, to vše doplněné současnou situací. Závěrečný list je věnován rodákům, tedy osobám, které se narodili v místě svého současného bydliště.

EKONOMICKÁ STRUKTURA. Tři mapové listy se věnují historickým změnám v rozmístění ekonomicky aktivního obyvatelstva, odvětvové struktury zaměstnanosti a úrovně nezaměstnanosti. Podíl ekonomicky aktivních obyvatel hodnocený na prvním dvojlistu je představen nejen jako indikátor pracovní síly, ale také ve struktuře podle pohlaví a věku. Z hlediska věku se mapy zaměřují na mladé a naopak starší ekonomicky aktivní obyvatele, u kterých došlo v posledních desetiletích k významným změnám. Růst významu průmyslu a stavebnictví v době socialismu a postupná tercierizace ekonomiky včetně jejich regionálních specifik jsou ukázány na druhém mapovém listu. Poslední dvoustrana pak řeší vývoj nezaměstnanosti za první republiky a v porevoluční době a specificky se zaměřuje také na úroveň nezaměstnanosti v době nedávné ekonomické krize (2008–2009).

KULTURNÍ STRUKTURA. Kapitola se zaměřuje na dvě vybrané problematiky související s velmi širokou škálou lidských činností, které můžeme označit za kulturu. První dva mapové listy zachycují významnou proměnu náboženské víry, kterou si obyvatelé Česka ve 20. století prošli. Představen je úbytek podílu věřících obyvatel se svými regionálními specifiky i změny příslušnosti věřících k církvím a náboženským společnostem. Druhé řešené téma – národnost a státní občanství – shrnuje také velmi zásadní proměnu struktury obyvatel Česka ovlivněnou především významnými politickými událostmi. Na třech listech je postupně ukázáno národnostní složení obyvatel, vývoj dlouhodobě statisticky sledovaných národností a národnostních menšin a struktura cizinců žijících v Česku.

SOCIÁLNÍ STATUS. Kapitola ukazuje důležité změny v ukazatelích sociálního statusu, které umožňují (i když s jistými omezeními) dlouhodobé sledování. Úroveň vzdělanosti, které jsou věnovány první dva mapové listy, je hodnocena nejen pomocí podílu osob se základním a vysokoškolským vzděláním, ale také pomocí průměrného počtu let školní docházky. Tento komplexní ukazatel zohledňuje všechny stupně vzdělání a je odhadem počtu let, po které se vzdělával průměrný obyvatel okresu. Protože vzdělanost je možné sledovat až od 60. let 20. století, jsou data doplněna o ukazatel podílu gramotných osob, který byl naopak sledován v období první republiky. Třetí dvoustrana hodnotí postavení v zaměstnání ekonomicky aktivních obyvatel a představuje jednak vývoj ukazatele prostřednictvím v čase srovnatelných kategorií a jednak specifičnost klasifikace odrážející situaci daného období. Poslední list o kvalitě bydlení se zaměřuje na velikost domácností, velikost bytů a jejich vybavenost.

KRIMINALITA. Prostorové diferenciaci v úrovni a struktuře kriminality není v Česku věnováno tolik pozornosti jako jiným sociálním tématům. Hodnocení historických specifik navíc naráží na nedostupnost statistických dat. Kapitola proto přináší v mnohém unikátní představení vývoje trestné činnosti ve 20. a 21. století. První dvoustrana je věnována rozmístění trestné činnosti, pohlavní a věkové struktuře pachatelů a trestným činům, za které byli odsouzeni. Vývoj a rozmístění samotných trestných činů hodnotí následující dvoustrana ukazující především znatelný nárůst kriminality po roce 1989 a jeho dopady na jednotlivé české okresy. Posledním tématem je struktura kriminality, kde je zachycen vývoj násilné, mravnostní, majetkové a hospodářské kriminality.

VOLBY. Volební chování odráží historický vývoj státu i regionální proměny sociální skladby obyvatel. Proto byla do atlasu zařazena i kapitola hodnotící v historické perspektivě výsledky demokratických parlamentních voleb a význam jednotlivých stran. Výsledky jsou přepočteny na území soudních okresů. Na prvních dvou mapových listech jsou podrobně představeny výsledky voleb do Národního shromáždění republiky Československé v roce 1920, do Sněmovny lidu Federálního shromáždění v roce 1990 a zatím posledních voleb do Poslanecké sněmovny Parlamentu ČR. Následující tři dvoustrany zachycují vývoj levicových, pravicových a náboženských stran a vybrané zajímavosti volební geografie. Dvě dílčí mapy jsou věnovány také první přímé volbě prezidenta České republiky – regionálním odlišnostem ve volební účasti a výsledkům 2. kola prezidentské volby.

STRUKTURA OSÍDLENÍ. Poslední kapitola je zaměřena na dílčí témata, která do určité míry charakterizují osídlení v jednotlivých etapách vývoje našeho území. Kapitola obsahuje v pěti mapových listech následující témata: unikátní vymezení sídelních aglomerací za použití Korčákových areálů maximálního zalidnění a soubor Hamplových regionalizací Česka, které představují vlajkovou loď albertovské sociální geografie. Samostatná dvojstrana je věnována střediskové soustavě osídlení, která ve druhé polovině 20. století významně formovala a stále ovlivňuje charakter české sídelní sítě. Typologií městských, suburbánních, venkovských a periferních obcí se zabývají čtyři rozdílné přístupy prezentované v dalším mapovém listu, mezi nimi i jeden z nejcitovanějších konceptů regionální sociologie – Musilovy vnitřní periferie. Kapitola a vlastně i celý atlas je zakončen vývojovým pohledem a současným stavem územního rozložení sídel v Česku.

__THE HISTORICAL POPULATION ATLAS OF THE CZECH LANDS__ uses historical statistical data to outline the position of social geographers on spatial aspects of population development on the territory of the Czech Republic today. The goal of the authorial team was to present time series of basic population statistical indicators from the origins of the independent state, as documented in the 1921 census, up to the present, which is recorded by maps from recent population censes. The atlas is the culmination of applied research NAKI under the project Disclosure of Historical Spatial and Statistical Data in the GIS Environment. *The maps are the first in this country to use spatial layers corresponding to borders relevant to the various census years. The atlas builds on knowledge from many cartographic works published in the course of the twentieth century. Its form and approach were inspired by the Population Atlas of Slovakia and both Czechoslovak national atlases take in some evolutionary aspects of population distribution, dynamics and structure.*

Maps in the atlas cover roughly the __TIME FROM THE ORIGIN OF THE CZECHOSLOVAK REPUBLIC UP TO THE PRESENT__, but in practical terms are based on the results of censes from 1921 to 2011, including population registers from the post-war years. Thus the content is an introduction of selected population themes from the approximately ten yearly profiles of censes held in this country in 1921, 1930, 1946 and 1947 (so-called population registers), 1950, 1961, 1970, 1980, 1991, 2001 and 2011. Some further data from contemporary statistics supplement the information on selected themes and for intermediate years for censes up to 2013, which was taken as the last year of monitoring.

The atlas uses the __CURRENT TERRITORY OF THE CZECH REPUBLIC__, so maps from the times of the joint Czechoslovak state have been created only for the Czech lands – Bohemia, Moravia and Silesia. Slovakia and Carpathian Ruthenia are not included, particularly because detailed information from the period of the combined state is provided in national atlases (1935 and 1966) and also in the excellent Slovak population atlases covering both the present, and to some degree historical, aspects for Slovakia (Mazúr 1980, Mládek, Kusendová, Marenčáková 2006, Bleha, Vaňo, Bačík 2014). In terms of the internal divisions of the state the maps focus on the level of districts, in the inter-war period judicial districts, in post-war years administrative districts, and from 1960 districts that are still in existence albeit with certain changes. The aim was to show the development of selected indicators' spatial differentiation within a single map sheet, ideally a series of maps with a cohesive legend. Since some indicators changed significantly over the course of the period it was rather difficult to choose an appropriate legend for all of the years. For this reason composite legends were used where colours show qualitative changes in an indicator over time and the shading shows territorial differentiation of districts in a given year.

The atlas __IS DIVIDED__ into selected themes relating directly to population. Elements of physical surroundings, technical and social structures or economic themes (production, etc.) have intentionally been left aside, as were some of the planned themes where the necessary data could not be identified for the whole period of time. These phenomena were not examined in sufficient detail or the authors of the maps did not succeed in finding the information needed. It was difficult to find data from the period immediately after the war and this was unfortunately when the most significant changes of socio-spatial differentiation in the whole period were under way. Current data relating to population is far more varied but it was often impossible to find corresponding data for other years – either in terms of the territory (for instance in the case of basic settlement units) or of the range of data available. In this respect we refer for example to our earlier works available at www.atlasobyvatelstva.cz *or in the* Atlas of Socio-Spatial Differentiation of the Czech Republic *(Ouředníček, Temelová, Pospíšilová 2011) and also in the* Landscape Atlas of the Czech Republic *(Hrnčiarová, Mackovčin, Zvara 2009).*

The atlas is made up of twelve linked interconnected chapters as follows:

__INTRODUCTION AND METHODOLOGY.__ The introductory chapter differs from the other eleven in both form and content. It outlines the goals, objectives and structure of the atlas and is the only one to provide basic information in text form. It describes the spatial data operating procedure for the preparation of the atlas and gives an overview of the maps used to create spatial data. Maps created for the censes in the first half of the twentieth century were either not published or were not preserved. Thus the maps for this period did not correspond to the structure of districts in the published census data and they have been adjusted to allow the constituent time profiles of censes to be mapped. This was easier for the years since 1961 and for the latest three censes the boundaries and other attributes are available digitally in GIS.

__ADMINISTRATIVE DIVISION.__ The second chapter is also introductory and covers the development of administrative divisions from the 1920s to the present. It is included to inform readers about the basic changes in the system of districts and also touches on the collection and processing of statistical data. Administrative maps are also processed for census years and show the district system for that year, as well as corresponding to the base used by the atlas as a whole. In addition, this chapter includes historical administrative maps selected in order to show significant changes in the system of districts.

__POPULATION DISTRIBUTION.__ The first thematic chapter covers changes in the size and distribution of the population and provides a preliminary general survey of population development in the twentieth and the twenty-first centuries. Its three sections show population figures at a district level, population density, overall population growth or decline, and the population density of the municipalities. The chapter outlines those events that had a significant influence on changes in population numbers in Czechia, historical population maximum and minimum levels, both of which are related to movements of the German population and shifts in the geographical centre of Czechia. The map sheet assessing overall population growth uses – unlike other map sheets – data from annually statistics. It thus introduces chapters dedicated to demographic and migratory processes.

__DEMOGRAPHIC STRUCTURES AND PROCESSES.__ The basic development of the demographic structure of population is summarized in five map sheets covering age structure and the ageing of the population, marital status, natural growth and abortion rate. This chapter aims less to explain overall demographic development in Czechia (because a separate atlas could be published just on this subject) than to show basic trends in a historical perspective. Thus the chapter focuses on the impacts of important political events and legislative changes and also on qualitative changes in the value system of the society. Separate map sheets show the process of demographic ageing, changes in marriage behaviour and their effects on population structure according to marital status, the transforming influence of natural change on population growth/decrease, and significant changes in the abortion rate. The demographic structure of the population provides a context for interpreting other selected themes, such as the level of education or migration.

__MORTALITY.__ Three map sheets are loosely connected to the preceding chapter and they evaluate in detail the development of mortality and life expectancy. The first map sheet shows changes in standardized mortality, age specific death rates for three age groups, a significant decrease in infant mortality, and mortality within the first year of life and on the other hand a growth of life expectancy. The following two map sheets are dedicated to the causes of death. Six groups of death's causes were selected according to significant changes undergone in the twentieth century, particularly under the influence of social and economic development, progress in medicine and changes in life style, generally termed the epidemiologic transition. Data are adjusted to correspond with the ninth revision of the International Statistical Classification of Diseases and Related Health Problems.

__MIGRATION.__ Migration is the most important process influencing changes in socio-spatial population structures. The chapter includes six map sheets evaluating historical and current migratory population behaviour in the territory of Czechia. The first map sheet is dedicated to the overall balance of movement distinguishing between internal and international migration and also takes into account the post-war re-settlement of borderlands, which was a significant event in Czech history and continues to influence the socio-economic situation of those regions. The following three map sheets are focused on issues of internal migration, changes in the direction of migration flows and the nature of migrants. This continues with an evaluation of international migration covering important periods in the history of migration – inter-war migration, the period after WWII, the emigration of the 1960s and the economic boom of 2006–2008, all linked to the present situation. A final map sheet looks at those persons who still reside in the place where they were born.

__ECONOMIC STRUCTURE.__ Three map sheets are dedicated to historical changes in the distribution of the economically active population, the sectoral structure of employment and the level of unemployment. The proportion of the economically active population evaluated in the first map sheet is shown not only as an indicator of the workforce but also according to sex and age. In terms of age, the maps focus on both the young and older economically active populations which have undergone significant changes over recent decades. The importance of the growth of industry, the construction industry in particular, in the socialist period and the gradual increase of the tertiary sectors in the economy, including regional aspects of this, are shown in the second map sheet. The final map sheet then considers the development of unemployment during the recent economic crisis (2008–2009).

__CULTURAL STRUCTURE.__ The chapter focuses on two selected problems related to the very broad range of human activities that we can term culture. The first two map sheets show a significant change in religious beliefs among the Czech population in the course of the twentieth century. A decrease in the proportion of believers is shown here with regional aspects and changes in the representation of the dominant churches and faith-based organizations. The second theme – nationality and citizenship – also shows a fundamental change of population structure in Czechia influenced mainly by significant political events. The ethnic composition of the population, changes in nationalities and national minorities traced over the long term and the distribution of foreigners dwelling in Czechia are shown successively on three map sheets.

__SOCIAL STATUS.__ This chapter shows important changes in indicators of social status where long-term monitoring is possible (albeit with certain limitations). The level of education to which the first two map sheets are dedicated is evaluated not only through the percentage of persons with elementary and tertiary education but also through the approximate number of years of school attendance. This complex indicator considers all levels of education and provides an assessment of the number of years an average inhabitant of a district spent in education. Since education levels can only be traced since the 1960s, these data are supplemented by an indicator of the level of literacy, which was recorded under the First Republic. The third map sheet evaluates employment status among the economically active population and it comprises on one hand the development of the indicator through comparable categories over the course of time and on the other hand particular features of classification that reflect the situation in a given period. The last map sheet, which looks at housing quality, is focused on the size of households, the size of apartments and their facilities.

__CRIME.__ Less attention has been dedicated in Czechia to spatial differentiation in the level and structure of crime than to other social themes. Furthermore, the evaluation of historical factors is complicated by the lack of statistical data. The chapter thus provides a largely unique representation of changes in the pattern of registered crimes in the twentieth and twenty-first centuries. The first map sheet shows the distribution of crimes offenders, sex and age structure and the crimes they were sentenced for. The development and distribution of crimes are evaluated in the following map sheet showing in particular the noticeable rise in crime after 1989 and its impact on separate Czech districts. The final theme is the criminal structure, where changes in violent, morality, property and economic crimes are recorded.

__ELECTIONS.__ Electoral behaviour reflects both the historical development of the state and regional changes in the social structure of the population. For this reason the atlas includes a chapter evaluating the results of parliamentary elections and the significance of the constituent parties in a historical perspective. The first two map sheets give a detailed description of the election results for the National Assembly of the Czechoslovak Republic in 1920, the Lower chamber of Parliament in 1990 and the most recent elections to the Chamber of Deputies of the Parliament of the Czech Republic. The following three map sheets show the development of leftist, rightist and religious parties and certain interesting features of electoral geography. Two partial maps are dedicated to the first direct election of the President of the Czech Republic – to regional differences in electoral turnout and the results of the second round of the presidential election.

__SETTLEMENT STRUCTURE.__ The last chapter is focused on themes that have influenced settlement in separate historical periods in this country. The chapter covers the following themes in five map sheets: a unique delimitation of settlement agglomerations using Korčák's areas of maximal population density and the set of Hampl's regionalization of Czechia, which are a flagship project of Charles University social geography. A separate map is dedicated to the central places system of settlement which was significantly shaped in the second half of the twentieth century and still influences the character of the Czech settlement system. Four different approaches are presented in the following map sheet which deals with the typology of urban, suburban, rural and peripheral municipalities, including one of the most cited concepts of regional sociology – Musil's inner peripheries. This chapter and indeed the atlas as a whole conclude with the developmental aspect and the present state of the spatial distribution of settlements in Czechia.

Rešerše v archivech
Research in archives

Účelem rešeršních prací bylo zajistit podkladové mapy se zakreslenými hranicemi okresů (soudních, správních, současných), které by vystihovaly stav administrativního členění státu v obdobích sčítání lidu v letech 1921–2011. Rešerše proběhla celkem v 11 institucích. Období 20. století bylo charakteristické relativně významnými změnami ve vymezení administrativních hranic. Pro první polovinu 20. století navíc neexistují mapové podklady vztahující se přímo k rozhodným okamžikům sčítání. Mapové podklady byly skenovány s rozlišením 300 dpi a ukládány do formátu .tif nebo .jpg vždy jako celek, aby nedocházelo ke zkreslení kartografického obsahu.

The purpose of our research work was to provide maps which contain the boundaries of districts (judicial, administrative, and current) that resemble the state of the administrative division of the country in times of population censuses held during 1921–2011. Research took place in 11 institutions. The 20th century was a period characterized by relatively significant changes in the delimitation of administrative borders. Moreover, there are no maps produced directly for the census during the first half of the 20th century. Map documents were scanned at a resolution of 300 dpi and saved in .tif or .jpg always as a whole to avoid distortions of the cartographic information.

ZEMĚ ČESKÁ A MORAVSKOSLEZSKÁ
Územní organisace politické správy před okupací a ke konci nesvobody.
Stav ke dni 29. září 1938 a ke dni 4. května 1945.
VYSVĚTLIVKY
Měřítko 1 : 1,000.000

Georeferencování
Georeferencing

Mapové listy byly georeferencovány v prostředí ESRI ArcGIS 10.1. Pro všechny mapové podklady byla použita jednotná metoda polynomické transformace 1. řádu (afinní). Vlícovací body byly rozmístěny rovnoměrně po celém transformovaném rastru a jejich počet byl volen s ohledem na prostorovou deformaci rastrového podkladu tak, aby bylo dosaženo co nejvyšší přesnosti transformace. Následné převzorkování proběhlo metodou nejbližšího souseda. Přesnost georeference u map v měřítku 1 : 200 000 byla u celkové střední průměrné kvadratické chyby (RMSE) stanovena na hodnotu 100 metrů.

Map sheets were georeferenced using ESRI ArcGIS 10.1 software. The common method of the 1st order polynomial transformation (affine) was used for all of the maps. Control points were distributed evenly throughout the transformed grid, and their number was chosen with regard to the spatial distortion of a raster map to achieve the highest accuracy in the transformation. Subsequently, we use the nearest neighbour resampling method. The accuracy of georeferencing at a scale of 1:200,000 was set to 100 meters for the overall Mean Square Error (RMSE).

Vektorizace
Vectorisation

K vektorizaci byly využity vektorové polygonové vrstvy základních sídelních jednotek SLDB 2001 z Českého statistického úřadu ve formátu .shp. Ty byly manuálně editovány na podkladu rastrových georeferencovaných map v prostředí ESRI ArcGIS 10.1. V místech shody hraničních linií vektorové vrstvy zsj s hraničními liniemi okresů mapového podkladu byly linie ponechány. V místech kde se průběh hranic lišil, byla vektorová vrstva modifikována podle průběhu hraničních linií podkladového mapového listu. Výsledné vrstvy pro jednotlivé roky sčítání jsou k dispozici ve dvou formátech (1) ESRI shapefile a (2) ESRI Geodatabase.

The vector polygon layers in the format .shp of the basic settlement units for Population Census 2001 produced by the Czech Statistical Office were used for vectorization. It was manually edited on a base of georeferenced raster maps in ESRI ArcGIS 10.1. In places where the border lines of historical map differed, the vector layer was modified according to the course of the boundary lines of the underlying map sheet. The resulting layers for each of the years are stored in two formats (1) ESRI shapefile and (2) ESRI Geodatabase.

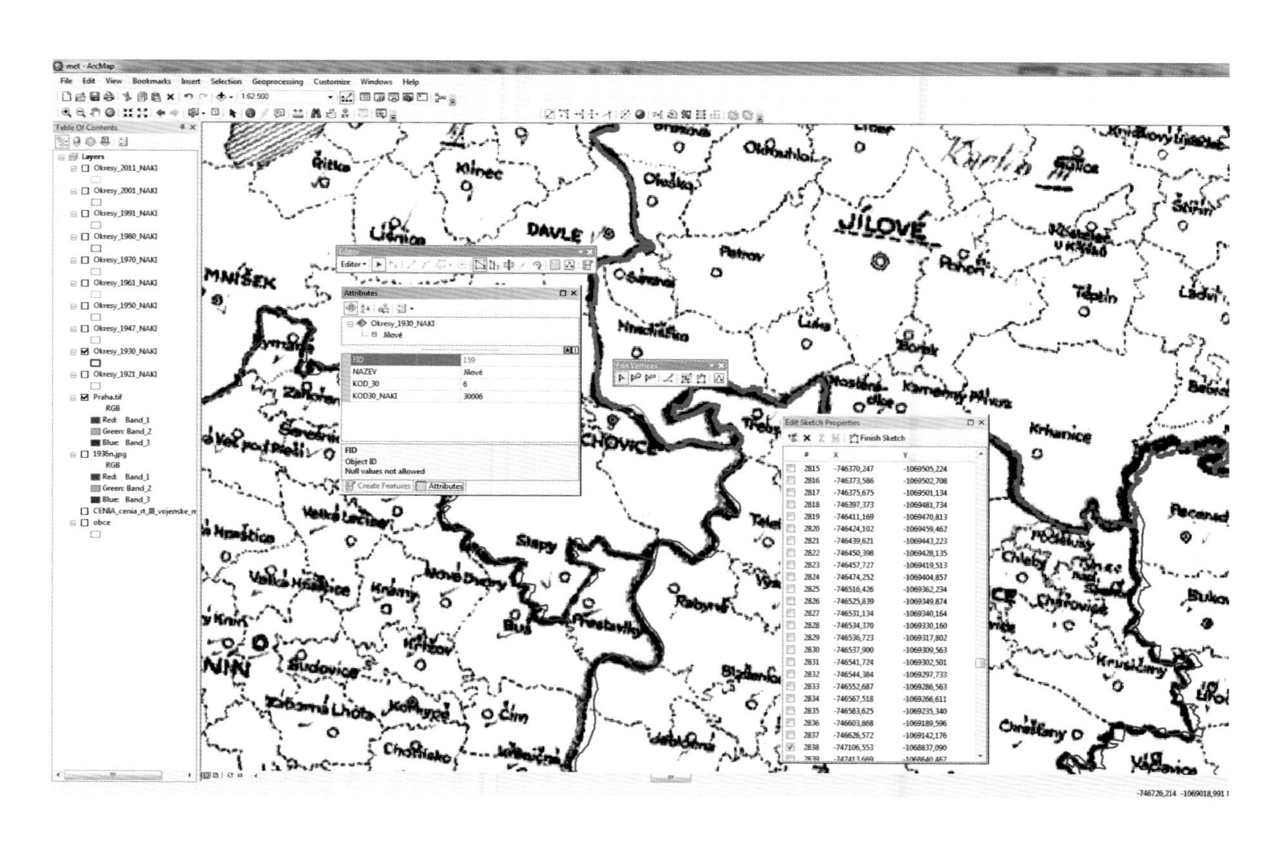

Propojení s databází
Spatial join

Vzhledem k četným proměnám číselníků prostorových jednotek došlo k vytvoření nového systému kódování územních jednotek okresů s identifikátorem okresů ve formě pěticiferného kódu. Ve výsledných atributových tabulkách vektorových vrstev je kromě názvu územní jednotky platného v daném čase uveden i příslušný kód územní jednotky k danému roku sčítání tak, aby se dala tato prostorová jednotka zcela exaktně propojit s mapovou vrstvou.

The numerous changes in the classifications of spatial units lead to the establishment of a new coding system of territorial units where the districts identifier has the form of a five-digit code. Then attribute tables of the vector layers contain the name of the territorial unit and the appropriate code for each year of population censuses in order to join spatial units properly to a map layer.

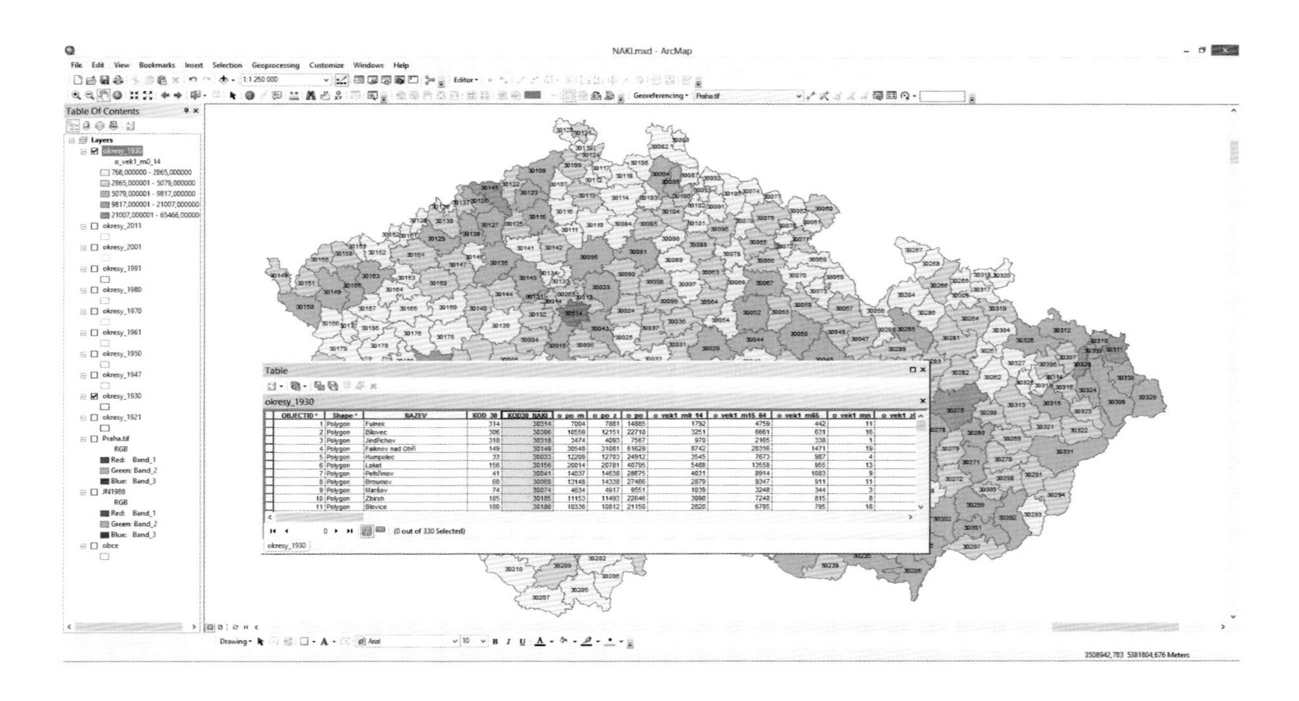

Databáze prostorových a statistických dat
Database of spatial and statistical data

Výsledkem zpracování je geografický informační systém, který zahrnuje 45 polygonových vrstev okresů a z nich derivovaných politických okresů (respektive krajů) a také územní členění Prahy (obvody, katastrální území a urbanistické obvody) pro všechna sčítání lidu v období 1921–2011. Databáze jsou naplněny historickými statistickými daty ze sčítání lidu. Zpracované soubory jsou přístupné na webové stránce projektu www.historickygis.cz.

The result of processing is the Geographic Information System, which includes 45 polygon layers of districts and political districts (or regions) derived from them and also territorial division of Prague (city parts, cadastral territories and urban districts) for all census periods 1921–2011. Databases are filled with historical statistical data from the population censuses. All files can be accessed at the project website www.historickygis.cz.

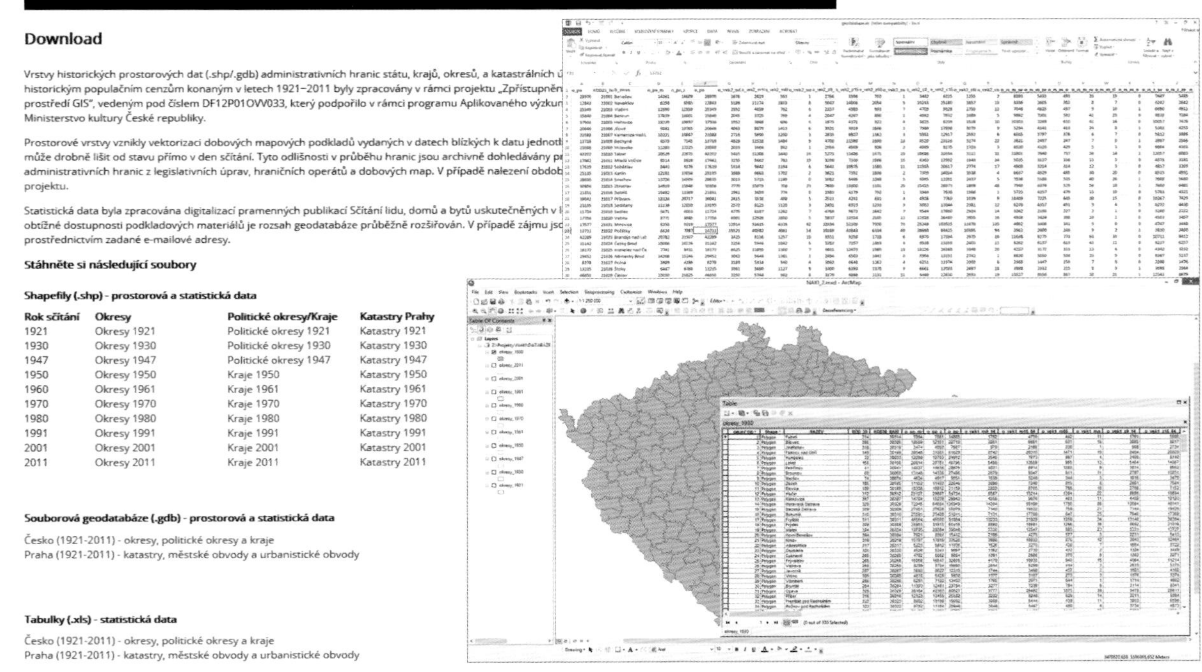
URRlab - Urbánní a regionální laboratoř - stažení souborů
Download
Stáhněte si následující soubory
Shapefily (.shp) - prostorová a statistická data
Rok sčítání | Okresy | Politické okresy/Kraje | Katastry Prahy
1921 | Okresy 1921 | Politické okresy 1921 | Katastry 1921
1930 | Okresy 1930 | Politické okresy 1930 | Katastry 1930
1947 | Okresy 1947 | Politické okresy 1947 | Katastry 1947
1950 | Okresy 1950 | Kraje 1950 | Katastry 1950
1960 | Okresy 1961 | Kraje 1961 | Katastry 1961
1970 | Okresy 1970 | Kraje 1970 | Katastry 1970
1980 | Okresy 1980 | Kraje 1980 | Katastry 1980
1991 | Okresy 1991 | Kraje 1991 | Katastry 1991
2001 | Okresy 2001 | Kraje 2001 | Katastry 2001
2011 | Okresy 2011 | Kraje 2011 | Katastry 2011
Souborová geodatabáze (.gdb) - prostorová a statistická data
Česko (1921-2011) - okresy, politické okresy a kraje
Praha (1921-2011) - katastry, městské obvody a urbanistické obvody
Tabulky (.xls) - statistická data
Česko (1921-2011) - okresy, politické okresy a kraje
Praha (1921-2011) - katastry, městské obvody a urbanistické obvody

Finální mapa
Final map

Vytvořená prostorová data (hranice) nakonec umožňují zobrazit historická populační data v prostředí GIS tak, jak je vidět na jednotlivých mapových listech Historického populačního atlasu českých zemí nebo na příkladu dalších specializovaných map. Podrobná metodika certifikovaná Ministerstvem kultury ČR (Ouředníček a kol. 2015) je k dispozici na webu projektu www.historickygis.cz.

The spatial data (borders) created then allow us to visualize historical population data in the GIS, as seen in the map sheets presented in the Historical Population Atlas of the Czech Lands, or on example of other specialized maps. The detailed methodology certified by the Ministry of Culture (Ouředníček et al. 2015) is available on the project website www.historickygis.cz.

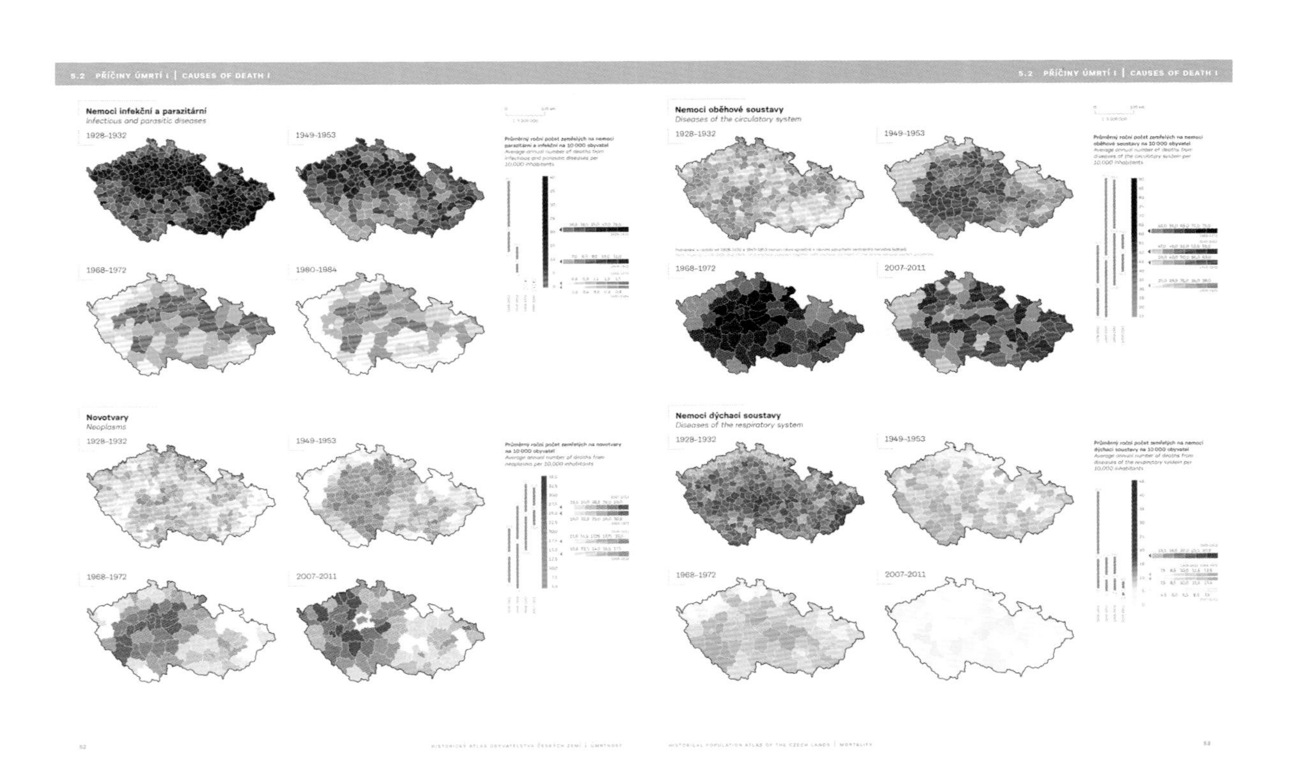

III. vojenské mapování
III. Military Mapping Survey

1927

Zbraslav
Lahovičky
Lahovice
Pisnice
Cholupice
Točná
Hodkovice
Jesenice
Zlatníky
Ohrobec
Zvole
Libeř
Libuš
Vestec
Březová

Zdroj dat: Zeměpisný ústav Ministerstva vnitra
Data source: Geographical Institute of Ministry of the Interior

Přehledná mapa katastrálních území
General map of cadastral territories

1936

Modřany
Písnice
Lahovice
ZBRASLAV
Cholupice
Vestec
Točná
Hodkovice
Dolní Břežany
Jesenice
Zlatníky
Dolní Jirčany
Lhota
Ohrobec
Libeř
Zvole
Psáry
Radějovice
Skochovice
Březová
Okrouhlo
Sulice
Trnova
Oleško
JÍLOVÉ
Pohoří
DAVLE
Petrov
Sázava
Hvozdnice
Hradištko
Luka
Borek
Kamenný Přívoz
Krhanice
Masečín
ŠTĚCHOVICE
Třebsín
Krňany
Lešany
Teletín
NETVOŘICE
Slapy
Rabyně
Přestavlky
Blažejovice
Tuchyně
Všetice
Dalešice
Průhonice
Nupaky
Dobřejovice
ŘÍČANY
MNICHOVICE
Kunice
Štiřín
Lojovice
Mokřany
Zaječice
Pyšely
PYŠELY
Malešín
Nespeky
Pecerady
Bukovany
Úročnice
Chrášťany
Václavice
BENEŠOV
Konopiště

Přehledná mapa katastrálních území: Země Česká / Země Moravskoslezská
General map of cadastral territories: Bohemia / Moravia-Silesia
Zdroj dat: Reprodukční ústav ministerstva financí
Data source: Reproductive Institute of Ministry of Finance

Přehledná mapa katastrálních území
General map of cadastral territories

1947

Zbraslav
Lahovice
Radotín
Cholupice
Písnice
Točná
Vestec
Hodkovice
Dolní Břežany
Jesenice
Lhota
Zlatníky
Ohrobec
Dolní Jirčany
Libeň
Zvole
Radějovice
Psáry
Březová
Okrouhlo
Libeř
Sulice
Trnová
Oleško
JÍLOVÉ
Pohoří
Davle
Petrov
Sázava
Luka
Hradištko
Borek
Kamenný Přívoz
Krhanice
Masečín
Štěchovice
Třebsín
Krňany
Lešany
Teletín
Slapy
Netvořice
Vysoký Újezd
Rabyně
Přestavlky
Tuchyně
Blaženice
Všetice
Dalešice
Jablonná
Chrášťany
Václavice
Konopiště
BENEŠOV
Okrouhlice
ŘÍČANY
Průhonice
Kolovraty
Nupaky
Kuří
Tehovec
Mnichovice
Kunice
Štiřín
Lojovice
Mokřany
Pyšely
Malešín
Nespeky
Pecerady
Bukovany
Úročnice
Mrač
Žíňany
Soběhrdy
Petroupim
Bedrč

Přehledná mapa katastrálních území země České a Moravskoslezské
General map of cadastral territories: Bohemia / Moravia-Silesia
Zdroj dat: Reprodukční ústav ministerstva financí
Data source: Reproductive Institute of Ministry of Finance

Přehledná mapa územní organisace
General map of administrative organisation

1949

Zbraslav
Lahovice
Radotín
Cholupice
Písnice
Točná
Vestec
Hodkovice
Dolní Břežany
Jesenice
Zlatníky
Dolní Jirčany
Ohrobec
Zvole
Libeň
Radějovice
Psáry
Okrouhlo
Libeř
Sulice
PRAHA - východ
JÍLOVÉ
Pohoří
Davle
Petrov
Sázava
Hradištko
Luka
Borek
Kamenný Přívoz
Krhanice
Masečín
Štěchovice
Třebsín
Krňany
Lešany
Teletín
Slapy
Vysoký Újezd
Netvořice
Rabyně
Přestavlky
Tuchyně
Blaženice
Dalešice
Jablonná
Chrášťany
Václavice
Konopiště
BENEŠOV
ŘÍČANY
Kolovraty
Nupaky
Kuří
Tehov
Mnichovice
Kunice
Štiřín
Lojovice
Mokřany
Pyšely
Malešín
Nespeky
Pecerady
Bukovany
Úročnice
Mrač
Žíňany
Soběhrdy
Bedrč

Přehledná mapa územní organisace podle stavu ke dni 1. února 1949
General map of administrative organisation by 1st February 1949
Zdroj dat: Reprodukční ústav ministerstva financí v Praze
Data source: Reproductive Institute of Ministry of Finance in Prague

Mapa správního rozdělení ČSR

Map of administrative division of the CSR

1960

Modřany
Libuš
Šeberov
Průhonice
Čestlice
Benice
Kolovraty
Pacov
Písnice
Nupaky
ŘÍČANY
Lahovice
Komořany
Cholupice
Vestec
Zdiměřice
Dobřejovice
Kuří
Zbraslav
Hodkovice
Osnice
Modletice
Voděradky
Dolní-Břežany
Jesenice
Herink
Otice
Světice
Popovičky
Jažlovice
Lhota
Zlatniky
Dolní-Jirčany
Oleško
Svojšovice
Předboř
Všechromy
Radějovice
Čenětice
Ohrobec
Libeň
Psáry
Křížkový-Újezdec
Radimovice
Kunice
Zvole
Libeř
Sulice
Petříkov
Okrouhlo
Velké Popovice
Štiřín
Kostelec-u Křížků
JÍLOVÉ-u Prahy
Pohoří
Lojovice
Davle
Petrov
Týnec
Mokřany
Zaječí
Borek
Čakovice
Hradištko
Luka p. Mednikem
Kamenný-Přívoz
Řehenice
Pyšely
Hostěradice
Krhanice
Třebsín
Nespeky
Štěchovice
Krhany
Nová Ves
Dol. Požáry
Lešany
Pecerady
Březany
Podělusy
Poříčí n.Sázavou
Teletín
Chleby
Týnec n. Sáz.
Bukovany
Slapy
Rabyně
Vysoký-Újezd
Netvořice
Chářovice
Krusičany
Úročnice

Zdroj dat: Ústřední správa geodézie a kartografie

Data source: Central Office of Geodesy and Cartography

Mapa správního rozdělení ČSSR

Map of administrative division of the CSSR

1970

Modřany
Libuš
Průhonice
Čestlice
Písnice
Říčany
Lahovice
Cholupice
Dobřejovice
Zbraslav
Vestec
Kuří
Osnice
Jesenice
Dolní-Břežany
Zlatniky
Světice
Všestary
Svojšovice
Předboř
Všechromy
Strančice
Radějovice
Ohrobec
Psáry
Zvole
Křížkový-Újezdec
Petříkov
Kunice
Libeř
Sulice
Okrouhlo
Velké Popovice
Kostelec-u Křížků
Pohoří
Kamenice
Jílové u Prahy
Davle
Petrov
Řehenice
Čakovice
Pyšely
Hradištko
Luka p. Mednikem
Kamenný-Přívoz
Krhanice
Nespeky
Štěchovice
Krhany
Dol. Požáry
Lešany
Pecerady
Poříčí n.Sázavou
Podělusy
Týnec n. Sáz.
Chleby
Bukovany
Slapy
Rabyně
Vysoký-Újezd
Netvořice
Krusičany
Chlístov
Chrášťany

Zdroj dat: Český úřad geodetický a kartografický

Data source: Czech Office of Geodesy and Cartography

Mapa správního rozdělení ČR (digitální)

Map of administrative division of the CR (digital)

2011

Praha
Průhonice
Lestlice
Praha
Babice
Vestec
Nupaky
Říčany
Mukařov
Tehovec
Dobřejovice
Jesenice
Modletice
Tehov
Světice
Svojetice
Zlatníky-Hodkovice
Herink
Dolní Břežany
Všestary
Klokočná
Popovičky
Struhařov
Strančice
Ohrobec
Radějovice
Křížkový -Jezdec
Psáry
Mnichovice
Zvole
Libeř
Petříkov
Sulice
Kunice
Okrouhlo
Mirošovice
Hrusice
Velké Popovice
Kostelec u Křížků
Kamenice
Senohraby
Jílové u Prahy
Pohoří
Petrov
Pětihosty
Pyšely
Řehenice
Hradištko
Ltyňkoly
Kamenný Přívoz
Krhanice
Lštění
Nespeky
Přestavlky u Lerčan
Lerčany
Křňany
Lešany
Štěchovice
Poříčí nad Sázavou
Týnec nad Sázavou
Chleby
Mrač
Soběhrdy
Bukovany
Chářovice
Slapy
Vysoký -jezd
Netvořice
Petroupim
Rabyně
Chlístov
Chrášťany
Václavice
Benešov
Neveklov

Zdroj dat: Český statistický úřad

Data source: Czech Statistical Office

Použité mapové podklady

Maps used

Název mapového podkladu *Name of the map*	Měřítko *Scale*	Stav k roku / rok sčítání *Map edition year / Census year*	Instituce *Institution*
III. vojenské mapování *III. Military Mapping Survey*	1:75 000	1927 / 1921	Zeměpisný ústav Ministerstva vnitra *Geographical Institute of Ministry of the Interior*
Přehledná mapa katastrálních území: Země Česká / Země Moravskoslezská *General map of cadastral territories: Bohemia / Moravia-Silesia*	1:144 000 / 1:115 200	1936 / 1930	Reprodukční ústav ministerstva financí *Reproductive Institute of Ministry of Finance*
Přehledná mapa katastrálních území země České a Moravskoslezské *General map of cadastral territories: Bohemia / Moravia-Silesia*	1:200 000	1947 / 1946	Reprodukční ústav ministerstva financí *Reproductive Institute of Ministry of Finance*
Přehledná mapa územní organisace podle stavu ke dni 1. února 1949 *General map of administrative organisation by 1st February 1949*	1:200 000	1949 / 1950	Reprodukční ústav ministerstva financí v Praze *Reproductive Institute of Ministry of Finance in Prague*
Mapa správního rozdělení ČSR *Map of administrative division of CSR*	1:200 000	1960 / 1961	Ústřední správa geodézie a kartografie *Central Office of Geodesy and Cartography*
Mapa správního rozdělení ČSSR *Map of administrative division of CSSR*	1:200 000	1971–1973 / 1970	Český úřad geodetický a kartografický *Czech Office of Geodesy and Cartography*
Mapa správního rozdělení ČSSR *Map of administrative division of CSSR*	1:200 000	1980–1982 / 1980	Český úřad geodetický a kartografický *Czech Office of Geodesy and Cartography*
Digitální mapová vrstva okresů *Digital map layer of districts* (okr96g1s.shp)	×	1991 / 1991	Český statistický úřad *Czech Statistical Office*
Digitální mapová vrstva okresů *Digital map layer of districts* (okresy_201102.shp)	×	2001 / 2001	Český statistický úřad *Czech Statistical Office*
Digitální mapová vrstva okresů *Digital map layer of districts* (okres.shp)	×	2011 / 2011	Český statistický úřad *Czech Statistical Office*

2

Územně správní členění
Administrative Division

Garant oddílu
Section Editor
Martin Šimon

Zdroje dat
Data sources

2.1 1, 5
2.2 6, 9
2.3 12, 16

Správní mapa
Administrative map

1921

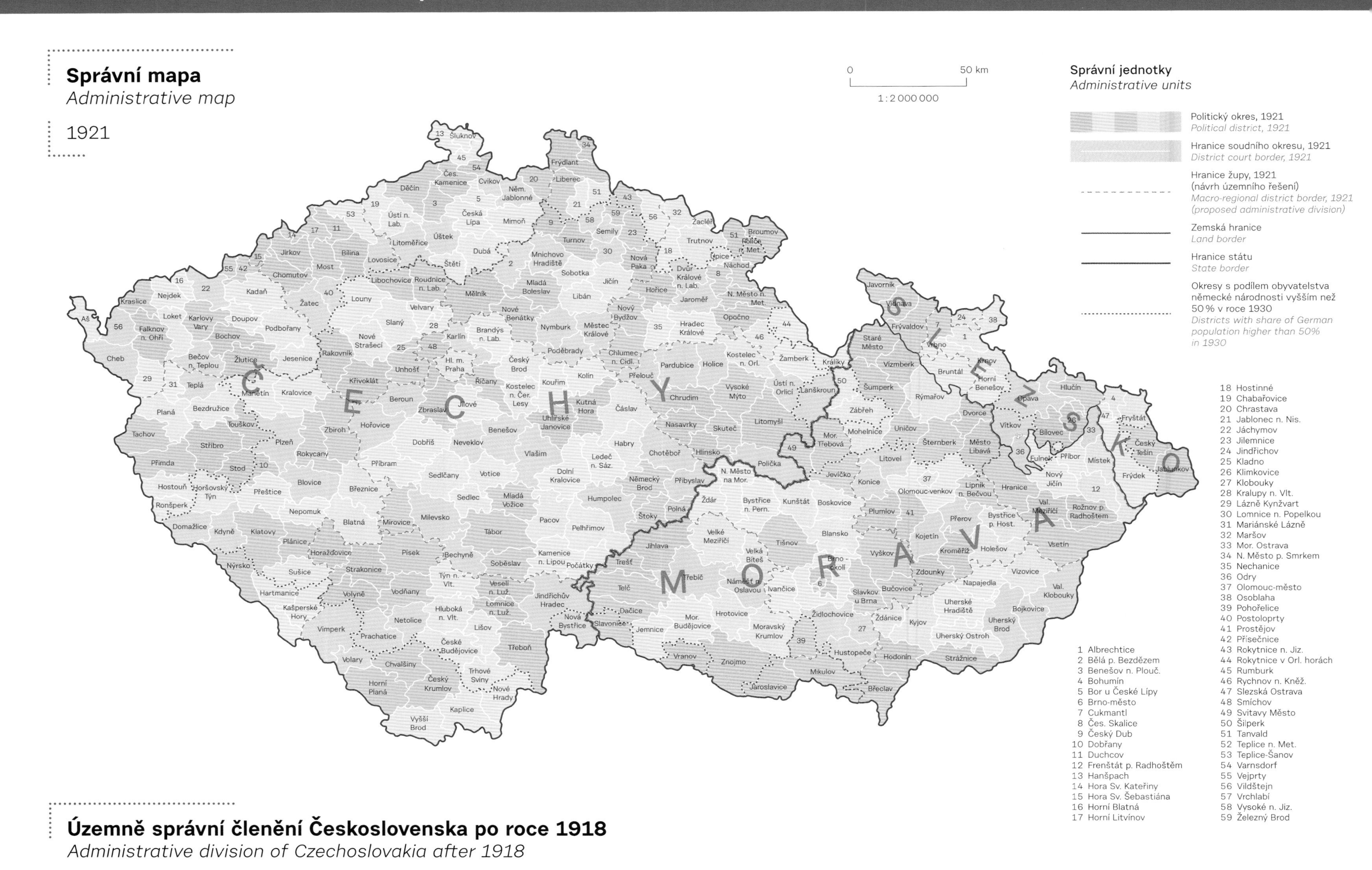

0
50 km
1:2 000 000
Správní jednotky
Administrative units
Politický okres, 1921
Political district, 1921
Hranice soudního okresu, 1921
District court border, 1921
Hranice župy, 1921 (návrh územního řešení)
Macro-regional district border, 1921 (proposed administrative division)
Zemská hranice
Land border
Hranice státu
State border
Okresy s podílem obyvatelstva německé národnosti vyšším než 50 % v roce 1930
Districts with share of German population higher than 50% in 1930
ČECHY
MORAVA
SLEZSKO
1 Albrechtice
2 Bělá p. Bezdězem
3 Benešov n. Plouč.
4 Bohumín
5 Bor u České Lípy
6 Brno-město
7 Cukmantl
8 Čes. Skalice
9 Český Dub
10 Dobřany
11 Duchcov
12 Frenštát p. Radhoštěm
13 Hanšpach
14 Hora Sv. Kateřiny
15 Hora Sv. Šebastiána
16 Horní Blatná
17 Horní Litvínov
18 Hostinné
19 Chabařovice
20 Chrastava
21 Jablonec n. Nis.
22 Jáchymov
23 Jilemnice
24 Jindřichov
25 Kladno
26 Klimkovice
27 Klobouky
28 Kralupy n. Vlt.
29 Lázně Kynžvart
30 Lomnice n. Popelkou
31 Mariánské Lázně
32 Maršov
33 Mor. Ostrava
34 N. Město p. Smrkem
35 Nechanice
36 Odry
37 Olomouc-město
38 Osoblaha
39 Pohořelice
40 Postoloprty
41 Prostějov
42 Přísečnice
43 Rokytnice n. Jiz.
44 Rokytnice v Orl. horách
45 Rumburk
46 Rychnov n. Kněž.
47 Slezská Ostrava
48 Smíchov
49 Svitavy Město
50 Šiperk
51 Tanvald
52 Teplice n. Met.
53 Teplice-Šanov
54 Varnsdorf
55 Vejprty
56 Vildštejn
57 Vrchlabí
58 Vysoké n. Jiz.
59 Železný Brod

Územně správní členění Československa po roce 1918
Administrative division of Czechoslovakia after 1918

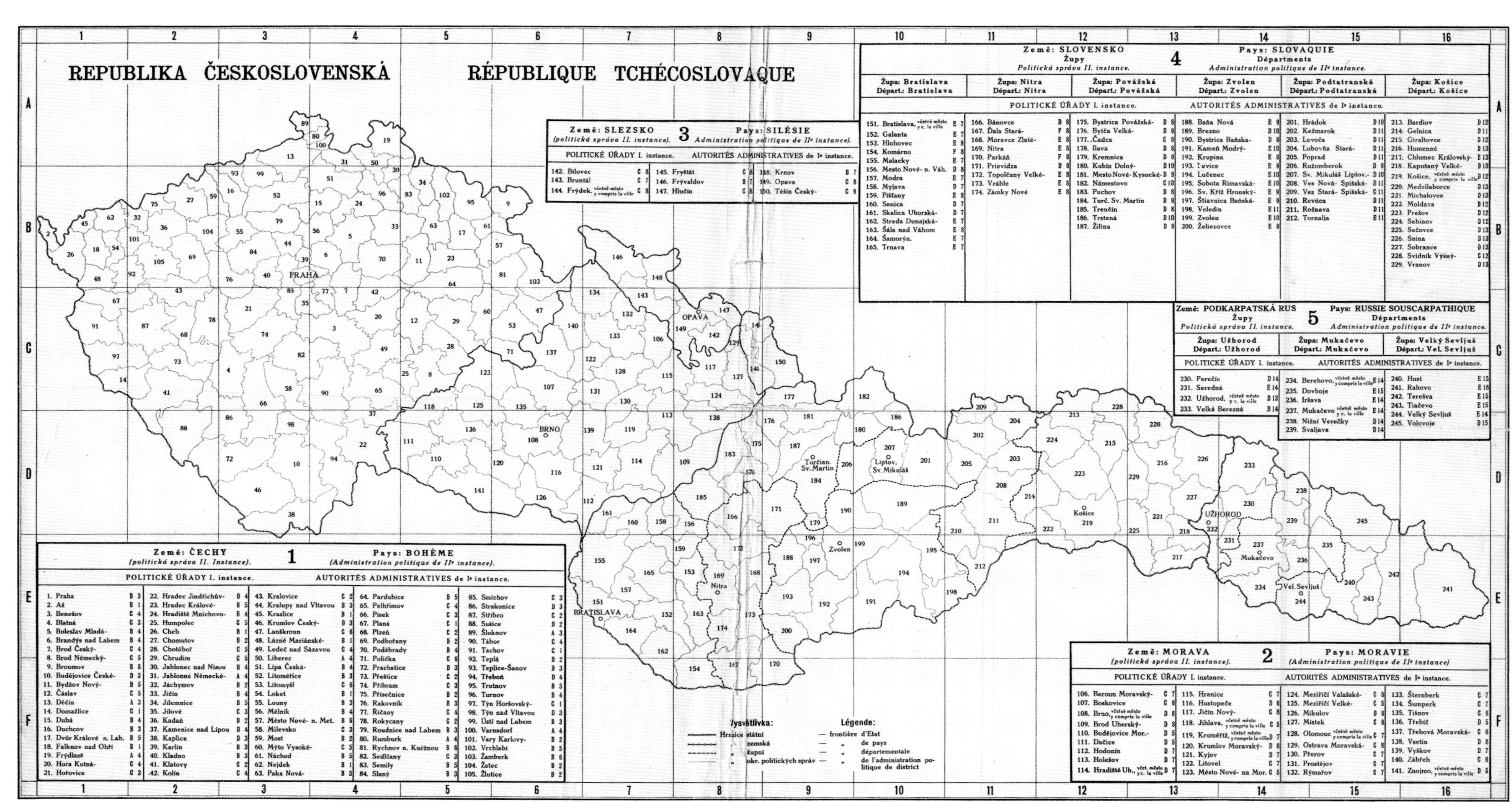

REPUBLIKA ČESKOSLOVENSKÁ
RÉPUBLIQUE TCHÉCOSLOVAQUE
Země: SLOVENSKO Župy — Pays: SLOVAQUIE Départments
Země: SLEZSKO — Pays: SILÉSIE
Země: PODKARPATSKÁ RUS Župy — Pays: RUSSIE SOUSCARPATHIQUE Départments
Země: ČECHY — Pays: BOHÊME
Země: MORAVA — Pays: MORAVIE
POLITICKÉ ÚŘADY I. instance. — AUTORITÉS ADMINISTRATIVES de I re instance.
PRAHA
BRNO
OPAVA
BRATISLAVA
Košice
UŽHOROD
Zvolen
Nitra
Mukačevo
Vysvětlivka:
Légende:

Správní mapa
Administrative map

1930

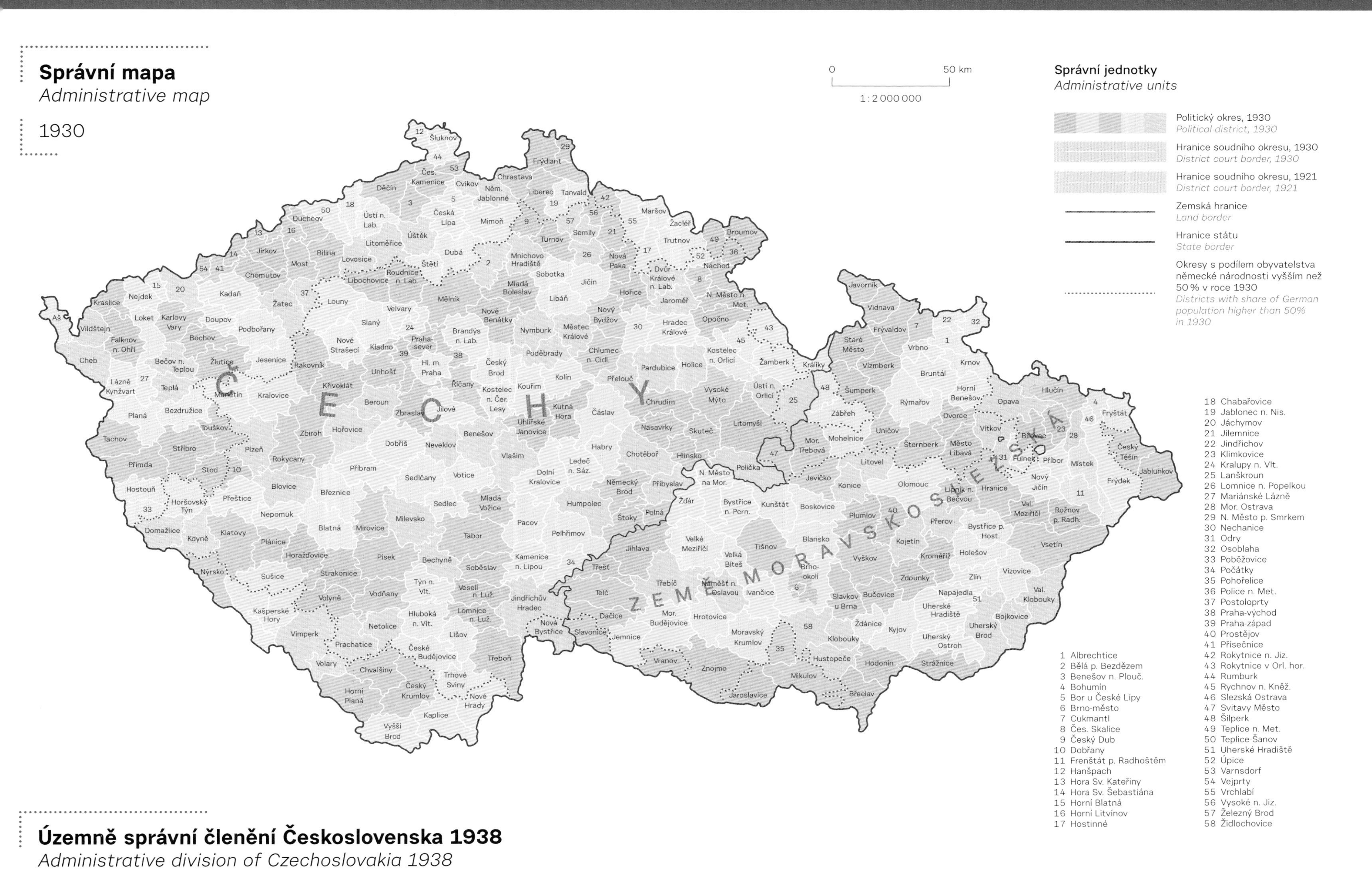
0 50 km
1 : 2 000 000
Správní jednotky
Administrative units
Politický okres, 1930
Political district, 1930
Hranice soudního okresu, 1930
District court border, 1930
Hranice soudního okresu, 1921
District court border, 1921
Zemská hranice
Land border
Hranice státu
State border
Okresy s podílem obyvatelstva německé národnosti vyšším než 50 % v roce 1930
Districts with share of German population higher than 50% in 1930
ČECHY
ZEMĚ MORAVSKOSLEZSKÁ
1 Albrechtice
2 Bělá p. Bezdězem
3 Benešov n. Plouč.
4 Bohumín
5 Bor u České Lípy
6 Brno-město
7 Cukmantl
8 Čes. Skalice
9 Český Dub
10 Dobřany
11 Frenštát p. Radhoštěm
12 Hanšpach
13 Hora Sv. Kateřiny
14 Hora Sv. Šebastiána
15 Horní Blatná
16 Horní Litvínov
17 Hostinné
18 Chabařovice
19 Jablonec n. Nis.
20 Jáchymov
21 Jilemnice
22 Jindřichov
23 Klimkovice
24 Kralupy n. Vlt.
25 Lanškroun
26 Lomnice n. Popelkou
27 Mariánské Lázně
28 Mor. Ostrava
29 N. Město p. Smrkem
30 Nechanice
31 Odry
32 Osoblaha
33 Poběžovice
34 Počátky
35 Pohořelice
36 Police n. Met.
37 Postoloprty
38 Praha-východ
39 Praha-západ
40 Prostějov
41 Přísečnice
42 Rokytnice n. Jiz.
43 Rokytnice v Orl. hor.
44 Rumburk
45 Rychnov n. Kněž.
46 Slezská Ostrava
47 Svitavy Město
48 Šilperk
49 Teplice n. Met.
50 Teplice-Šanov
51 Uherské Hradiště
52 Úpice
53 Varnsdorf
54 Vejprty
55 Vrchlabí
56 Vysoké n. Jiz.
57 Železný Brod
58 Židlochovice

Územně správní členění Československa 1938
Administrative division of Czechoslovakia 1938

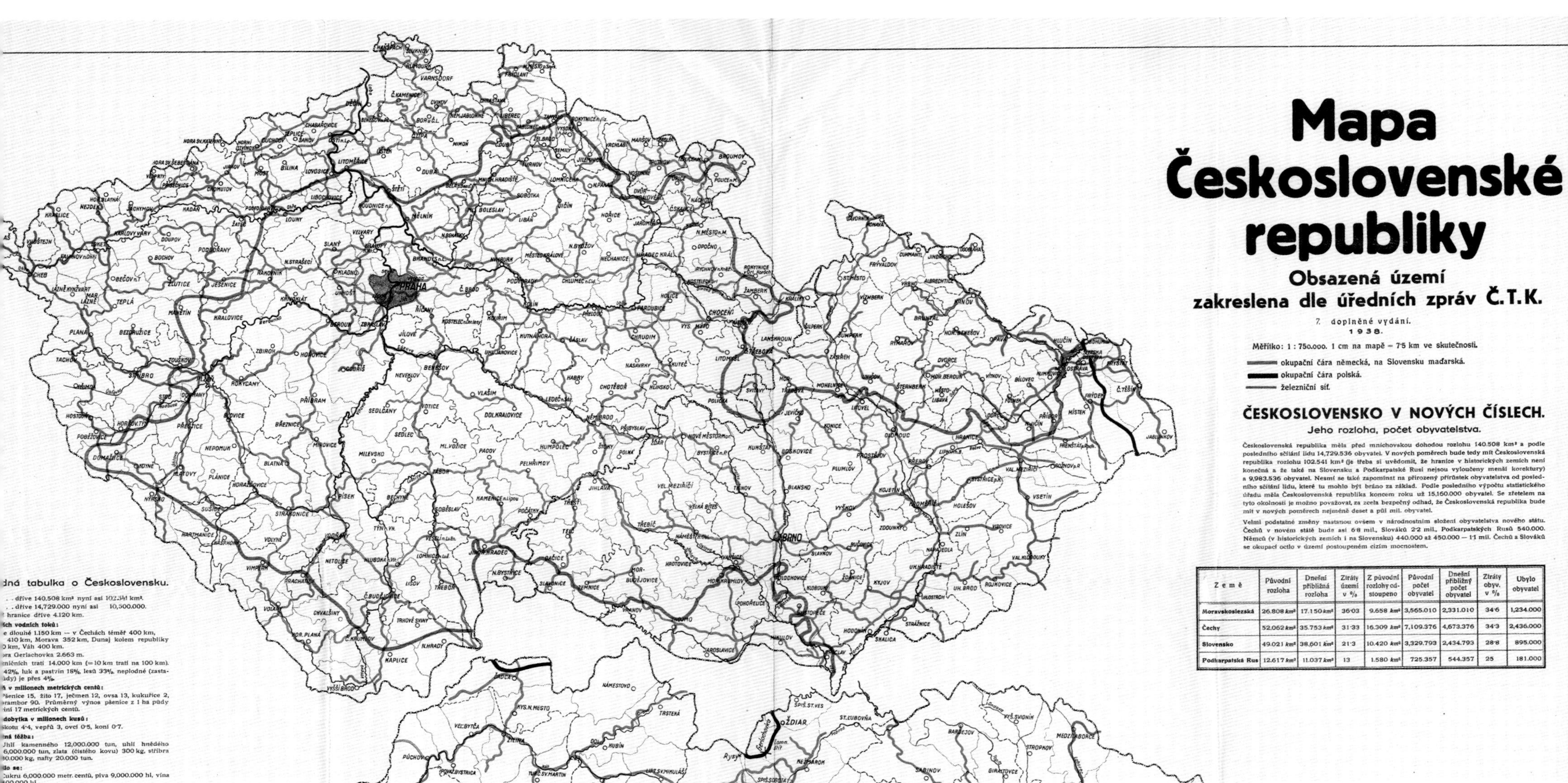

Mapa Československé republiky

Obsazená území zakreslena dle úředních zpráv Č.T.K.

7. doplněné vydání.
1938.

Měřítko: 1 : 750.000. 1 cm na mapě = 7·5 km ve skutečnosti.

okupační čára německá, na Slovensku maďarská.
okupační čára polská.
železniční síť.

ČESKOSLOVENSKO V NOVÝCH ČÍSLECH.

Jeho rozloha, počet obyvatelstva.

Československá republika měla před mnichovskou dohodou rozlohu 140.508 km² a podle posledního sčítání lidu 14,729.536 obyvatel. V nových poměrech bude tedy mít Československá republika rozlohu 102.541 km² (je třeba si uvědomit, že hranice v historických zemích není konečná a že také na Slovensku a Podkarpatské Rusi nejsou vyloučeny menší korektury) a 9,983.536 obyvatel. Nesmí se také zapomínat na přirozený přírůstek obyvatelstva od posledního sčítání lidu, které tu mohlo být bráno za základ. Podle posledního výpočtu statistického úřadu měla Československá republika koncem roku už 15,160.000 obyvatel. Se zřetelem na tyto okolnosti je možno považovat, za zcela bezpečný odhad, že Československá republika bude mít v nových poměrech nejméně deset a půl mil. obyvatel.

Velmi podstatné změny nastanou ovšem v národnostním složení obyvatelstva nového státu. Čechů v novém státě bude asi 6·8 mil., Slováků 2·2 mil., Podkarpatských Rusů 540.000. Němců (v historických zemích i na Slovensku) 440.000 až 450.000 — 1·1 mil. Čechů a Slováků se okupací octlo v území postoupeném cizím mocnostem.

Země	Původní rozloha	Dnešní přibližná rozloha	Ztráty území v %	Z původní rozlohy odstoupeno	Původní počet obyvatel	Dnešní přibližný počet obyvatel	Ztráty obyv. v %	Ubylo obyvatel
Moravskoslezská	26.808 km²	17.150 km²	36·03	9.658 km²	3,565.010	2,331.010	34·6	1,234.000
Čechy	52.062 km²	35.753 km²	31·33	16.309 km²	7,109.376	4,673.376	34·3	2,436.000
Slovensko	49.021 km²	38.601 km²	21·3	10.420 km²	3,329.793	2,434.793	28·8	895.000
Podkarpatská Rus	12.617 km²	11.037 km²	13	1.580 km²	725.357	544.357	25	181.000

Správní mapa

Administrative map

1946

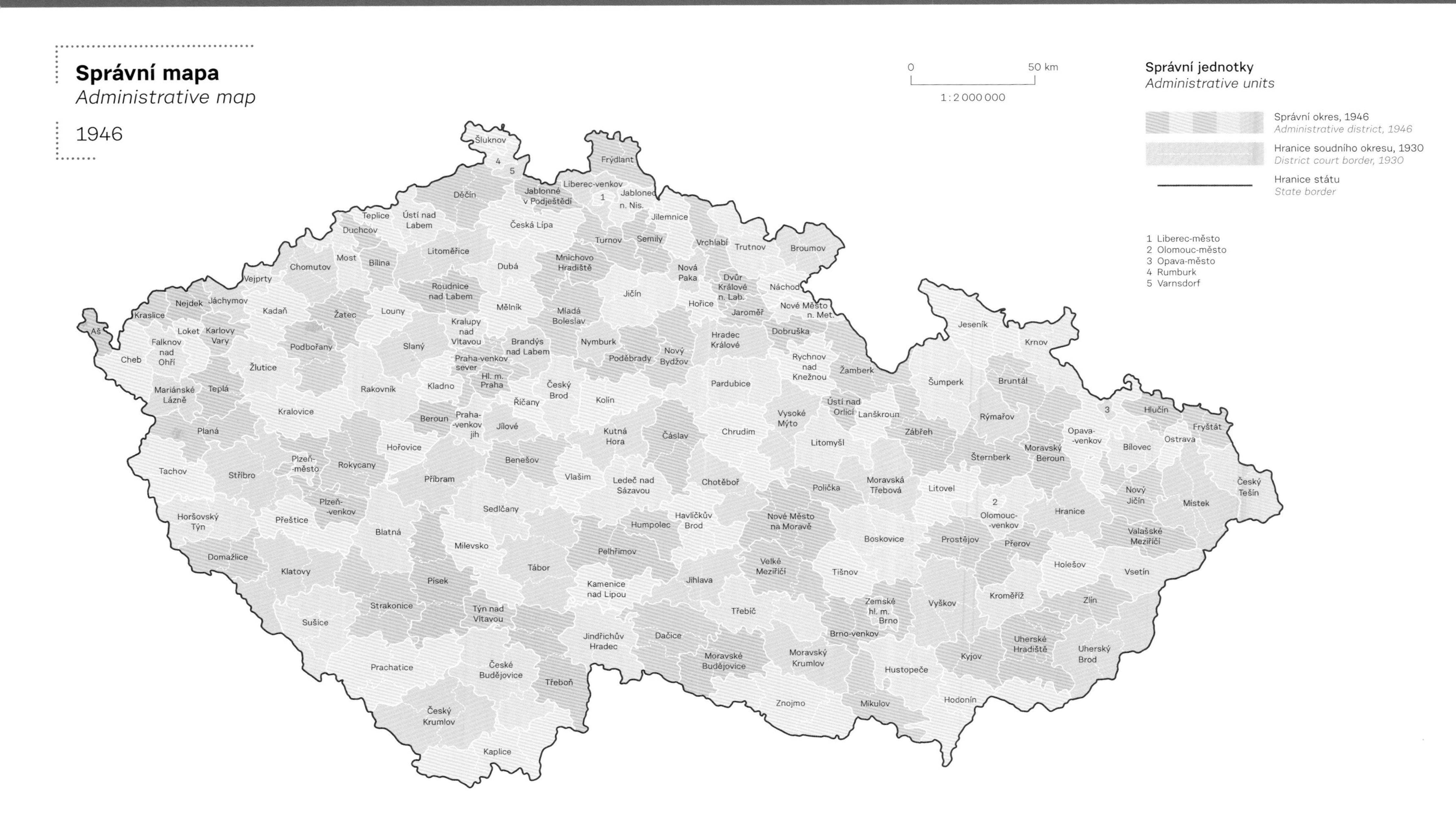

0
50 km
1 : 2 000 000
Správní jednotky
Administrative units
Správní okres, 1946
Administrative district, 1946
Hranice soudního okresu, 1930
District court border, 1930
Hranice státu
State border
1 Liberec-město
2 Olomouc-město
3 Opava-město
4 Rumburk
5 Varnsdorf

Územně správní členění Československa 1938 a 1945

Administrative division of Czechoslovakia 1938 and 1945

ZEMĚ ČESKÁ A MORAVSKOSLEZSKÁ
Územní organisace politické správy před okupací a ke konci nesvobody.
Stav ke dni 29. září 1938 a ke dni 4. května 1945.
VYSVĚTLIVKY
Měřítko 1 : 1,000.000
Zpracoval Zeměměřičský úřad v Praze - 1946.

Správní mapa
Administrative map

1950

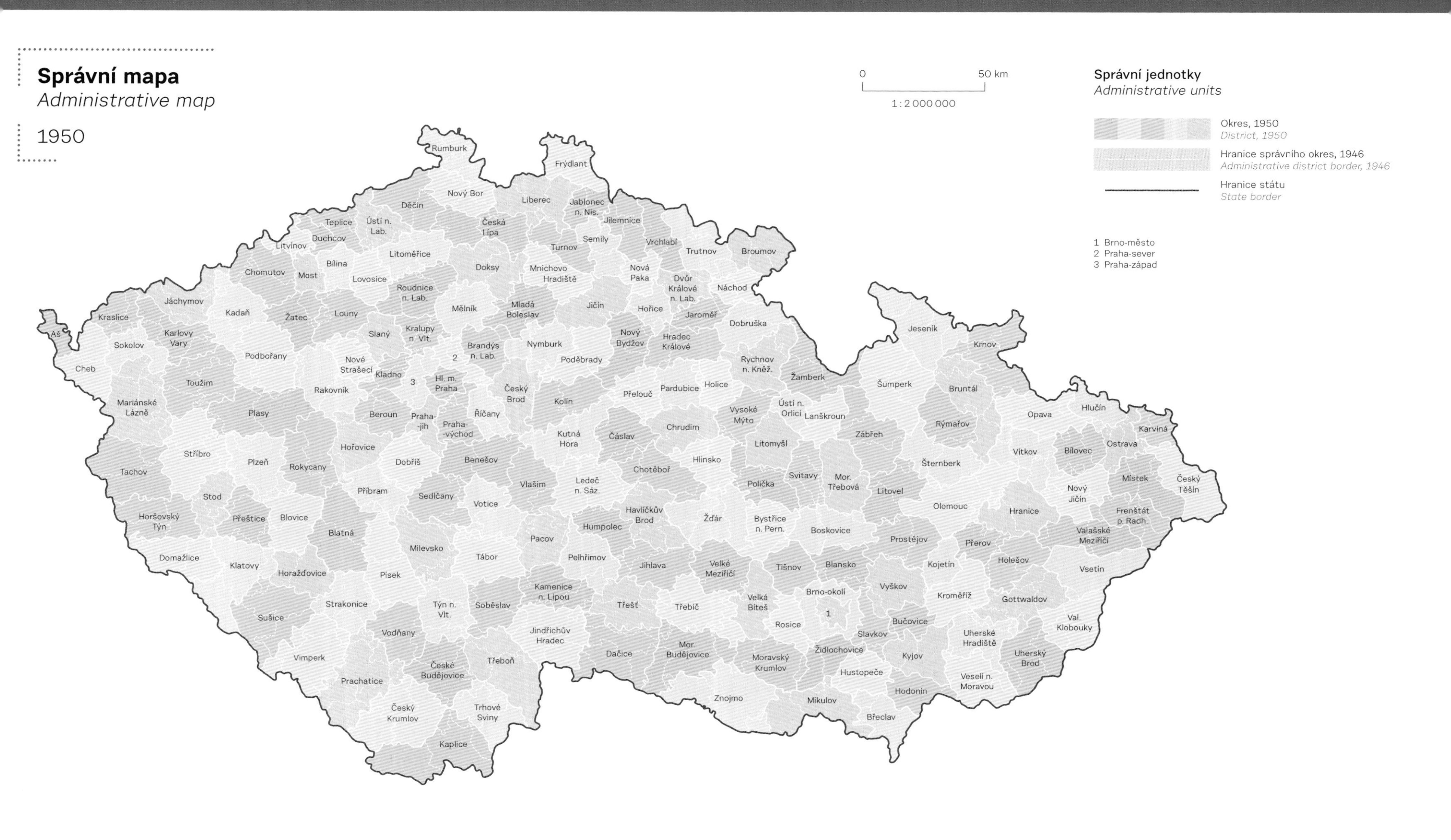
0
50 km
1 : 2 000 000
Správní jednotky
Administrative units
Okres, 1950
District, 1950
Hranice správního okres, 1946
Administrative district border, 1946
Hranice státu
State border
1 Brno-město
2 Praha-sever
3 Praha-západ
Rumburk
Frýdlant
Děčín
Nový Bor
Liberec
Jablonec n. Nis.
Teplice
Ústí n. Lab.
Česká Lípa
Jilemnice
Duchcov
Litvínov
Bílina
Litoměřice
Turnov
Semily
Vrchlabí
Trutnov
Broumov
Chomutov
Most
Lovosice
Roudnice n. Lab.
Doksy
Mnichovo Hradiště
Nová Paka
Dvůr Králové n. Lab.
Náchod
Jáchymov
Kadaň
Žatec
Louny
Mělník
Mladá Boleslav
Jičín
Hořice
Jaroměř
Kraslice
Aš
Karlovy Vary
Slaný
Kralupy n. Vlt.
Nový Bydžov
Hradec Králové
Dobruška
Sokolov
Brandýs n. Lab.
Nymburk
Poděbrady
Rychnov n. Kněž.
Cheb
Podbořany
Nové Strašecí
Kladno
Hl. m. Praha
Žamberk
Toužim
Rakovník
Český Brod
Kolín
Přelouč
Pardubice
Holice
Šumperk
Bruntál
Krnov
Jeseník
Mariánské Lázně
Plasy
Beroun
Praha-jih
Praha-východ
Říčany
Vysoké Mýto
Ústí n. Orlicí
Lanškroun
Opava
Hlučín
Kutná Hora
Čáslav
Chrudim
Zábřeh
Rýmařov
Karviná
Stříbro
Hořovice
Litomyšl
Vítkov
Bílovec
Ostrava
Tachov
Plzeň
Rokycany
Dobříš
Benešov
Chotěboř
Hlinsko
Šternberk
Vlašim
Ledeč n. Sáz.
Svitavy
Polička
Mor. Třebová
Litovel
Místek
Český Těšín
Stod
Příbram
Sedlčany
Votice
Nový Jičín
Horšovský Týn
Přeštice
Blovice
Havlíčkův Brod
Žďár
Bystřice n. Pern.
Olomouc
Hranice
Frenštát p. Radh.
Blatná
Humpolec
Boskovice
Prostějov
Valašské Meziříčí
Domažlice
Milevsko
Pacov
Přerov
Klatovy
Horažďovice
Tábor
Pelhřimov
Jihlava
Velké Meziříčí
Tišnov
Blansko
Kojetín
Holešov
Vsetín
Písek
Kamenice n. Lipou
Brno-okolí
Vyškov
Kroměříž
Gottwaldov
Strakonice
Týn n. Vlt.
Soběslav
Třešť
Třebíč
Velká Bíteš
Sušice
Rosice
Bučovice
Val. Klobouky
Vodňany
Jindřichův Hradec
Slavkov
Uherské Hradiště
Vimperk
Dačice
Mor. Budějovice
Moravský Krumlov
Židlochovice
Kyjov
Uherský Brod
České Budějovice
Třeboň
Hustopeče
Prachatice
Veselí n. Moravou
Hodonín
Znojmo
Mikulov
Český Krumlov
Trhové Sviny
Břeclav
Kaplice

Územně správní členění Československa 1959 a 1960
Administrative division of Czechoslovakia 1959 and 1960

6
Kraj Jihomoravský
se sídlem v Brně
dělí se na okresy
1. Blansko
2. Brno-město
3. Brno-venkov
4. Břeclav
5. Gottwaldov
6. Hodonín
7. Jihlava
8. Kroměříž
9. Prostějov
10. Třebíč
11. Uherské Hradiště
12. Vyškov
13. Znojmo
14. Žďár nad Sázavou
7
Kraj Severomoravský
se sídlem v Ostravě
dělí se na okresy
1. Bruntál
2. Frýdek-Místek
3. Karviná
4. Nový Jičín
5. Olomouc
6. Opava
7. Ostrava-město
8. Přerov
9. Šumperk
10. Vsetín
8
Kraj Západoslovenský
se sídlem v Bratislavě
dělí se na okresy
1. Bratislava-město
2. Bratislava-venkov
3. Dunajská Streda
4. Galanta
5. Komárno
6. Levice
7. Nitra
8. Nové Zámky
9. Senica
10. Topoľčany
11. Trenčín
12. Trnava
9
Kraj Středoslovenský
se sídlem v Banské Bystrici
dělí se na okresy
1. Banská Bystrica
2. Čadca
3. Dolný Kubín
4. Liptovský Mikuláš
5. Lučenec
6. Martin
7. Považská Bystrica
8. Prievidza
9. Rimavská Sobota
10. Zvolen
11. Žiar nad Hronom
12. Žilina
10
Kraj Východoslovenský
se sídlem v Košicích
dělí se na okresy
1. Bardejov
2. Humenné
3. Košice
4. Michalovce
5. Poprad
6. Prešov
7. Rožňava
8. Spišská Nová Ves
9. Trebišov
Území hlavního města Prahy tvoří samostatnou územní jednotku.
1
Kraj Středočeský
se sídlem v Praze
dělí se na okresy
1. Benešov
2. Beroun
3. Kladno
4. Kolín
5. Kutná Hora
6. Mělník
7. Mladá Boleslav
8. Nymburk
9. Praha-východ
10. Praha-západ
11. Příbram
12. Rakovník
2
Kraj Jihočeský
se sídlem v Českých Budějovicích
dělí se na okresy
1. České Budějovice
2. Český Krumlov
3. Jindřichův Hradec
4. Pelhřimov
5. Písek
6. Prachatice
7. Strakonice
8. Tábor
3
Kraj Západočeský
se sídlem v Plzni
dělí se na okresy
1. Domažlice
2. Cheb
3. Karlovy Vary
4. Klatovy
5. Plzeň-město
6. Plzeň-jih
7. Plzeň-sever
8. Rokycany
9. Sokolov
10. Tachov
4
Kraj Severočeský
se sídlem v Ústí nad Labem
dělí se na okresy
1. Česká Lípa
2. Děčín
3. Chomutov
4. Jablonec nad Nisou
5. Liberec
6. Litoměřice
7. Louny
8. Most
9. Teplice
10. Ústí nad Labem
5
Kraj Východočeský
se sídlem v Hradci Králové
dělí se na okresy
1. Havlíčkův Brod
2. Hradec Králové
3. Chrudim
4. Jičín
5. Náchod
6. Pardubice
7. Rychnov nad Kněžnou
8. Semily
9. Svitavy
10. Trutnov
11. Ústí nad Orlicí

Správní mapa
Administrative map

1980

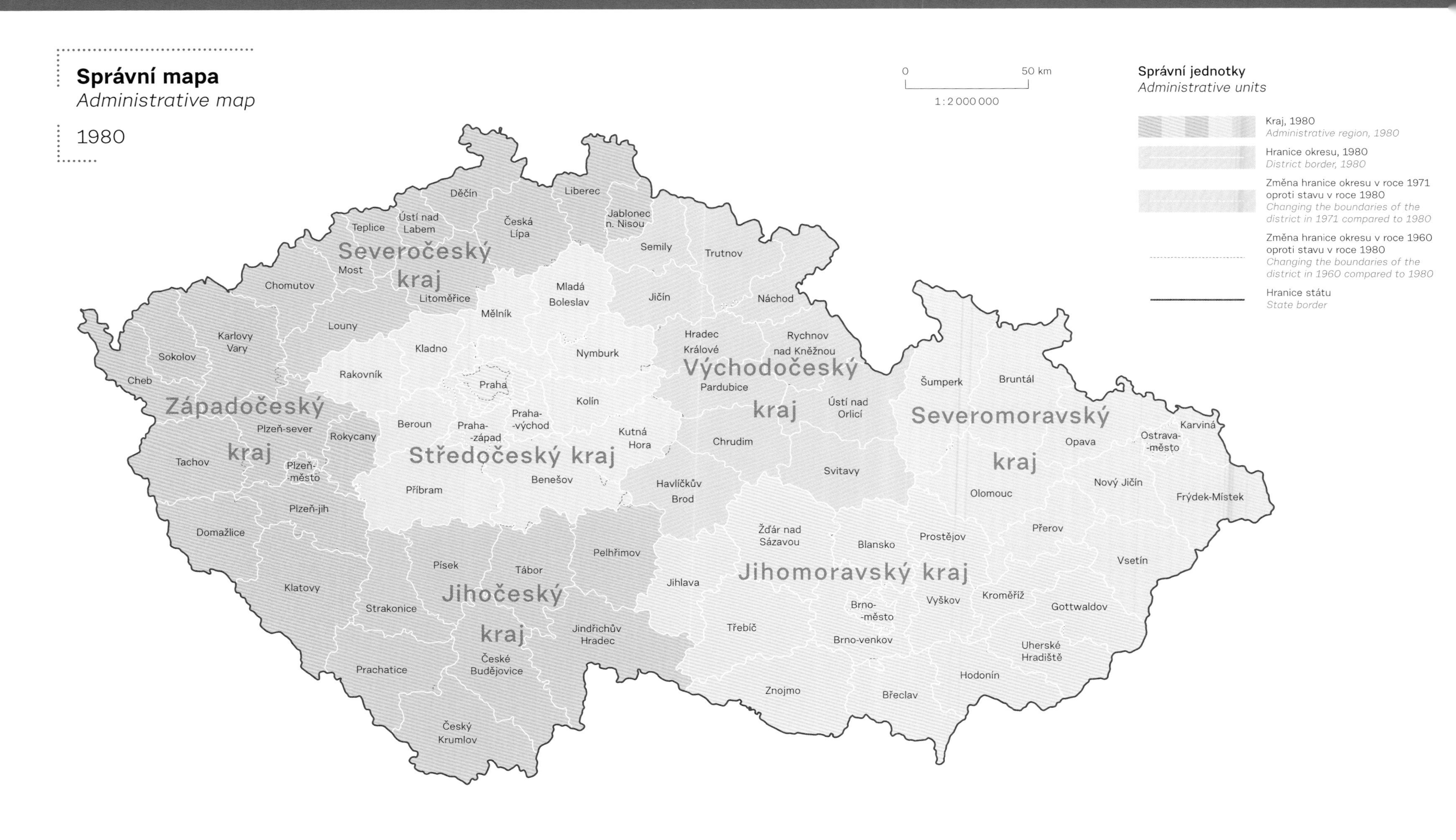
0 50 km
1:2 000 000
Správní jednotky
Administrative units
Kraj, 1980
Administrative region, 1980
Hranice okresu, 1980
District border, 1980
Změna hranice okresu v roce 1971 oproti stavu v roce 1980
Changing the boundaries of the district in 1971 compared to 1980
Změna hranice okresu v roce 1960 oproti stavu v roce 1980
Changing the boundaries of the district in 1960 compared to 1980
Hranice státu
State border
Severočeský kraj
Západočeský kraj
Středočeský kraj
Východočeský kraj
Jihočeský kraj
Jihomoravský kraj
Severomoravský kraj
Děčín
Liberec
Ústí nad Labem
Teplice
Česká Lípa
Jablonec n. Nisou
Semily
Trutnov
Most
Chomutov
Litoměřice
Mladá Boleslav
Jičín
Náchod
Mělník
Louny
Karlovy Vary
Sokolov
Cheb
Kladno
Nymburk
Hradec Králové
Rychnov nad Kněžnou
Rakovník
Praha
Pardubice
Kolín
Ústí nad Orlicí
Šumperk
Bruntál
Plzeň-sever
Rokycany
Beroun
Praha-západ
Praha-východ
Kutná Hora
Chrudim
Opava
Karviná
Ostrava-město
Tachov
Plzeň-město
Benešov
Svitavy
Příbram
Havlíčkův Brod
Nový Jičín
Frýdek-Místek
Olomouc
Plzeň-jih
Domažlice
Žďár nad Sázavou
Blansko
Prostějov
Přerov
Pelhřimov
Písek
Tábor
Vsetín
Jihlava
Klatovy
Strakonice
Brno-město
Vyškov
Kroměříž
Gottwaldov
Jindřichův Hradec
Třebíč
Brno-venkov
Uherské Hradiště
Prachatice
České Budějovice
Hodonín
Znojmo
Břeclav
Český Krumlov

Územně správní členění Československa 1970
Administrative division of Czechoslovakia 1970

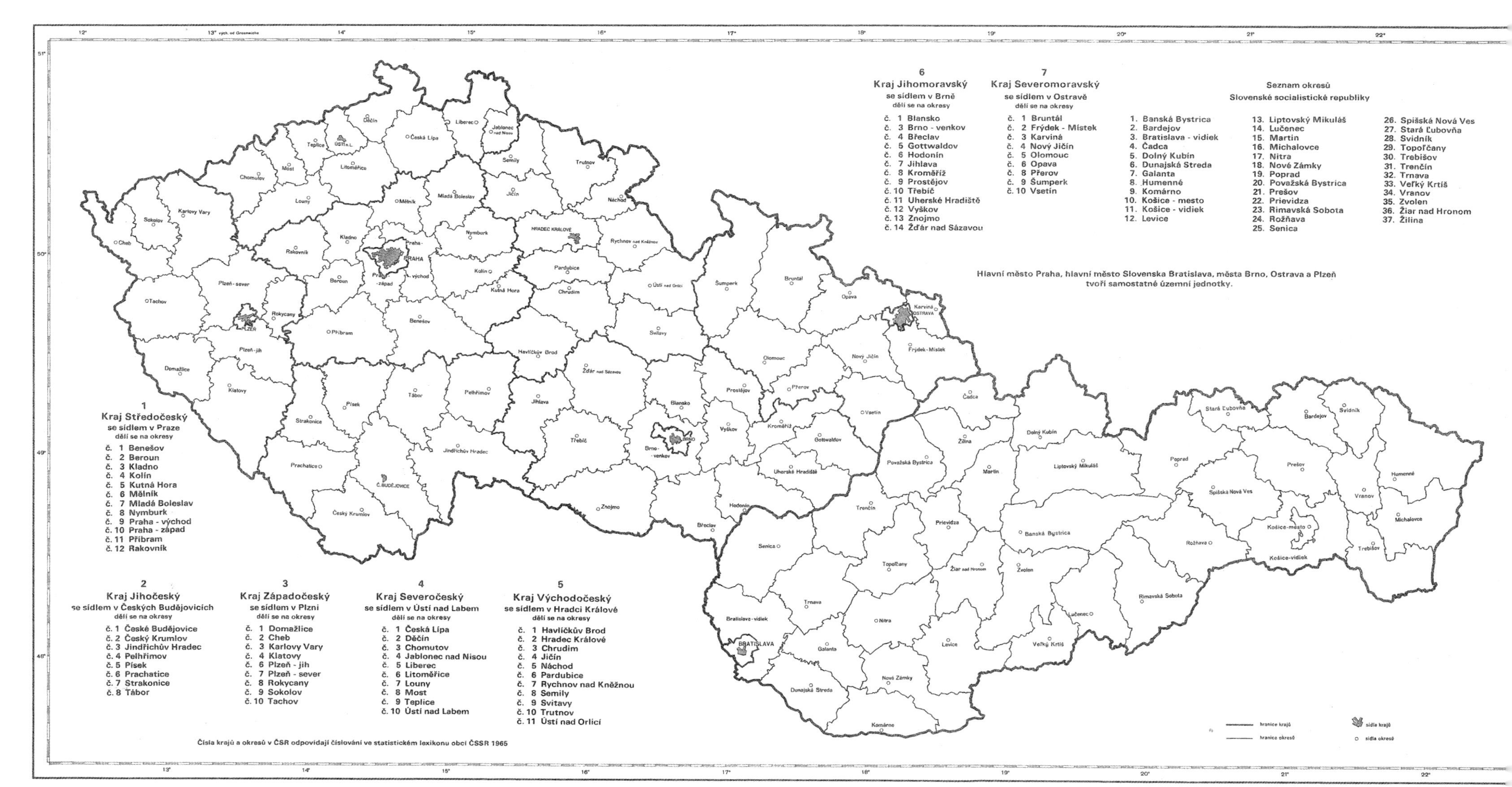
1
Kraj Středočeský
se sídlem v Praze
dělí se na okresy
č. 1 Benešov
č. 2 Beroun
č. 3 Kladno
č. 4 Kolín
č. 5 Kutná Hora
č. 6 Mělník
č. 7 Mladá Boleslav
č. 8 Nymburk
č. 9 Praha - východ
č. 10 Praha - západ
č. 11 Příbram
č. 12 Rakovník
2
Kraj Jihočeský
se sídlem v Českých Budějovicích
dělí se na okresy
č. 1 České Budějovice
č. 2 Český Krumlov
č. 3 Jindřichův Hradec
č. 4 Pelhřimov
č. 5 Písek
č. 6 Prachatice
č. 7 Strakonice
č. 8 Tábor
3
Kraj Západočeský
se sídlem v Plzni
dělí se na okresy
č. 1 Domažlice
č. 2 Cheb
č. 3 Karlovy Vary
č. 4 Klatovy
č. 6 Plzeň - jih
č. 7 Plzeň - sever
č. 8 Rokycany
č. 9 Sokolov
č. 10 Tachov
4
Kraj Severočeský
se sídlem v Ústí nad Labem
dělí se na okresy
č. 1 Česká Lípa
č. 2 Děčín
č. 3 Chomutov
č. 4 Jablonec nad Nisou
č. 5 Liberec
č. 6 Litoměřice
č. 7 Louny
č. 8 Most
č. 9 Teplice
č. 10 Ústí nad Labem
5
Kraj Východočeský
se sídlem v Hradci Králové
dělí se na okresy
č. 1 Havlíčkův Brod
č. 2 Hradec Králové
č. 3 Chrudim
č. 4 Jičín
č. 5 Náchod
č. 6 Pardubice
č. 7 Rychnov nad Kněžnou
č. 8 Semily
č. 9 Svitavy
č. 10 Trutnov
č. 11 Ústí nad Orlicí
6
Kraj Jihomoravský
se sídlem v Brně
dělí se na okresy
č. 1 Blansko
č. 3 Brno - venkov
č. 4 Břeclav
č. 5 Gottwaldov
č. 6 Hodonín
č. 7 Jihlava
č. 8 Kroměříž
č. 9 Prostějov
č. 10 Třebíč
č. 11 Uherské Hradiště
č. 12 Vyškov
č. 13 Znojmo
č. 14 Žďár nad Sázavou
7
Kraj Severomoravský
se sídlem v Ostravě
dělí se na okresy
č. 1 Bruntál
č. 2 Frýdek - Místek
č. 3 Karviná
č. 4 Nový Jičín
č. 5 Olomouc
č. 6 Opava
č. 8 Přerov
č. 9 Šumperk
č. 10 Vsetín
Seznam okresů
Slovenské socialistické republiky
1. Banská Bystrica
2. Bardejov
3. Bratislava - vidiek
4. Čadca
5. Dolný Kubín
6. Dunajská Streda
7. Galanta
8. Humenné
9. Komárno
10. Košice - mesto
11. Košice - vidiek
12. Levice
13. Liptovský Mikuláš
14. Lučenec
15. Martin
16. Michalovce
17. Nitra
18. Nové Zámky
19. Poprad
20. Považská Bystrica
21. Prešov
22. Prievidza
23. Rimavská Sobota
24. Rožňava
25. Senica
26. Spišská Nová Ves
27. Stará Ľubovňa
28. Svidník
29. Topoľčany
30. Trebišov
31. Trenčín
32. Trnava
33. Veľký Krtíš
34. Vranov
35. Zvolen
36. Žiar nad Hronom
37. Žilina
Hlavní město Praha, hlavní město Slovenska Bratislava, města Brno, Ostrava a Plzeň tvoří samostatné územní jednotky.
Čísla krajů a okresů v ČSR odpovídají číslování ve statistickém lexikonu obcí ČSSR 1965

Správní mapa

Administrative map

2011

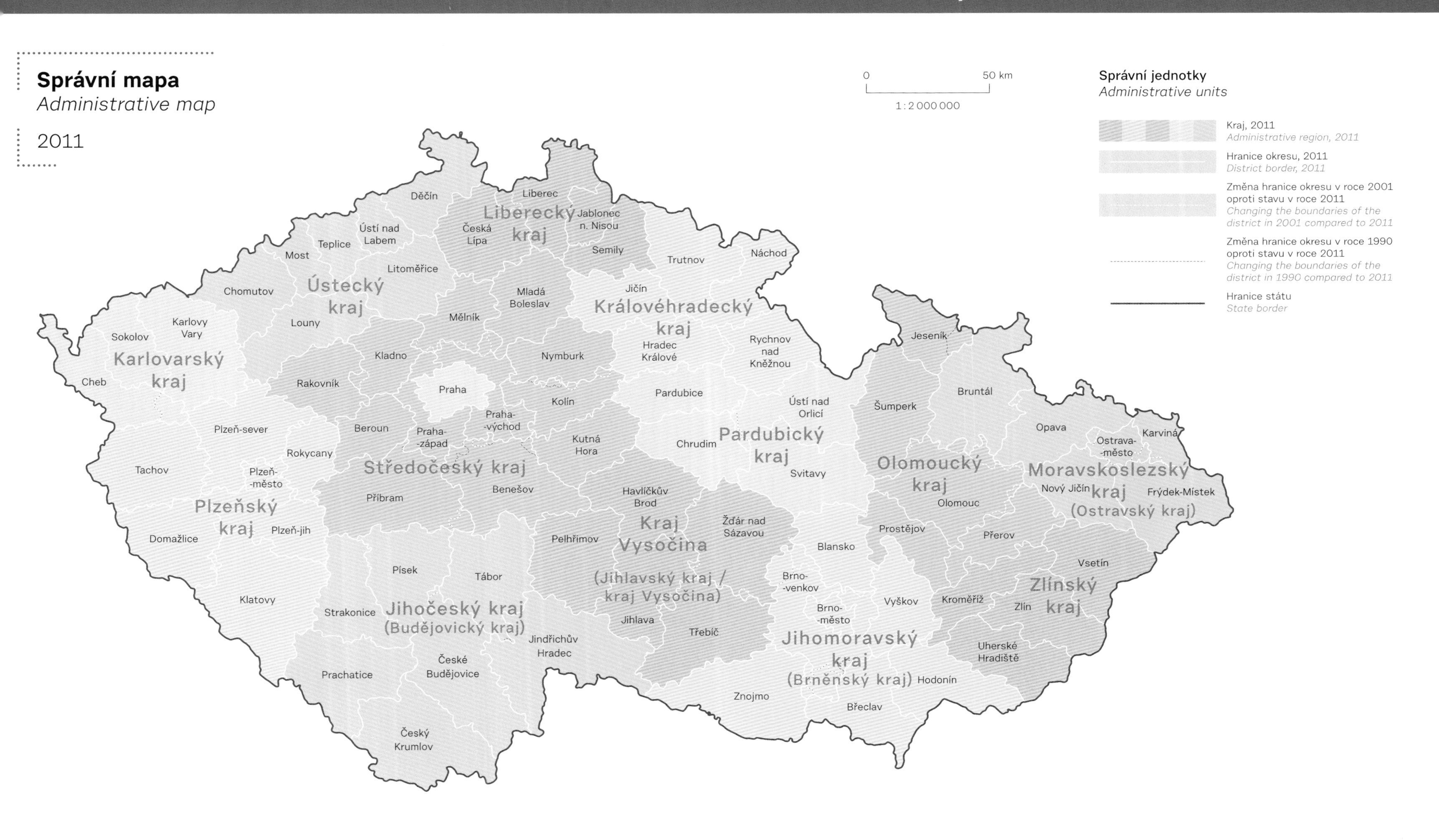

0 50 km
1 : 2 000 000
Správní jednotky
Administrative units
Kraj, 2011
Administrative region, 2011
Hranice okresu, 2011
District border, 2011
Změna hranice okresu v roce 2001 oproti stavu v roce 2011
Changing the boundaries of the district in 2001 compared to 2011
Změna hranice okresu v roce 1990 oproti stavu v roce 2011
Changing the boundaries of the district in 1990 compared to 2011
Hranice státu
State border
Karlovarský kraj
Ústecký kraj
Liberecký kraj
Královéhradecký kraj
Středočeský kraj
Pardubický kraj
Olomoucký kraj
Moravskoslezský kraj (Ostravský kraj)
Plzeňský kraj
Kraj Vysočina (Jihlavský kraj / kraj Vysočina)
Jihočeský kraj (Budějovický kraj)
Jihomoravský kraj (Brněnský kraj)
Zlínský kraj

Územně správní členění Česka 2013

Administrative division of Czechia 2013

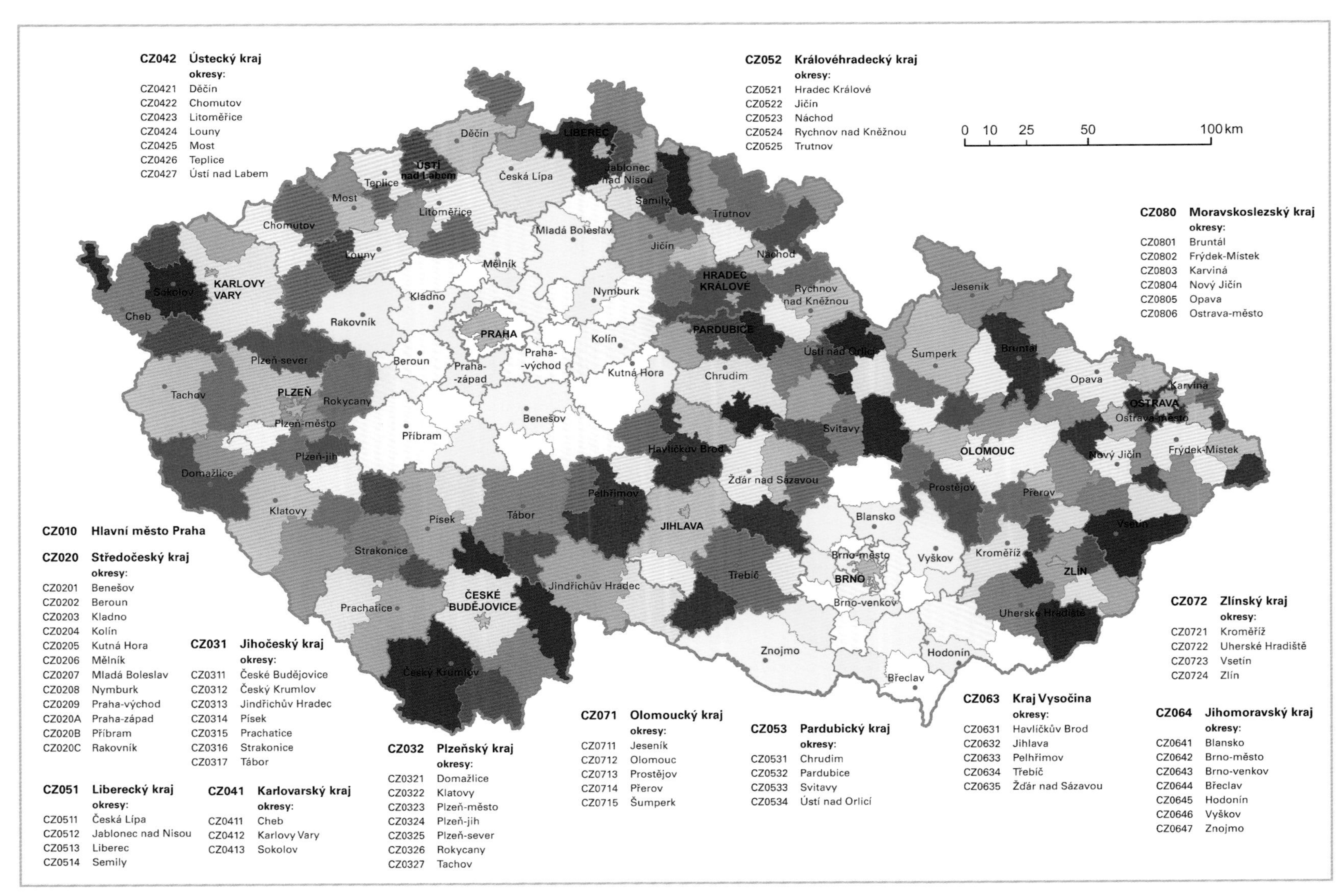

0 10 25 50 100 km
CZ010 Hlavní město Praha
CZ020 Středočeský kraj
okresy:
CZ0201 Benešov
CZ0202 Beroun
CZ0203 Kladno
CZ0204 Kolín
CZ0205 Kutná Hora
CZ0206 Mělník
CZ0207 Mladá Boleslav
CZ0208 Nymburk
CZ0209 Praha-východ
CZ020A Praha-západ
CZ020B Příbram
CZ020C Rakovník
CZ031 Jihočeský kraj
okresy:
CZ0311 České Budějovice
CZ0312 Český Krumlov
CZ0313 Jindřichův Hradec
CZ0314 Písek
CZ0315 Prachatice
CZ0316 Strakonice
CZ0317 Tábor
CZ032 Plzeňský kraj
okresy:
CZ0321 Domažlice
CZ0322 Klatovy
CZ0323 Plzeň-město
CZ0324 Plzeň-jih
CZ0325 Plzeň-sever
CZ0326 Rokycany
CZ0327 Tachov
CZ041 Karlovarský kraj
okresy:
CZ0411 Cheb
CZ0412 Karlovy Vary
CZ0413 Sokolov
CZ042 Ústecký kraj
okresy:
CZ0421 Děčín
CZ0422 Chomutov
CZ0423 Litoměřice
CZ0424 Louny
CZ0425 Most
CZ0426 Teplice
CZ0427 Ústí nad Labem
CZ051 Liberecký kraj
okresy:
CZ0511 Česká Lípa
CZ0512 Jablonec nad Nisou
CZ0513 Liberec
CZ0514 Semily
CZ052 Královéhradecký kraj
okresy:
CZ0521 Hradec Králové
CZ0522 Jičín
CZ0523 Náchod
CZ0524 Rychnov nad Kněžnou
CZ0525 Trutnov
CZ053 Pardubický kraj
okresy:
CZ0531 Chrudim
CZ0532 Pardubice
CZ0533 Svitavy
CZ0534 Ústí nad Orlicí
CZ063 Kraj Vysočina
okresy:
CZ0631 Havlíčkův Brod
CZ0632 Jihlava
CZ0633 Pelhřimov
CZ0634 Třebíč
CZ0635 Žďár nad Sázavou
CZ064 Jihomoravský kraj
okresy:
CZ0641 Blansko
CZ0642 Brno-město
CZ0643 Brno-venkov
CZ0644 Břeclav
CZ0645 Hodonín
CZ0646 Vyškov
CZ0647 Znojmo
CZ071 Olomoucký kraj
okresy:
CZ0711 Jeseník
CZ0712 Olomouc
CZ0713 Prostějov
CZ0714 Přerov
CZ0715 Šumperk
CZ072 Zlínský kraj
okresy:
CZ0721 Kroměříž
CZ0722 Uherské Hradiště
CZ0723 Vsetín
CZ0724 Zlín
CZ080 Moravskoslezský kraj
okresy:
CZ0801 Bruntál
CZ0802 Frýdek-Místek
CZ0803 Karviná
CZ0804 Nový Jičín
CZ0805 Opava
CZ0806 Ostrava-město

Poznámka: Kromě okresů jsou v mapě vyznačeny také obvody obcí s rozšířenou působností.
Note: Apart from the administrative districts map shows also areas of municipalities with extended powers.

3

Rozmístění obyvatelstva
Population Distribution

Garantka oddílu
Section Editor
Pavlína Netrdová

Zdroje dat
Data sources

3.1 45, 52, 58, 59, 66, 70, 71, 73, 76, 104, 115
3.2 52, 58, 66, 76, 115
3.3 45, 58, 74, 76, 104, 110, 112

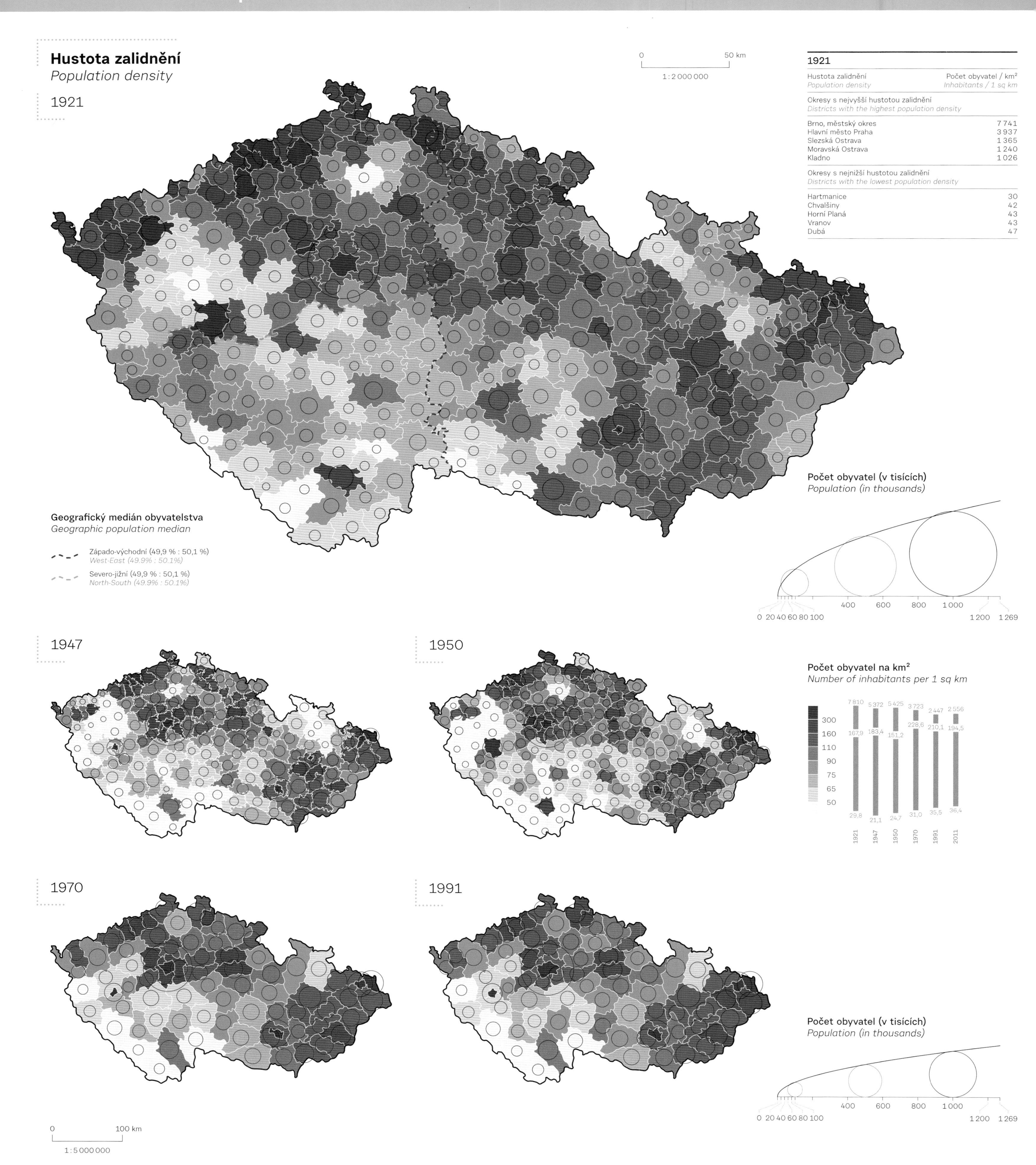
Hustota zalidnění
Population density
1921
0
50 km
1:2 000 000
1921
Hustota zalidnění
Population density
Počet obyvatel / km²
Inhabitants / 1 sq km
Okresy s nejvyšší hustotou zalidnění
Districts with the highest population density
Brno, městský okres 7 741
Hlavní město Praha 3 937
Slezská Ostrava 1 365
Moravská Ostrava 1 240
Kladno 1 026
Okresy s nejnižší hustotou zalidnění
Districts with the lowest population density
Hartmanice 30
Chvalšiny 42
Horní Planá 43
Vranov 43
Dubá 47
Geografický medián obyvatelstva
Geographic population median
Západo-východní (49,9 % : 50,1 %)
West-East (49.9% : 50.1%)
Severo-jižní (49,9 % : 50,1 %)
North-South (49.9% : 50.1%)
Počet obyvatel (v tisících)
Population (in thousands)
0 20 40 60 80 100
400
600
800
1 000
1 200
1 269
1947
1950
Počet obyvatel na km²
Number of inhabitants per 1 sq km
300
160
110
90
75
65
50
7 810
5 372
5 425
3 723
2 447
2 556
167,9
183,4
151,2
228,6
210,1
194,5
29,8
21,1
24,7
31,0
35,5
36,4
1921
1947
1950
1970
1991
2011
1970
1991
Počet obyvatel (v tisících)
Population (in thousands)
0 20 40 60 80 100
400
600
800
1 000
1 200
1 269
0
100 km
1:5 000 000

2011

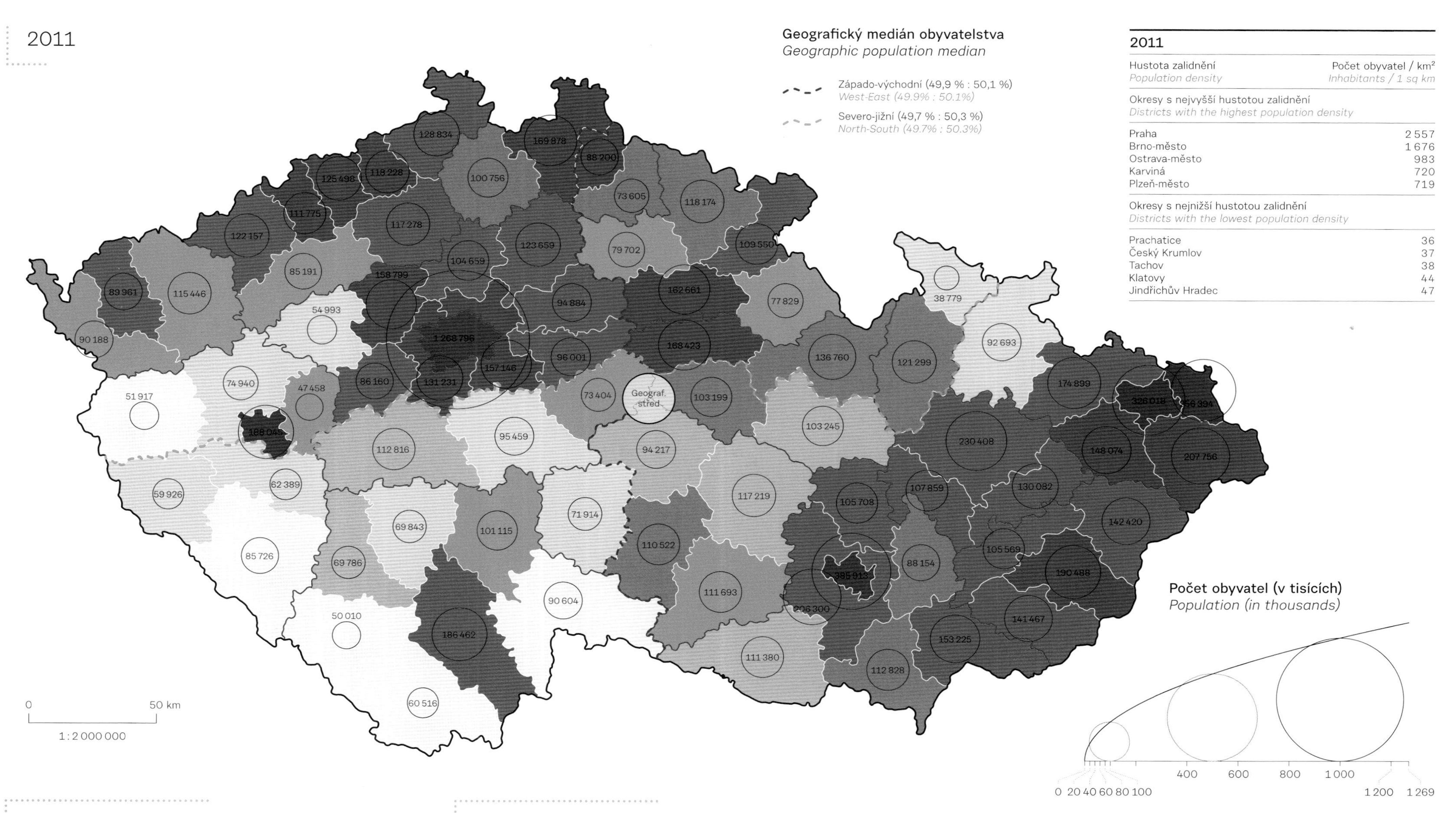
Geografický medián obyvatelstva
Geographic population median
Západo-východní (49,9 % : 50,1 %)
West-East (49.9% : 50.1%)
Severo-jižní (49,7 % : 50,3 %)
North-South (49.7% : 50.3%)
128 834
169 878
88 200
125 498
118 228
100 756
73 605
118 174
111 775
122 157
117 278
123 659
79 702
109 550
85 191
104 659
158 799
89 961
115 446
94 884
162 661
77 829
38 779
54 993
90 188
1 268 796
168 423
136 760
121 299
92 693
74 940
157 146
96 001
86 160
131 231
47 458
73 404
Geograf. střed
103 199
174 899
326 018
56 394
51 917
188 045
95 459
112 816
94 217
103 245
230 408
148 074
207 756
59 926
62 389
117 219
105 708
107 859
130 082
69 843
101 115
71 914
142 420
85 726
69 786
110 522
88 154
105 569
395 913
190 488
111 693
90 604
50 010
186 462
206 300
141 467
153 225
111 380
112 828
60 516
0
50 km
1 : 2 000 000
Počet obyvatel (v tisících)
Population (in thousands)
0 20 40 60 80 100
400
600
800
1 000
1 200
1 269

2011	
Hustota zalidnění *Population density*	Počet obyvatel / km² *Inhabitants / 1 sq km*
Okresy s nejvyšší hustotou zalidnění *Districts with the highest population density*	
Praha	2 557
Brno-město	1 676
Ostrava-město	983
Karviná	720
Plzeň-město	719
Okresy s nejnižší hustotou zalidnění *Districts with the lowest population density*	
Prachatice	36
Český Krumlov	37
Tachov	38
Klatovy	44
Jindřichův Hradec	47

Geografický populační střed
Geographic population mean

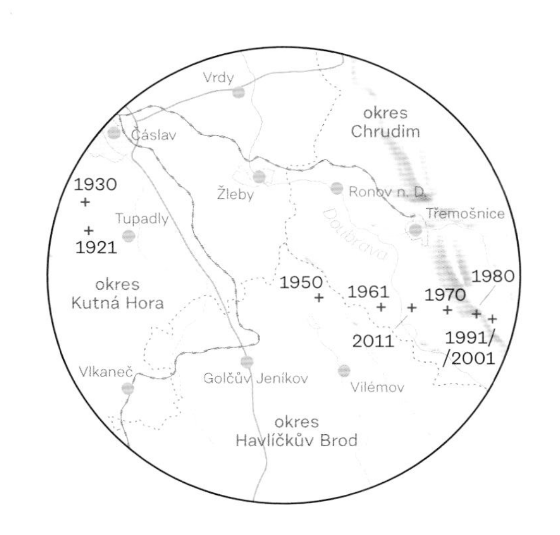
Vrdy
Čáslav
okres
Chrudim
1930
1921
Tupadly
Žleby
Ronov n. D.
Třemošnice
okres
Kutná Hora
1950
1961
1970
1980
2011
1991/
/2001
Vlkaneč
Golčův Jeníkov
Vilémov
okres
Havlíčkův Brod

Hustota zalidnění okresů
Population density of districts

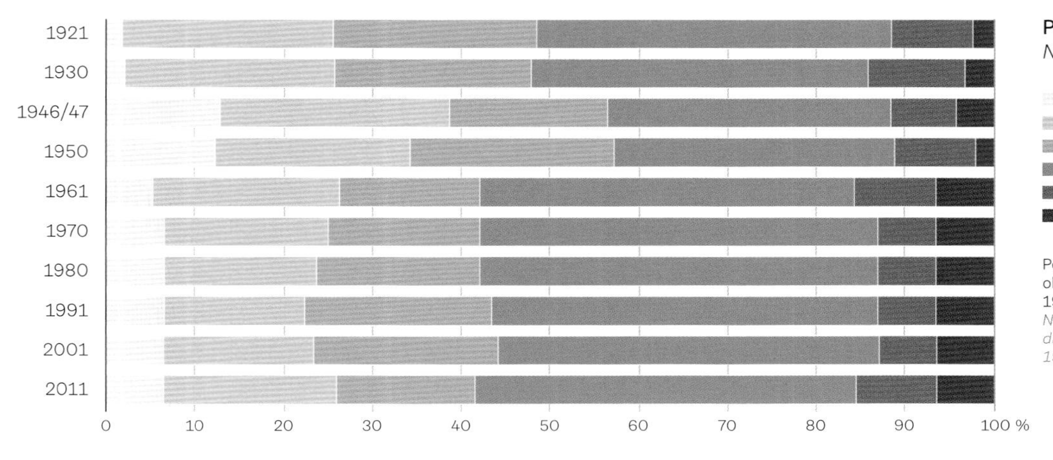
1921
1930
1946/47
1950
1961
1970
1980
1991
2001
2011
0
10
20
30
40
50
60
70
80
90
100 %

Počet obyvatel na km²
Number of inhabitants per 1 sq km

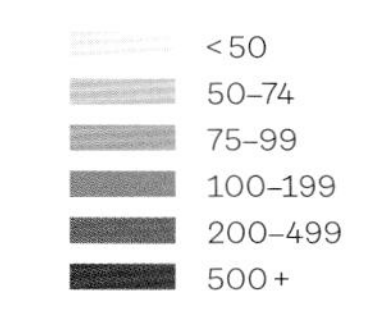
<50
50–74
75–99
100–199
200–499
500+

Poznámka: V letech 1921 a 1930 údaje za soudní okresy, v roce 1946/47 za politické okresy a od roku 1950 za správní okresy.
Note: In the years 1921 and 1930 data for court districts, 1946/47 for political districts and since 1950 for administrative districts.

Počet obyvatel, 1920–2013
Population, 1920–2013

Poznámka: Snížení počtu obyvatel udávané v letech sčítání 1961, 1970 a 1991 bylo dáno korekcí neregistrované emigrace
Note: Decrease of number of population stated in the years of Population Censuses 1961, 1970 and 1991 was influenced by the correction of unregistered emigration.

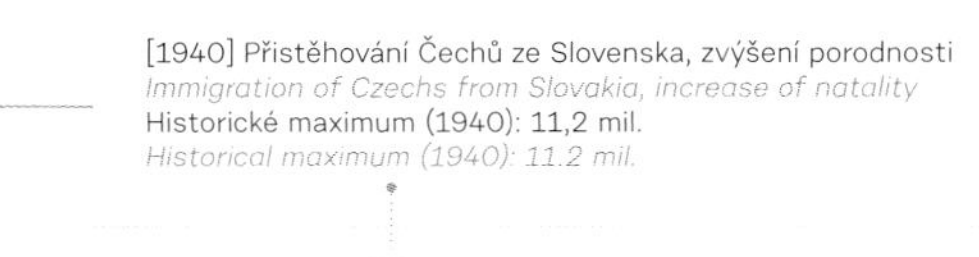
[1940] Přistěhování Čechů ze Slovenska, zvýšení porodnosti
Immigration of Czechs from Slovakia, increase of natality
Historické maximum (1940): 11,2 mil.
Historical maximum (1940): 11.2 mil.

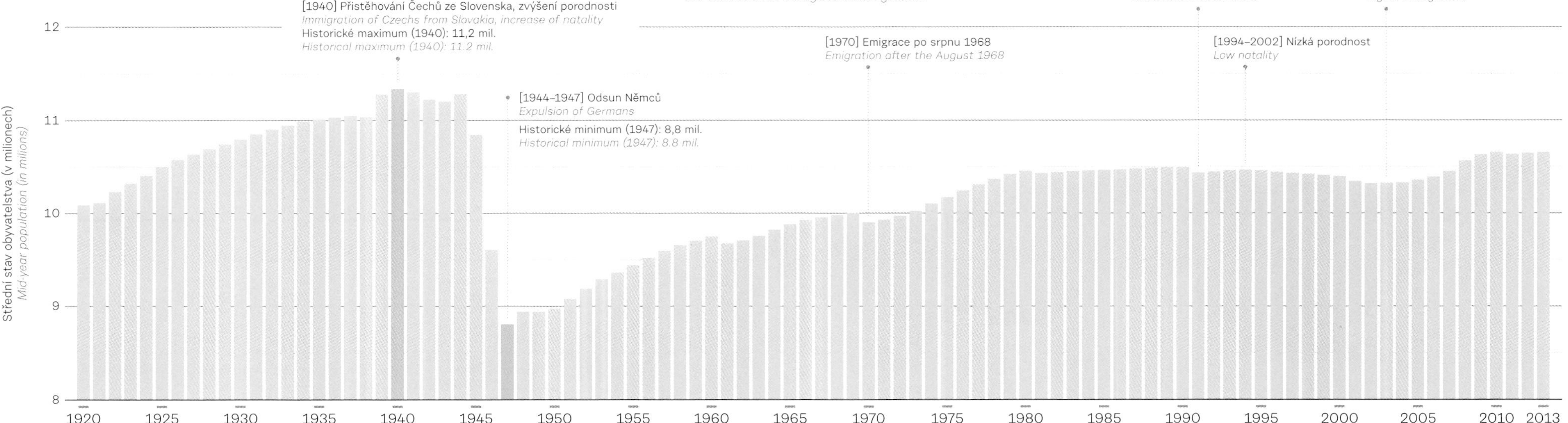
Střední stav obyvatelstva (v milionech)
Mid-year population (in millions)
[1944–1947] Odsun Němců
Expulsion of Germans
Historické minimum (1947): 8,8 mil.
Historical minimum (1947): 8.8 mil.
[1970] Emigrace po srpnu 1968
Emigration after the August 1968
[1991] Otevření hranic po roce 1989
Free borders after 1989
[1994–2002] Nízká porodnost
Low natality
[2003–2010] Vyšší imigrace cizinců
Higher immigration
12
11
10
9
8
1920
1925
1930
1935
1940
1945
1950
1955
1960
1965
1970
1975
1980
1985
1990
1995
2000
2005
2010
2013

Index vývoje počtu obyvatel
Index of population change

1921–1930

Celkový přírůstek obyvatelstva v Česku = 6,6 %
Absolutní přírůstek přirozenou měnou v Česku = 726 236 obyvatel
Absolutní úbytek stěhováním v Česku = 61 440 obyvatel
Total population increase in Czechia = 6.6%
Absolute natural increase in Czechia = 726,236 inhabitants
Absolute net migration in Czechia = 61,440 inhabitants

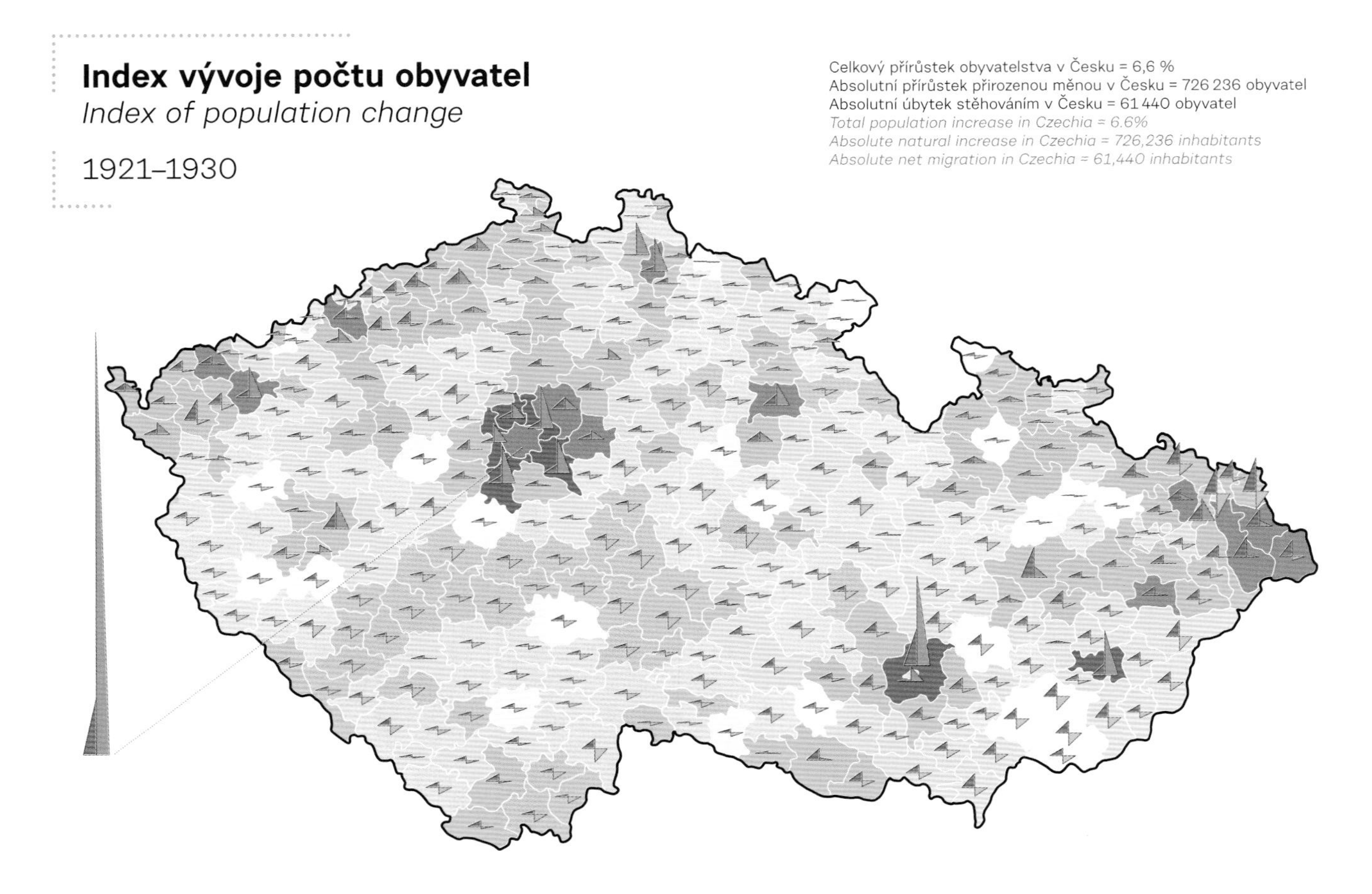

Index vývoje počtu obyvatel
Index of population change

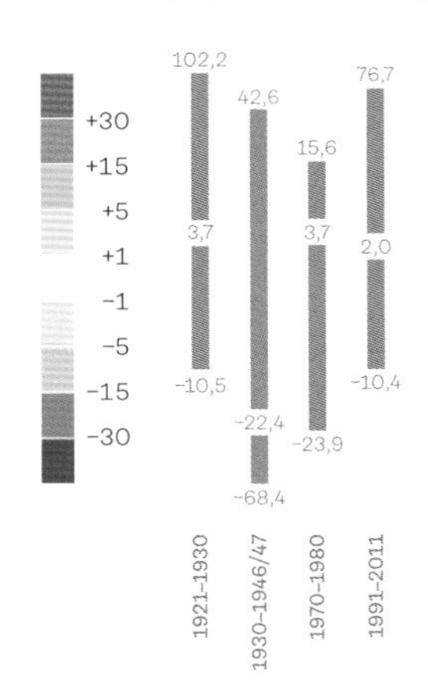
+30
+15
+5
+1
−1
−5
−15
−30
102,2
3,7
−10,5
42,6
−22,4
−68,4
15,6
3,7
−23,9
76,7
2,0
−10,4
1921–1930
1930–1946/47
1970–1980
1991–2011

Absolutní přírůstek a úbytek obyvatelstva
Absolute population increase and decrease

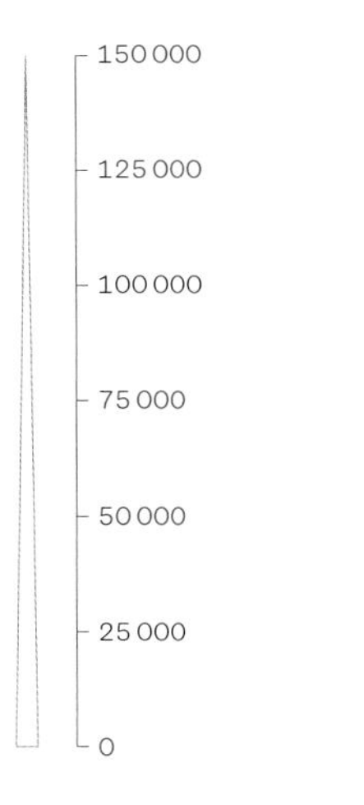
150 000
125 000
100 000
75 000
50 000
25 000
0

Přirozená měna a stěhování (1921–1930)
Natural growth and migration (1921–1930)

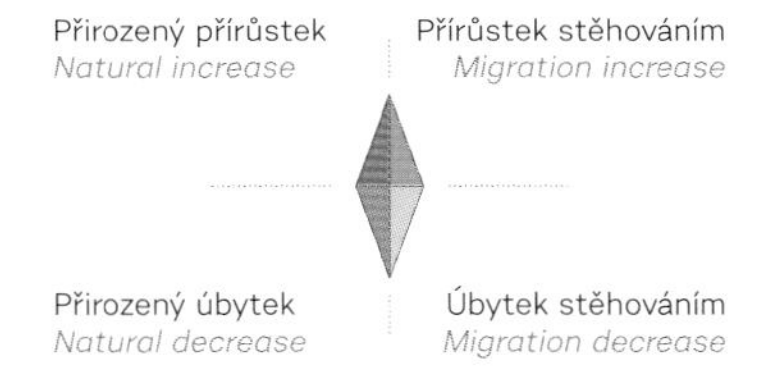
Přirozený přírůstek
Natural increase
Přírůstek stěhováním
Migration increase
Přirozený úbytek
Natural decrease
Úbytek stěhováním
Migration decrease

1930–1946/47

Celkový úbytek obyvatelstva v Česku = −17,9 %
Absolutní úbytek obyvatelstva v Česku = −1 912 025 obyvatel
Total population decrease in Czechia = −17.9%
Absolute population decrease in Czechia = −1,912,025 inhabitants

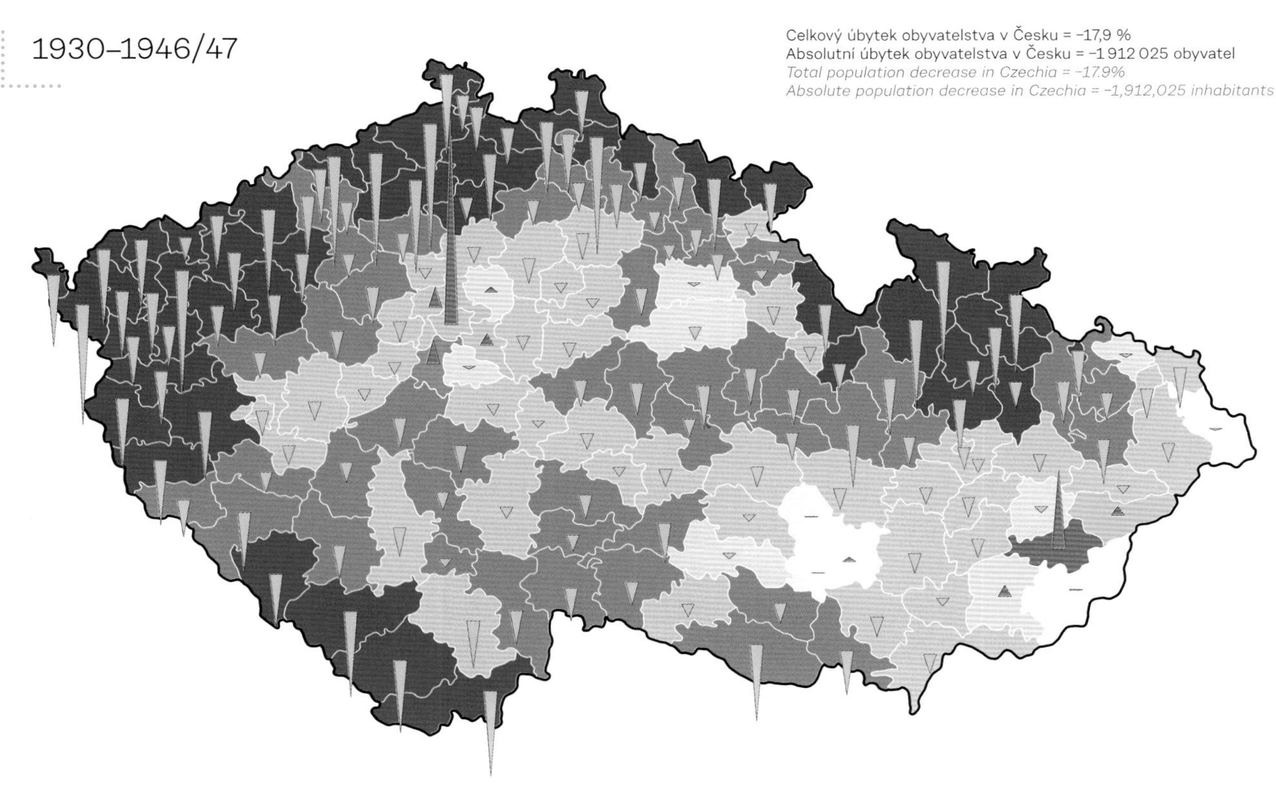

1970–1980

Celkový přírůstek obyvatelstva v Česku = 5,1 %
Absolutní přírůstek obyvatelstva v Česku = 500 839 obyvatel
Total population increase in Czechia = 5.1%
Absolute population increase in Czechia = 500,839 inhabitants

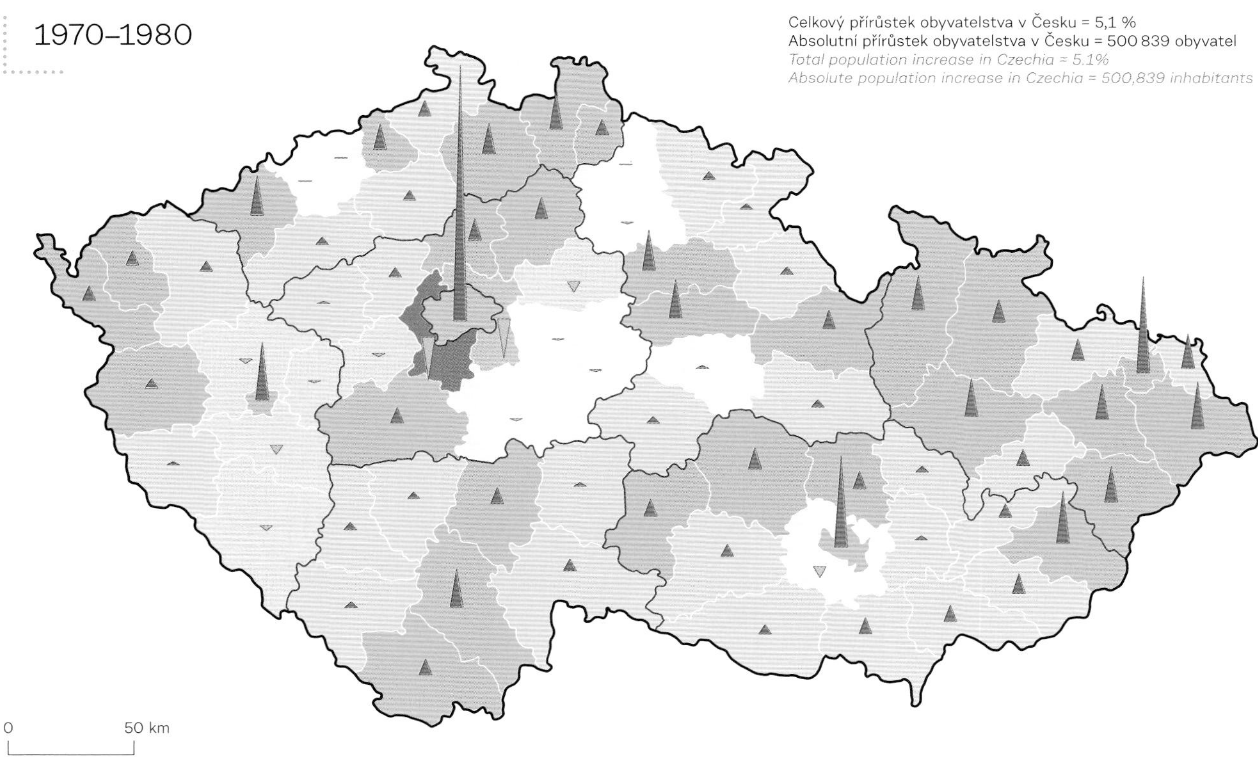
0
50 km
1:3 000 000

Extrémy přírůstku obyvatelstva
Extremes in population increase

Absolutně *Absolutely*		Relativně (v %) *Relatively (in %)*	
1921–1930			
Česko	+664 760	Česko	+6,6
Hlavní město Praha	220 645	Hlavní město Praha	30,2
Brno-město	46 313	Zlín	26,6
Ostrava-město	24 249	Praha-západ	23,5
Zlín	23 832	Brno-město	19,5
Děčínsko	18 695	Praha-východ	17,9
1930–1950			
Česko	−1 778 154	Česko	−16,7
Hlavní město Praha	107 150	Zlín	32,7
Zlín	37 038	Hlavní město Praha	11,3
Brno-město	15 127	Uherské Hradiště	6,7
Uherské Hradiště	7 708	Brno-město	5,3
Vsetín	4 060	Vsetín	4,0
1950–1961			
Česko	+675 445	Česko	+7,6
Hlavní město Praha	75 486	Karviná	32,9
Karviná	52 852	Sokolov	18,8
Ostrava-město	43 359	Ostrava-město	18,3
Brno-město	25 074	Opava	17,6
Opava	22 956	Příbram	17,5
1961–1970			
Česko	+236 166	Česko	+2,5
Karviná	60 521	Karviná	28,3
Ostrava-město	43 356	Ostrava-město	15,5
Brno-město	20 045	Sokolov	14,0
Frýdek-Místek	17 986	Frýdek-Místek	10,8
Plzeň-město	12 700	Chomutov	10,4
1970–1980			
Česko	+484 230	Česko	+5,0
Hlavní město Praha	41 391	Česká Lípa	14,4
Brno-město	27 245	Chomutov	13,8
Ostrava-město	26 338	Český Krumlov	10,9
Frýdek-Místek	18 471	Zlín	10,5
Gottwaldov	18 227	Plzeň-město	10,5
1980–1991			
Česko	+10 288	Česko	+0,1
Hlavní město Praha	31 988	Česká Lípa	14,9
Brno-město	16 833	České Budějovice	5,3
Česká Lípa	12 734	Chomutov	5,1
České Budějovice	8 762	Třebíč	5,0
Frýdek-Místek	7 778	Brno-město	4,5
1991–2001			
Česko	−72 155	Česko	−0,7
Praha-západ	8 139	Praha-západ	11,0
České Budějovice	4 741	Český Krumlov	3,8
Praha-východ	3 618	Česká Lípa	3,6
Česká Lípa	3 547	Praha-východ	3,5
Brno-venkov	2 587	Tachov	2,8
2001–2011			
Česko	+206 500	Česko	+2,0
Hlavní město Praha	99 690	Praha-západ	59,3
Praha-východ	51 605	Praha-východ	48,9
Praha-západ	48 827	Nymburk	14,6
Brno-venkov	24 614	Beroun	13,8
Nymburk	12 080	Brno-venkov	13,5

Poznámka: Hodnoty jsou vypočteny pro současné (srovnatelné) území okresů a nekorespondují s hodnotami uvedenými v mapách.
Note: The values are computed for today's (comparable) delimitation of districts and therefore do not correspond with the values displayed in maps.

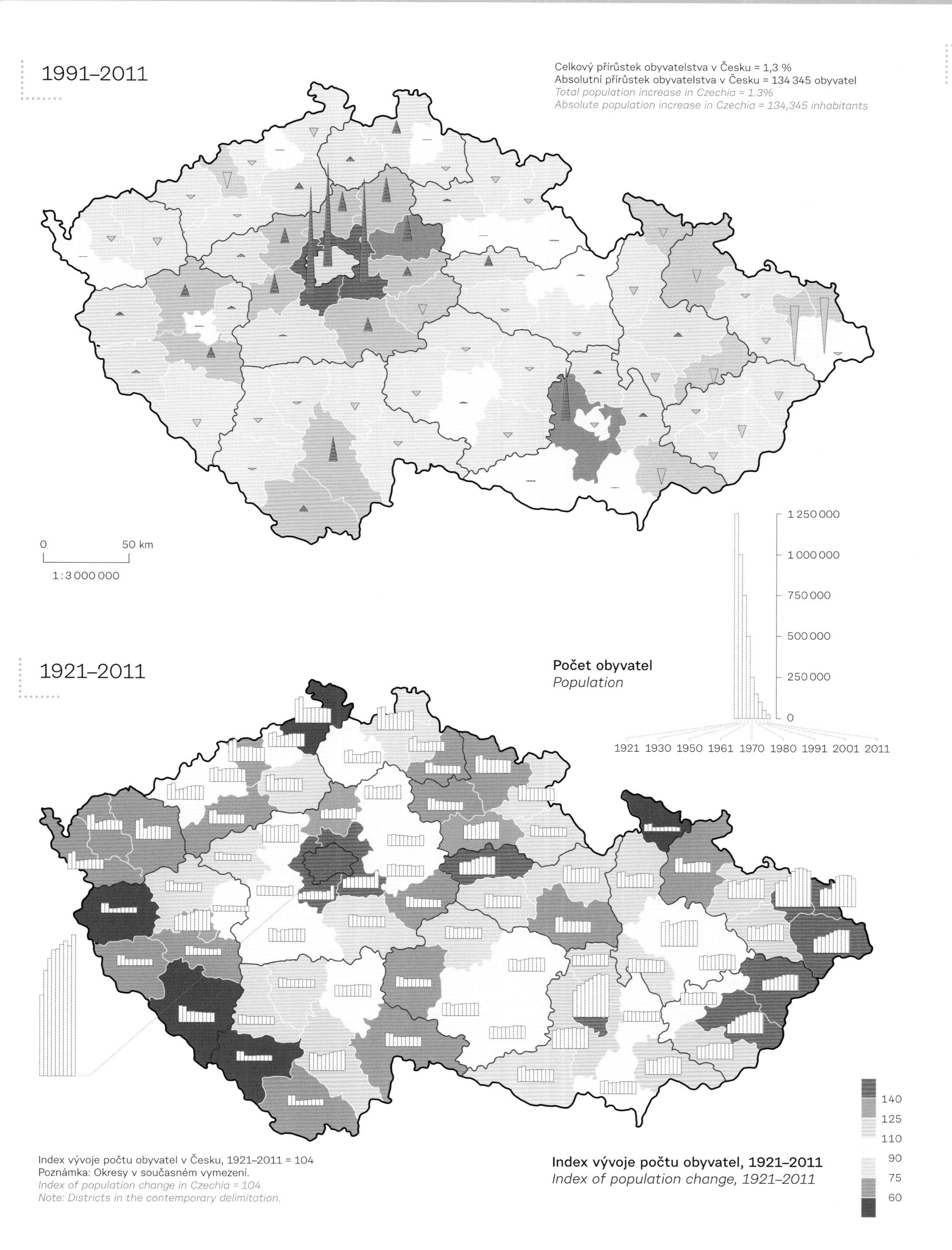
1991–2011
Celkový přírůstek obyvatelstva v Česku = 1,3 %
Absolutní přírůstek obyvatelstva v Česku = 134 345 obyvatel
Total population increase in Czechia = 1.3%
Absolute population increase in Czechia = 134,345 inhabitants
0
50 km
1 : 3 000 000
1 250 000
1 000 000
750 000
500 000
250 000
0
1921 1930 1950 1961 1970 1980 1991 2001 2011
Počet obyvatel
Population
1921–2011
140
125
110
90
75
60
Index vývoje počtu obyvatel, 1921–2011
Index of population change, 1921–2011

Index vývoje počtu obyvatel v Česku, 1921–2011 = 104
Poznámka: Okresy v současném vymezení.
Index of population change in Czechia = 104
Note: Districts in the contemporary delimitation.

Extrémy úbytku obyvatelstva
Extremes in population decrease

Absolutně *Absolutely*		Relativně (v %) *Relatively (in %)*	
1921–1930			
Česko	+664 760	Česko	+6,6
Pelhřimov	−7 703	Pelhřimov	−7,8
Příbram	−7 003	Příbram	−6,0
Klatovy	−6 370	Písek	−4,9
Jindřichův Hradec	−5 522	Jindřichův Hradec	−4,4
Kutná Hora	−4 487	Kutná Hora	−4,3
1930–1950			
Česko	−1 778 154	Česko	−16,7
Děčín	−100 580	Sokolov	−54,3
Karlovy Vary	−90 348	Cheb	−54,2
Cheb	−88 546	Tachov	−53,4
Sokolov	−79 152	Český Krumlov	−50,4
Teplice	−71 020	Karlovy Vary	−46,9
1950–1961			
Česko	+675 445	Česko	+7,6
Trutnov	−3 652	Semily	−3,2
Semily	−2 609	Trutnov	−2,9
Jičín	−1 149	Domažlice	−1,4
Klatovy	−905	Jičín	−1,3
Domažlice	−837	Plzeň-jih	−1,0
1961–1970			
Česko	+236 166	Česko	+2,5
Klatovy	−5 060	Plzeň-jih	−6,0
Jičín	−4 919	Rakovník	−5,9
Prostějov	−4 653	Jičín	−5,6
Nymburk	−4 240	Klatovy	−5,1
Plzeň-jih	−4 148	Plzeň-sever	−4,5
1970–1980			
Česko	+484 230	Česko	+5,0
Nymburk	−3 904	Nymburk	−4,3
Plzeň-jih	−2 276	Plzeň-jih	−3,5
Klatovy	−1 780	Kutná Hora	−1,9
Kutná Hora	−1 525	Klatovy	−1,9
Beroun	−948	Rokycany	−1,4
1980–1991			
Česko	+10 288	Česko	+0,1
Brno-venkov	−9 923	Plzeň-jih	−7,5
Teplice	−7 966	Teplice	−5,9
Karlovy Vary	−6 580	Nymburk	−5,8
Litoměřice	−5 738	Kolín	−5,8
Kolín	−5 596	Brno-venkov	−5,2
1991–2001			
Česko	−72 155	Česko	−0,7
Hlavní město Praha	−45 068	Plzeň-město	−3,9
Brno-město	−12 124	Hlavní město Praha	−3,7
Ostrava-město	−10 430	Brno-město	−3,1
Plzeň-město	−7 410	Ostrava-město	−2,9
Karviná	−4 998	Strakonice	−2,9
2001–2011			
Česko	+206 500	Česko	+2,0
Karviná	−24 606	Karviná	−8,8
Ostrava-město	−17 541	Jeseník	−8,6
Bruntál	−7 579	Bruntál	−7,6
Hodonín	−7 012	Ostrava-město	−5,1
Přerov	−5 804	Most	−4,6

Poznámka: Hodnoty jsou vypočteny pro současné (srovnatelné) území okresů a nekorespondují s hodnotami uvedenými v mapách.
Note: The values are computed for today's (comparable) delimitation of districts and therefore do not correspond with the values displayed in maps.

Celkový přírůstek obyvatelstva, 1920–2013
Total population increase, 1920–2013

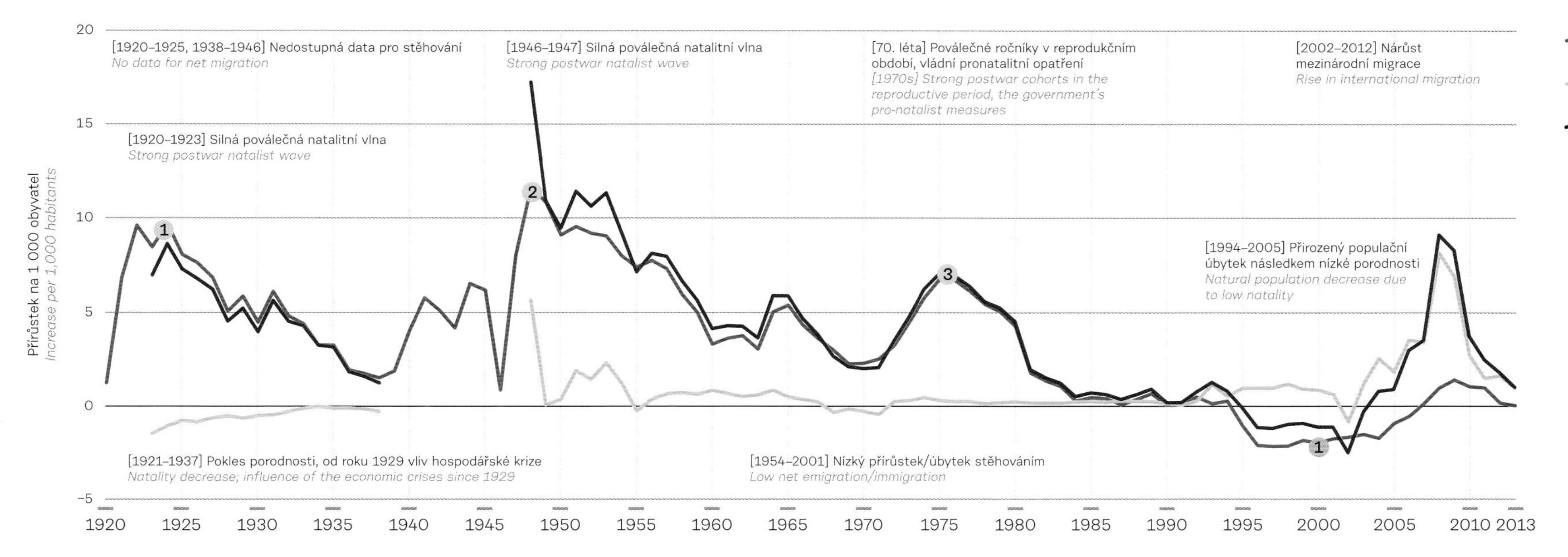
20
15
10
5
0
−5
Přírůstek na 1 000 obyvatel
Increase per 1,000 habitants
[1920–1925, 1938–1946] Nedostupná data pro stěhování
No data for net migration
[1946–1947] Silná poválečná natalitní vlna
Strong postwar natalist wave
[70. léta] Poválečné ročníky v reprodukčním období, vládní pronatalitní opatření
[1970s] Strong postwar cohorts in the reproductive period, the government's pro-natalist measures
[2002–2012] Nárůst mezinárodní migrace
Rise in international migration
[1920–1923] Silná poválečná natalitní vlna
Strong postwar natalist wave
[1994–2005] Přirozený populační úbytek následkem nízké porodnosti
Natural population decrease due to low natality
[1921–1937] Pokles porodnosti, od roku 1929 vliv hospodářské krize
Natality decrease; influence of the economic crises since 1929
[1954–2001] Nízký přírůstek/úbytek stěhováním
Low net emigration/immigration
1920 1925 1930 1935 1940 1945 1950 1955 1960 1965 1970 1975 1980 1985 1990 1995 2000 2005 2010 2013
Přirozený přírůstek
Natural increase
Přírůstek stěhováním
Net migration
Celkový přírůstek
Total increase
1 > 240 000 narozených ročně
> 240,000 live births per year
2 > 205 000 narozených ročně
> 205,000 live births per year
3 [1974] 195 427 živě narozených
195,427 live births
1 [1999] 89 471 živě narozených
89,471 live births

Poznámka: Přírůstek stěhování ani celkový přírůstek nezohledňují významné záporné saldo nelegální migrace v letech 1948–1990.
Note: Net migration and total increase do not reflect the significant decrease in illegal migration in the years 1948–1990.

Hustota obcí
Municipal densities

1921

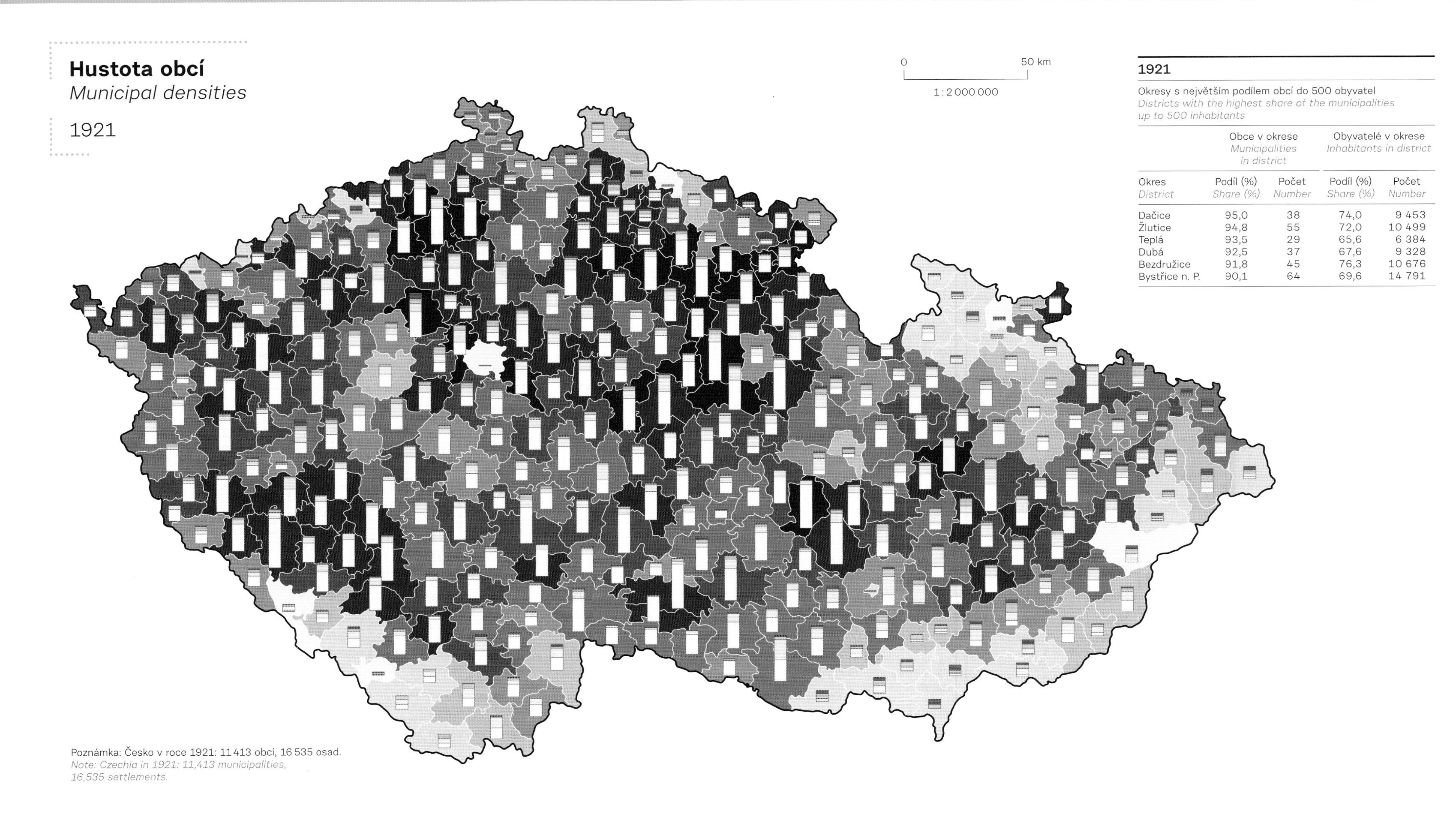

0
50 km
1:2 000 000

1921

Okresy s největším podílem obcí do 500 obyvatel
Districts with the highest share of the municipalities up to 500 inhabitants

Okres *District*	Obce v okrese *Municipalities in district* – Podíl (%) *Share (%)*	Obce v okrese – Počet *Number*	Obyvatelé v okrese *Inhabitants in district* – Podíl (%) *Share (%)*	Obyvatelé v okrese – Počet *Number*
Dačice	95,0	38	74,0	9 453
Žlutice	94,8	55	72,0	10 499
Teplá	93,5	29	65,6	6 384
Dubá	92,5	37	67,6	9 328
Bezdružice	91,8	45	76,3	10 676
Bystřice n. P.	90,1	64	69,6	14 791

Poznámka: Česko v roce 1921: 11 413 obcí, 16 535 osad.
Note: Czechia in 1921: 11,413 municipalities, 16,535 settlements.

1946/47

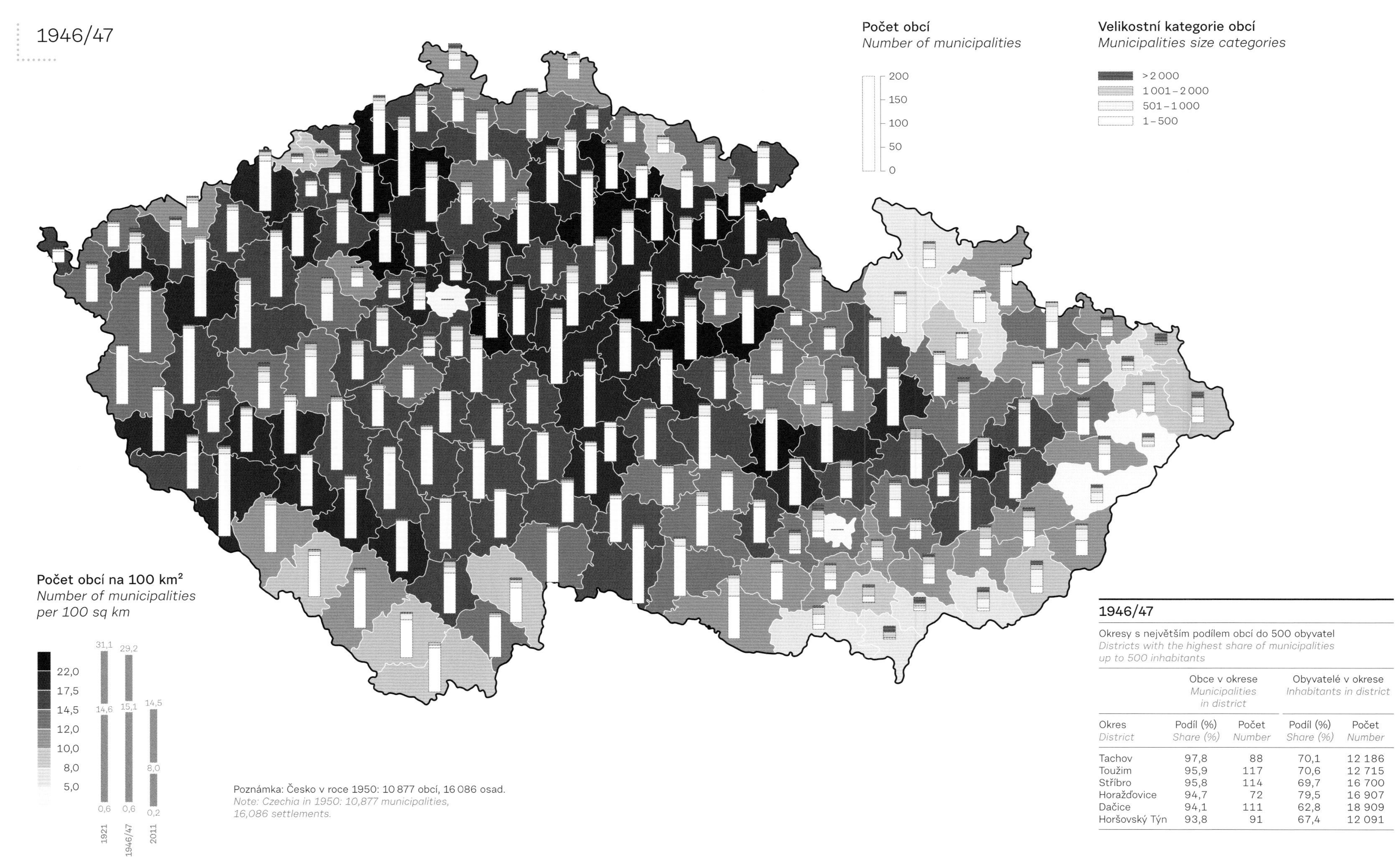

Počet obcí
Number of municipalities
200
150
100
50
0
Velikostní kategorie obcí
Municipalities size categories
>2 000
1 001–2 000
501–1 000
1–500
Počet obcí na 100 km²
Number of municipalities per 100 sq km
22,0
17,5
14,5
12,0
10,0
8,0
5,0
31,1
29,2
14,6
15,1
14,5
8,0
0,6
0,6
0,2
1921
1946/47
2011

1946/47

Okresy s největším podílem obcí do 500 obyvatel
Districts with the highest share of municipalities up to 500 inhabitants

Okres *District*	Obce v okrese *Municipalities in district* – Podíl (%) *Share (%)*	Obce v okrese – Počet *Number*	Obyvatelé v okrese *Inhabitants in district* – Podíl (%) *Share (%)*	Obyvatelé v okrese – Počet *Number*
Tachov	97,8	88	70,1	12 186
Toužim	95,9	117	70,6	12 715
Stříbro	95,8	114	69,7	16 700
Horažďovice	94,7	72	79,5	16 907
Dačice	94,1	111	62,8	18 909
Horšovský Týn	93,8	91	67,4	12 091

Poznámka: Česko v roce 1950: 10 877 obcí, 16 086 osad.
Note: Czechia in 1950: 10,877 municipalities, 16,086 settlements.

2011

0
50 km
1 : 2 000 000
Poznámka: Česko v roce 2011: 6 253 obcí, 13 026 katastrálních území, 15 067 částí obcí, 22 427 základních sídelních jednotek.
Note: Czechia in 2011: 6,253 municipalities, 13,026 cadastral units, 15,067 settlements, 22,427 basic settlement units.

2011

Okresy s největším podílem obcí do 500 obyvatel
Districts with the highest share of municipalities up to 500 inhabitants

Okres *District*	Obce v okrese *Municipalities in district* Podíl (%) *Share (%)*	Počet *Number*	Obyvatelé v okrese *Inhabitants in district* Podíl (%) *Share (%)*	Počet *Number*
Strakonice	83,9	94	25,1	17 740
Pelhřimov	80,0	96	20,0	14 503
Jihlava	79,7	98	16,6	18 669
Třebíč	79,0	132	24,3	27 519
Tábor	76,4	84	15,4	15 851
Jičín	75,7	84	22,2	17 698

Hustota částí obcí
Density of municipality parts

1921 | 2011

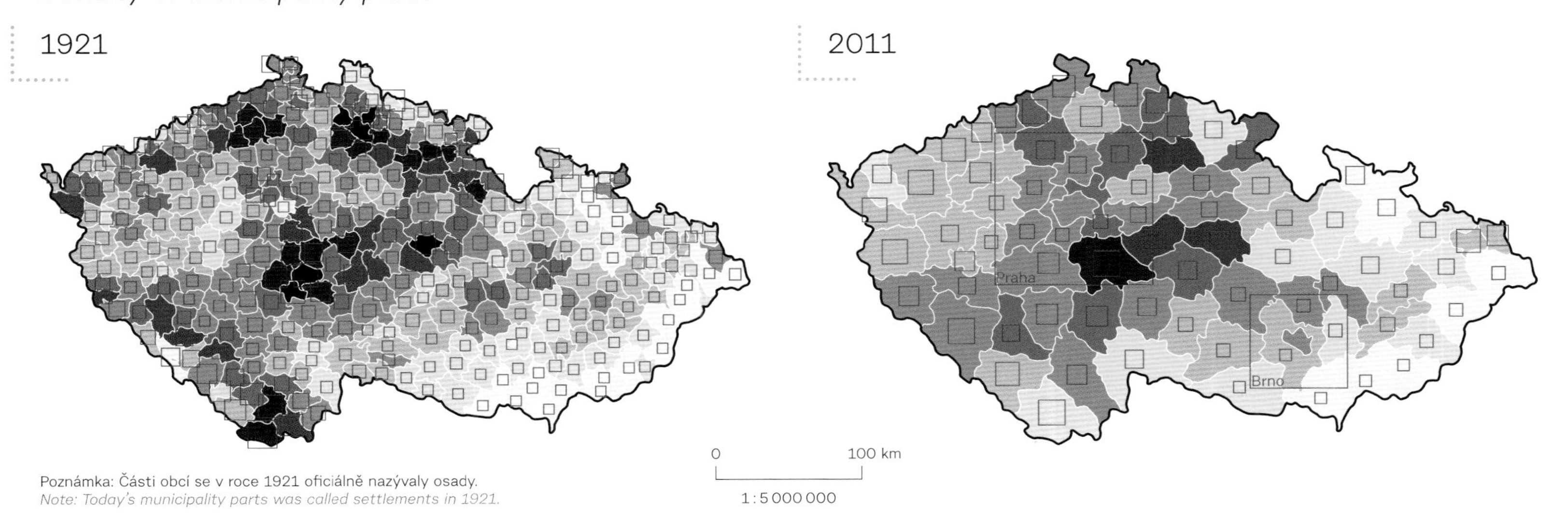
Praha
Brno
0
100 km
1 : 5 000 000

Poznámka: Části obcí se v roce 1921 oficiálně nazývaly osady.
Note: Today's municipality parts was called settlements in 1921.

Průměrný počet částí obcí na 1 obec
Average number of municipality parts per 1 municipality

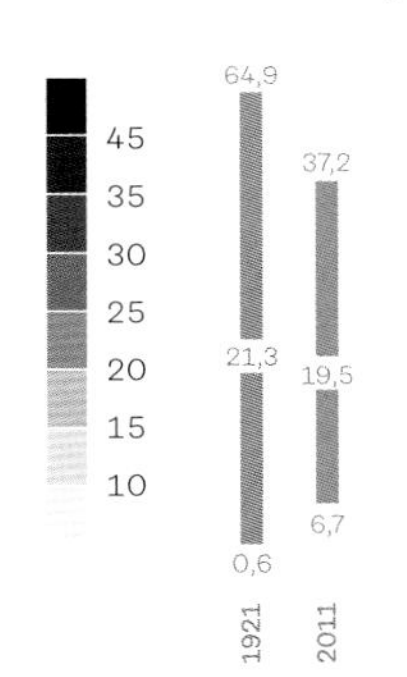
Praha
112
Brno
48
0 1 2 3 4 5 6 7 8 9 10

Počet částí obcí na 100 km²
Number of municipality parts per 100 sq km

45
35
30
25
20
15
10
64,9
21,3
0,6
37,2
19,5
6,7
1921
2011

Velikostní kategorie obcí podle počtu obyvatel, 1921–2013
Municipality size categories by population, 1921–2013

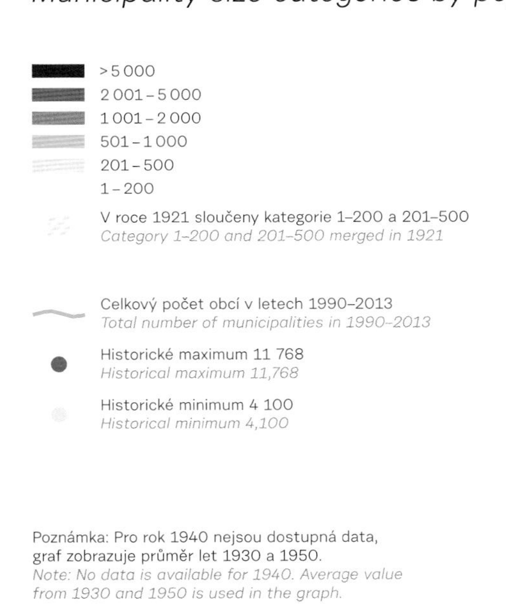
>5 000
2 001 – 5 000
1 001 – 2 000
501 – 1 000
201 – 500
1 – 200
V roce 1921 sloučeny kategorie 1–200 a 201–500
Category 1–200 and 201–500 merged in 1921
Celkový počet obcí v letech 1990–2013
Total number of municipalities in 1990–2013
Historické maximum 11 768
Historical maximum 11,768
Historické minimum 4 100
Historical minimum 4,100

Poznámka: Pro rok 1940 nejsou dostupná data, graf zobrazuje průměr let 1930 a 1950.
Note: No data is available for 1940. Average value from 1930 and 1950 is used in the graph.

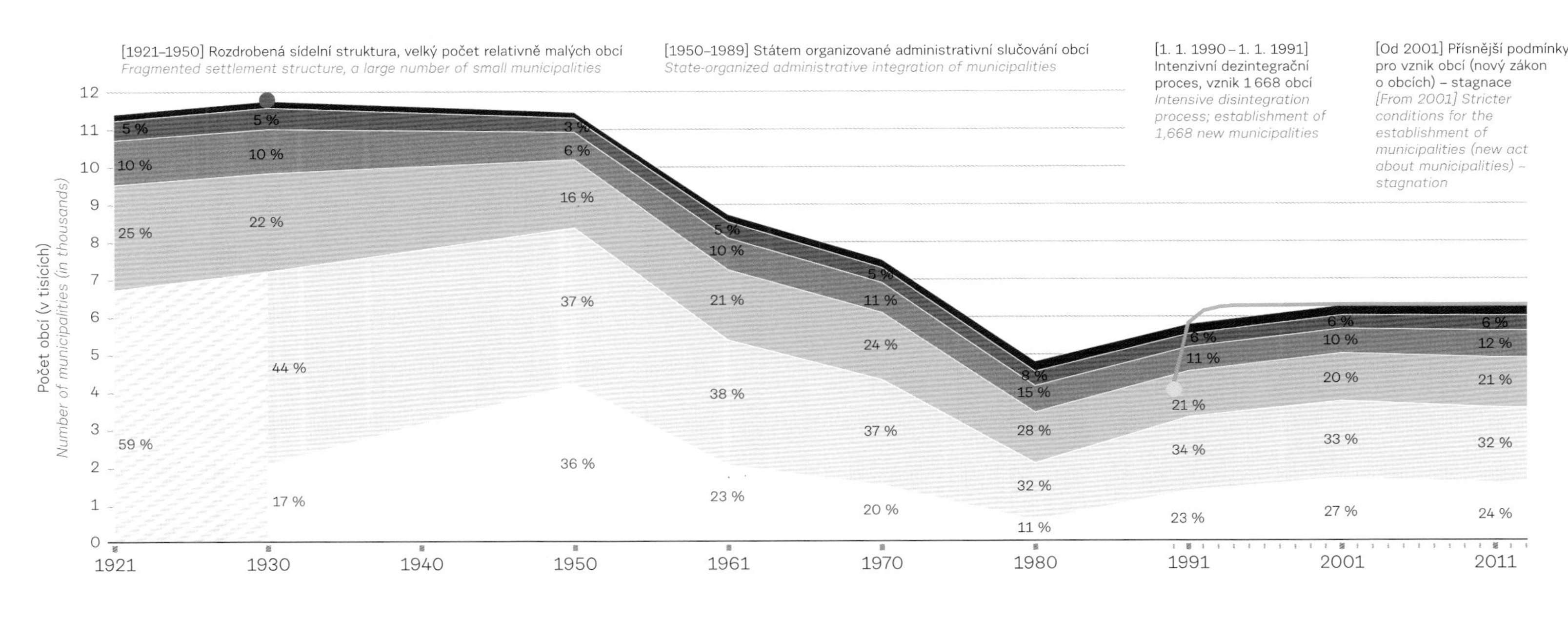
[1921–1950] Rozdrobená sídelní struktura, velký počet relativně malých obcí
Fragmented settlement structure, a large number of small municipalities
[1950–1989] Státem organizované administrativní slučování obcí
State-organized administrative integration of municipalities
[1. 1. 1990 – 1. 1. 1991] Intenzivní dezintegrační proces, vznik 1 668 obcí
Intensive disintegration process; establishment of 1,668 new municipalities
[Od 2001] Přísnější podmínky pro vznik obcí (nový zákon o obcích) – stagnace
[From 2001] Stricter conditions for the establishment of municipalities (new act about municipalities) – stagnation
Počet obcí (v tisících)
Number of municipalities (in thousands)
1921
1930
1940
1950
1961
1970
1980
1991
2001
2011

4

Demografické struktury a procesy
Demographic Structures and Processes

Garantka oddílu
Section Editor
Lucie Pospíšilová

Zdroje dat
Data sources

4.1 45, 63, 64, 66, 69, 71, 73, 85
4.2 52, 60, 63, 64, 66, 69, 73, 85, 119
4.3 45, 52, 60, 63, 64, 69, 71, 73, 82, 87, 91, 98, 100, 101, 103, 106, 115
4.4 87, 90, 91, 98, 103, 106, 115
4.5 98, 100, 101, 103, 112, 115

Děti (0–14 let)

Children aged 0–14 years

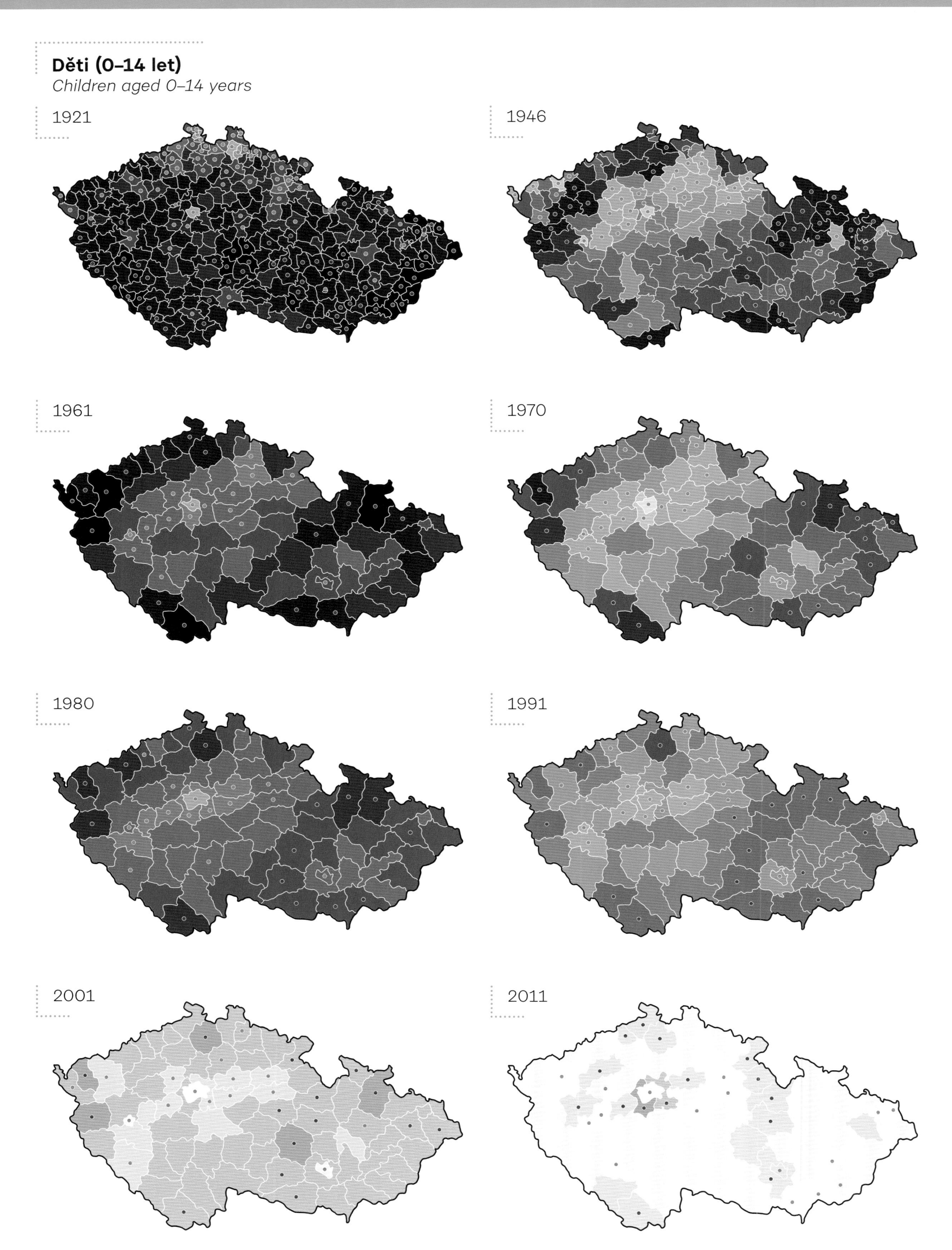
1921
1946
1961
1970
1980
1991
2001
2011

0
100 km
1:5 000 000

Podíl dětí (0–14 let) z celkové populace (v %)
The share of children (0–14) from total population (in %)

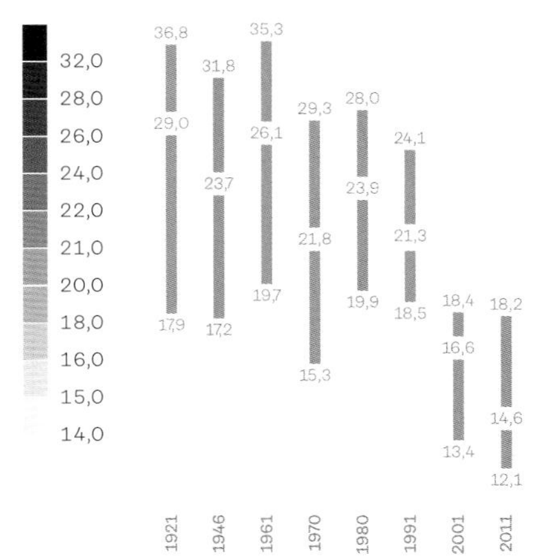
32,0
28,0
26,0
24,0
22,0
21,0
20,0
18,0
16,0
15,0
14,0
36,8
29,0
17,9
31,8
23,7
17,2
35,3
26,1
19,7
29,3
21,8
15,3
28,0
23,8
19,9
24,1
21,3
18,5
18,4
16,6
13,4
18,2
14,6
12,1
1921
1946
1961
1970
1980
1991
2001
2011

- Pětina okresů s nejvyšším počtem dětí (0–14 let) na počet obyvatel v produktivním věku (15–59 let)
  Fifth of the districts with the highest number of children (0–14 years) in the population of productive age (15–59 years)
- Pětina okresů s nejnižším počtem dětí (0–14 let) na počet obyvatel v produktivním věku (15–59 let)
  Fifth of the districts with the lowest number of children (0–14 years) in the population of productive age (15–59 years)

Lidé starší 60 let

People aged 60 years and over

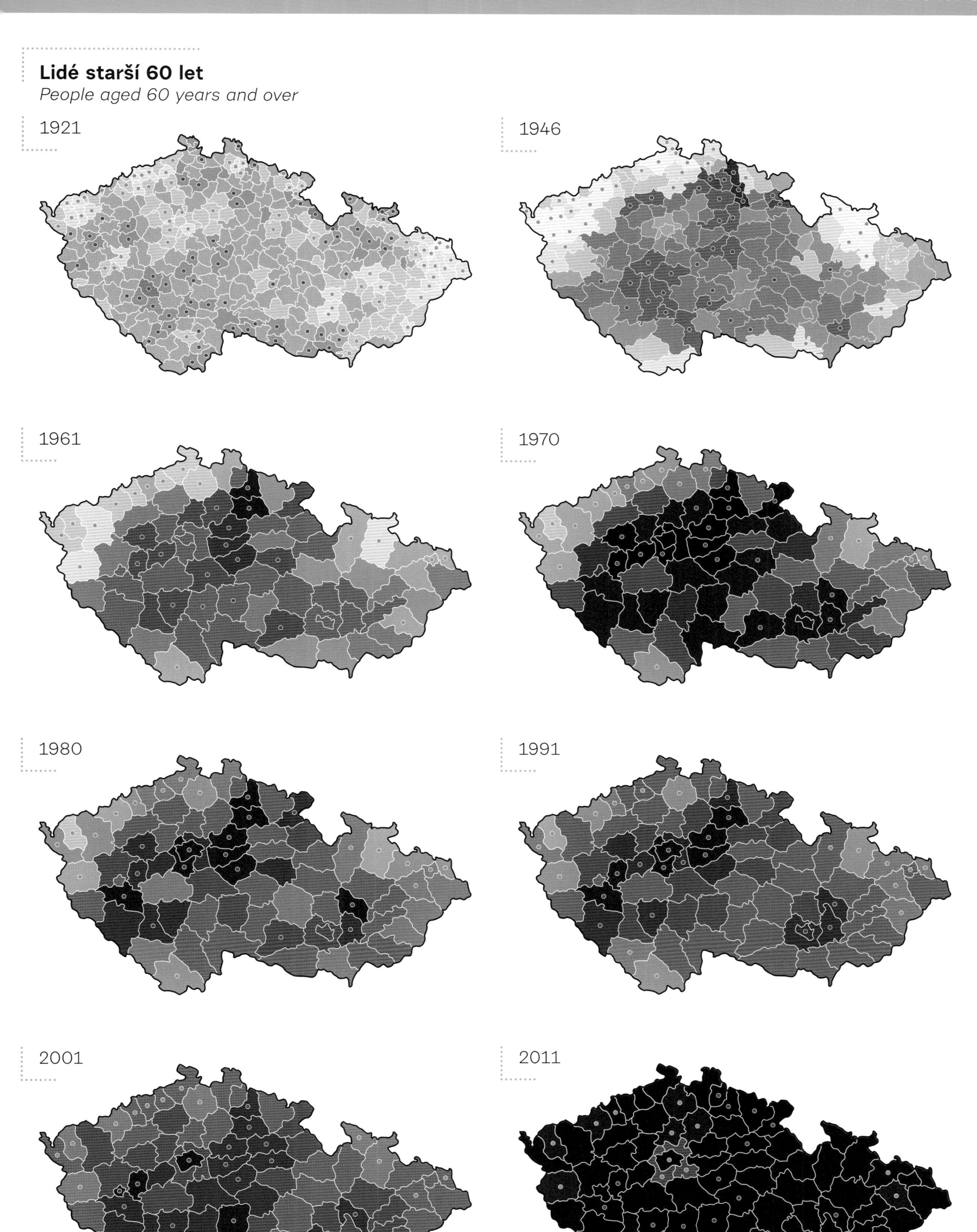
1921
1946
1961
1970
1980
1991
2001
2011

0
100 km
1 : 5 000 000

Podíl osob starších 60 let z celkové populace (v %)

The share of people aged 60 years and over from total population (in %)

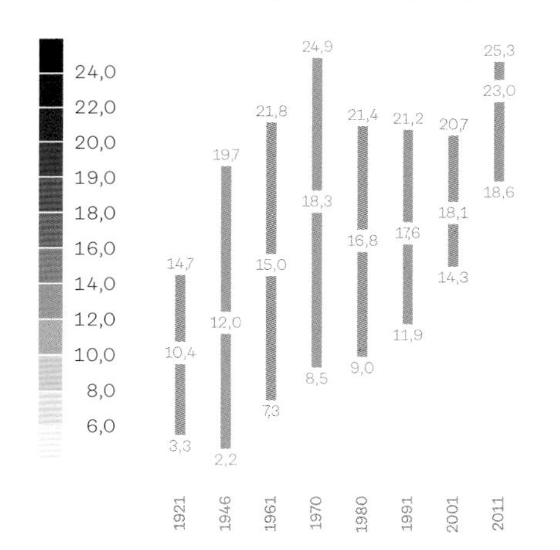
24,0
22,0
20,0
19,0
18,0
16,0
14,0
12,0
10,0
8,0
6,0
14,7
10,4
3,3
19,7
12,0
2,2
21,8
15,0
7,3
24,9
18,3
8,5
21,4
16,8
9,0
21,2
17,6
11,9
20,7
18,1
14,3
25,3
23,0
18,6
1921
1946
1961
1970
1980
1991
2001
2011

- Pětina okresů s nejvyšším počtem osob starších 60 let na počet obyvatel v produktivním věku (15–59 let)
  Fifth of the districts with the highest number of people aged 60 and over in the population of productive age (15–59 years)
- Pětina okresů s nejnižším počtem osob starších 60 let na počet obyvatel v produktivním věku (15–59 let)
  Fifth of the districts with the lowest number of people aged 60 and over in the population of productive age (15–59 years)

Index stáří
Ageing index

1930

0 50 km
1 : 2 000 000

Index stáří (počet obyvatel starších 65 let na 100 dětí ve věku 0–14 let)
Ageing index (number of inhabitants aged 65 years and over per 100 children aged 0–14 years)

130
115
100
85
70
65
50
35
25

	1930	1950	1961	1970	1980	1991	2001	2011
max	69,4	69,9	68,3	94,5	83,9	83,0	120,1	137,2
	30,5	36,6	38,7	57,8	67,0	58,7	82,2	108,0
min	11,6	6,7	12,4	18,1	23,5	33,1	54,1	67,0

Věková struktura
Age structure

0 %
10 10
0–14 let *0–14 years*
65+ let *65+ years*
20 20
30 30
40 40
50 %

Počet obyvatel (v tisících)
Population (in thousands)

0 100 200 300 400 500 600 700 800 900 1 000 1 100 1 200 1 269

2011

Index maskulinity (počet mužů na 100 žen)
Sex ratio (number of males per 100 females)

více než 100
more than 100

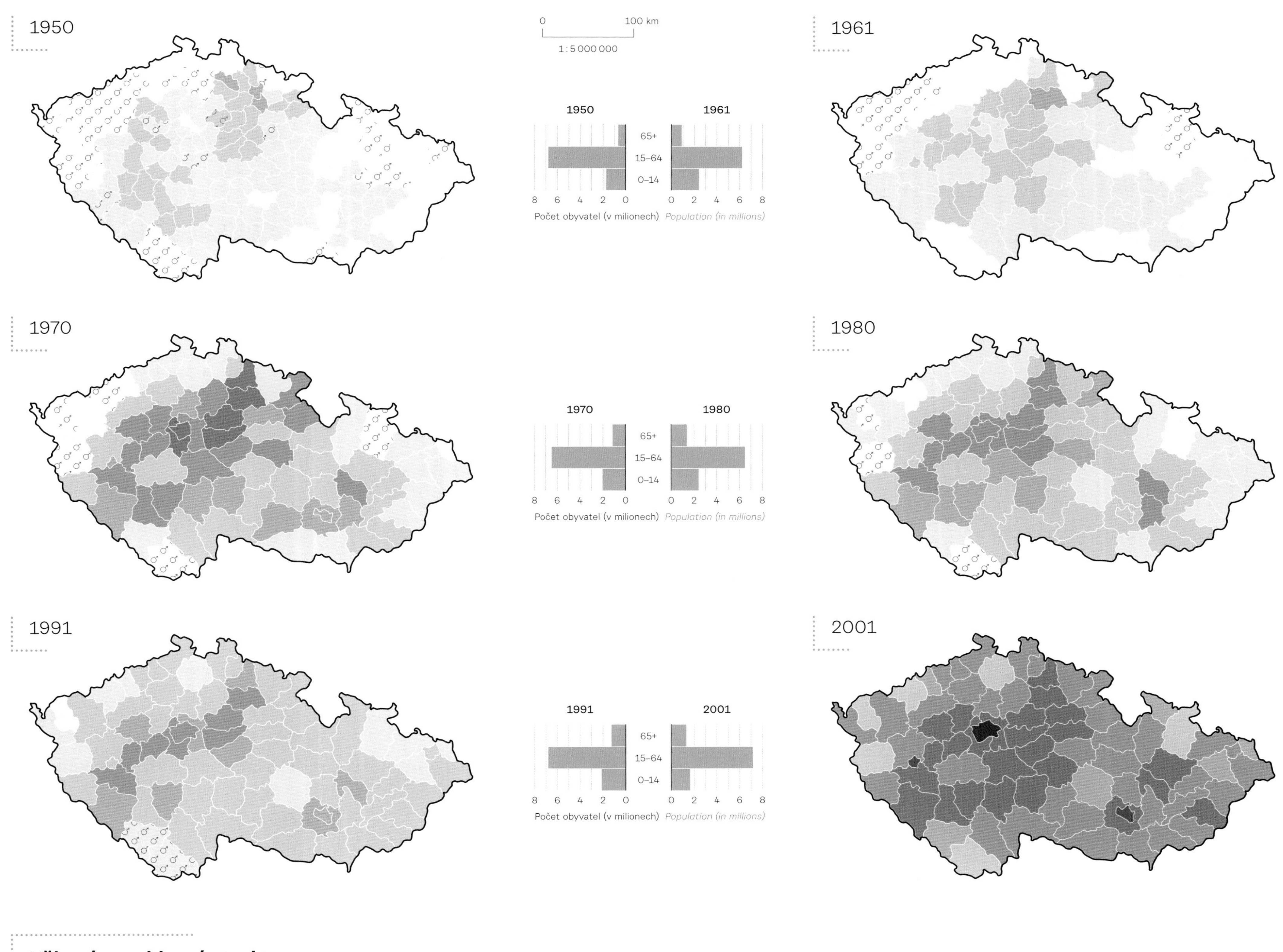
1950
1961
1970
1980
1991
2001
0 100 km
1 : 5 000 000
65+
15–64
0–14
8 6 4 2 0
0 2 4 6 8
Počet obyvatel (v milionech) Population (in millions)

Věková a pohlavní struktura
Age–sex structure

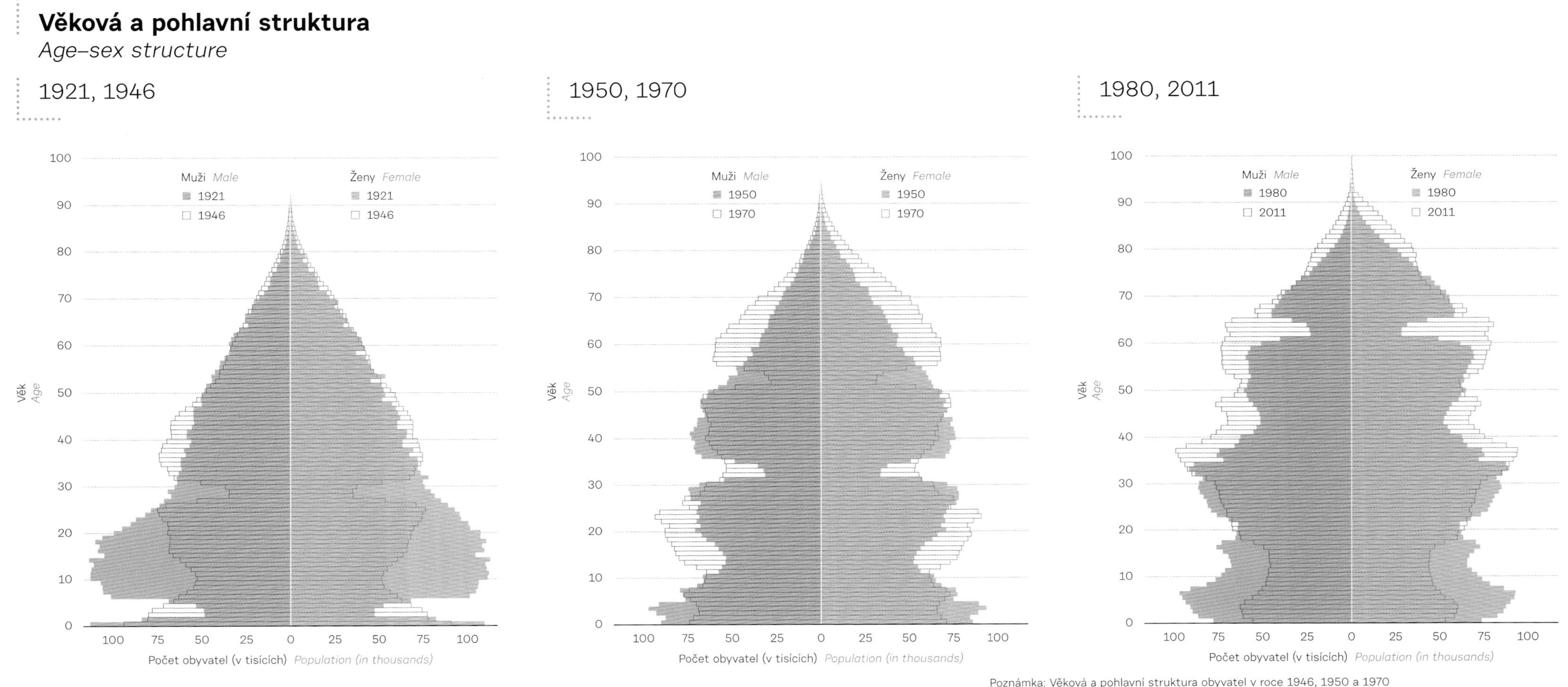
1921, 1946
1950, 1970
1980, 2011
Muži Male
Ženy Female
Věk Age
Počet obyvatel (v tisících) Population (in thousands)

Poznámka: Věková a pohlavní struktura obyvatel v roce 1946, 1950 a 1970 je k 31. 12. (nikoliv k datu SLDB).
Note: The age–sex structure in 1946, 1950 and 1970 is to the date 31.12. (not to the date of Census).

Rodinný stav
Marital status

0 50 km
1:3 000 000

1919–1922

1949–1952

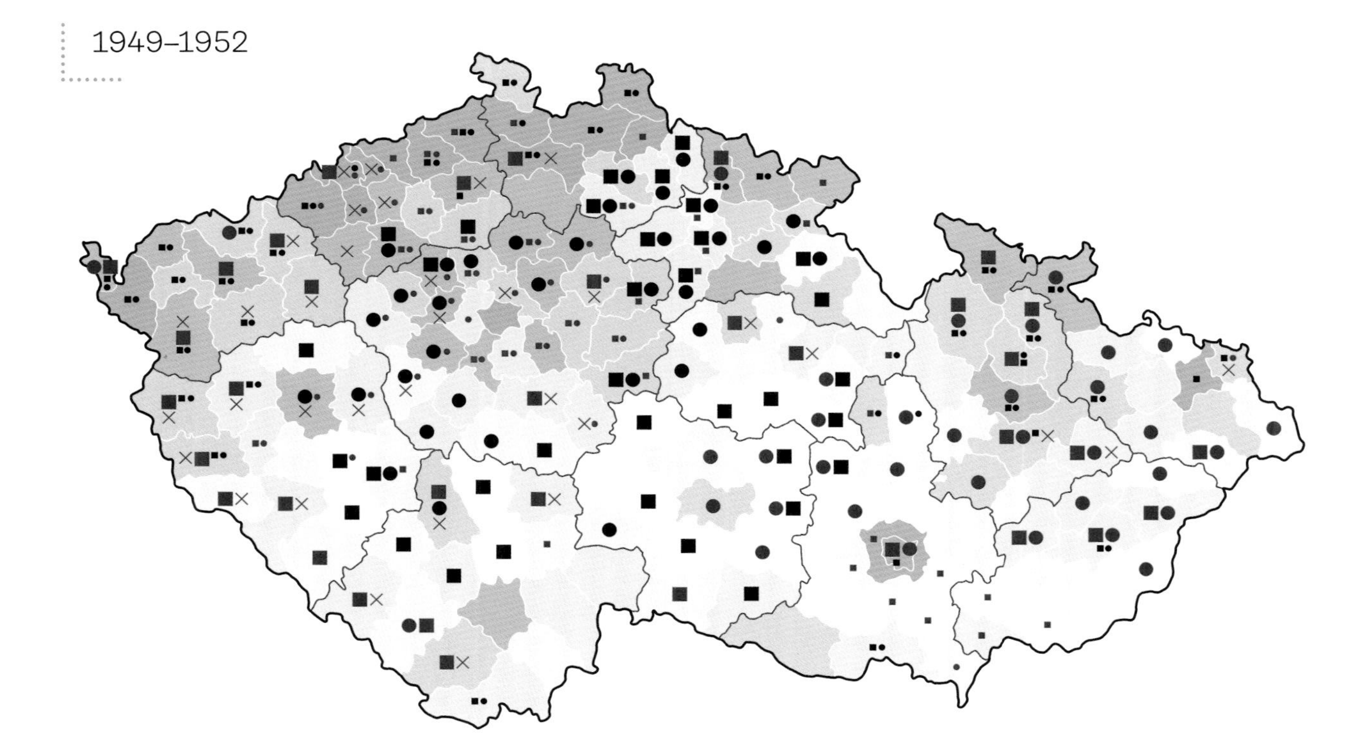

1969–1972

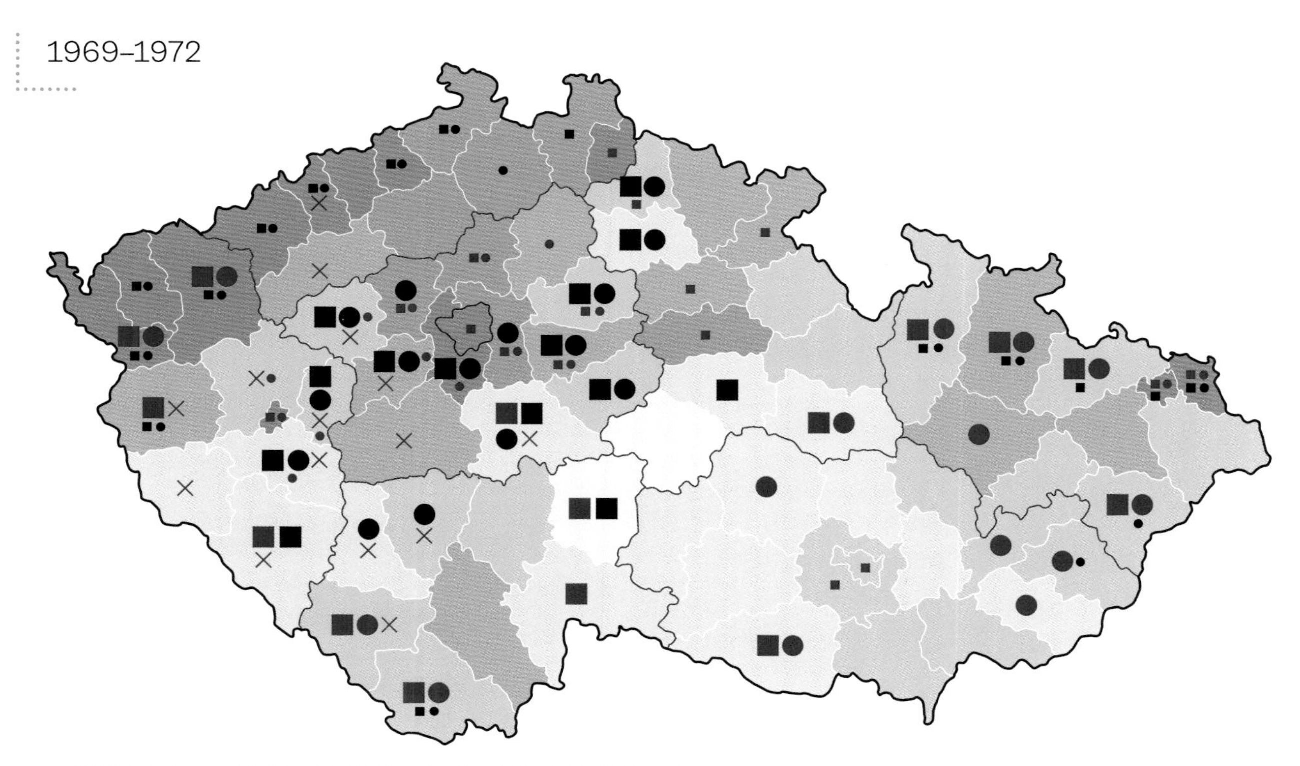

Poznámka: Do roku 1949 existovaly dvě formy domluveného ukončení manželství: rozluka (právní ukončení manželství) a „rozvod od stolu a lože" (bez právního ukončení manželství).
Note: Until 1949, there were two forms of arranged marriage termination: divorce (legal termination) and separation (without legal termination).

Index rozvodovosti (počet rozvodů na 100 sňatků)
Divorce ratio (number of divorces per 100 marriages)

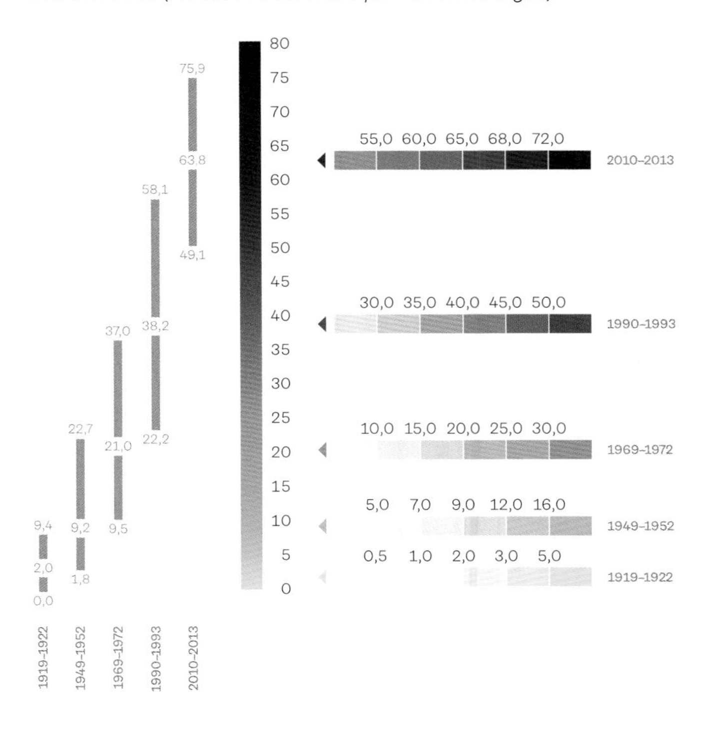

75,9
63,8
58,1
49,1
37,0
38,2
22,7
21,0
22,2
9,4
9,2
9,5
2,0
1,8
0,0
1919–1922
1949–1952
1969–1972
1990–1993
2010–2013
80
75
70
65
60
55
50
45
40
35
30
25
20
15
10
5
0
55,0 60,0 65,0 68,0 72,0
2010–2013
30,0 35,0 40,0 45,0 50,0
1990–1993
10,0 15,0 20,0 25,0 30,0
1969–1972
5,0 7,0 9,0 12,0 16,0
1949–1952
0,5 1,0 2,0 3,0 5,0
1919–1922

Muži *Male* Ženy *Female*

- Pětina okresů s nejvyšším podílem svobodných v populaci
  Fifth of the districts with the highest share of singles in population
- Pětina okresů s nejvyšším podílem ovdovělých v populaci
  Fifth of the districts with the highest share of widowed in population
- Pětina okresů s nejnižším podílem svobodných v populaci
  Fifth of the districts with the lowest share of singles in population
- Pětina okresů s nejnižším podílem ovdovělých v populaci
  Fifth of the districts with the lowest share of widowed in population
- Pětina okresů s nejvyššími rozdíly v podílu svobodných mužů a žen
  Fifth of the districts with the highest differences between share of single men and women in population

Poznámka: Pro roky 1920 a 1950 použity menší symboly.
Note: Smaller symbols used for 1920 and 1950.

Obyvatelstvo podle rodinného stavu a věku
Population by marital status and age

1921

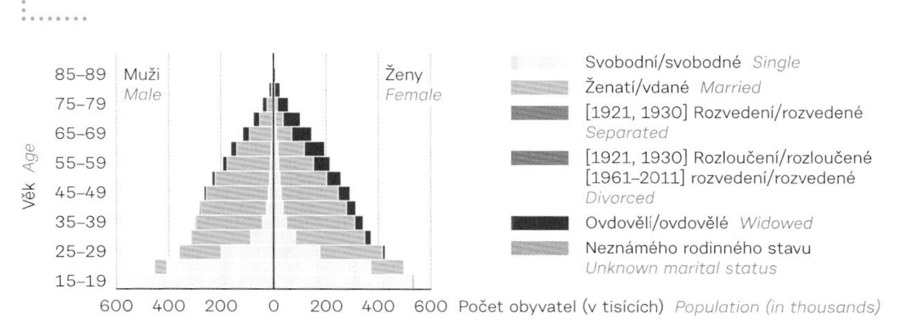

85–89
75–79
65–69
55–59
45–49
35–39
25–29
15–19
Věk *Age*
Muži *Male*
Ženy *Female*
600 400 200 0 200 400 600
Počet obyvatel (v tisících) *Population (in thousands)*
Svobodní/svobodné *Single*
Ženatí/vdané *Married*
[1921, 1930] Rozvedení/rozvedené *Separated*
[1921, 1930] Rozloučení/rozloučené [1961–2011] rozvedení/rozvedené *Divorced*
Ovdovělí/ovdovělé *Widowed*
Neznámého rodinného stavu *Unknown marital status*

1930 / 1961

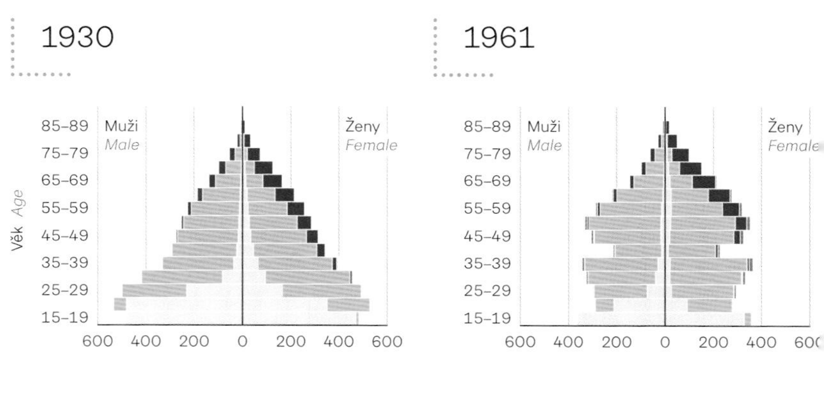

85–89
75–79
65–69
55–59
45–49
35–39
25–29
15–19
Věk *Age*
Muži *Male*
Ženy *Female*
600 400 200 0 200 400 600

1991 / 2011

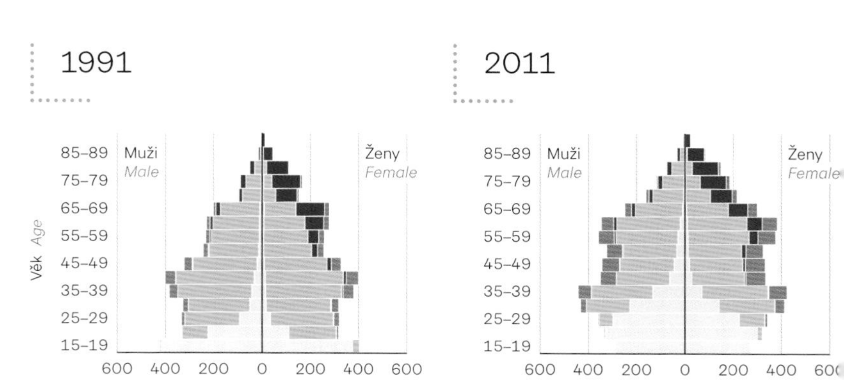

85–89
75–79
65–69
55–59
45–49
35–39
25–29
15–19
Věk *Age*
Muži *Male*
Ženy *Female*
600 400 200 0 200 400 600

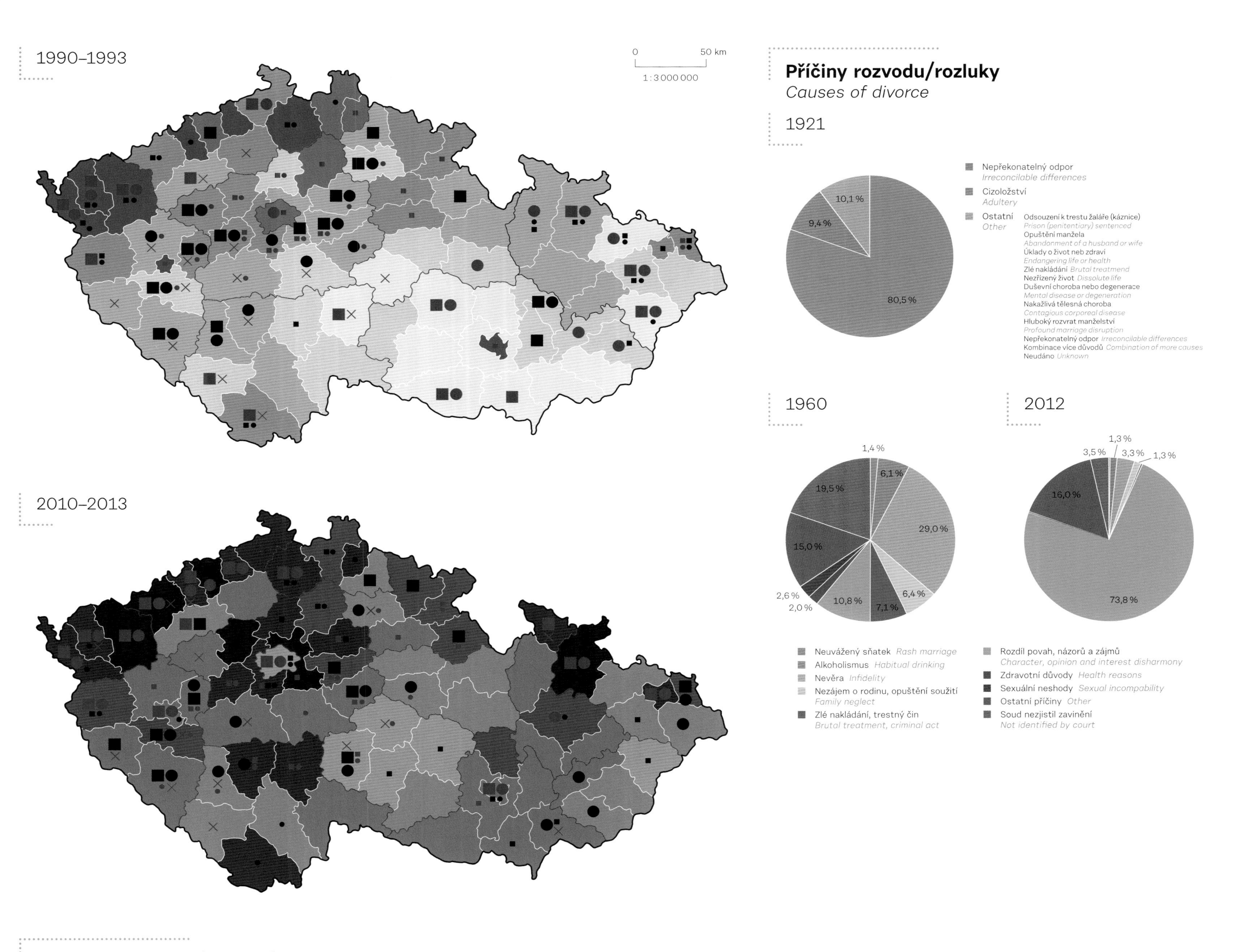
1990–1993
0
50 km
1 : 3 000 000
2010–2013
Příčiny rozvodu/rozluky
Causes of divorce
1921
10,1 %
9,4 %
80,5 %
Nepřekonatelný odpor Irreconcilable differences
Cizoložství Adultery
Ostatní Other
Odsouzení k trestu žaláře (káznice) Prison (penitentiary) sentenced
Opuštění manžela Abandonment of a husband or wife
Úklady o život neb zdraví Endangering life or health
Zlé nakládání Brutal treatmend
Nezřízený život Dissolute life
Duševní choroba nebo degenerace Mental disease or degeneration
Nakažlivá tělesná choroba Contagious corporeal disease
Hluboký rozvrat manželství Profound marriage disruption
Nepřekonatelný odpor Irreconcilable differences
Kombinace více důvodů Combination of more causes
Neudáno Unknown
1960
1,4 %
6,1 %
19,5 %
29,0 %
15,0 %
2,6 %
2,0 %
10,8 %
7,1 %
6,4 %
2012
1,3 %
3,5 %
3,3 %
1,3 %
16,0 %
73,8 %
Neuvážený sňatek Rash marriage
Alkoholismus Habitual drinking
Nevěra Infidelity
Nezájem o rodinu, opuštění soužití Family neglect
Zlé nakládání, trestný čin Brutal treatment, criminal act
Rozdíl povah, názorů a zájmů Character, opinion and interest disharmony
Zdravotní důvody Health reasons
Sexuální neshody Sexual incompability
Ostatní příčiny Other
Soud nezjistil zavinění Not identified by court

Sňatky a rozvody (rozluky), 1921–2013
Marriages and divorces, 1921–2013

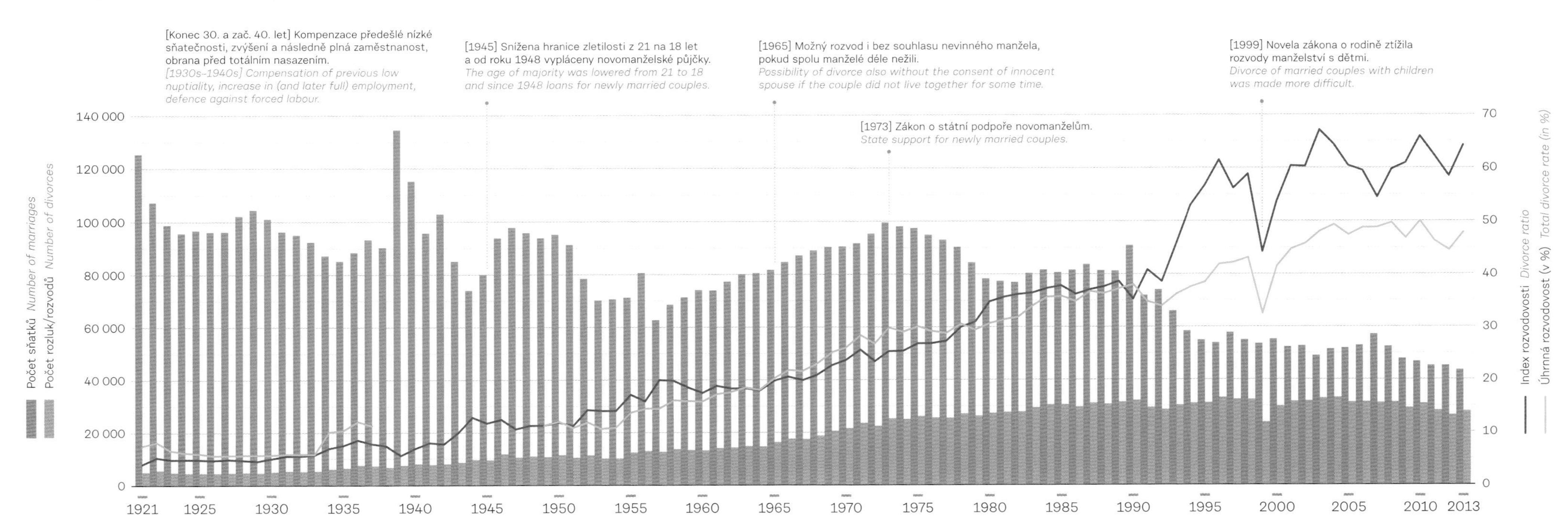
[Konec 30. a zač. 40. let] Kompenzace předešlé nízké sňatečnosti, zvýšení a následně plná zaměstnanost, obrana před totálním nasazením.
[1930s–1940s] Compensation of previous low nuptiality, increase in (and later full) employment, defence against forced labour.
[1945] Snížena hranice zletilosti z 21 na 18 let a od roku 1948 vypláceny novomanželské půjčky.
The age of majority was lowered from 21 to 18 and since 1948 loans for newly married couples.
[1965] Možný rozvod i bez souhlasu nevinného manžela, pokud spolu manželé déle nežili.
Possibility of divorce also without the consent of innocent spouse if the couple did not live together for some time.
[1973] Zákon o státní podpoře novomanželům.
State support for newly married couples.
[1999] Novela zákona o rodině ztížila rozvody manželství s dětmi.
Divorce of married couples with children was made more difficult.
Počet sňatků Number of marriages
Počet rozluk/rozvodů Number of divorces
Index rozvodovosti Divorce ratio
Úhrnná rozvodovost (v %) Total divorce rate (in %)
140 000
120 000
100 000
80 000
60 000
40 000
20 000
0
70
60
50
40
30
20
10
0
1921
1925
1930
1935
1940
1945
1950
1955
1960
1965
1970
1975
1980
1985
1990
1995
2000
2005
2010
2013

Poznámka: Data o rozvodech/rozlukách byla mezi lety 1938 a 1948 publikována pouze ve Zprávách SÚS (řada D), a to v menší podrobnosti než v pramenných dílech. Pro tyto roky nelze proto vypočítat úhrnnou rozvodovost (podíl manželství ukončených rozvodem), která vztahuje rozvody ke sňatkům, ze kterých vycházejí (nikoliv sňatkům uskutečněným ve stejném roce jako rozvody – index rozvodovosti).
Note: Data on divorces between 1938 and 1948 were published only in the Reports of SÚS (series D) and not in the detail of main results. Thus the total divorce rate (percentage of marriages ending in divorce) that relates divorces to the new marriages based on the duration of marriages (and not to the new marriages in the same year – divorce ratio) cannot be calculated for these years.

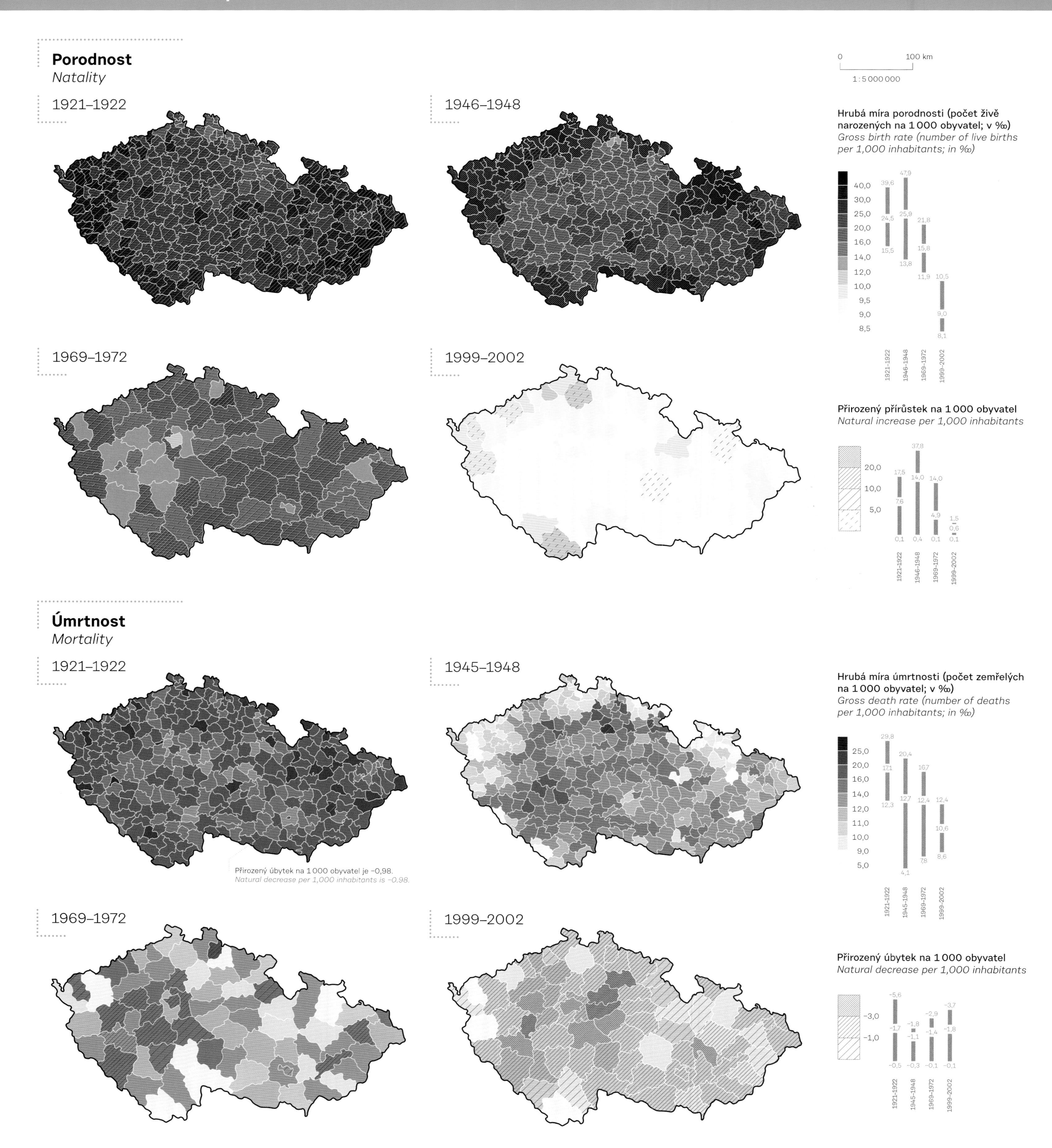
Porodnost
Natality
1921–1922
1946–1948
1969–1972
1999–2002
0
100 km
1 : 5 000 000
Hrubá míra porodnosti (počet živě narozených na 1 000 obyvatel; v ‰)
Gross birth rate (number of live births per 1,000 inhabitants; in ‰)
40,0
30,0
25,0
20,0
16,0
14,0
12,0
10,0
9,5
9,0
8,5
39,6
24,5
15,5
47,9
25,9
13,8
21,8
15,8
11,9
10,5
9,0
8,1
1921–1922
1946–1948
1969–1972
1999–2002
Přirozený přírůstek na 1 000 obyvatel
Natural increase per 1,000 inhabitants
20,0
10,0
5,0
17,5
7,6
0,1
37,8
14,0
0,4
14,0
4,9
0,1
1,5
0,6
0,1
1921–1922
1946–1948
1969–1972
1999–2002
Úmrtnost
Mortality
1921–1922
1945–1948
1969–1972
1999–2002
Přirozený úbytek na 1 000 obyvatel je −0,98.
Natural decrease per 1,000 inhabitants is −0.98.
Hrubá míra úmrtnosti (počet zemřelých na 1 000 obyvatel; v ‰)
Gross death rate (number of deaths per 1,000 inhabitants; in ‰)
25,0
20,0
16,0
14,0
12,0
11,0
10,0
9,0
5,0
29,8
17,1
12,3
20,4
12,7
4,1
16,7
12,4
7,8
12,4
10,6
8,6
1921–1922
1945–1948
1969–1972
1999–2002
Přirozený úbytek na 1 000 obyvatel
Natural decrease per 1,000 inhabitants
−3,0
−1,0
−5,6
−1,7
−0,5
−1,8
−1,1
−0,3
−2,9
−1,4
−0,1
−3,7
−1,8
−0,1
1921–1922
1945–1948
1969–1972
1999–2002

Poznámka: Data v letech 1945 a 1946 nezahrnují obyvatelstvo německé národnosti, které tvořilo 17 %, resp. 14 % v roce 1946, celkového počtu obyvatel českých zemí. Počet zemřelých v těchto letech rovněž nezahrnuje zemřelé v ústavech pro choromyslné.
Note: The data for 1945 and 1946 do not include the population of German ethnicity, which was 17%, 14% resp. in 1946 of the total population. The number of deaths in these years also does not include those who died in lunatic asylums.

Přirozený přírůstek
Natural increase

2002–2013

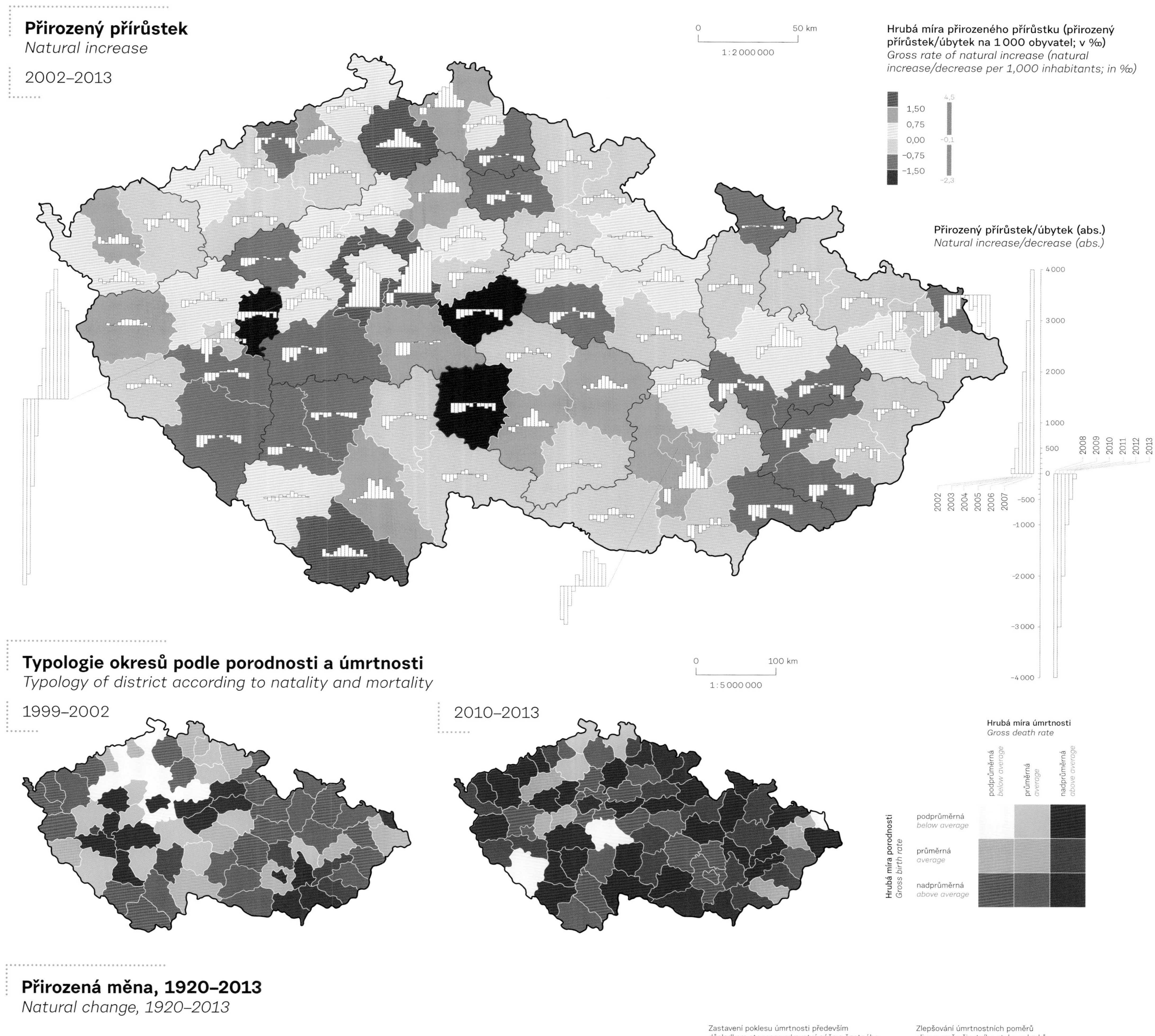

0
50 km
1 : 2 000 000
Hrubá míra přirozeného přírůstku (přirozený přírůstek/úbytek na 1 000 obyvatel; v ‰)
Gross rate of natural increase (natural increase/decrease per 1,000 inhabitants; in ‰)
1,50
0,75
0,00
−0,75
−1,50
4,5
−0,1
−2,3
Přirozený přírůstek/úbytek (abs.)
Natural increase/decrease (abs.)
4000
3000
2000
1000
500
0
−500
−1000
−2000
−3000
−4000
2002
2003
2004
2005
2006
2007
2008
2009
2010
2011
2012
2013

Typologie okresů podle porodnosti a úmrtnosti
Typology of district according to natality and mortality

1999–2002

2010–2013

0
100 km
1 : 5 000 000
Hrubá míra úmrtnosti
Gross death rate
podprůměrná
below average
průměrná
average
nadprůměrná
above average
Hrubá míra porodnosti
Gross birth rate
podprůměrná
below average
průměrná
average
nadprůměrná
above average

Přirozená měna, 1920–2013
Natural change, 1920–2013

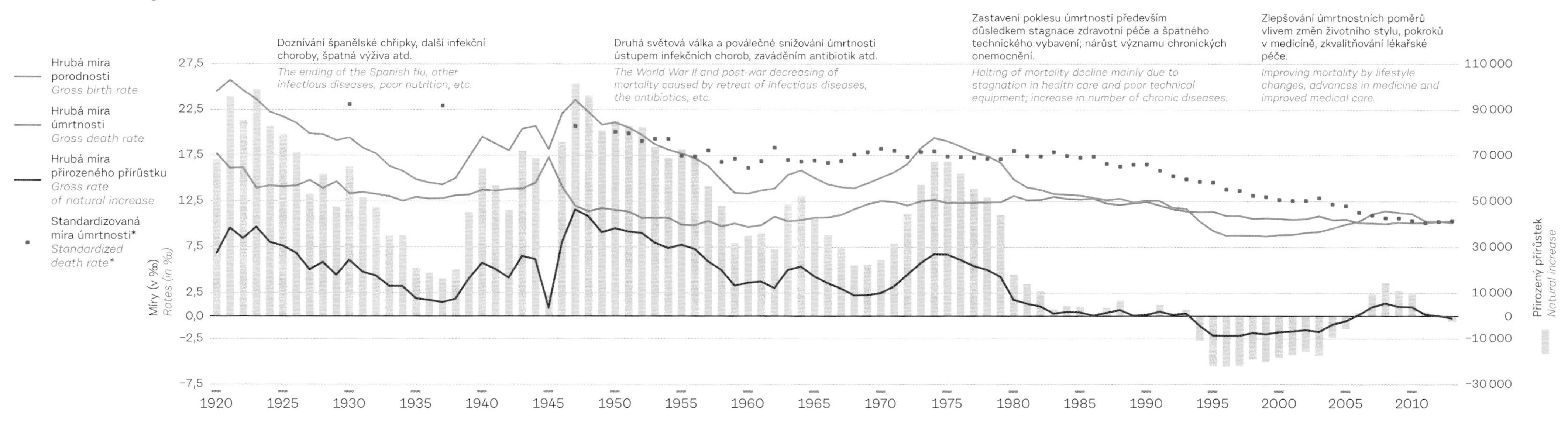

Hrubá míra porodnosti
Gross birth rate
Hrubá míra úmrtnosti
Gross death rate
Hrubá míra přirozeného přírůstku
Gross rate of natural increase
Standardizovaná míra úmrtnosti*
Standardized death rate*
Doznívání španělské chřipky, další infekční choroby, špatná výživa atd.
The ending of the Spanish flu, other infectious diseases, poor nutrition, etc.
Druhá světová válka a poválečné snižování úmrtnosti ústupem infekčních chorob, zaváděním antibiotik atd.
The World War II and post-war decreasing of mortality caused by retreat of infectious diseases, the antibiotics, etc.
Zastavení poklesu úmrtnosti především důsledkem stagnace zdravotní péče a špatného technického vybavení; nárůst významu chronických onemocnění.
Halting of mortality decline mainly due to stagnation in health care and poor technical equipment; increase in number of chronic diseases.
Zlepšování úmrtnostních poměrů vlivem změn životního stylu, pokroků v medicíně, zkvalitňování lékařské péče.
Improving mortality by lifestyle changes, advances in medicine and improved medical care.
Míry (v ‰)
Rates (in ‰)
27,5
22,5
17,5
12,5
7,5
2,5
0,0
−2,5
−7,5
110 000
90 000
70 000
50 000
30 000
10 000
0
−10 000
−30 000
Přirozený přírůstek
Natural increase
1920
1925
1930
1935
1940
1945
1950
1955
1960
1965
1970
1975
1980
1985
1990
1995
2000
2005
2010

Poznámka: * Míra úmrtnosti v případě, že by ve všech sledovaných letech byla věková struktura z roku 2011.
*Note: * Hypothetical gross death rate for the case of same age structure of the population (of 2011) in all years.*

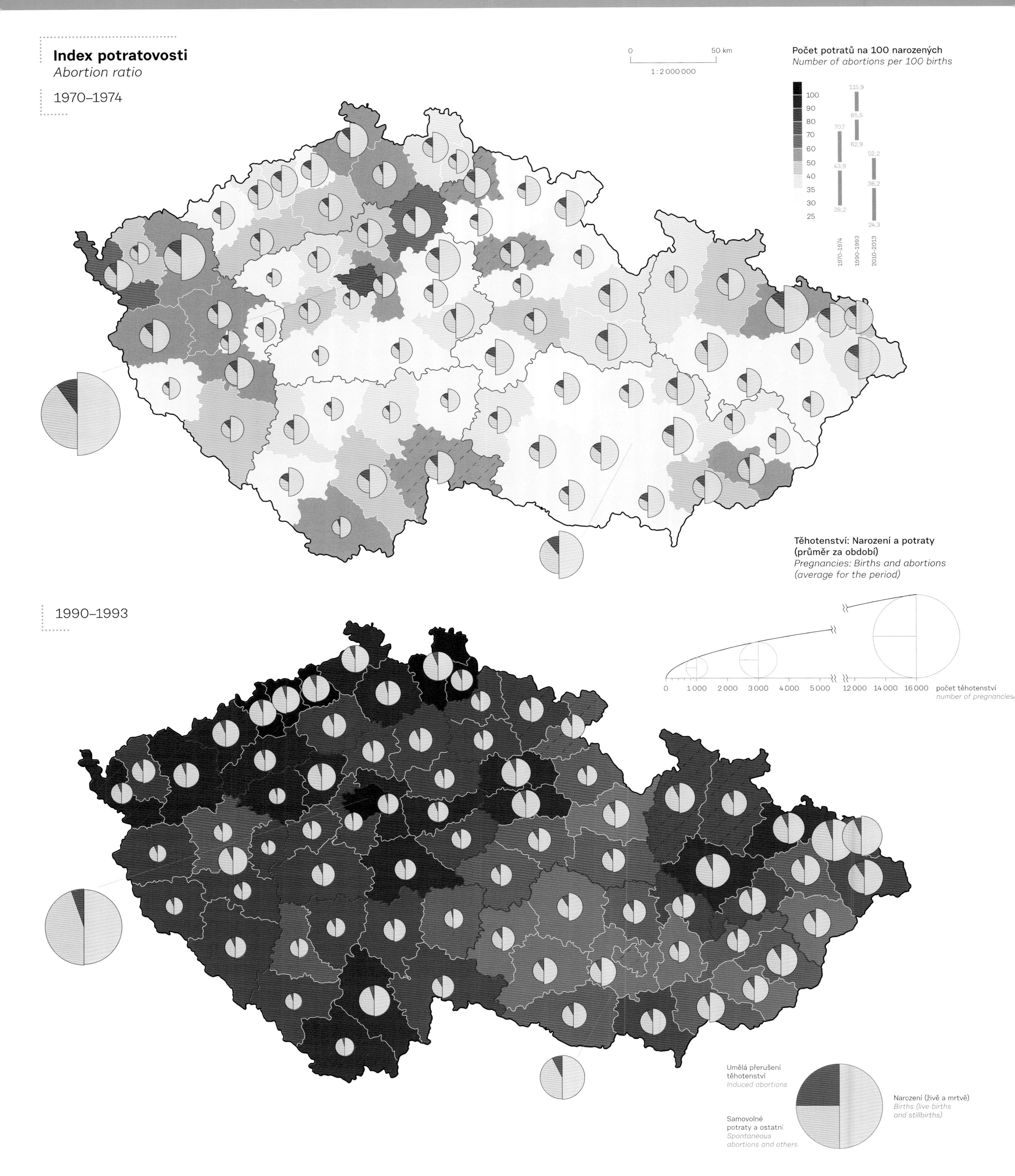

Index potratovosti
Abortion ratio
1970–1974
0
50 km
1:2 000 000
Počet potratů na 100 narozených
Number of abortions per 100 births
100
90
80
70
60
50
40
35
30
25
115,9
85,5
62,9
70,7
43,9
28,2
52,2
36,2
24,3
1970–1974
1990–1993
2010–2013
Těhotenství: Narození a potraty (průměr za období)
Pregnancies: Births and abortions (average for the period)
1990–1993
0
1 000
2 000
3 000
4 000
5 000
12 000
14 000
16 000
počet těhotenství
number of pregnancies
Umělá přerušení těhotenství
Induced abortions
Samovolné potraty a ostatní
Spontaneous abortions and others
Narození (živě a mrtvě)
Births (live births and stillbirths)

2010–2013

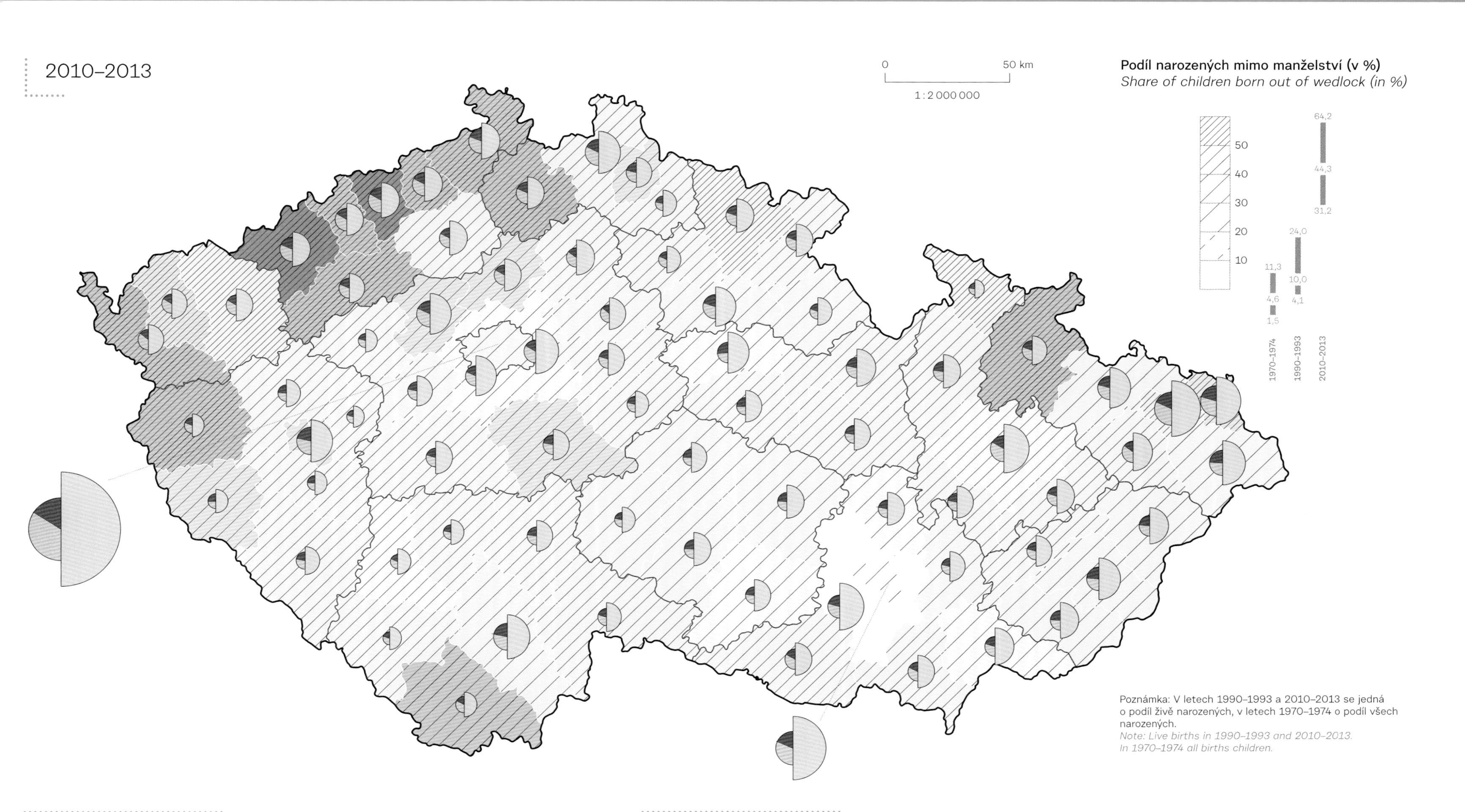
0
50 km
1:2 000 000
Podíl narozených mimo manželství (v %)
Share of children born out of wedlock (in %)
50
40
30
20
10
64,2
44,3
31,2
24,0
10,0
4,1
11,3
4,6
1,5
1970–1974
1990–1993
2010–2013

Poznámka: V letech 1990–1993 a 2010–2013 se jedná o podíl živě narozených, v letech 1970–1974 o podíl všech narozených.
Note: Live births in 1990–1993 and 2010–2013. In 1970–1974 all births children.

Míry potratovosti podle věku ženy
Abortion rates by age of female

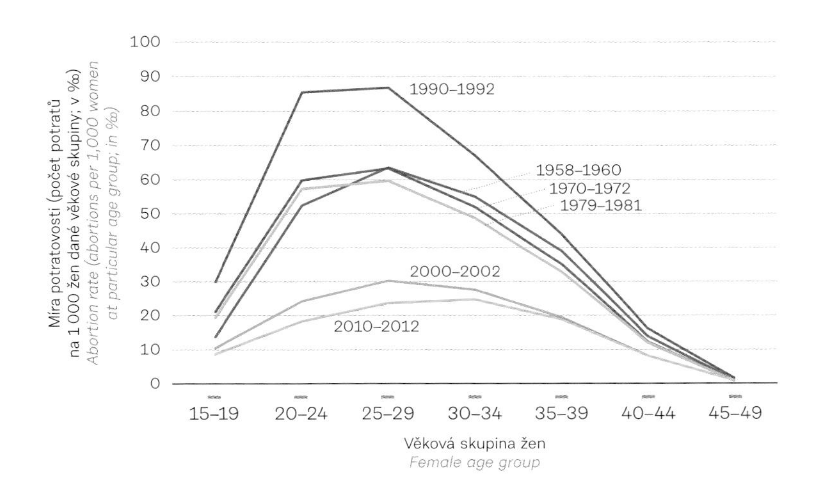
Míra potratovosti (počet potratů na 1 000 žen dané věkové skupiny; v ‰)
Abortion rate (abortions per 1,000 women at particular age group; in ‰)
100
90
80
70
60
50
40
30
20
10
0
1990–1992
1958–1960
1970–1972
1979–1981
2000–2002
2010–2012
15–19
20–24
25–29
30–34
35–39
40–44
45–49
Věková skupina žen
Female age group

Potratovost v letech 1953–2013
Abortion in the period 1953–2013

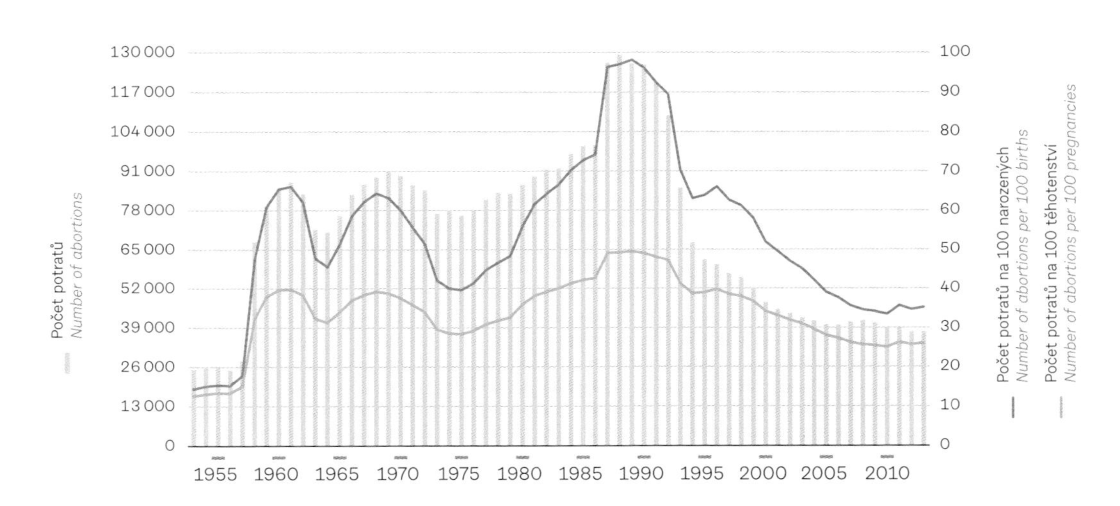
130 000
117 000
104 000
91 000
78 000
65 000
52 000
39 000
26 000
13 000
0
Počet potratů
Number of abortions
100
90
80
70
60
50
40
30
20
10
0
Počet potratů na 100 narozených
Number of abortions per 100 births
Počet potratů na 100 těhotenství
Number of abortions per 100 pregnancies
1955
1960
1965
1970
1975
1980
1985
1990
1995
2000
2005
2010

Plodnost a přirozená reprodukce, 1920–2013
Fertility and reproduction; 1920–2013

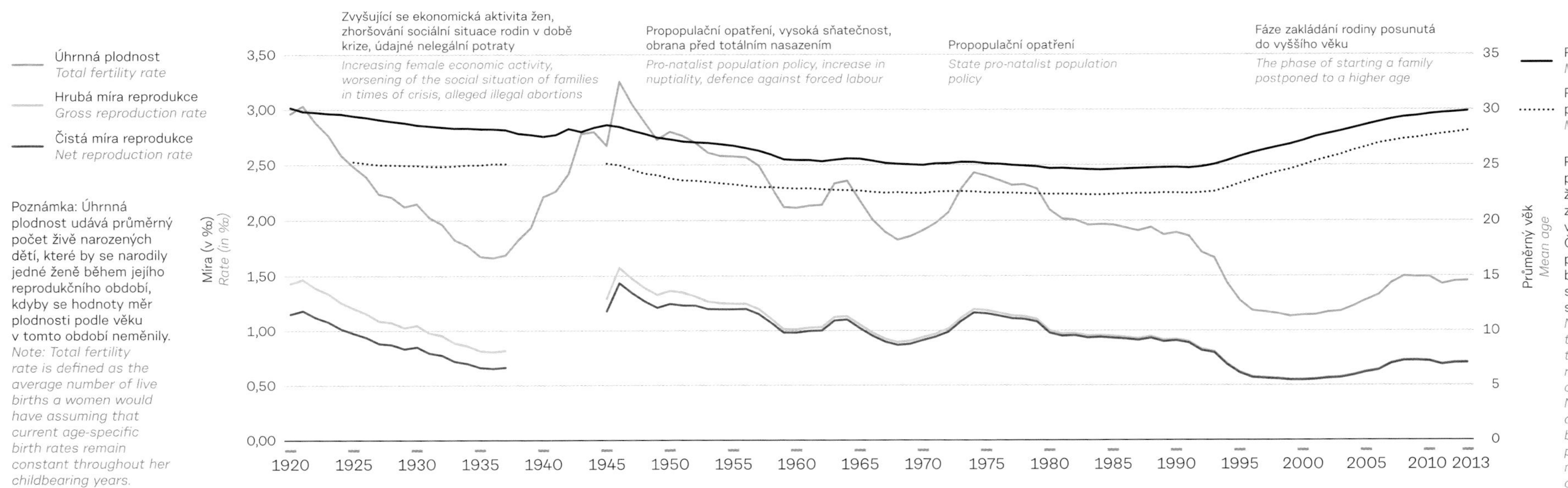
Úhrnná plodnost
Total fertility rate
Hrubá míra reprodukce
Gross reproduction rate
Čistá míra reprodukce
Net reproduction rate
Zvyšující se ekonomická aktivita žen, zhoršování sociální situace rodin v době krize, údajné nelegální potraty
Increasing female economic activity, worsening of the social situation of families in times of crisis, alleged illegal abortions
Propopulační opatření, vysoká sňatečnost, obrana před totálním nasazením
Pro-natalist population policy, increase in nuptiality, defence against forced labour
Propopulační opatření
State pro-natalist population policy
Fáze zakládání rodiny posunutá do vyššího věku
The phase of starting a family postponed to a higher age
Průměrný věk matek
Mean age at childbirth
Průměrný věk matek při narození prvního dítěte
Mean age at first childbirth
Míra (v ‰)
Rate (in ‰)
Průměrný věk
Mean age
3,50
3,00
2,50
2,00
1,50
1,00
0,50
0,00
35
30
25
20
15
10
5
0
1920
1925
1930
1935
1940
1945
1950
1955
1960
1965
1970
1975
1980
1985
1990
1995
2000
2005
2010
2013

Poznámka: Úhrnná plodnost udává průměrný počet živě narozených dětí, které by se narodily jedné ženě během jejího reprodukčního období, kdyby se hodnoty měr plodnosti podle věku v tomto období nezměnily.
Note: Total fertility rate is defined as the average number of live births a women would have assuming that current age-specific birth rates remain constant throughout her childbearing years.

Poznámky: Hrubá míra reprodukce udává průměrný počet živě narozených dívek jedné ženě během jejího reprodukčního období při zachování stávajících měr plodnosti podle věku.
Čistá míra reprodukce udává průměrný počet dívek, které se narodí jedné ženě během jejího reprodukčního období a dožije se věku matky při porodu při zachování stávajících měr plodnosti podle věku.
Notes: Gross reproduction rate is defined as the average number of live-born daughters that would be born to a woman during her reproductive period assuming that current age-specific birth rates remain constant.
Net reproduction rate is defined as the average number of daughters that would be born to a woman during her reproductive period and will live to the age of their mothers at childbirth assuming that current age-specific birth rates remain constant.

5

Úmrtnost
Mortality

Garant oddílu
Section Editor
Ladislav Kážmér

Zdroje dat
Data sources

5.1 87, 91, 92, 98, 106
5.2 87, 91, 92, 98, 106
5.3 18, 87, 91, 92, 98, 106

Standardizovaná úmrtnost
Standardized mortality

1928–1932

2007–2011

0 100 km
1 : 5 000 000

Standardizovaná míra úmrtnosti (průměrný roční počet zemřelých na 100 000 obyvatel)
Standardized mortality rate (average annual number of deaths per 100,000 inhabitants)

1 550
1 425
1 325
1 200
1 100
1 025
950

1 761
1 384
1 041
1 275
1 038
894

1928–1932
2007–2011

Poznámka: Míry úmrtnosti byly v důsledku omezené datové základny v období let 1928–1932 spočteny pro věkové skupiny 0–4, 5–14, 15–24, 25–64 a 65 let a více; použit Evropský populační standard (1976).
Note: Mortality rates was due to limited data for the period of 1928–1932 computed for the age groups 0–4, 5–14, 15–24, 25–64 and 65 years and over; European standard population (1976) was used.

Kojenecká úmrtnost
Infant mortality

1928–1932

1949–1953

1968–1972

2007–2011

Kvocient kojenecké úmrtnosti (průměrný roční počet zemřelých dětí v prvním roce života na 1 000 živě narozených; v ‰)
Infant mortality quotient (average annual number of deaths during first year of life per 1,000 live births; in ‰)

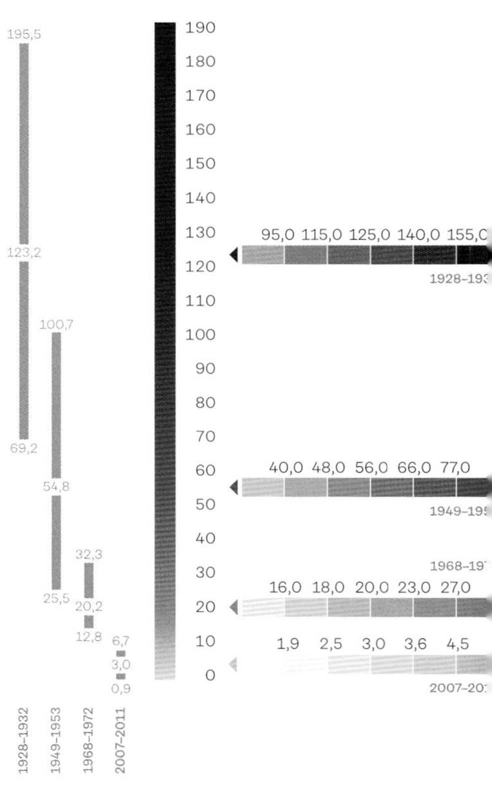

195,5
123,2
69,2
100,7
54,8
25,5
32,3
20,2
12,8
6,7
3,0
0,9
190
180
170
160
150
140
130
120
110
100
90
80
70
60
50
40
30
20
10
0
95,0 115,0 125,0 140,0 155,0
1928–193
40,0 48,0 56,0 66,0 77,0
1949–195
1968–197
16,0 18,0 20,0 23,0 27,0
1,9 2,5 3,0 3,6 4,5
2007–20
1928–1932
1949–1953
1968–1972
2007–2011

Úmrtnost dětí v prvním roce života, 1920–2013
Mortality within the 1st year of life, 1920–2013

Počet zemřelých kojenců (do 1 roku života)
Number of infant deaths (during 1st year of life)

Míra kojenecké úmrtnosti – chlapci
Infant mortality rate – boys

Míra kojenecké úmrtnosti – dívky
Infant mortality rate – girls

Novorozenecká úmrtnost – obě pohlaví (do 28. dne)
Neonatal mortality – both sexes (till 28th day)

Mrtvorozenost
Stillbirths

Poznámka: Mrtvorozenost vyjadřuje počet mrtvě narozených dětí na 1 000 všech narozených dětí.
Note: Stillbirth is number of stillbirths per 1,000 all births.

Poznámka: 1939–1945 – odhad ČSÚ pro území protektorátu Čechy a Morava.
Note: Years 1939–1945 – CSO estimates for the Protectorate of Bohemia and Moravia.

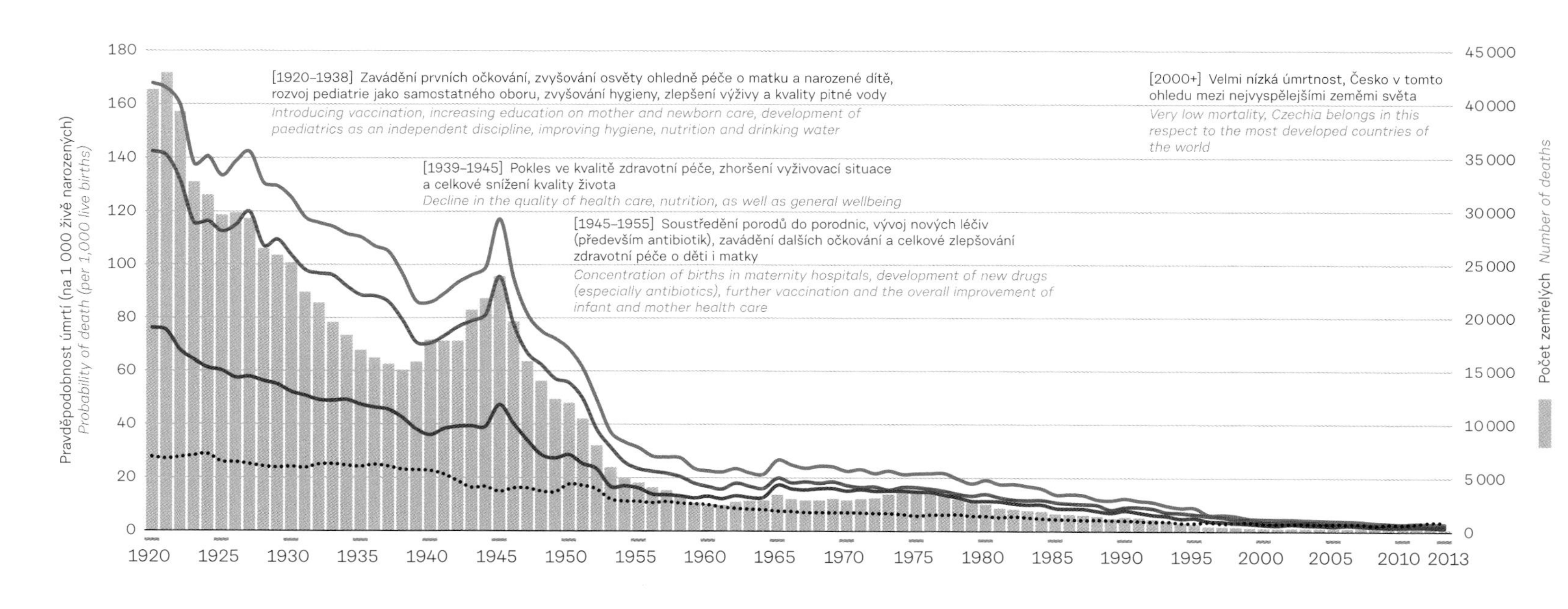

Pravděpodobnost úmrtí (na 1 000 živě narozených)
Probability of death (per 1,000 live births)
180
160
140
120
100
80
60
40
20
0
[1920–1938] Zavádění prvních očkování, zvyšování osvěty ohledně péče o matku a narozené dítě, rozvoj pediatrie jako samostatného oboru, zvyšování hygieny, zlepšení výživy a kvality pitné vody
Introducing vaccination, increasing education on mother and newborn care, development of paediatrics as an independent discipline, improving hygiene, nutrition and drinking water
[1939–1945] Pokles ve kvalitě zdravotní péče, zhoršení výživovací situace a celkové snížení kvality života
Decline in the quality of health care, nutrition, as well as general wellbeing
[1945–1955] Soustředění porodů do porodnic, vývoj nových léčiv (především antibiotik), zavádění dalších očkování a celkové zlepšování zdravotní péče o děti i matky
Concentration of births in maternity hospitals, development of new drugs (especially antibiotics), further vaccination and the overall improvement of infant and mother health care
[2000+] Velmi nízká úmrtnost, Česko v tomto ohledu mezi nejvyspělejšími zeměmi světa
Very low mortality, Czechia belongs in this respect to the most developed countries of the world
1920 1925 1930 1935 1940 1945 1950 1955 1960 1965 1970 1975 1980 1985 1990 1995 2000 2005 2010 2013
45 000
40 000
35 000
30 000
25 000
20 000
15 000
10 000
5 000
0
Počet zemřelých
Number of deaths

Úmrtnost ve věku 15 až 24 let
Mortality between the ages of 15 and 24 years

Úmrtnost ve věku 25 až 64 let
Mortality between the ages of 25 and 64 years

Úmrtnost ve věku 65 let a více
Mortality in the age group 65 years and over

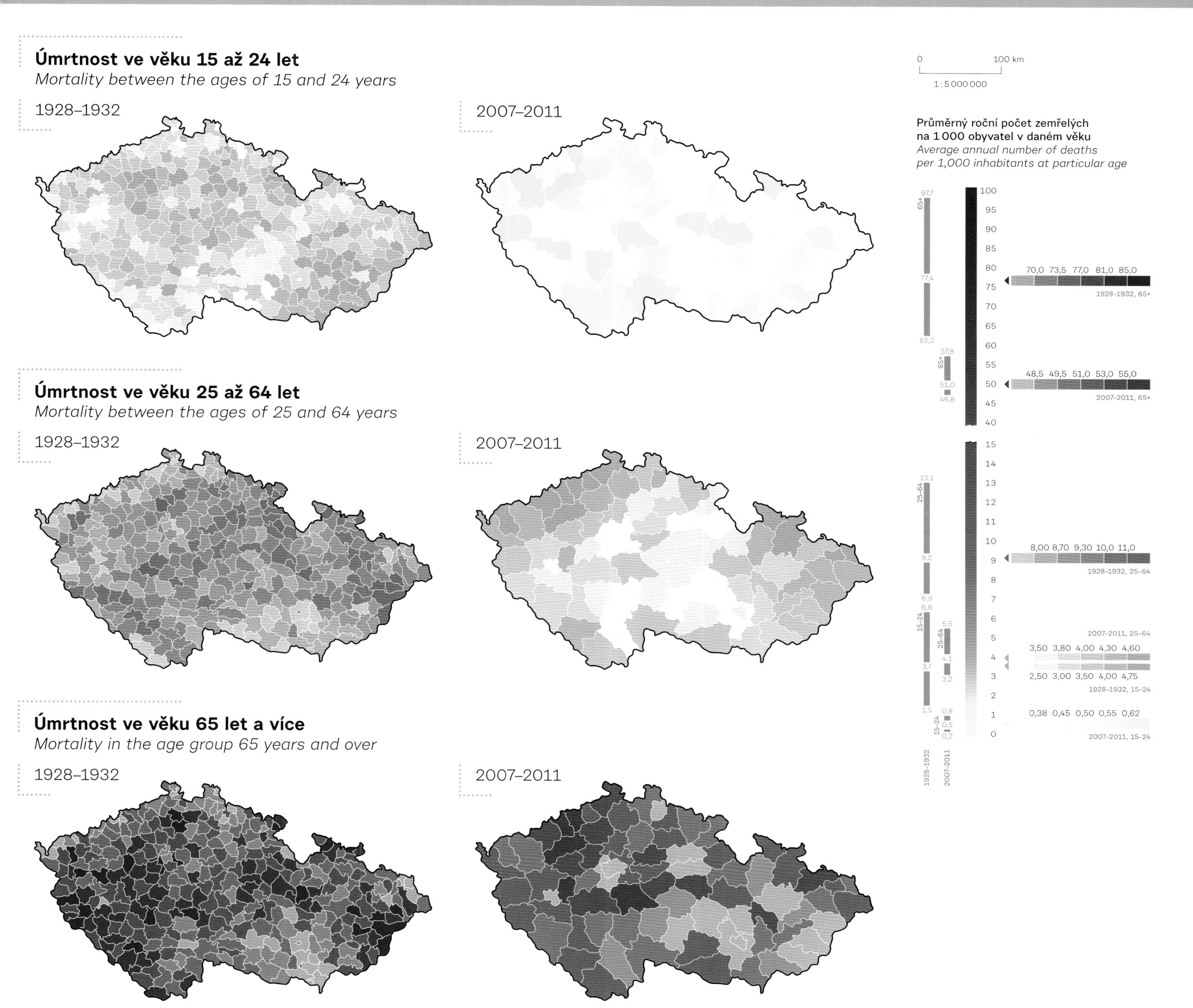
1928–1932
2007–2011
0
100 km
1:5 000 000
Průměrný roční počet zemřelých na 1 000 obyvatel v daném věku
Average annual number of deaths per 1,000 inhabitants at particular age
100
95
90
85
80
75
70
65
60
55
50
45
40
15
14
13
12
11
10
9
8
7
6
5
4
3
2
1
0
70,0 73,5 77,0 81,0 85,0
1928–1932, 65+
48,5 49,5 51,0 53,0 55,0
2007–2011, 65+
8,00 8,70 9,30 10,0 11,0
1928–1932, 25–64
2007–2011, 25–64
3,50 3,80 4,00 4,30 4,60
2,50 3,00 3,50 4,00 4,75
1928–1932, 15–24
0,38 0,45 0,50 0,55 0,62
2007–2011, 15–24
65+
97,7
77,4
62,3
57,8
51,0
46,8
25–64
13,1
9,2
6,9
6,8
5,5
4,1
3,2
15–24
3,7
1,5
0,8
0,5
0,2
1928–1932
2007–2011

Naděje dožití podle věku a pohlaví, 1920–2013
Life expectancy by age and sex, 1920–2013

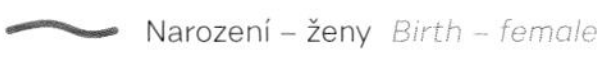
Narození – ženy *Birth – female*
Narození – muži *Birth – male*
Patnáctiletí – ženy *15 years old – female*
Patnáctiletí – muži *15 years old – male*
Šedesátiletí – ženy *60 years old – female*
Šedesátiletí – muži *60 years old – male*

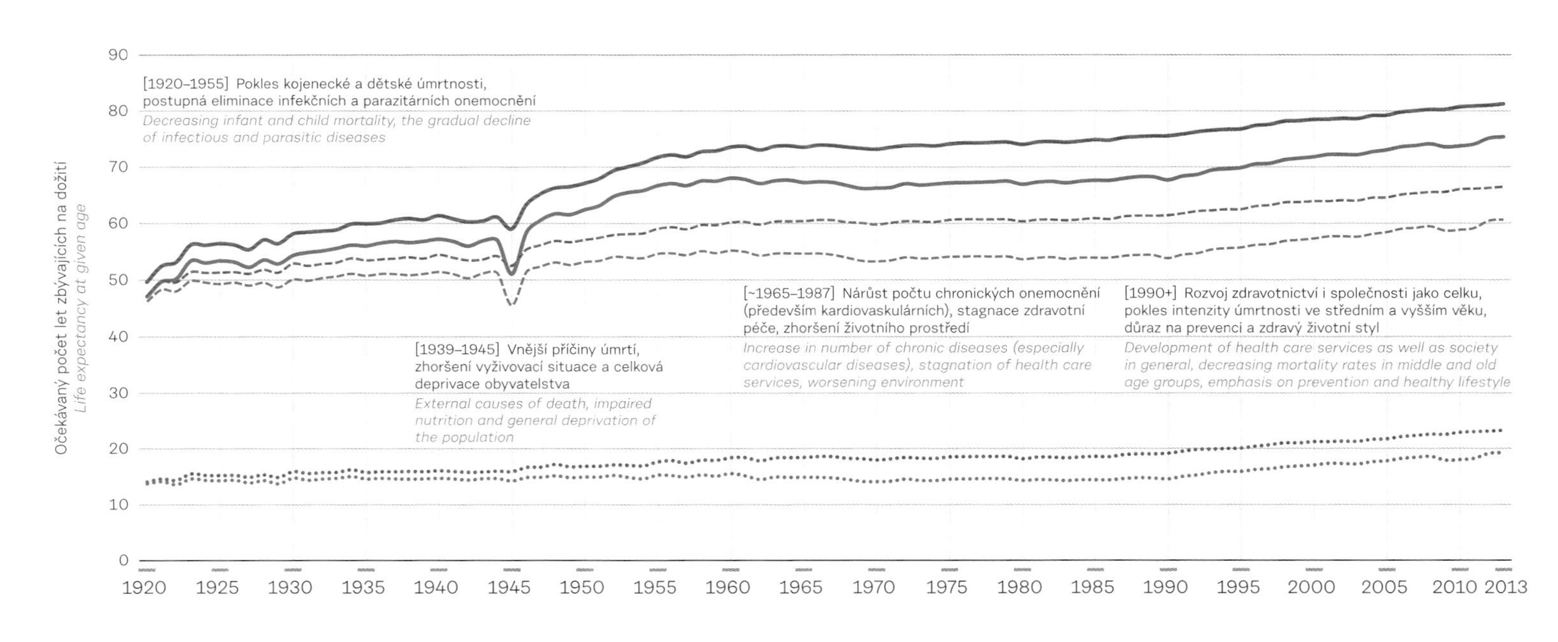
Očekávaný počet let zbývajících na dožití
Life expectancy at given age
90
80
70
60
50
40
30
20
10
0
1920
1925
1930
1935
1940
1945
1950
1955
1960
1965
1970
1975
1980
1985
1990
1995
2000
2005
2010
2013
[1920–1955] Pokles kojenecké a dětské úmrtnosti, postupná eliminace infekčních a parazitárních onemocnění
Decreasing infant and child mortality, the gradual decline of infectious and parasitic diseases
[1939–1945] Vnější příčiny úmrtí, zhoršení vyživovací situace a celková deprivace obyvatelstva
External causes of death, impaired nutrition and general deprivation of the population
[~1965–1987] Nárůst počtu chronických onemocnění (především kardiovaskulárních), stagnace zdravotní péče, zhoršení životního prostředí
Increase in number of chronic diseases (especially cardiovascular diseases), stagnation of health care services, worsening environment
[1990+] Rozvoj zdravotnictví i společnosti jako celku, pokles intenzity úmrtnosti ve středním a vyšším věku, důraz na prevenci a zdravý životní styl
Development of health care services as well as society in general, decreasing mortality rates in middle and old age groups, emphasis on prevention and healthy lifestyle

Poznámka: 1939–1945 – odhad ČSÚ pro území protektorátu Čechy a Morava.
Notes: Years 1939–1945 – CSO estimates for the Protectorate of Bohemia and Moravia.

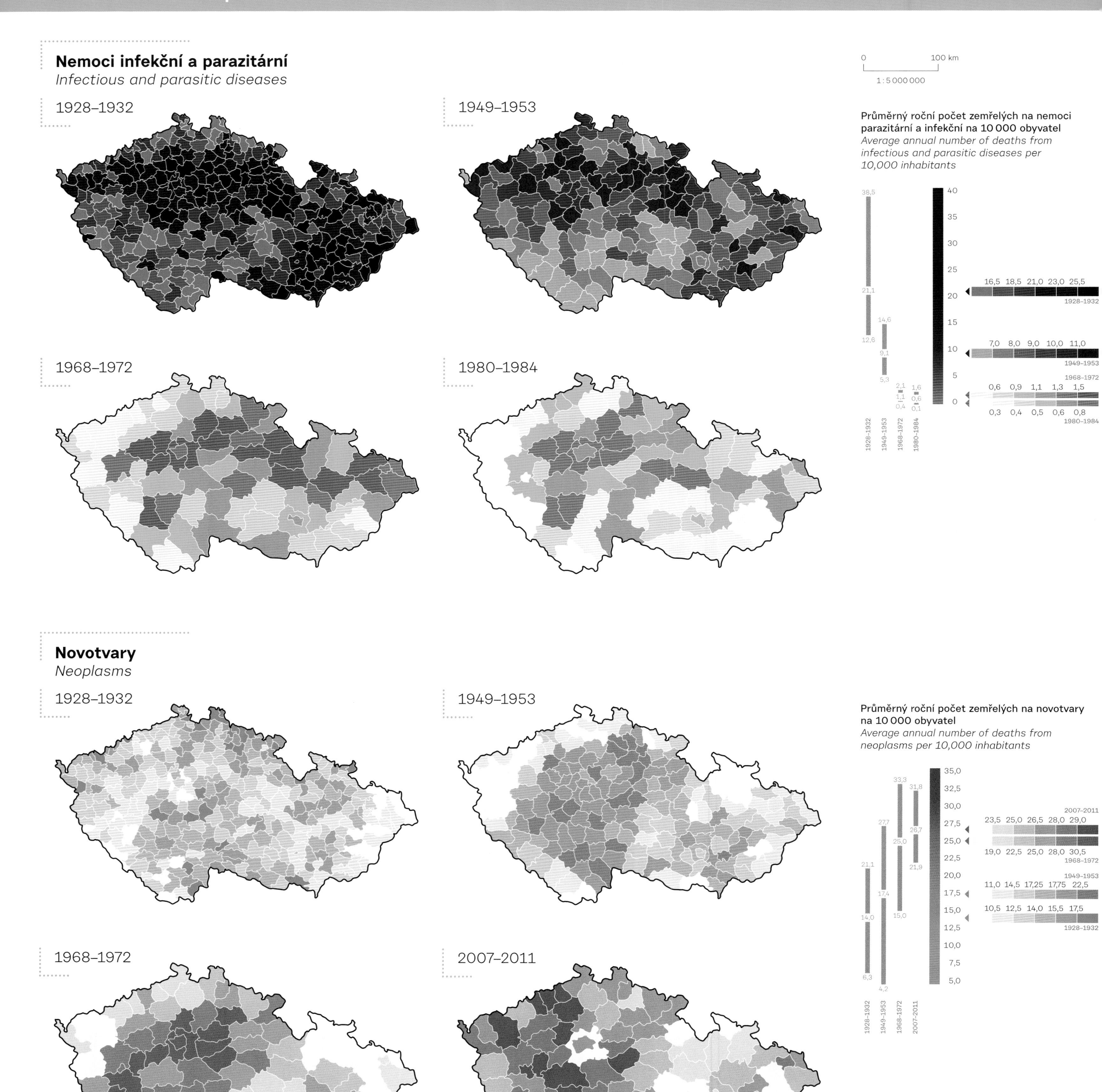
Nemoci infekční a parazitární
Infectious and parasitic diseases
0
100 km
1 : 5 000 000
1928–1932
1949–1953
1968–1972
1980–1984
Průměrný roční počet zemřelých na nemoci parazitární a infekční na 10 000 obyvatel
Average annual number of deaths from infectious and parasitic diseases per 10,000 inhabitants
38,5
21,1
12,6
14,6
9,1
5,3
2,1
1,1
0,4
1,6
0,6
0,1
1928–1932
1949–1953
1968–1972
1980–1984
40
35
30
25
20
15
10
5
0
16,5 18,5 21,0 23,0 25,5
1928–1932
7,0 8,0 9,0 10,0 11,0
1949–1953
1968–1972
0,6 0,9 1,1 1,3 1,5
0,3 0,4 0,5 0,6 0,8
1980–1984
Novotvary
Neoplasms
1928–1932
1949–1953
1968–1972
2007–2011
Průměrný roční počet zemřelých na novotvary na 10 000 obyvatel
Average annual number of deaths from neoplasms per 10,000 inhabitants
21,1
14,0
6,3
27,7
17,4
4,2
33,3
25,0
15,0
31,8
26,7
21,9
1928–1932
1949–1953
1968–1972
2007–2011
35,0
32,5
30,0
27,5
25,0
22,5
20,0
17,5
15,0
12,5
10,0
7,5
5,0
2007–2011
23,5 25,0 26,5 28,0 29,0
19,0 22,5 25,0 28,0 30,5
1968–1972
1949–1953
11,0 14,5 17,25 17,75 22,5
10,5 12,5 14,0 15,5 17,5
1928–1932

Nemoci oběhové soustavy
Diseases of the circulatory system

0
100 km
1 : 5 000 000

1928–1932

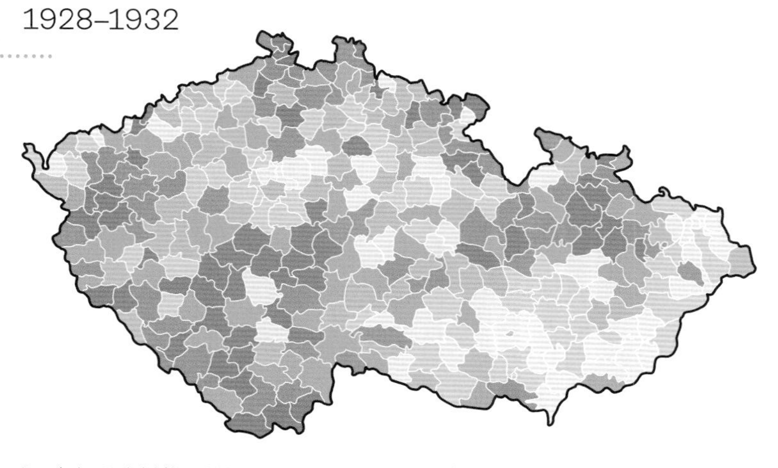

1949–1953

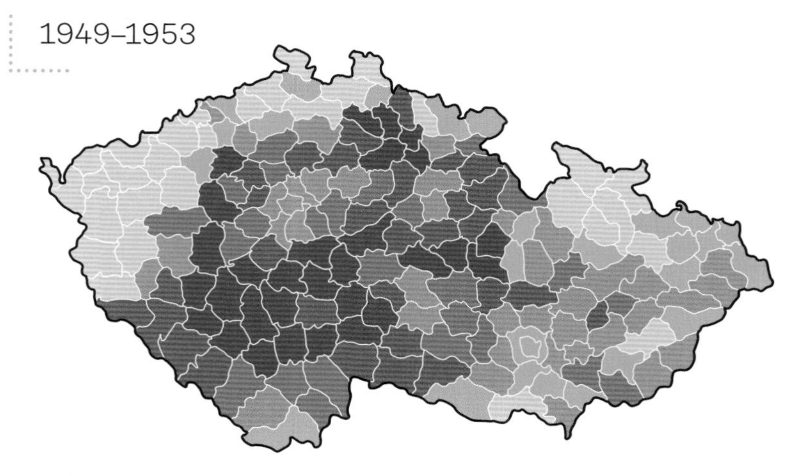

Průměrný roční počet zemřelých na nemoci oběhové soustavy na 10 000 obyvatel
Average annual number of deaths from diseases of the circulatory system per 10,000 inhabitants

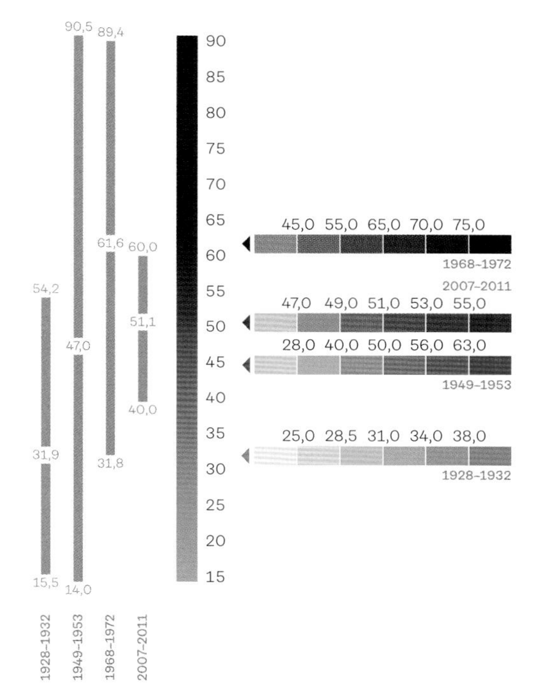
90,5
89,4
61,6
60,0
54,2
51,1
47,0
40,0
31,9
31,8
15,5
14,0
1928–1932
1949–1953
1968–1972
2007–2011
90
85
80
75
70
65
60
55
50
45
40
35
30
25
20
15
45,0 55,0 65,0 70,0 75,0
1968–1972
2007–2011
47,0 49,0 51,0 53,0 55,0
28,0 40,0 50,0 56,0 63,0
1949–1953
25,0 28,5 31,0 34,0 38,0
1928–1932

Poznámka: V období let 1928–1932 a 1949–1953 nemoci cévní společně s cévními poruchami centrálního nervstva (odhad).
Note: In period 1928–1932 and 1949–1953 vascular diseases together with vascular disorders of the central nervous system (estimate).

1968–1972

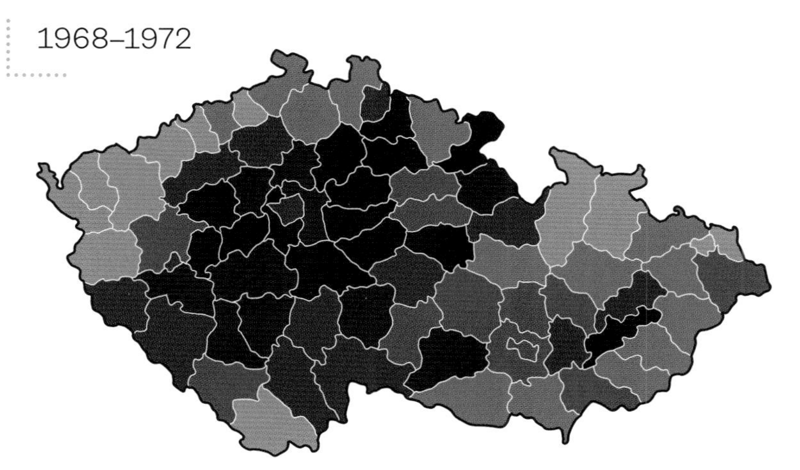

2007–2011

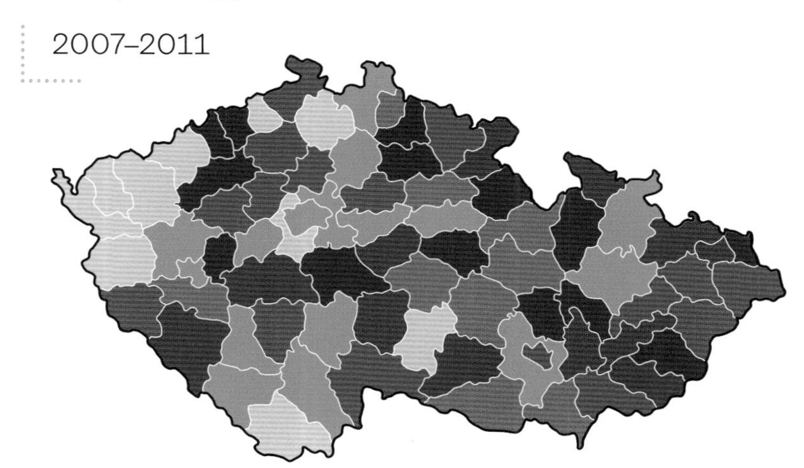

Nemoci dýchací soustavy
Diseases of the respiratory system

1928–1932

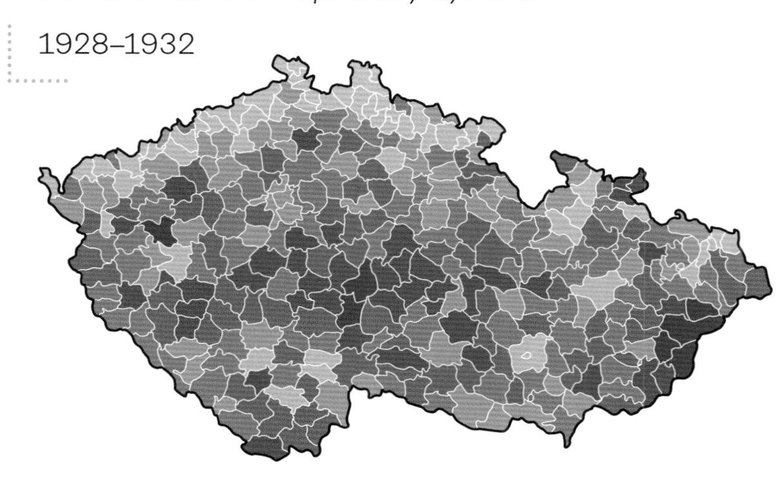

1949–1953

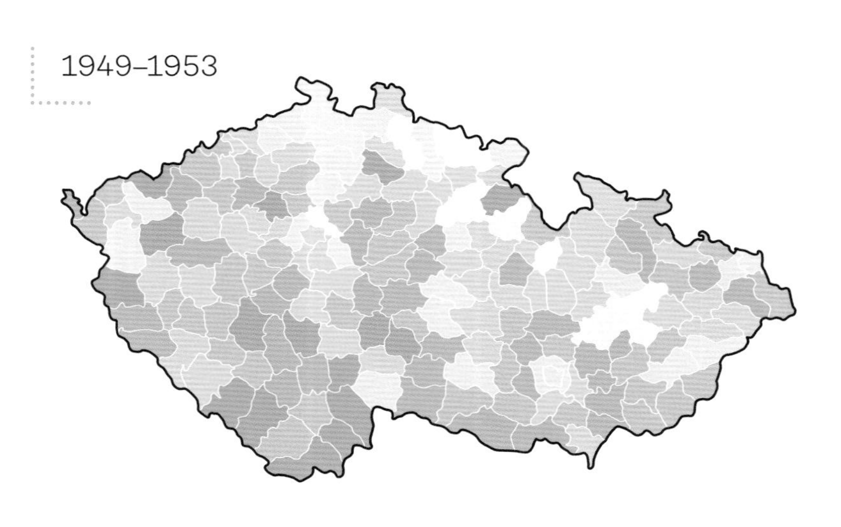

Průměrný roční počet zemřelých na nemoci dýchací soustavy na 10 000 obyvatel
Average annual number of deaths from diseases of the respiratory system per 10,000 inhabitants

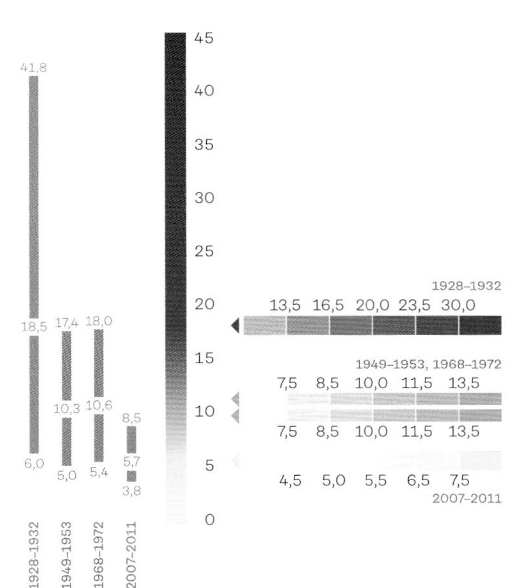
41,8
18,5
17,4
18,0
10,3
10,6
8,5
6,0
5,0
5,4
5,7
3,8
1928–1932
1949–1953
1968–1972
2007–2011
45
40
35
30
25
20
15
10
5
0
1928–1932
13,5 16,5 20,0 23,5 30,0
1949–1953, 1968–1972
7,5 8,5 10,0 11,5 13,5
7,5 8,5 10,0 11,5 13,5
4,5 5,0 5,5 6,5 7,5
2007–2011

1968–1972

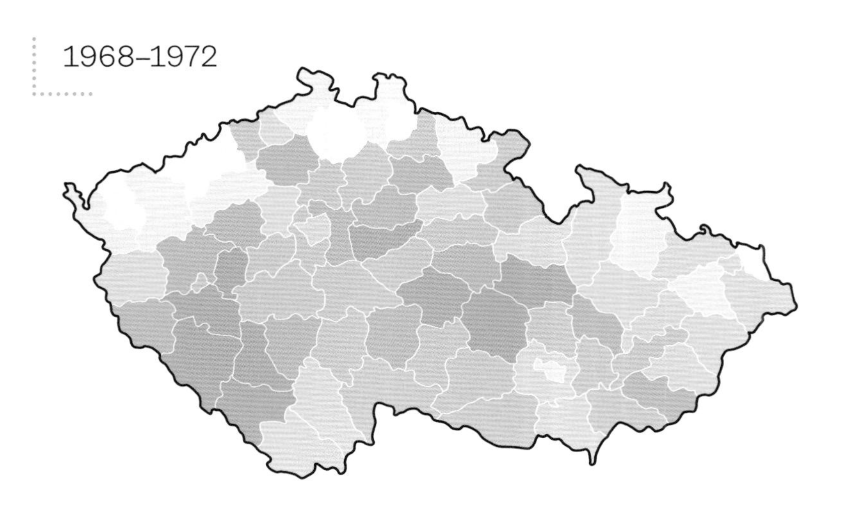

2007–2011

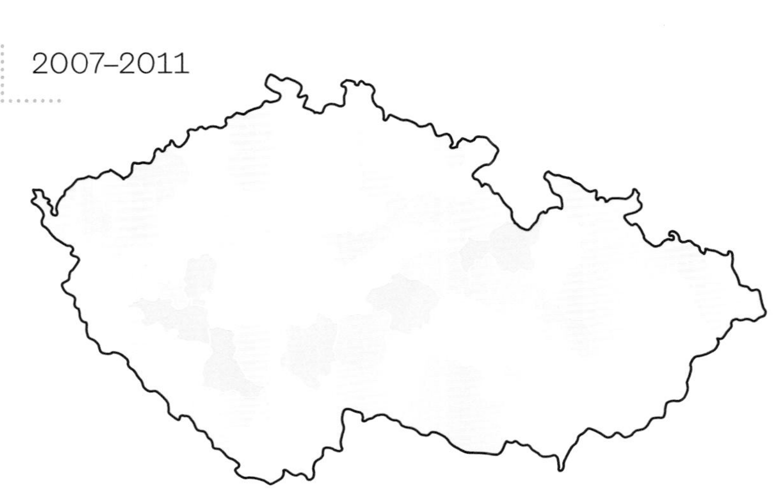

0
100 km
1:5 000 000

Nemoci trávicí soustavy
Diseases of the digestive system

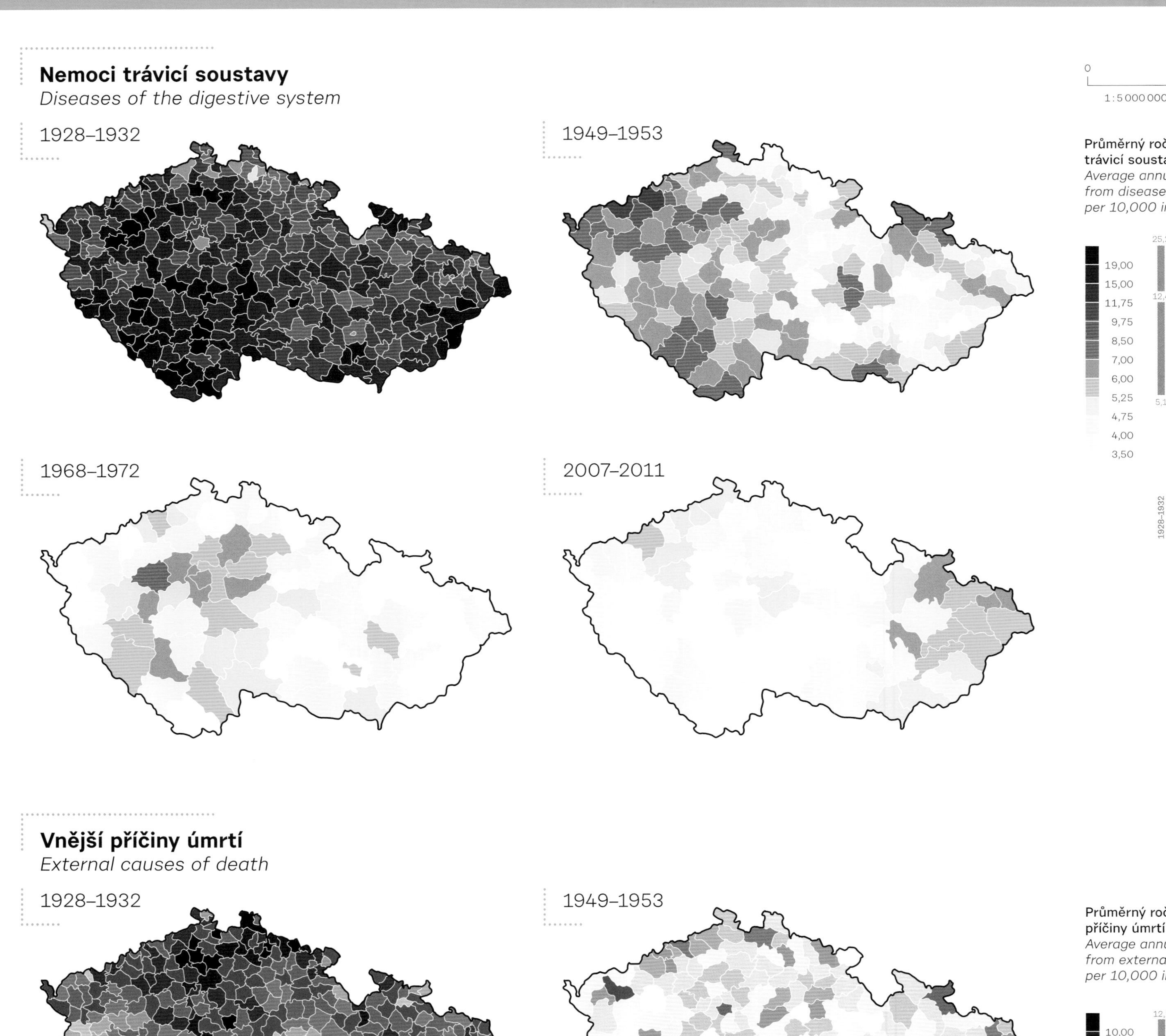
1928–1932
1949–1953
1968–1972
2007–2011

Průměrný roční počet zemřelých na nemoci trávicí soustavy na 10 000 obyvatel
Average annual number of deaths from diseases of the digestive system per 10,000 inhabitants

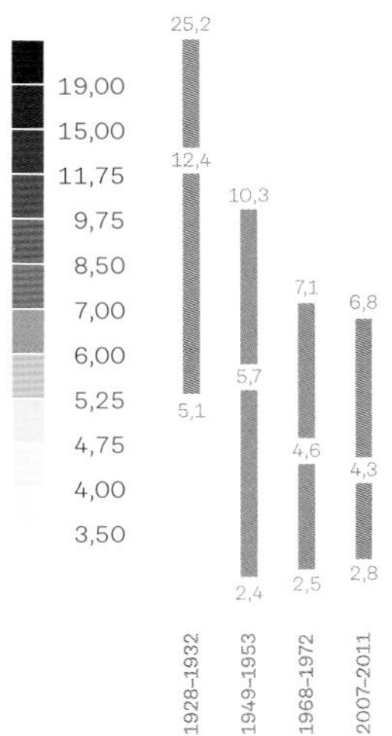
19,00
15,00
11,75
9,75
8,50
7,00
6,00
5,25
4,75
4,00
3,50
25,2
12,4
5,1
10,3
5,7
2,4
7,1
4,6
2,5
6,8
4,3
2,8
1928–1932
1949–1953
1968–1972
2007–2011

Vnější příčiny úmrtí
External causes of death

1928–1932

1949–1953

Průměrný roční počet zemřelých na vnější příčiny úmrtí na 10 000 obyvatel
Average annual number of deaths from external causes of death per 10,000 inhabitants

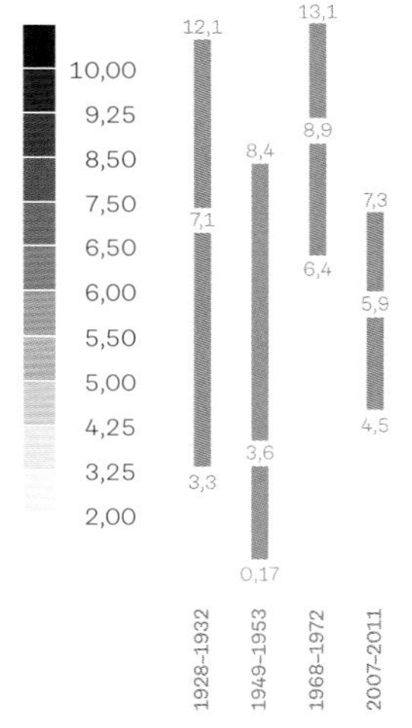
10,00
9,25
8,50
7,50
6,50
6,00
5,50
5,00
4,25
3,25
2,00
12,1
7,1
3,3
8,4
3,6
0,17
13,1
8,9
6,4
7,3
5,9
4,5
1928–1932
1949–1953
1968–1972
2007–2011

1968–1972

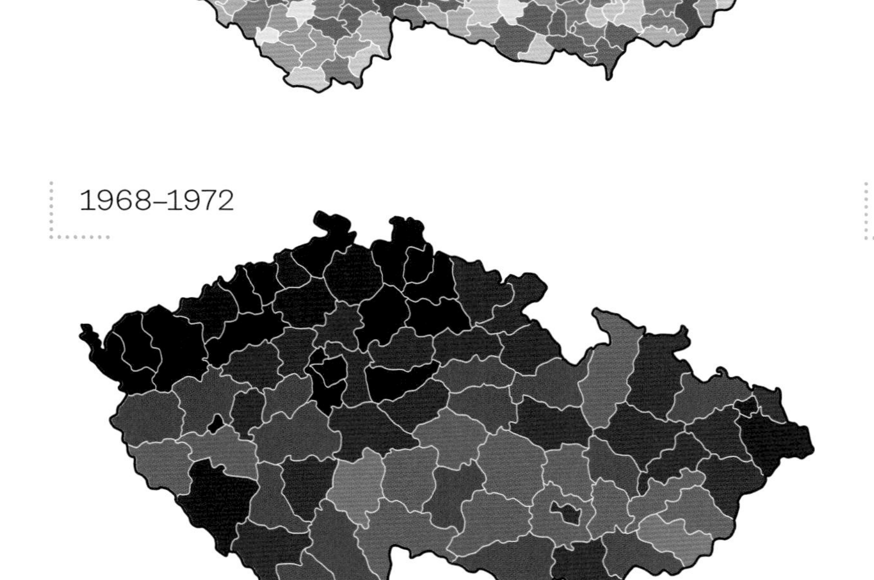

2007–2011

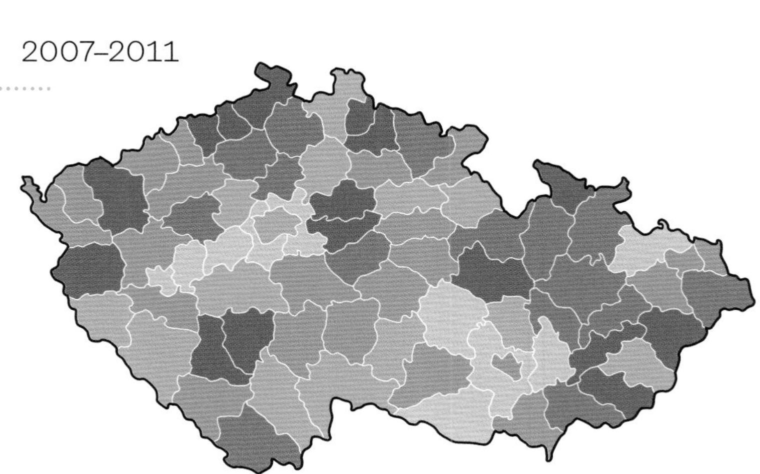

Struktura úmrtnosti podle pohlaví
Mortality structure by sex

2011, Muži *Male*

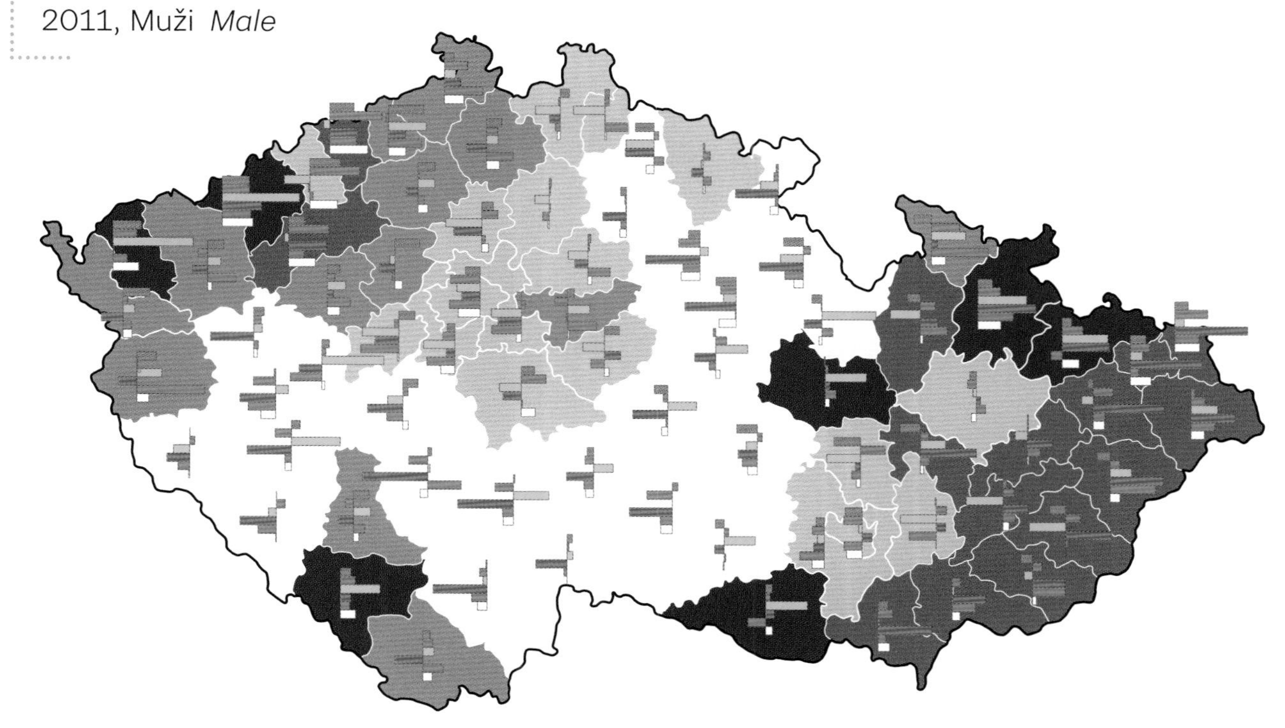

0
50 km
1:3 000 000

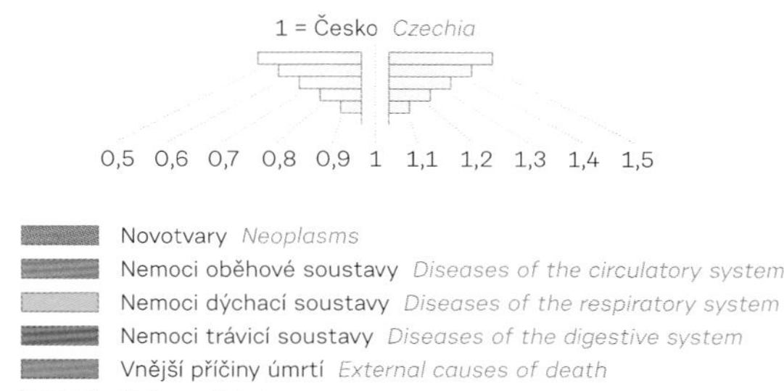

Standardizovaný index úmrtnosti, pětiletý průměr
Standardized rate ratio, five-year average
1 = Česko Czechia
0,5 0,6 0,7 0,8 0,9 1 1,1 1,2 1,3 1,4 1,5
Novotvary Neoplasms
Nemoci oběhové soustavy Diseases of the circulatory system
Nemoci dýchací soustavy Diseases of the respiratory system
Nemoci trávicí soustavy Diseases of the digestive system
Vnější příčiny úmrtí External causes of death
Celkem Total

Standardizovaný index úmrtnosti v okrese *i* (SRR_i) představuje poměr standardizované úmrtnosti na danou skupinu příčin smrti v příslušném okrese (SDR_i) k standardizované úmrtnosti celkové české populace v dané skupině příčin smrti (SDR): $SRR_i = SDR_i / SDR$.
Standardized rate ratio (SRR_i) computed as age-standardized mortality rate in given district (SDR_i) divided by age-standardized mortality rate of total Czech population (SDR): $SRR_i = SDR_i / SDR$. Computed separately by causes of death.

2011, Ženy *Female*

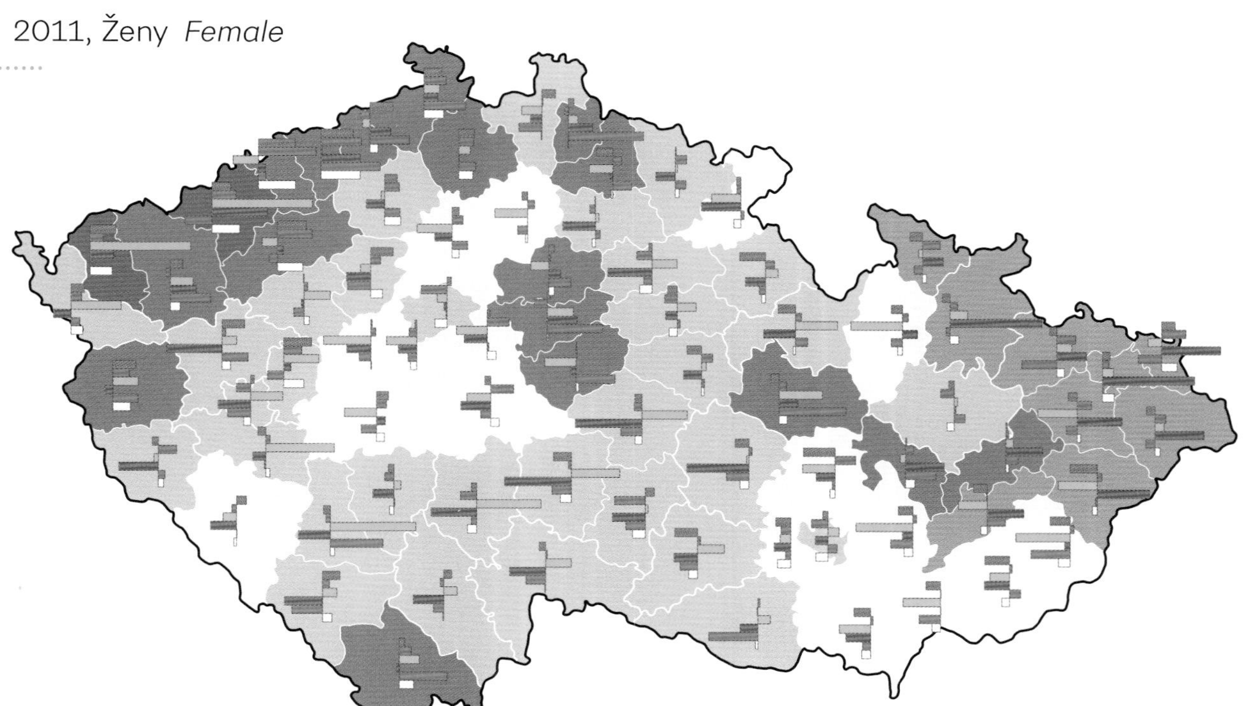

Shluk
Cluster

Muži *Male*

Shluk *Cluster*	Celkem *Total*	Novotvary *Neoplasms*	Oběhová s. *Circulatory*	Dýchací s. *Respiratory*	Trávicí s. *Digestive*	Vnější příč. *External*
1	−	−	−	+	− − −	−
2	±	±	+	− − −	− −	− −
3	+	+ + +	+	+ +	− −	+ +
4	+ +	±	+ + +	−	+ + +	+ +
5	+ + +	+ +	+ +	+ + +	+ +	+

Ženy *Female*

Shluk *Cluster*	Celkem *Total*	Novotvary *Neoplasms*	Oběhová s. *Circulatory*	Dýchací s. *Respiratory*	Trávicí s. *Digestive*	Vnější příč. *External*
1	−	− −	+	− −	− −	− −
2	±	±	±	+ +	− − −	−
3	±	− −	+ +	− −	+ + +	− −
4	+	+ +	+ +	±	+ +	+ + +
5	+ +	+ + +	+ + +	+ + +	+ + +	− − −

Úroveň úmrtnosti v dané skupině příčin úmrtí *Mortality in selected groups by causes of death*
± na úrovni průměru Česka *on the average of Czechia*
− mírně pod průměrem Česka *slightly below average of Czechia*
\+ mírně nad průměrem Česka *slightly above average of Czechia*
− − − výrazně pod průměrem Česka *significantly below average of Czechia*
\+ + + výrazně nad průměrem Česka *significantly above average of Czechia*

Poznámky: Řazeno vzestupně podle úrovně celkové úmrtnosti.
Wardova metoda hierarchického meziskupinového shlukování.
Notes: Sorted ascending by the level of total mortality.
Ward's method, between group linkage clustering.

Struktura úmrtnosti podle velikostních skupin obcí
Mortality structure by size groups of municipalities

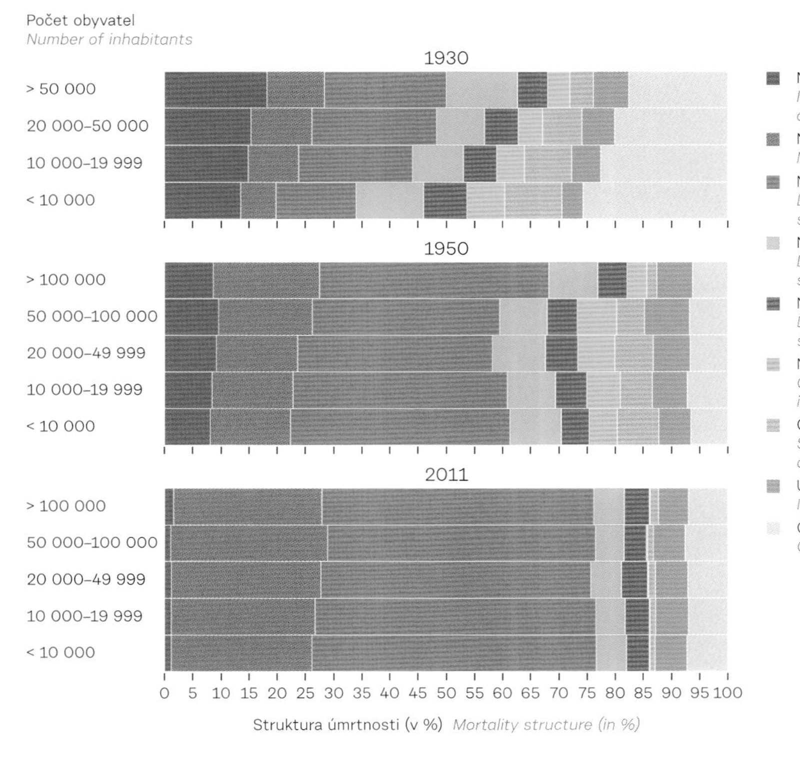

Počet obyvatel
Number of inhabitants
1930
> 50 000
20 000–50 000
10 000–19 999
< 10 000
1950
> 100 000
50 000–100 000
20 000–49 999
10 000–19 999
< 10 000
2011
> 100 000
50 000–100 000
20 000–49 999
10 000–19 999
< 10 000
0 5 10 15 20 25 30 35 40 45 50 55 60 65 70 75 80 85 90 95 100
Struktura úmrtnosti (v %) Mortality structure (in %)

- Nemoci infekční a parazitární *Infectious and parasitic diseases*
- Novotvary *Neoplasms*
- Nemoci oběhové soustavy *Diseases of the circulatory system*
- Nemoci dýchací soustavy *Diseases of the respiratory system*
- Nemoci trávicí soustavy *Diseases of the digestive system*
- Nemoci raného věku *Certain conditions originating in the perinatal period*
- Chorobné příznaky a stáří *Symptoms, signs and ill-defined conditions*
- Úrazy a otravy *Injury and poisoning*
- Ostatní příčiny úmrtí *Other causes of death*

Struktura úmrtnosti podle příčin smrti, 1919–2013
Mortality structure by cause of death, 1919–2013

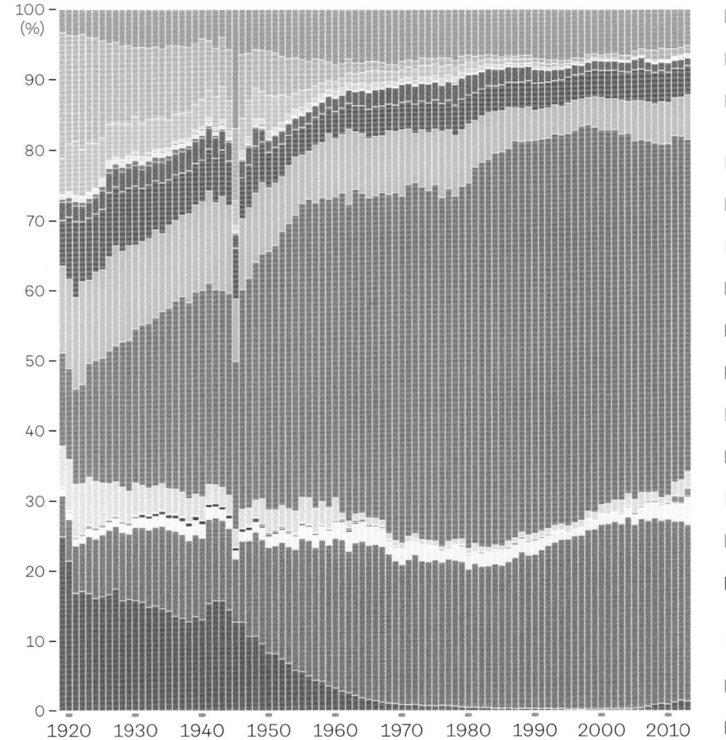

100
(%)
90
80
70
60
50
40
30
20
10
0
1920 1930 1940 1950 1960 1970 1980 1990 2000 2010

- Úrazy a otravy *Injury and poisoning*
- Chorobné příznaky a stáří *Symptoms, signs and ill-defined conditions*
- Nemoci raného věku *Certain conditions originating in the perinatal period*
- Vrozené vady vývojové *Congenital malformations*
- Nemoci kostí a pohybového ústrojí *Diseases of skeletal system*
- Nemoci kožní *Diseases of the skin*
- Porody a komplikace *Pregnancy and complication*
- Nemoci ústrojí močového a pohlavního *Diseases of the genitourinary system*
- Nemoci trávicí soustavy *Diseases of the digestive system*
- Nemoci dýchací soustavy *Diseases of the respiratory system*
- Nemoci oběhové soustavy *Diseases of the circulatory system*
- Nemoci nervového systému a čidel *Diseases of the nervous system*
- Duševní nemoci *Mental and behavioural disorders*
- Nemoci krve a krvotvorné tkáně *Diseases of the blood and blood-forming organs*
- Alergie, nemoci výživy *Allergy, nutritional diseases*
- Novotvary *Neoplasms*
- Nemoci infekční a parazitární *Infectious and parasitic diseases*

6

Migrace
Migration

Garantka oddílu
Section Editor
Ivana Přidalová

Zdroje dat
Data sources

6.1 10, 37, 40, 52, 55, 61, 67, 68, 91, 92, 93, 94, 96, 98, 99, 103, 104, 106, 107
6.2 94, 96, 98, 99, 100, 101, 103, 106, 107
6.3 14, 98, 103, 106
6.4 93, 94, 96, 98, 88, 100, 101, 103, 104, 106, 107
6.5 9, 61, 62, 67, 83, 84, 85, 86, 92, 93, 94, 96, 98, 100, 101, 106, 107
6.6 4, 45, 46, 47, 49, 55, 69, 71, 73, 89

Saldo migrace
Net migration

1921–1930

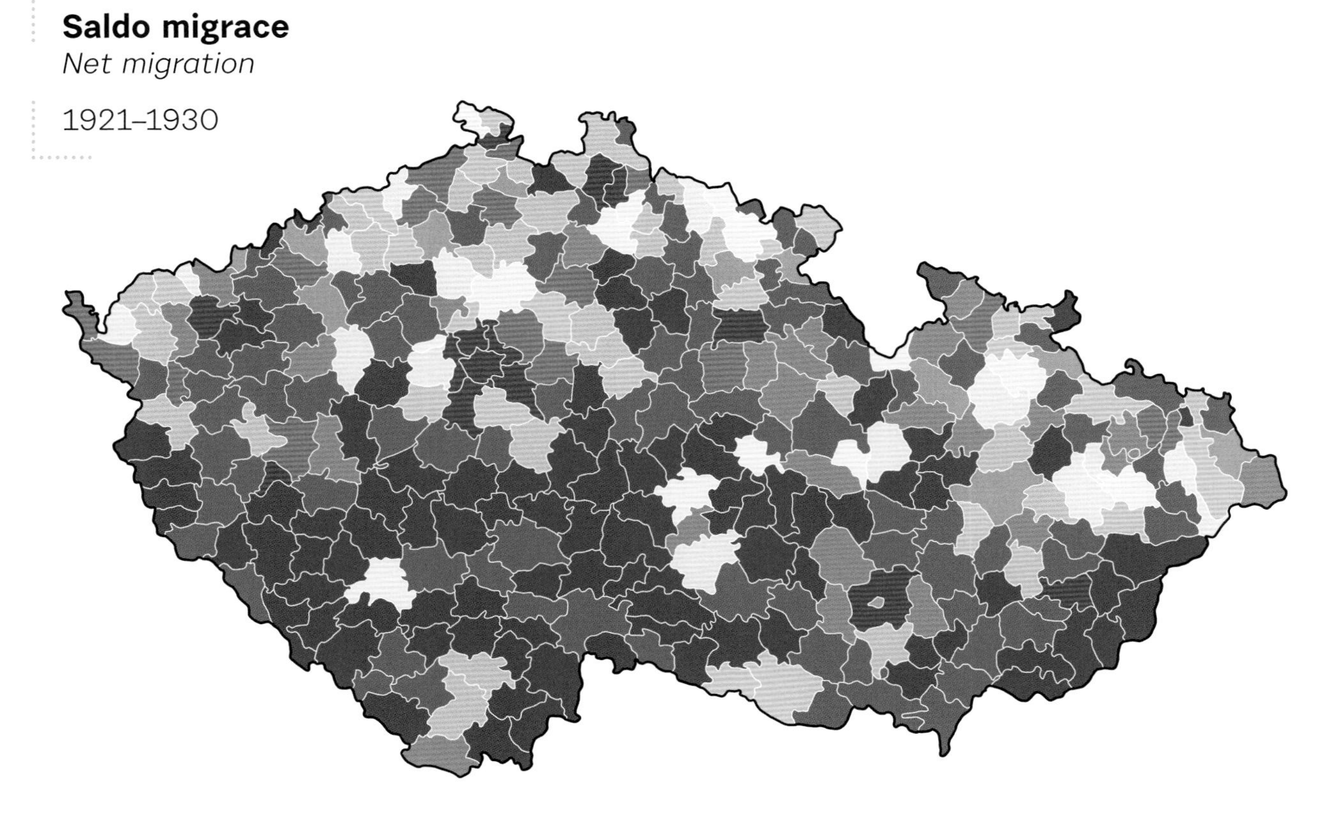

0
50 km
1:3 000 000

Hrubá míra celkového migračního salda (průměrný roční rozdíl počtu přistěhovalých a vystěhovalých na 1 000 obyvatel; v ‰)
Total net migration rate (annual average difference of immigrants and emigrants per 1,000 inhabitants; in ‰)

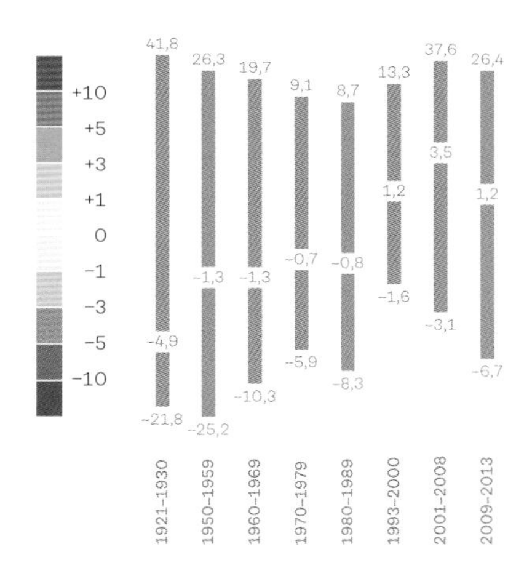

+10
+5
+3
+1
0
−1
−3
−5
−10
41,8
−4,9
−21,8
26,3
−1,3
−25,2
19,7
−1,3
−10,3
9,1
−0,7
−5,9
8,7
−0,8
−8,3
13,3
1,2
−1,6
37,6
3,5
−3,1
26,4
1,2
−6,7
1921–1930
1950–1959
1960–1969
1970–1979
1980–1989
1993–2000
2001–2008
2009–2013

Poznámka: Data za roky 1921–1930 byla získána diferenční metodou (určuje výši migračního přírůstku jako rozdíl celkového a přirozeného přírůstku), od roku 1950 je jejich zdrojem průběžná evidence stěhování.
Note: Data for 1921–1930 was calculated by differential method (defines migration increase as the difference between total population change and natural increase), since 1950 they have been retrieved from longitudinal evidence of migration.

1950–1959

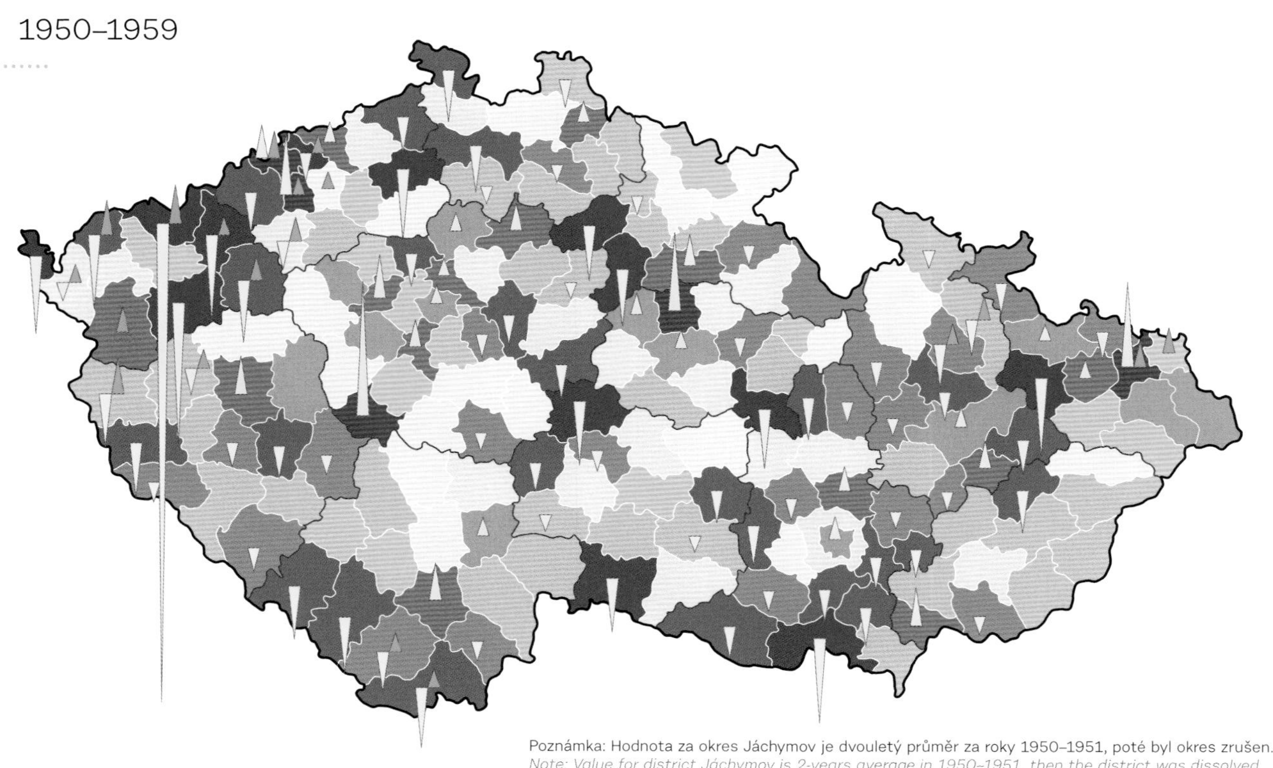

Poznámka: Hodnota za okres Jáchymov je dvouletý průměr za roky 1950–1951, poté byl okres zrušen.
Note: Value for district Jáchymov is 2-years average in 1950–1951, then the district was dissolved.

Dosídlení pohraničí
Borderland resettlement

1945–1947

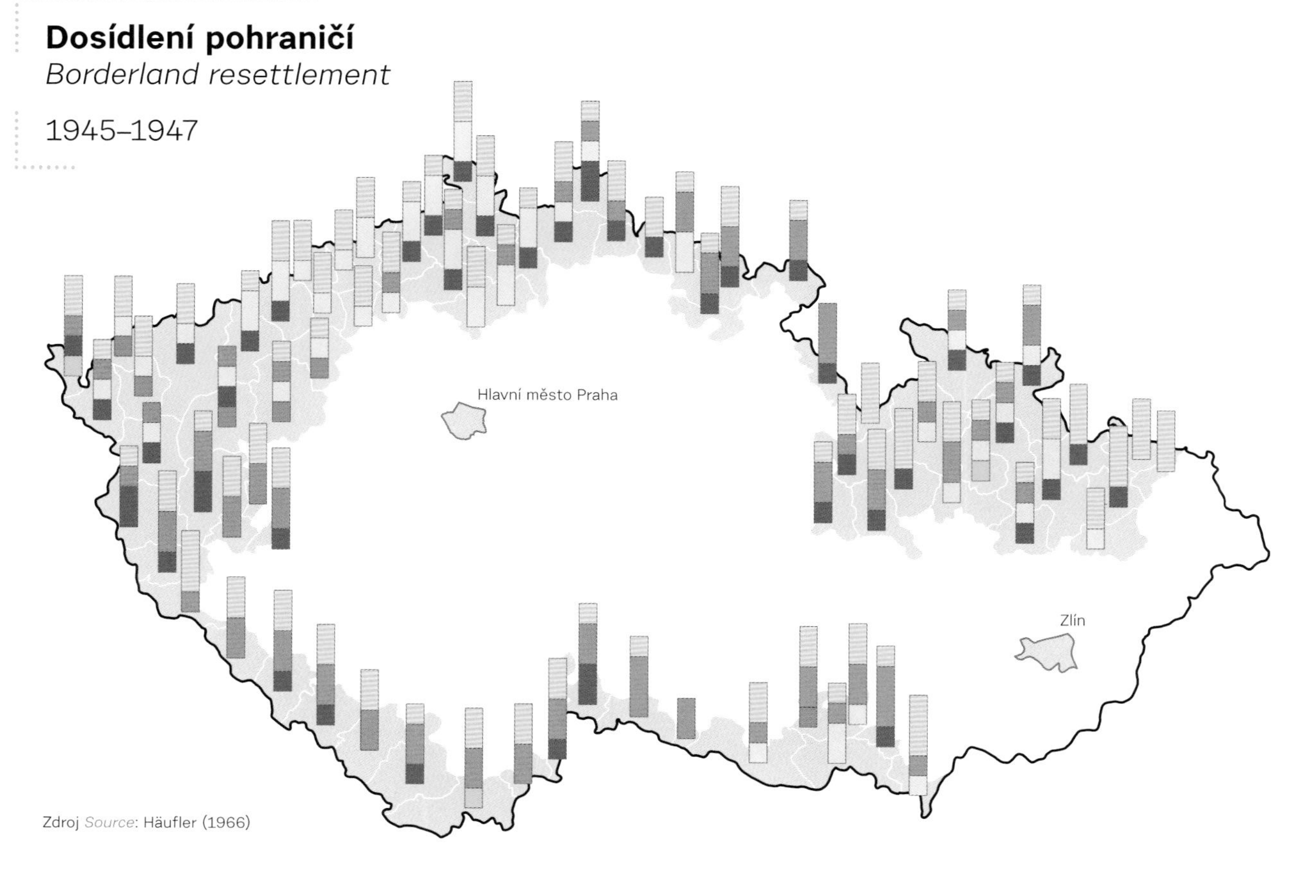

Hlavní město Praha
Zlín

Zdroj *Source*: Häufler (1966)

Původ obyvatelstva pohraničních okresů
Origin of borderland districts population

- Původní obyvatelstvo
  The old local population
- Přistěhovalí ze stejného kraje
  Immigrants from the Region in which the district is situated
- Přistěhovalí z Prahy (české okresy) nebo Zlína (moravské a slezské okresy)
  Immigrants from the Prague Region (for districts in Bohemia) or from Zlín Region (for districts in Moravia-Silesia)
- Přistěhovalí z ostatních krajů Čech (okresy v Čechách) nebo z ostatních krajů Moravy a Slezska (okresy na Moravě a ve Slezsku)
  Immigrants from other regions in Bohemia (for districts in Bohemia) or Moravia-Silesia (for districts in Moravia-Silesia)
- Přistěhovalí ze Slovenska
  Immigrants from Slovakia
- Přistěhovalí Češi a Slováci ze zahraničí (vč. koncentračních táborů a zahraniční armády)
  Immigrant Czechs and Slovaks from abroad (incl. from concentration camps and foreign army)

Podíl skupin dosídlenců na obyvatelstvu (v %)
Share of settler group on population (in %)

11–25 % 26–50 % 51–75 %

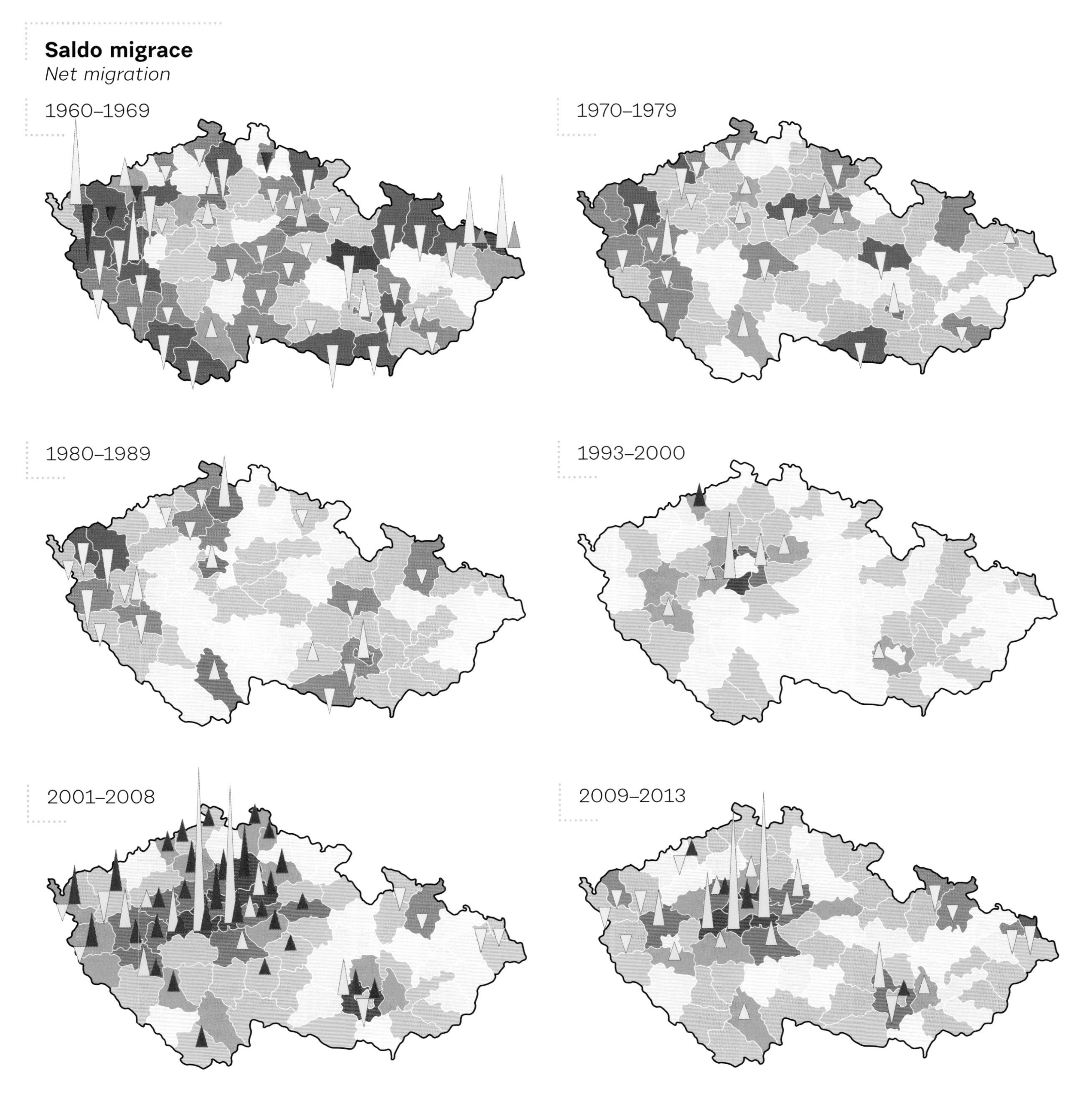
Saldo migrace
Net migration
1960–1969
1970–1979
1980–1989
1993–2000
2001–2008
2009–2013

0 100 km
1:5 000 000

Hrubá míra migračního salda (v ‰)
Net migration rate (v ‰)

Hrubá míra salda vnitřního stěhování mezi okresy
Internal net migration rate

Hrubá míra salda stěhování se Slovenskem
Net migration rate with Slovakia

Hrubá míra salda zahraničního stěhování
International net migration rate

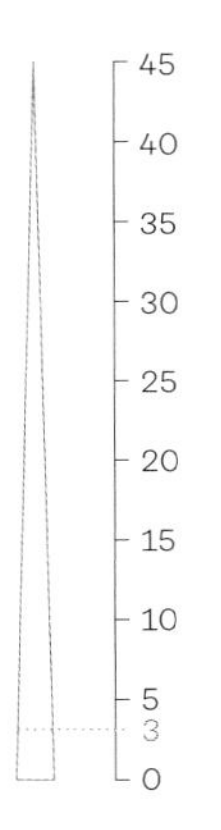
45
40
35
30
25
20
15
10
5
3
0

Poznámka: Stěhování se Slovenskem od roku 1993 zahrnuto k zahraničnímu stěhování. Hodnoty od −3 do +3 ‰ nejsou zobrazeny.
Note: Migration to and from Slovakia since 1993 is included in international migration. The values of net migration from −3 to +3‰ are not shown.

Přírůstek migrací podle velikosti obcí, 1955–2011
Net migration by municipality size, 1955–2011

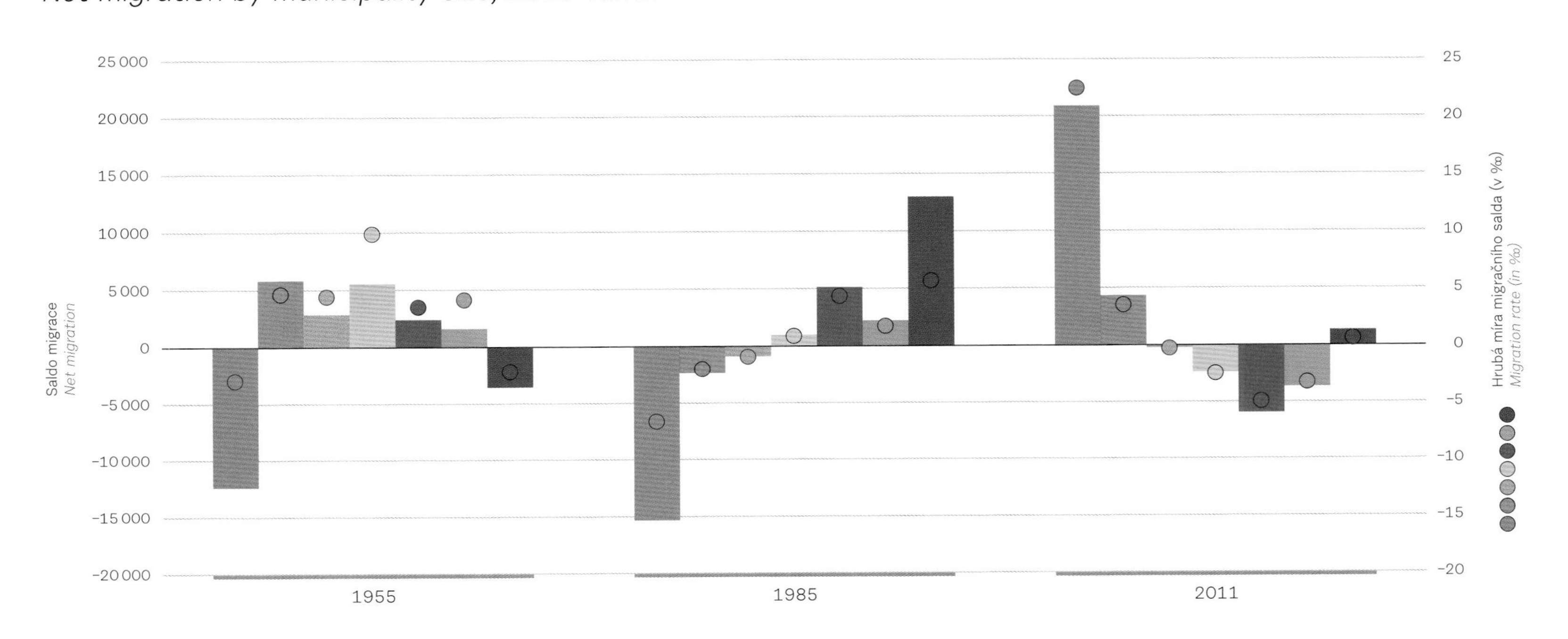
25 000
20 000
15 000
10 000
5 000
0
−5 000
−10 000
−15 000
−20 000
Saldo migrace
Net migration
25
20
15
10
5
0
−5
−10
−15
−20
Hrubá míra migračního salda (v ‰)
Migration rate (in ‰)
1955
1985
2011

Velikost obce
Municipality size

- <2 000
- 2 000 – 4 999
- 5 000 – 9 999
- 10 000 – 19 999
- 20 000 – 49 999
- 50 000 – 99 999
- >99 999

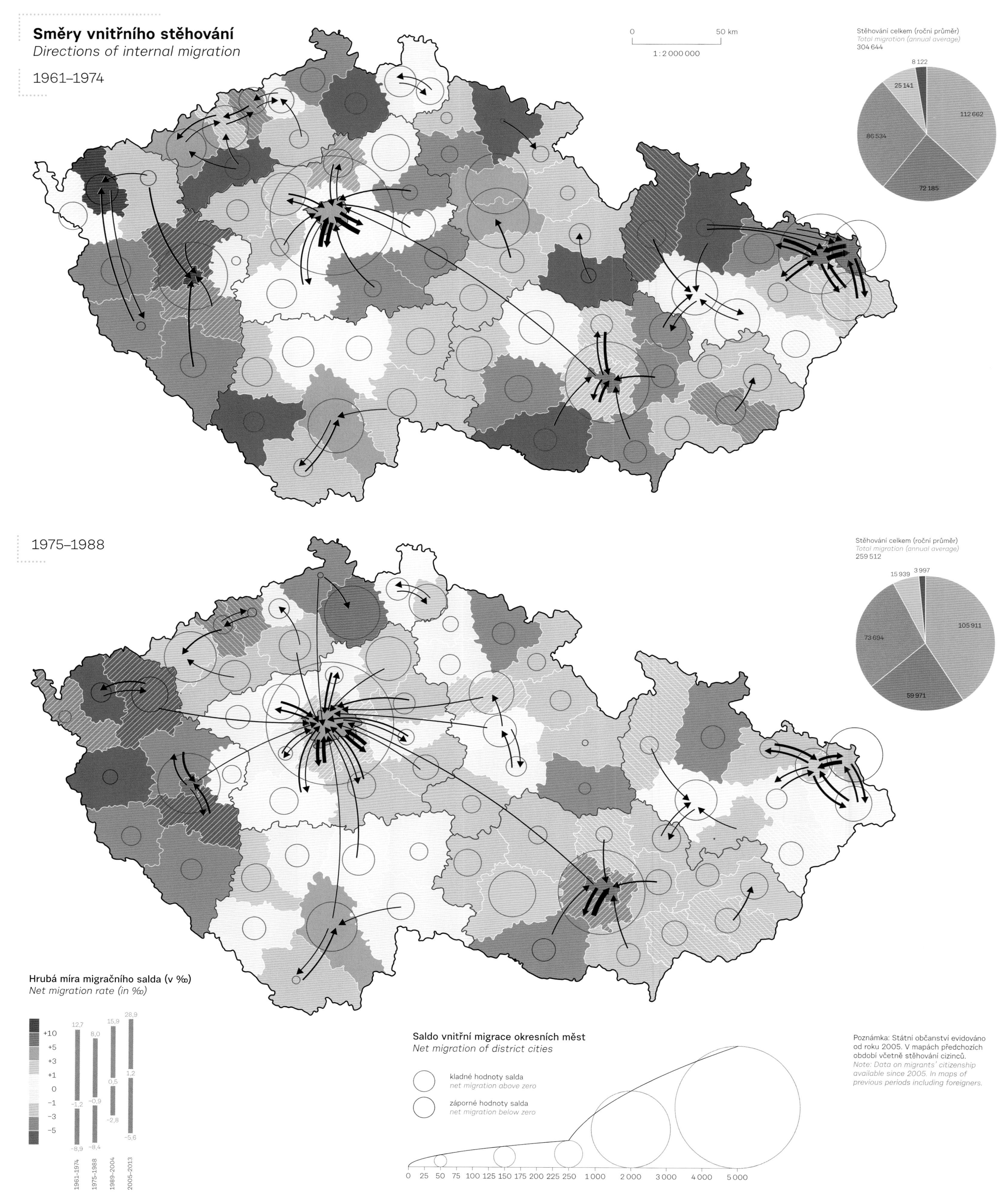
Směry vnitřního stěhování
Directions of internal migration
1961–1974
0
50 km
1:2 000 000
Stěhování celkem (roční průměr)
Total migration (annual average)
304 644
8 122
25 141
112 662
86 534
72 185
1975–1988
Stěhování celkem (roční průměr)
Total migration (annual average)
259 512
15 939
3 997
105 911
73 694
59 971
Hrubá míra migračního salda (v ‰)
Net migration rate (in ‰)
+10
+5
+3
+1
0
−1
−3
−5
12,7
−1,2
−8,9
8,0
−0,9
−8,4
15,9
0,5
−2,8
28,9
1,2
−5,6
1961–1974
1975–1988
1989–2004
2005–2013
Saldo vnitřní migrace okresních měst
Net migration of district cities
kladné hodnoty salda
net migration above zero
záporné hodnoty salda
net migration below zero
0 25 50 75 100 125 150 175 200 225 250 1 000 2 000 3 000 4 000 5 000
Poznámka: Státní občanství evidováno od roku 2005. V mapách předchozích období včetně stěhování cizinců.
Note: Data on migrants' citizenship available since 2005. In maps of previous periods including foreigners.

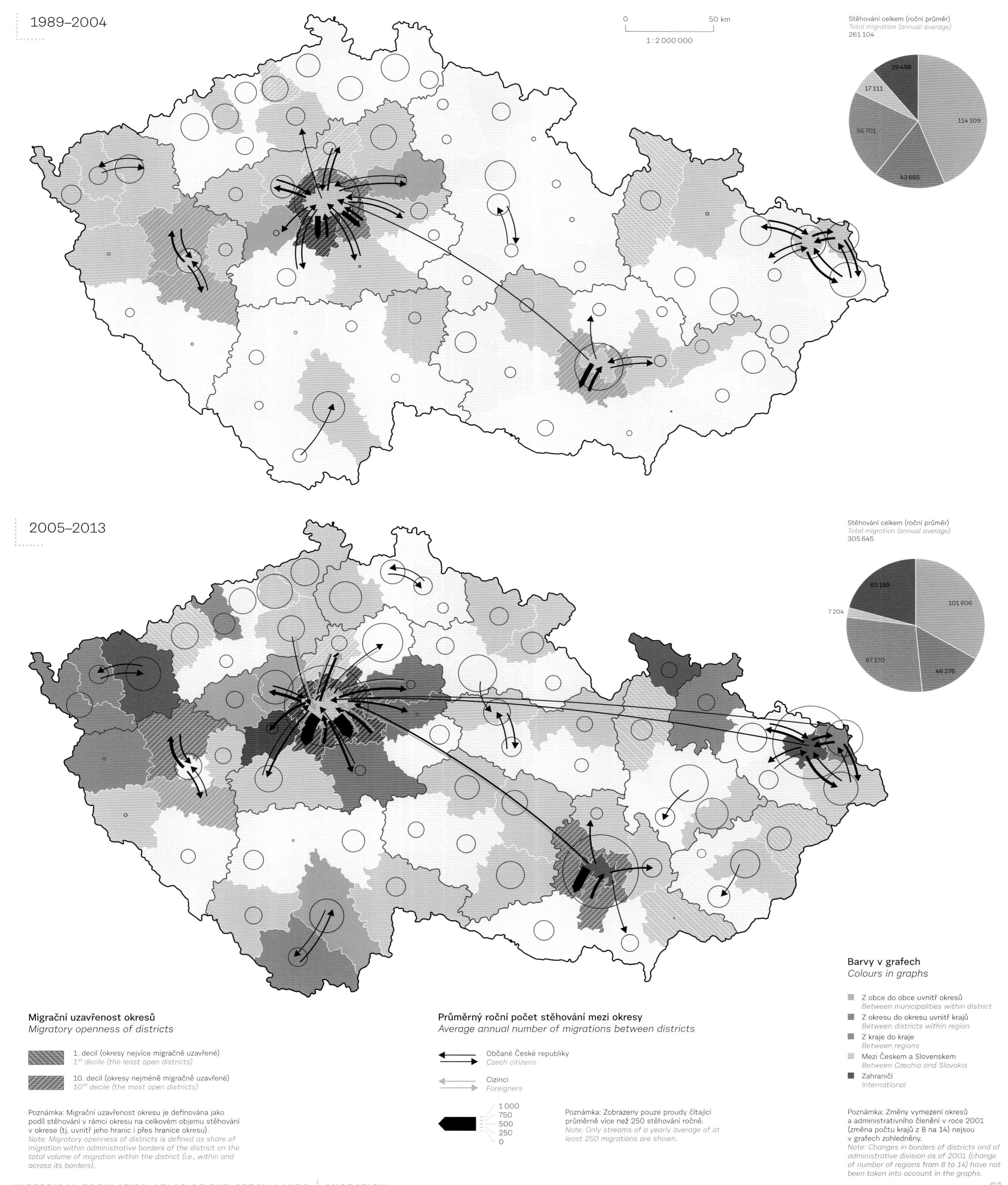

1989–2004
0
50 km
1 : 2 000 000
Stěhování celkem (roční průměr)
Total migration (annual average)
261 104
29 498
17 111
114 109
56 701
43 685
2005–2013
Stěhování celkem (roční průměr)
Total migration (annual average)
305 645
63 189
7 204
101 806
87 170
46 276
Barvy v grafech
Colours in graphs
Z obce do obce uvnitř okresů
Between municipalities within district
Z okresu do okresu uvnitř krajů
Between districts within region
Z kraje do kraje
Between regions
Mezi Českem a Slovenskem
Between Czechia and Slovakia
Zahraničí
International
Migrační uzavřenost okresů
Migratory openness of districts
1. decil (okresy nejvíce migračně uzavřené)
1st decile (the least open districts)
10. decil (okresy nejméně migračně uzavřené)
10th decile (the most open districts)
Poznámka: Migrační uzavřenost okresu je definována jako podíl stěhování v rámci okresu na celkovém objemu stěhování v okrese (tj. uvnitř jeho hranic i přes hranice okresu).
Note: Migratory openness of districts is defined as share of migration within administrative borders of the district on the total volume of migration within the district (i.e., within and across its borders).
Průměrný roční počet stěhování mezi okresy
Average annual number of migrations between districts
Občané České republiky
Czech citizens
Cizinci
Foreigners
1 000
750
500
250
0
Poznámka: Zobrazeny pouze proudy čítající průměrně více než 250 stěhování ročně.
Note: Only streams of a yearly average of at least 250 migrations are shown.
Poznámka: Změny vymezení okresů a administrativního členění v roce 2001 (změna počtu krajů z 8 na 14) nejsou v grafech zohledněny.
Note: Changes in borders of districts and of administrative division as of 2001 (change of number of regions from 8 to 14) have not been taken into account in the graphs.

Migrace podle věku, 1979–1981
Migration by age, 1979–1981

15–19 let *years*

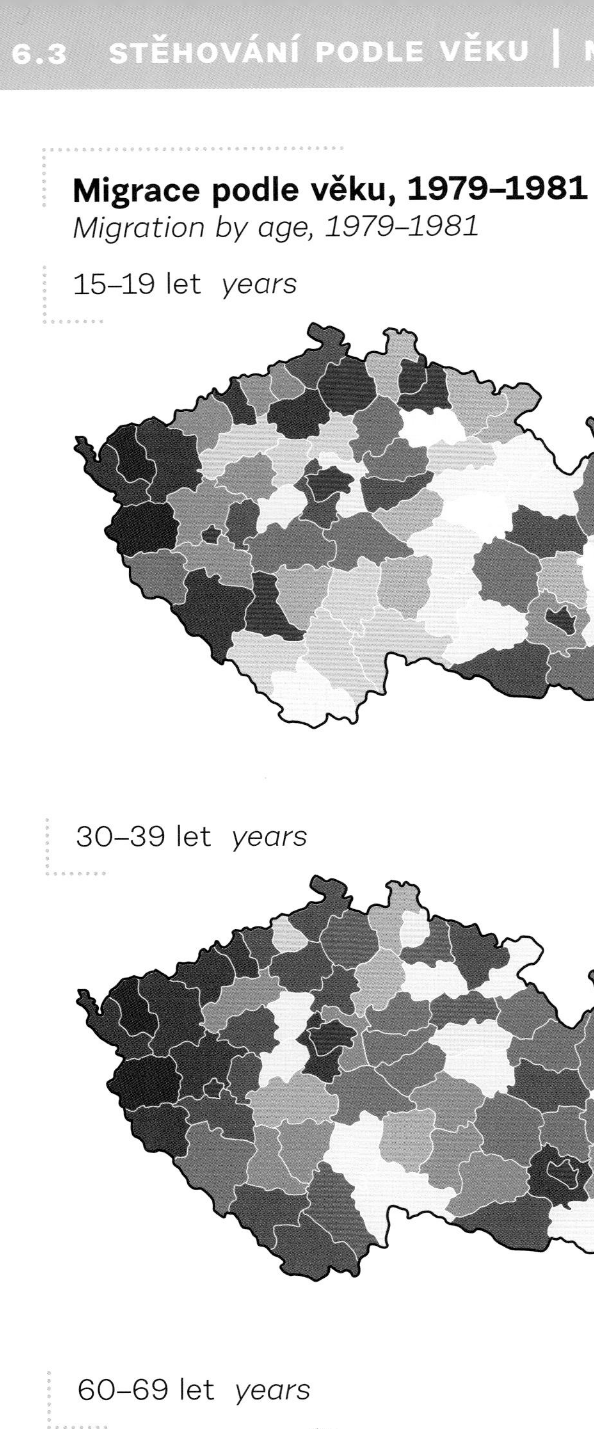

20–29 let *years*

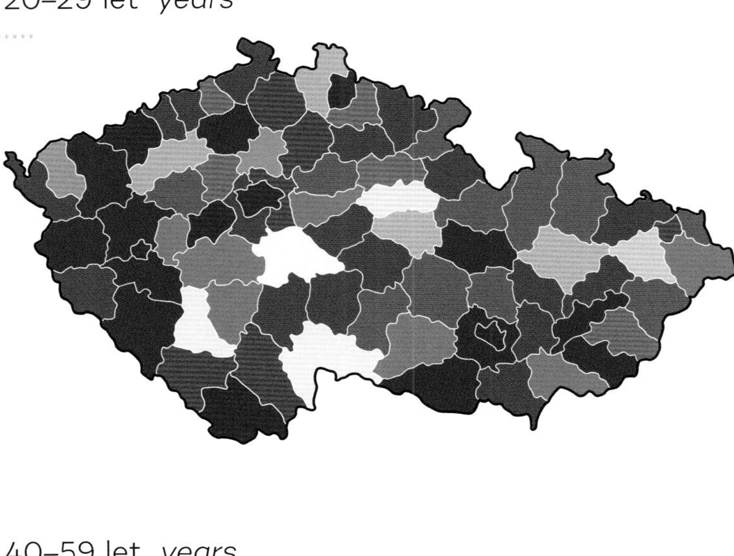

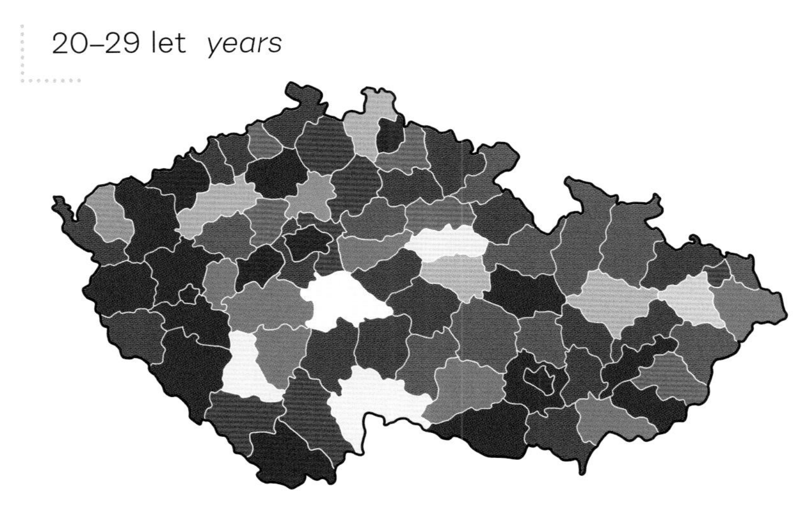

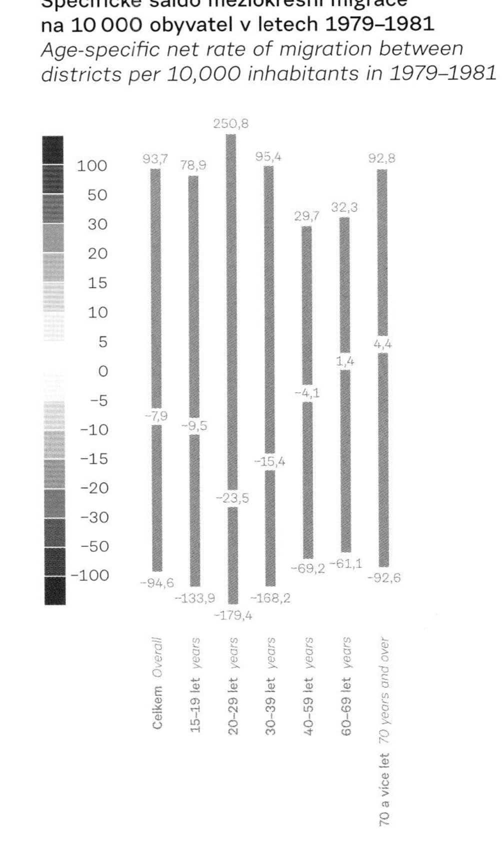
0
100 km
1:5 000 000
Specifické saldo meziokresní migrace na 10 000 obyvatel v letech 1979–1981
Age-specific net rate of migration between districts per 10,000 inhabitants in 1979–1981
100
50
30
20
15
10
5
0
−5
−10
−15
−20
−30
−50
−100
93,7
78,9
250,8
95,4
29,7
32,3
92,8
1,4
4,4
−4,1
−7,9
−9,5
−23,5
−15,4
−69,2
−61,1
−92,6
−94,6
−133,9
−179,4
−168,2
Celkem Overall
15–19 let years
20–29 let years
30–39 let years
40–59 let years
60–69 let years
70 a více let 70 years and over

30–39 let *years*

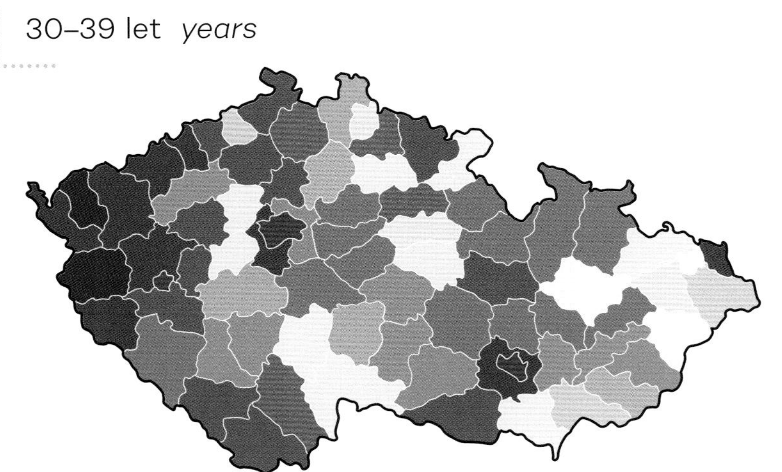

40–59 let *years*

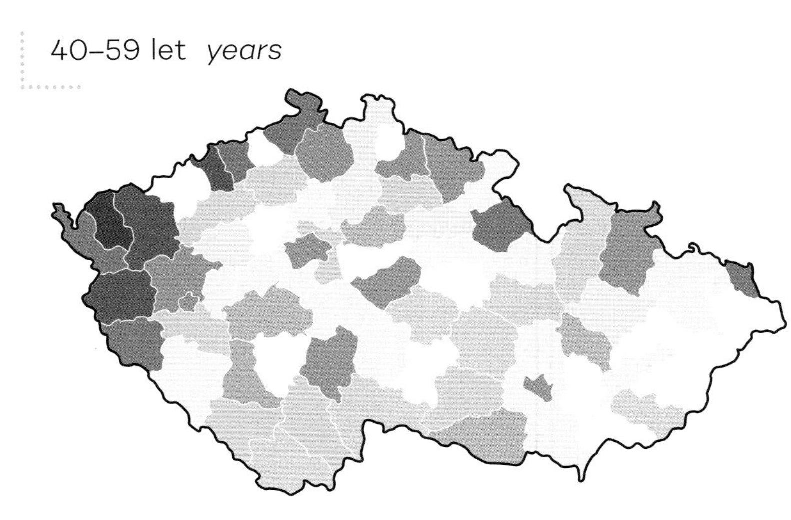

60–69 let *years*

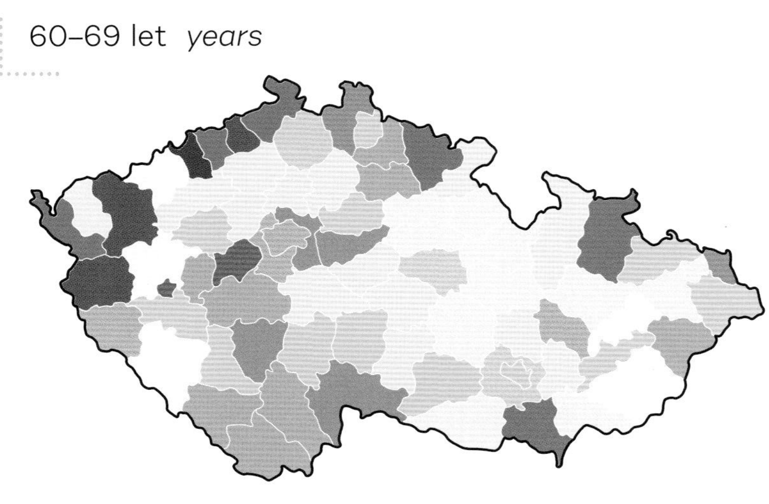

70 a více let *70 years and over*

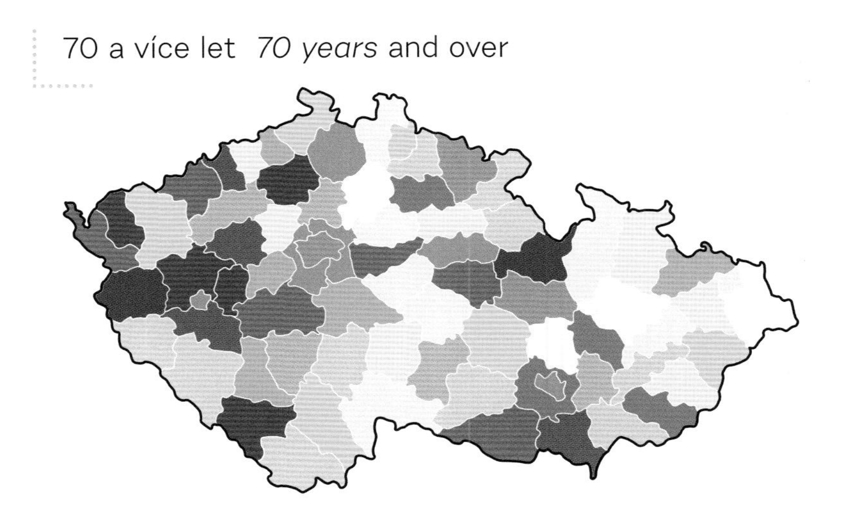

Celkem *Overall*

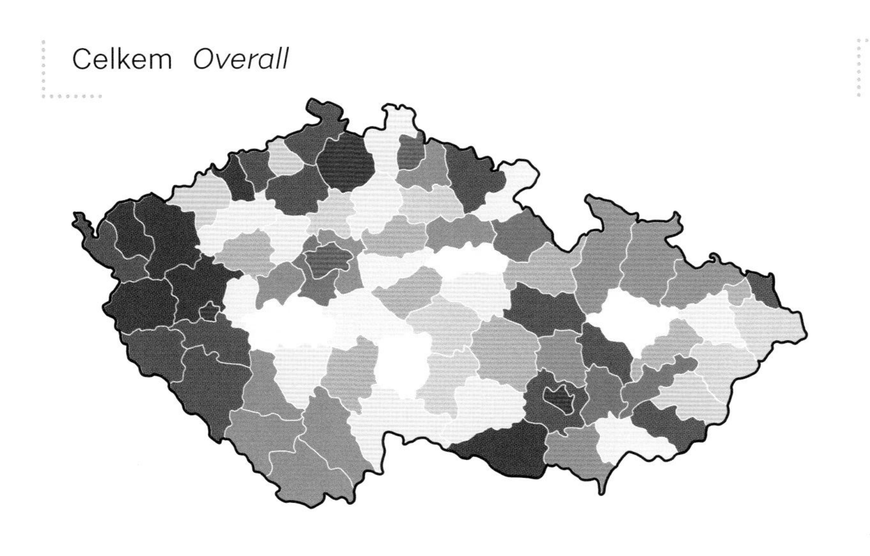

Specifické saldo meziokresní migrace
Age-specific net migration rate between administrative districts

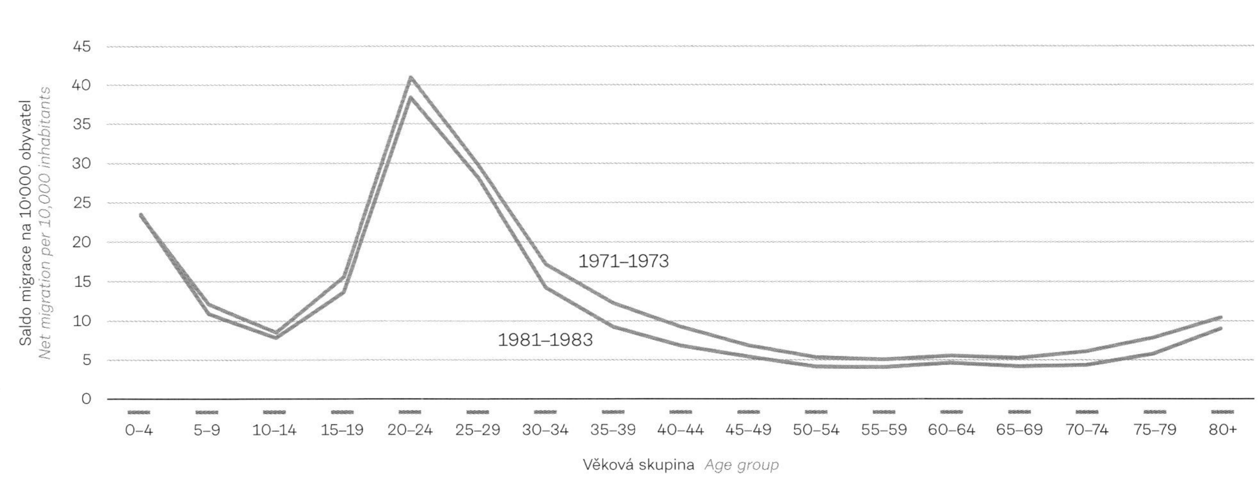
45
40
35
30
25
20
15
10
5
0
Saldo migrace na 10 000 obyvatel
Net migration per 10,000 inhabitants
1971–1973
1981–1983
0–4
5–9
10–14
15–19
20–24
25–29
30–34
35–39
40–44
45–49
50–54
55–59
60–64
65–69
70–74
75–79
80+
Věková skupina Age group

Migrace podle věku, 2011–2013

Migration by age, 2011–2013

0 100 km

1 : 5 000 000

15–19 let *years*

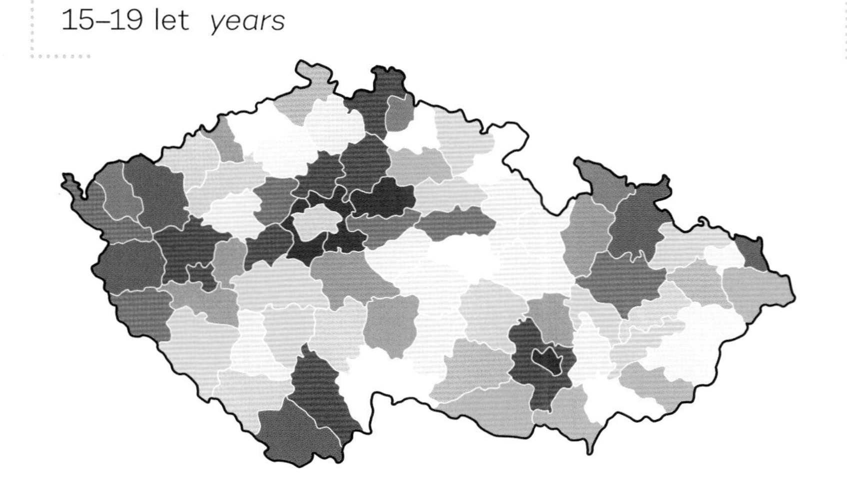

20–29 let *years*

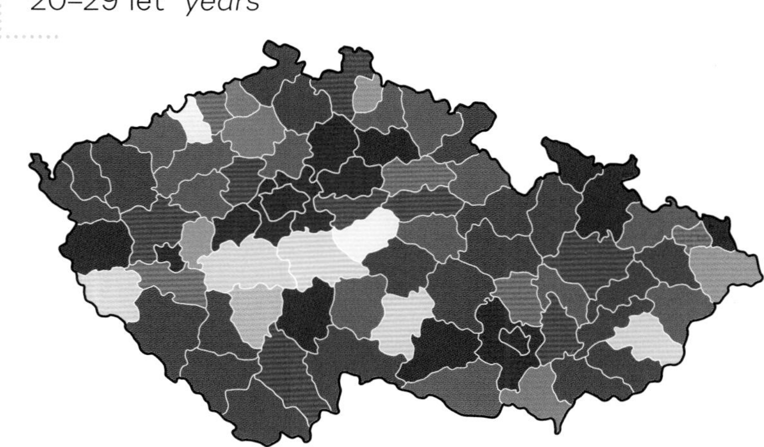

30–39 let *years*

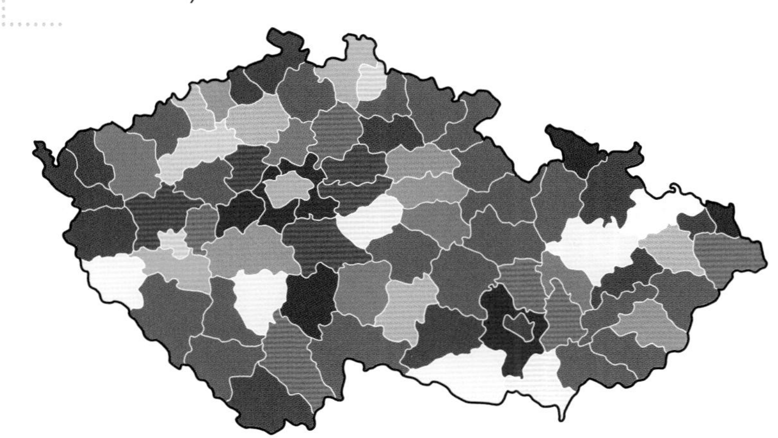

40–59 let *years*

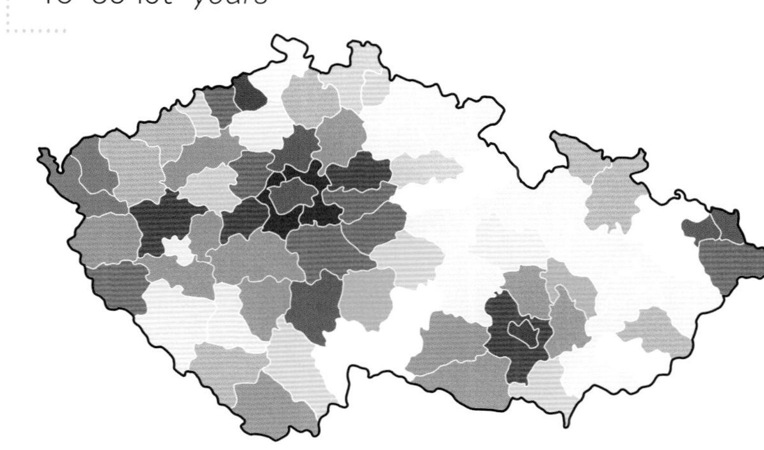

60–69 let *years*

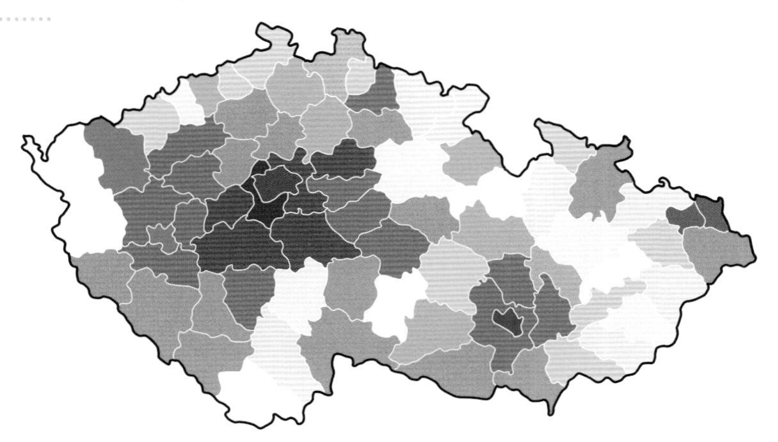

70 a více let *70 years and over*

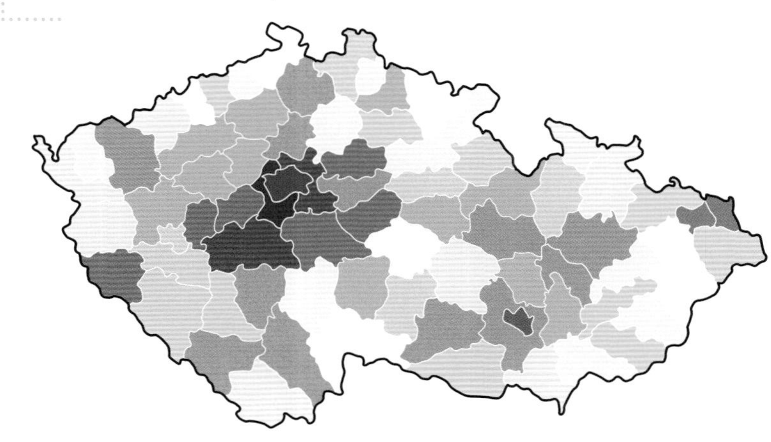

Celkem *Overall*

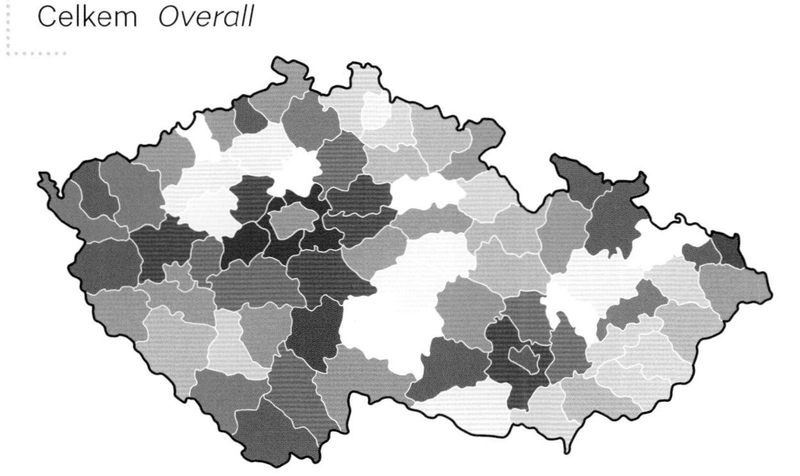

Specifické saldo meziokresní migrace na 10 000 obyvatel v letech 2011–2013

Age-specific net rate of migration between districts per 10,000 inhabitants in 2011–2013

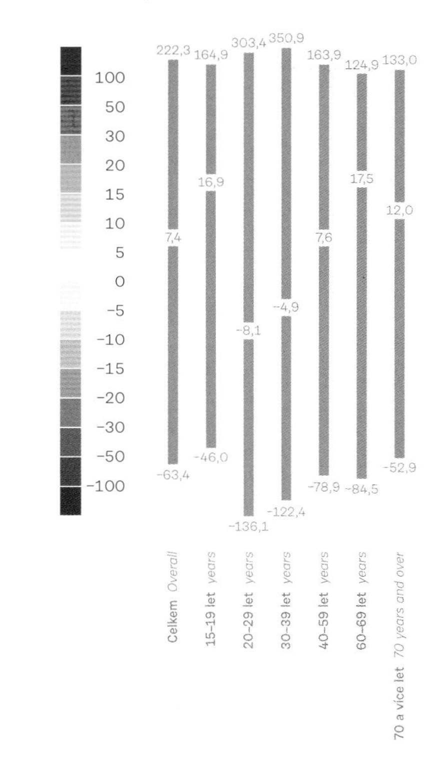
100
50
30
20
15
10
5
0
−5
−10
−15
−20
−30
−50
−100
222,3
7,4
−63,4
164,9
16,9
−46,0
303,4
−8,1
−136,1
350,9
−4,9
−122,4
163,9
7,6
−78,9
124,9
17,5
−84,5
133,0
12,0
−52,9
Celkem *Overall*
15–19 let *years*
20–29 let *years*
30–39 let *years*
40–59 let *years*
60–69 let *years*
70 a více let *70 years and over*

Specifické saldo meziokresní migrace

Age-specific net migration rate between administrative districts

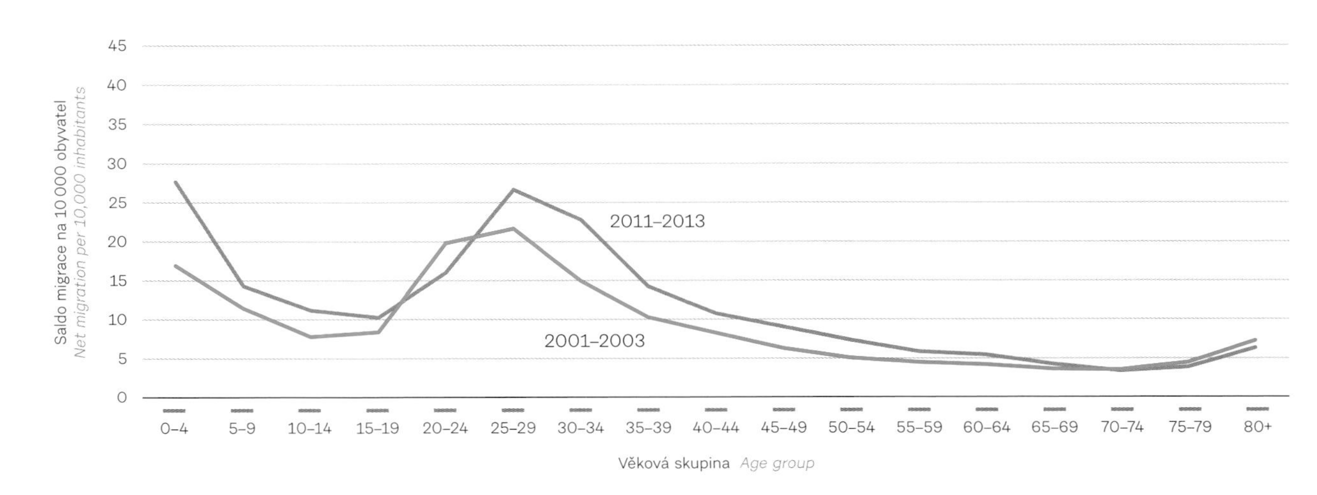
Saldo migrace na 10 000 obyvatel
Net migration per 10,000 inhabitants
45
40
35
30
25
20
15
10
5
0
2011–2013
2001–2003
0–4
5–9
10–14
15–19
20–24
25–29
30–34
35–39
40–44
45–49
50–54
55–59
60–64
65–69
70–74
75–79
80+
Věková skupina *Age group*

Stěhování z bytových důvodů
Migration due to housing-related reasons

1966–1970

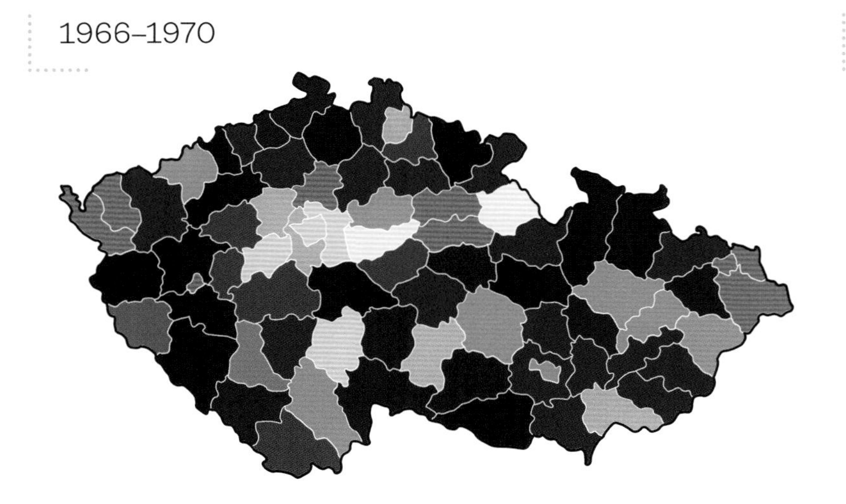

2000–2004

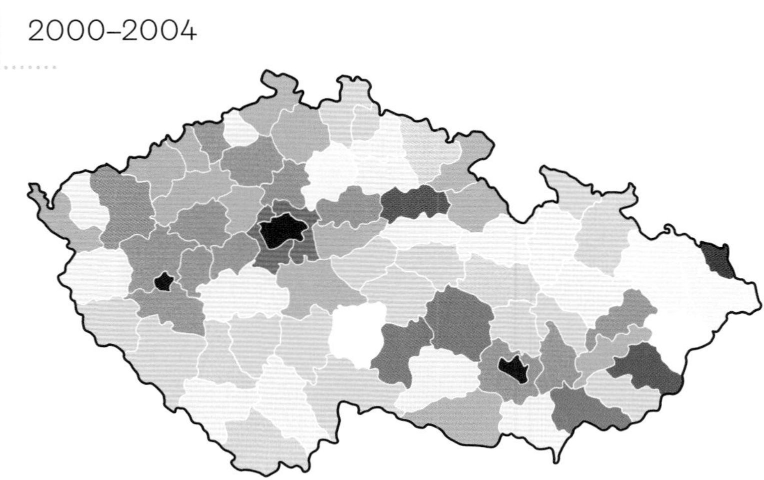

0
100 km
1 : 5 000 000

Hrubá míra migračního salda (průměrný roční přírůstek/úbytek na 1 000 obyvatel; v ‰)
Net migration rate (annual average increase/decrease per 1,000 inhabitants; ‰)

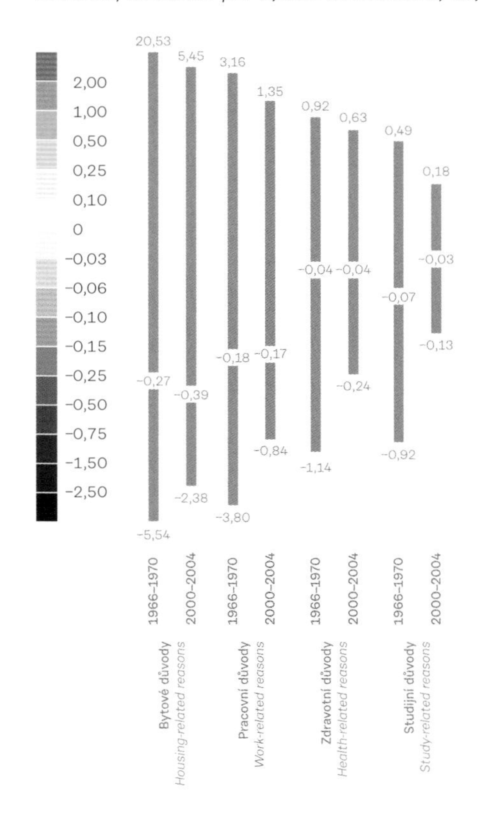
2,00
1,00
0,50
0,25
0,10
0
−0,03
−0,06
−0,10
−0,15
−0,25
−0,50
−0,75
−1,50
−2,50
20,53
5,45
3,16
1,35
0,92
0,63
0,49
0,18
−0,27
−0,39
−0,18
−0,17
−0,04
−0,04
−0,07
−0,03
−5,54
−2,38
−3,80
−0,84
−1,14
−0,24
−0,92
−0,13
1966–1970
2000–2004
1966–1970
2000–2004
1966–1970
2000–2004
1966–1970
2000–2004
Bytové důvody
Housing-related reasons
Pracovní důvody
Work-related reasons
Zdravotní důvody
Health-related reasons
Studijní důvody
Study-related reasons

Stěhování z pracovních důvodů
Migration due to work-related reasons

1966–1970

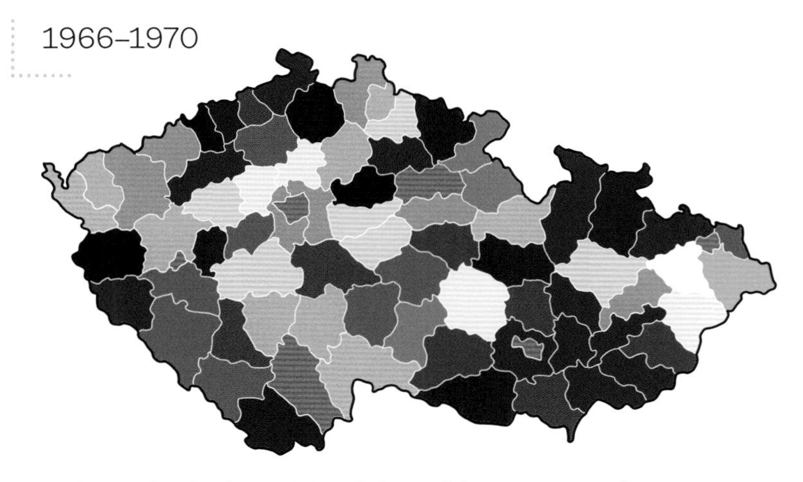

2000–2004

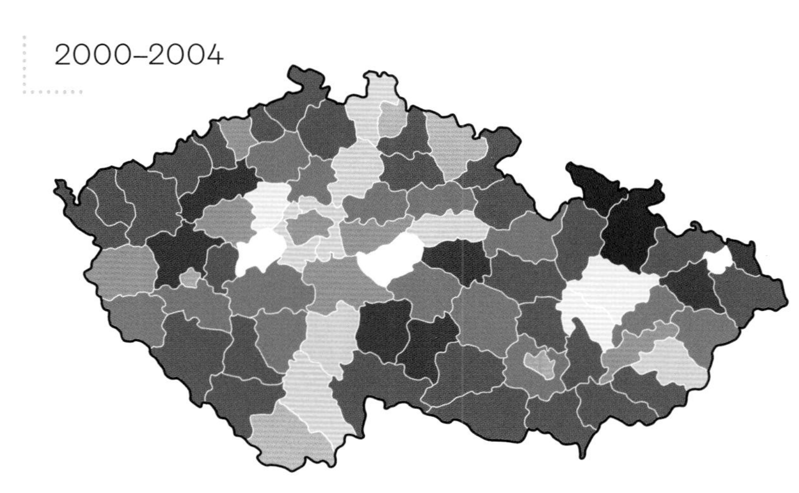

Poznámka: Součet důvodů stěhování „přiblížení pracovišti" a „změna pracoviště".
Note: Sum of migration motivation – "moving closer to the workplace" and "change of workplace".

Stěhování ze zdravotních důvodů
Migration due to health-related reason

1966–1970

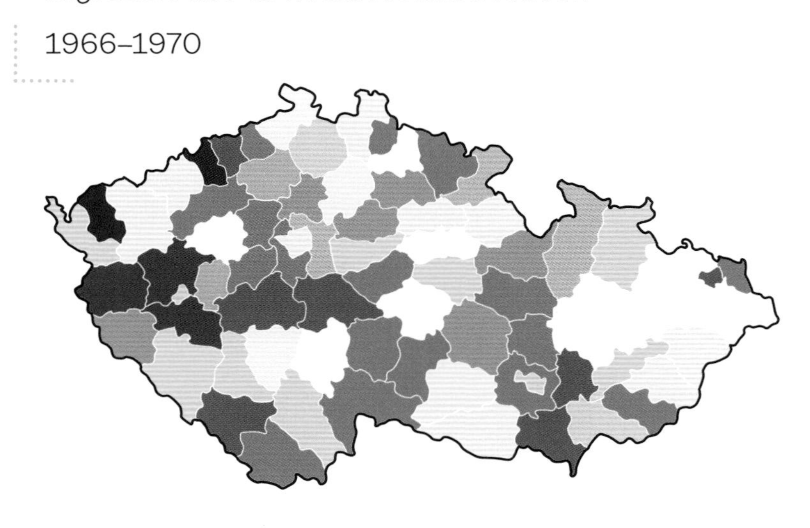

2000–2004

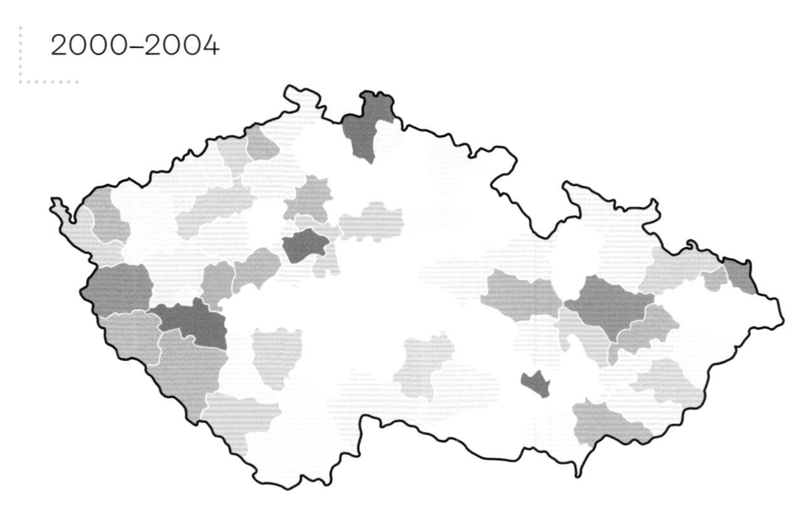

Stěhování ze studijních důvodů
Migration due to study-related reasons

1966–1970

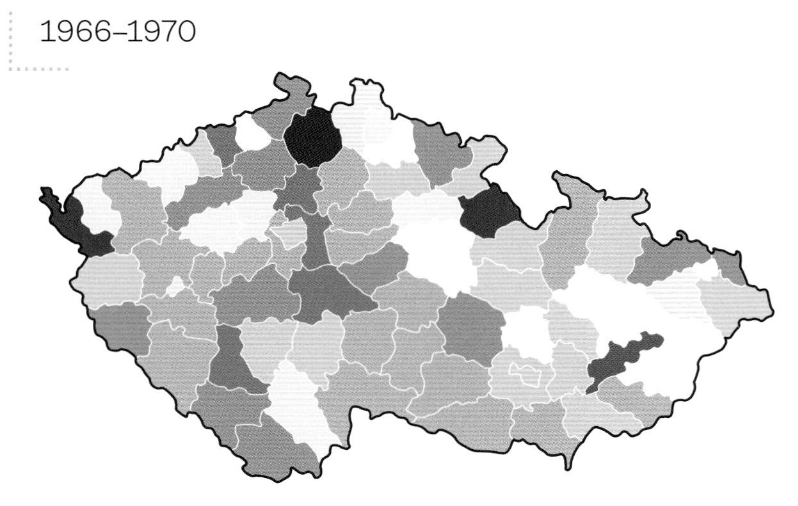

2000–2004

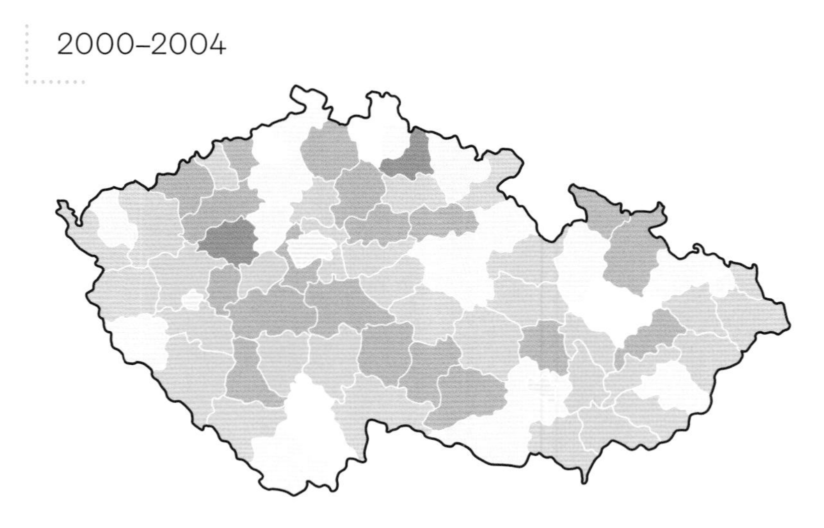

Důvody stěhování
Migration motivation

1966–1970, 2000–2004

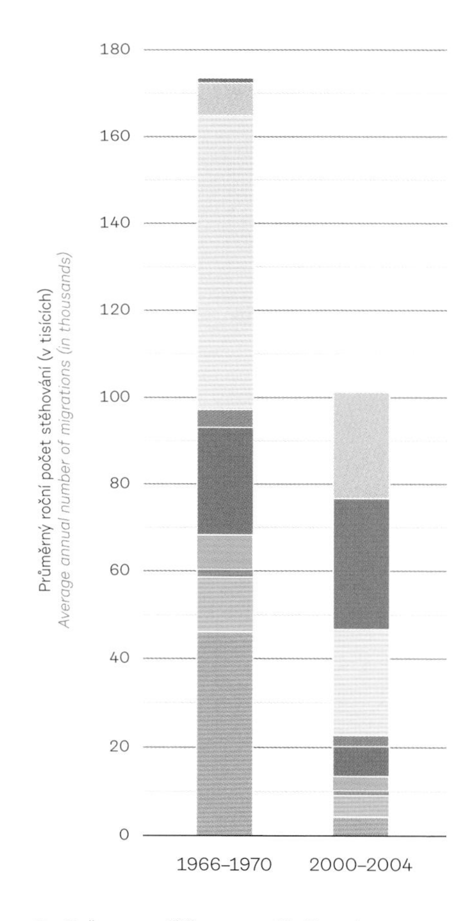
180
160
140
120
100
80
60
40
20
0
Průměrný roční počet stěhování (v tisících)
Average annual number of migrations (in thousands)
1966–1970
2000–2004

Změna pracoviště
Change of workplace
Přiblížení k pracovišti
Moving closer to the workplace
Učení, studium
Apprenticeship, study
Zdravotní důvody
Health reasons
Sňatek
Marriage
Rozvod
Divorce
Bytové důvody
Housing reasons
Následování rodinného příslušníka
Following relative
Jiné
Other
Nezjištěno
Unknown

Typy okresů podle migrace

Typology of districts according to migration

1960–2013

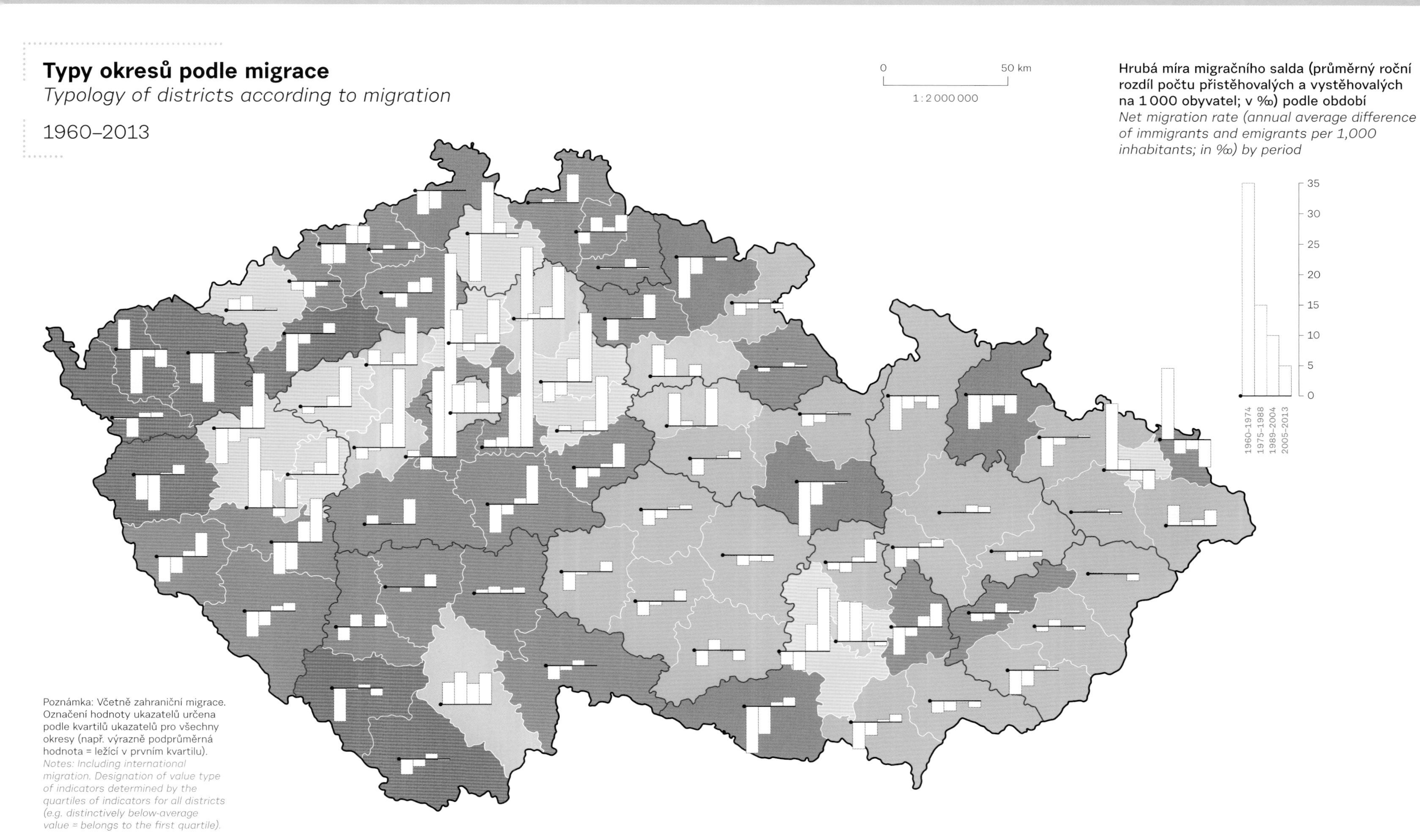

0
50 km
1 : 2 000 000
35
30
25
20
15
10
5
0
1960–1974
1975–1988
1989–2004
2005–2013

Hrubá míra migračního salda (průměrný roční rozdíl počtu přistěhovalých a vystěhovalých na 1 000 obyvatel; v ‰) podle období
Net migration rate (annual average difference of immigrants and emigrants per 1,000 inhabitants; in ‰) by period

Poznámka: Včetně zahraniční migrace. Označení hodnoty ukazatelů určena podle kvartilů ukazatelů pro všechny okresy (např. výrazně podprůměrná hodnota = ležící v prvním kvartilu).
Notes: Including international migration. Designation of value type of indicators determined by the quartiles of indicators for all districts (e.g. distinctively below-average value = belongs to the first quartile).

Typy okresů podle průměrné hodnoty hmmo (hrubá míra migračního obratu) a hmms (hrubá míra migračního salda)
Types of districts by average values of nmr (net migration rate) and gmr (gross migration rate)

	hmmo		hmms	
	min	max	min	max
Průměrná hmms i hmmo *Average nmr and gmr*	26,9	35,3	−1,4	1,2
Podprůměrná hmms, výrazně nadprůměrná hmmo *Below-average nmr, distinctively above-average gmr*	38,4	48,5	−3,5	−0,5
Podprůměrná hmms, výrazně podprůměrná hmms *Below-average nmr, distinctively below-average gmr*	17,9	26,0	−1,6	1,8
Nadprůměrná hmms i hmmo *Above-average nmr and gmr*	32,4	41,4	0,3	2,8
Výrazně podprůměrná hmms, podprůměrná hmmo *Distinctively below-average nmr, below-average gmr*	23,6	33,8	−3,8	−1,9
Extrémně nadprůměrná hmms i hmmo *Extremely above-average nmr and gmr*	52,5	55,7	9,3	10,1
Výrazně nadprůměrná hmms, průměrná hmmo *Distinctively above-average nmr, average gmr*	25,2	33,3	2,2	4,9

Poznámka: Typologie okresů byla vytvořena pomocí shlukové analýzy průměrných hodnot hrubé míry migračního salda a hrubé míry migračního obratu obyvatelstva okresů za období 1960–2013.
Note: The typology of districts was based on cluster analysis of average values of net migration rate and gross migration rate of districts in 1960–2013.

Saldo a obrat migrace v typech okresů

Net migration and volume of migration in district types

1960–2013

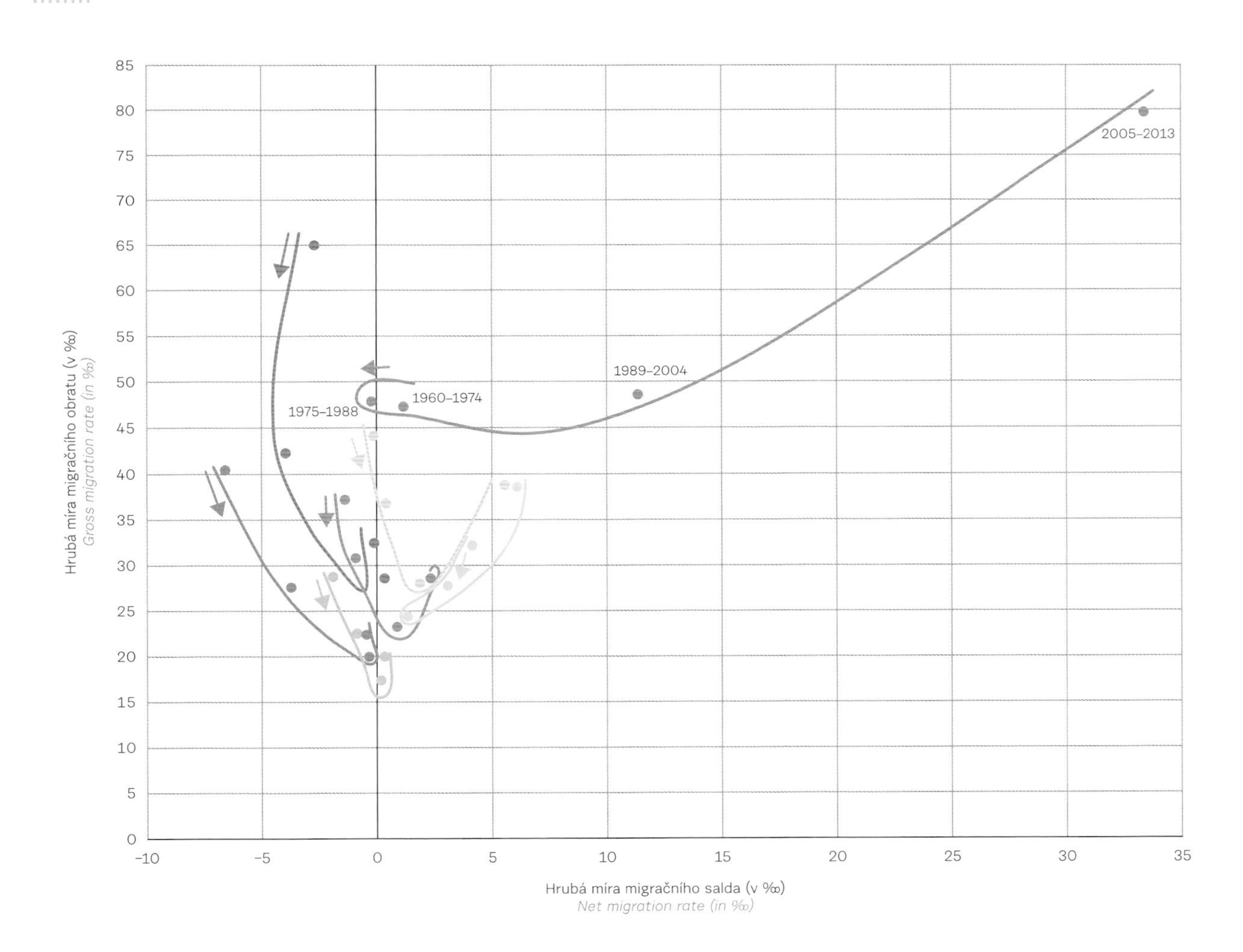

85
80
75
70
65
60
55
50
45
40
35
30
25
20
15
10
5
0
−10
−5
0
5
10
15
20
25
30
35
2005–2013
1989–2004
1960–1974
1975–1988
Hrubá míra migračního obratu (v ‰)
Gross migration rate (in ‰)
Hrubá míra migračního salda (v ‰)
Net migration rate (in ‰)

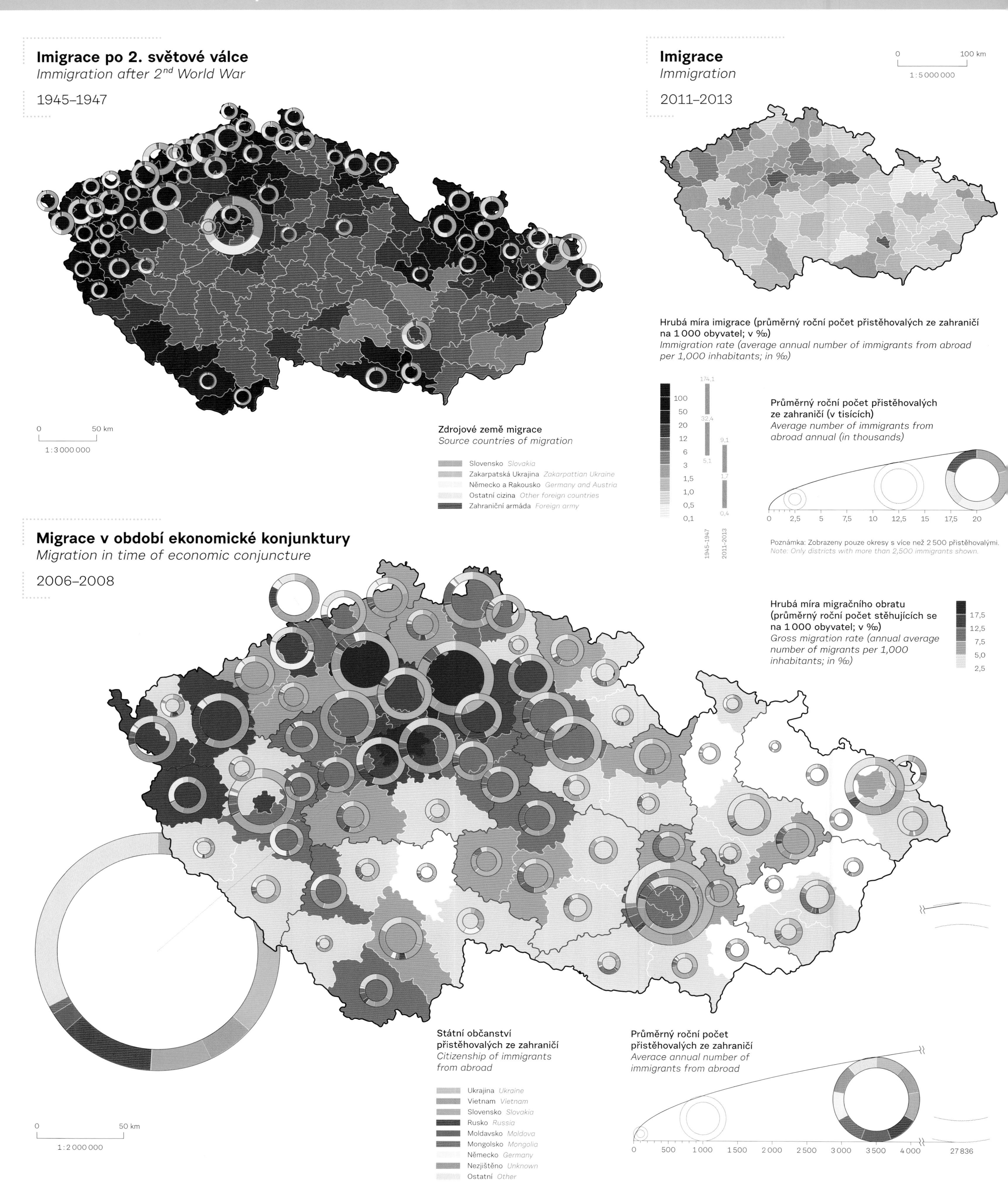
Imigrace po 2. světové válce
Immigration after 2nd World War
1945–1947
0 50 km
1:3 000 000
Zdrojové země migrace
Source countries of migration
Slovensko Slovakia
Zakarpatská Ukrajina Zakarpattian Ukraine
Německo a Rakousko Germany and Austria
Ostatní cizina Other foreign countries
Zahraniční armáda Foreign army
Imigrace
Immigration
2011–2013
0 100 km
1:5 000 000
Hrubá míra imigrace (průměrný roční počet přistěhovalých ze zahraničí na 1 000 obyvatel; v ‰)
Immigration rate (average annual number of immigrants from abroad per 1,000 inhabitants; in ‰)
100
50
20
12
6
3
1,5
1,0
0,5
0,1
174,1
32,4
5,1
9,1
1,7
0,4
1945–1947
2011–2013
Průměrný roční počet přistěhovalých ze zahraničí (v tisících)
Average number of immigrants from abroad annual (in thousands)
0 2,5 5 7,5 10 12,5 15 17,5 20
Poznámka: Zobrazeny pouze okresy s více než 2 500 přistěhovalými.
Note: Only districts with more than 2,500 immigrants shown.
Migrace v období ekonomické konjunktury
Migration in time of economic conjuncture
2006–2008
Hrubá míra migračního obratu (průměrný roční počet stěhujících se na 1 000 obyvatel; v ‰)
Gross migration rate (annual average number of migrants per 1,000 inhabitants; in ‰)
17,5
12,5
7,5
5,0
2,5
0 50 km
1:2 000 000
Státní občanství přistěhovalých ze zahraničí
Citizenship of immigrants from abroad
Ukrajina Ukraine
Vietnam Vietnam
Slovensko Slovakia
Rusko Russia
Moldavsko Moldova
Mongolsko Mongolia
Německo Germany
Nezjištěno Unknown
Ostatní Other
Průměrný roční počet přistěhovalých ze zahraničí
Averace annual number of immigrants from abroad
0 500 1 000 1 500 2 000 2 500 3 000 3 500 4 000 27 836

Meziválečná emigrace
Interwar emigration

1922–1926

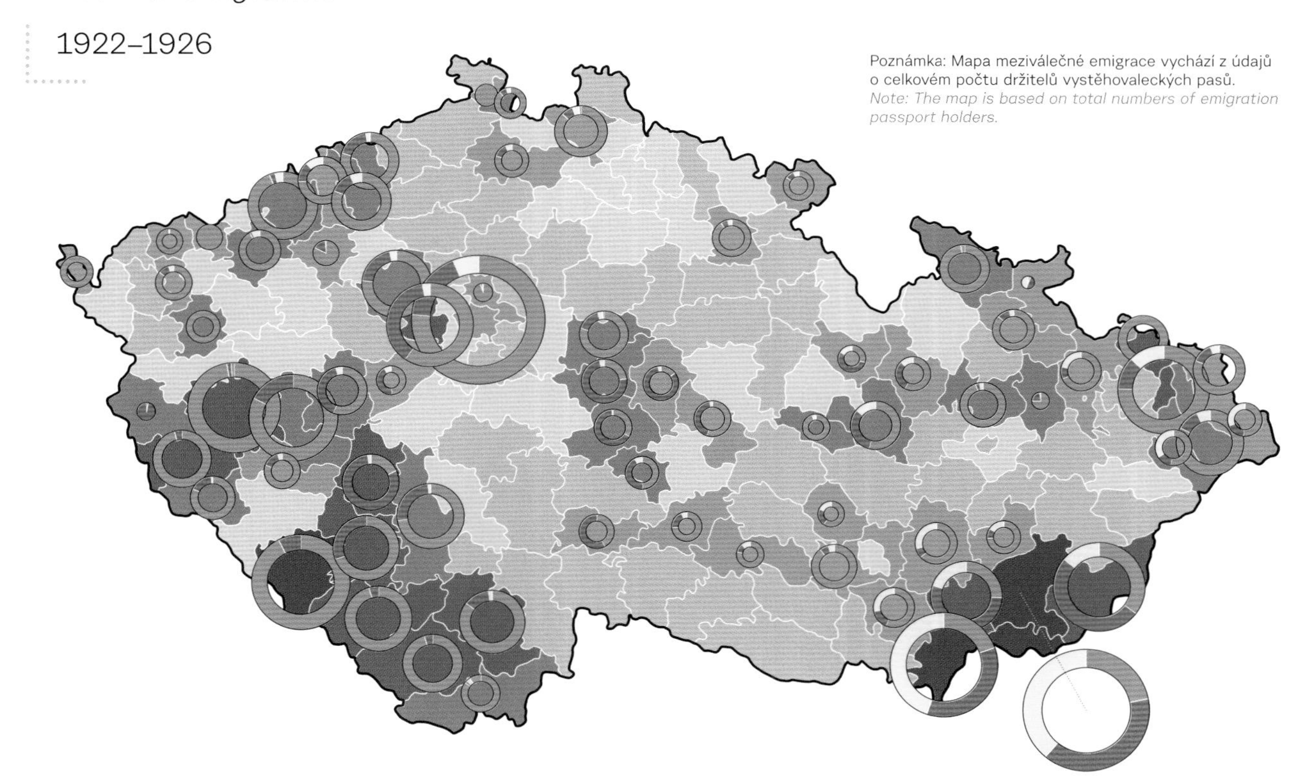

Poznámka: Mapa meziválečné emigrace vychází z údajů o celkovém počtu držitelů vystěhovaleckých pasů.
Note: The map is based on total numbers of emigration passport holders.

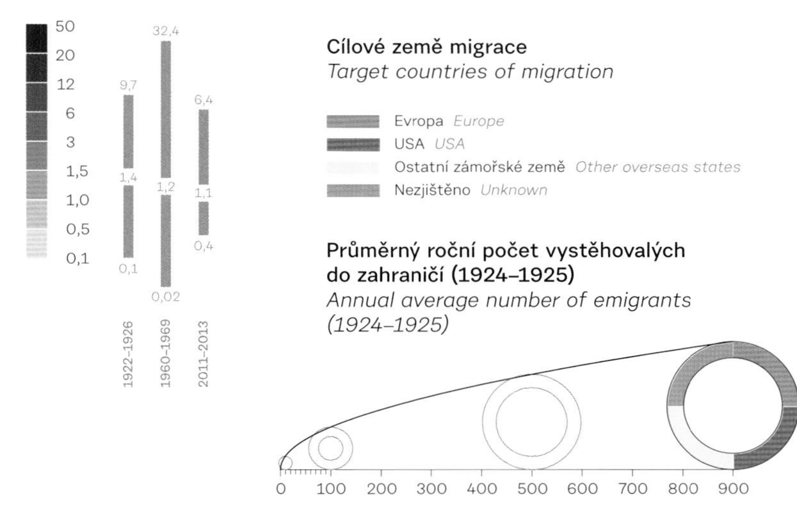

0
50 km
1:3 000 000
Hrubá míra emigrace (průměrný roční počet vystěhovalých do zahraničí na 1 000 obyvatel; v ‰)
Emigration rate (average annual number of emigrants per 1,000 inhabitants; in ‰)
50
20
12
6
3
1,5
1,0
0,5
0,1
9,7
32,4
6,4
1,4
1,2
1,1
0,1
0,02
0,4
1922–1926
1960–1969
2011–2013
Cílové země migrace
Target countries of migration
Evropa Europe
USA USA
Ostatní zámořské země Other overseas states
Nezjištěno Unknown
Průměrný roční počet vystěhovalých do zahraničí (1924–1925)
Annual average number of emigrants (1924–1925)
0
100
200
300
400
500
600
700
800
900

Poznámka: Zobrazeny pouze okresy, z nichž se vystěhovalo více než 1 ‰ obyvatelstva.
Note: Only districts from which they emigrated averaged more than 1‰ of the population shown.

Emigrace 60. let 20. století
Emigration of the 1960s

1960–1969

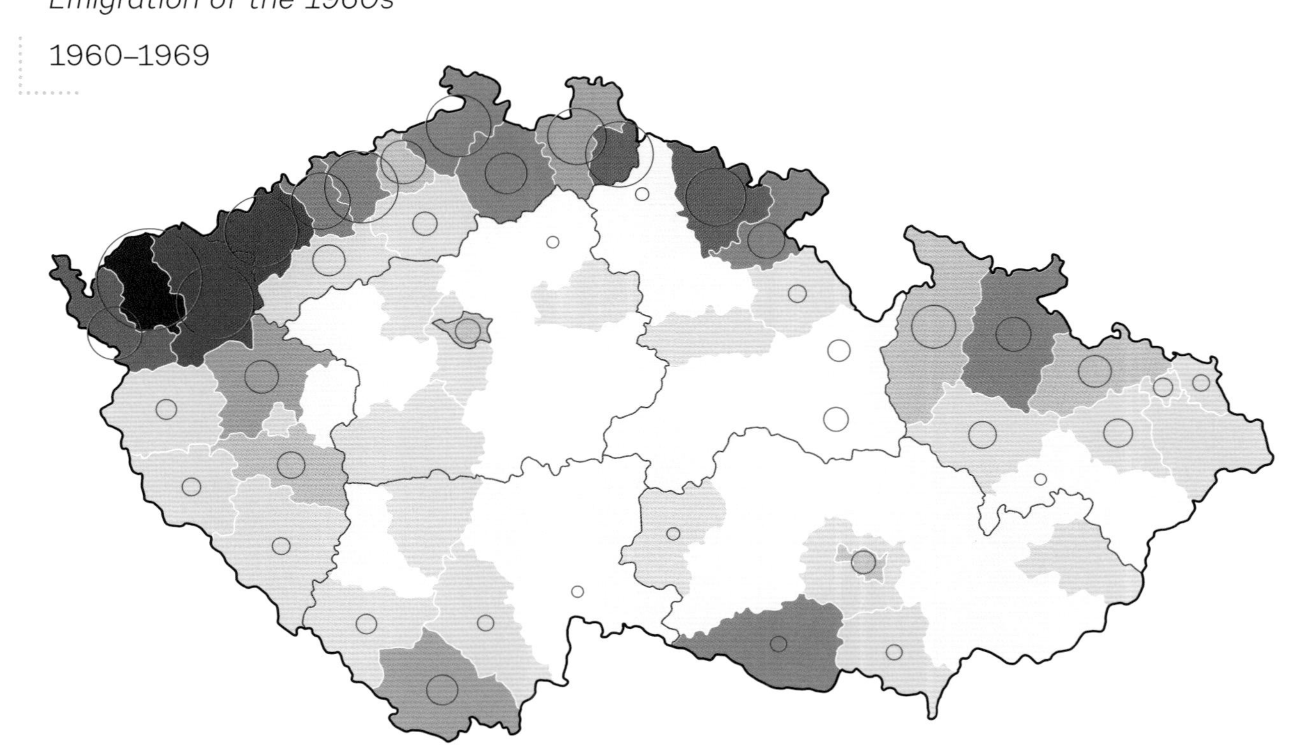

Emigrace
Emigration

2011–2013

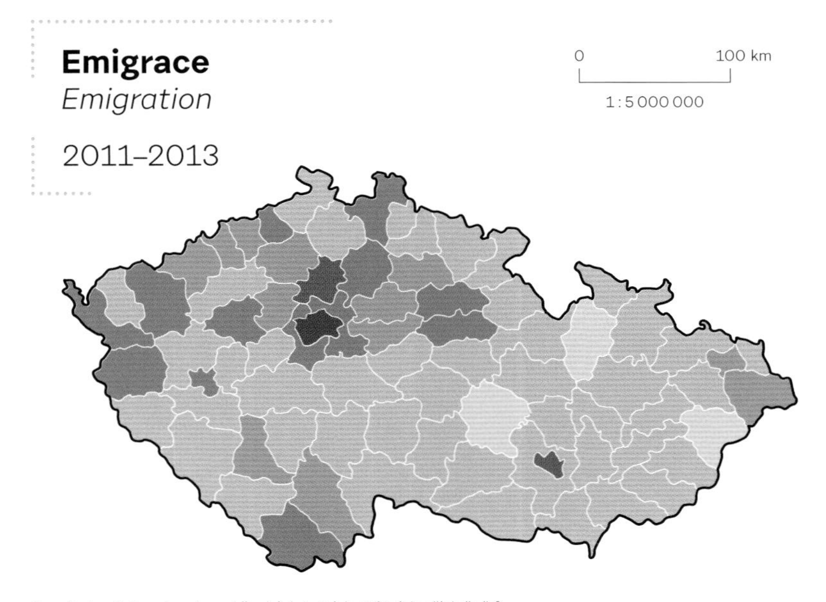

0
100 km
1:5 000 000

Poznámka: Zahrnuje migraci českých i cizích státních příslušníků.
Note: Migration of Czech and foreign citizens is included.

Počet osob německé národnosti v roce 1961 (v tisících)
Number of German nationals in 1961 (in thousands)

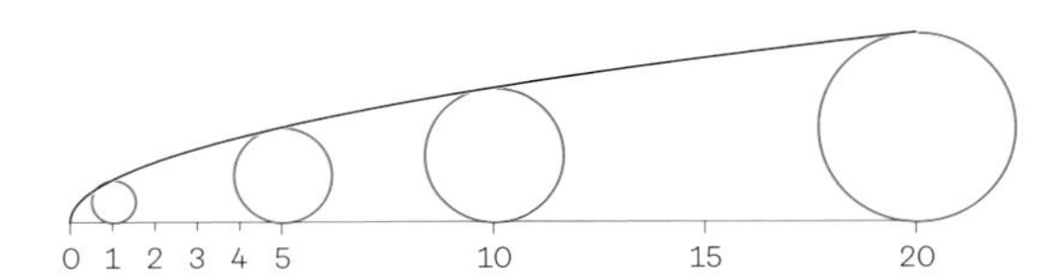

0
1
2
3
4
5
10
15
20

Poznámka: Zobrazeny pouze okresy s více než 250 osobami německé národnosti.
Note: Only districts with more than 250 Geman nationals shown.

Zahraniční migrace, 1920–2013
International migration, 1920–2013

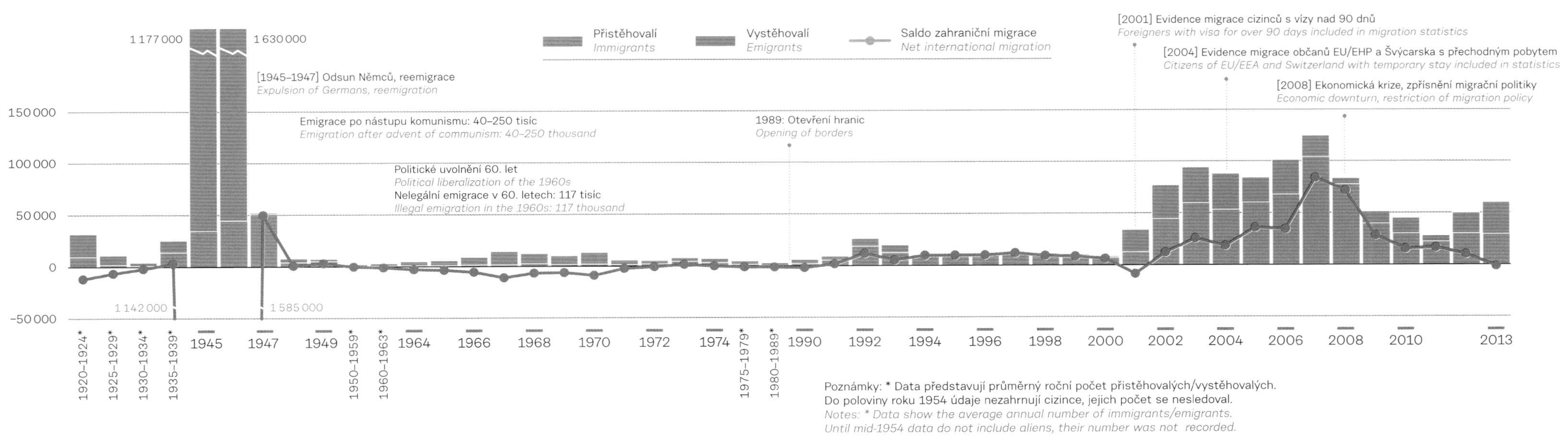

Přistěhovalí
Immigrants
Vystěhovalí
Emigrants
Saldo zahraniční migrace
Net international migration
1 177 000
1 630 000
1 142 000
1 585 000
[1945–1947] Odsun Němců, reemigrace
Expulsion of Germans, reemigration
Emigrace po nástupu komunismu: 40–250 tisíc
Emigration after advent of communism: 40–250 thousand
Politické uvolnění 60. let
Political liberalization of the 1960s
Nelegální emigrace v 60. letech: 117 tisíc
Illegal emigration in the 1960s: 117 thousand
1989: Otevření hranic
Opening of borders
[2001] Evidence migrace cizinců s vízy nad 90 dnů
Foreigners with visa for over 90 days included in migration statistics
[2004] Evidence migrace občanů EU/EHP a Švýcarska s přechodným pobytem
Citizens of EU/EEA and Switzerland with temporary stay included in statistics
[2008] Ekonomická krize, zpřísnění migrační politiky
Economic downturn, restriction of migration policy
150 000
100 000
50 000
0
−50 000
1920–1924*
1925–1929*
1930–1934*
1935–1939*
1945
1947
1949
1950–1959*
1960–1963*
1964
1966
1968
1970
1972
1974
1975–1979*
1980–1989*
1990
1992
1994
1996
1998
2000
2002
2004
2006
2008
2010
2013

Poznámky: * Data představují průměrný roční počet přistěhovalých/vystěhovalých. Do poloviny roku 1954 údaje nezahrnují cizince, jejich počet se nesledoval.
*Notes: * Data show the average annual number of immigrants/emigrants. Until mid-1954 data do not include aliens, their number was not recorded.*

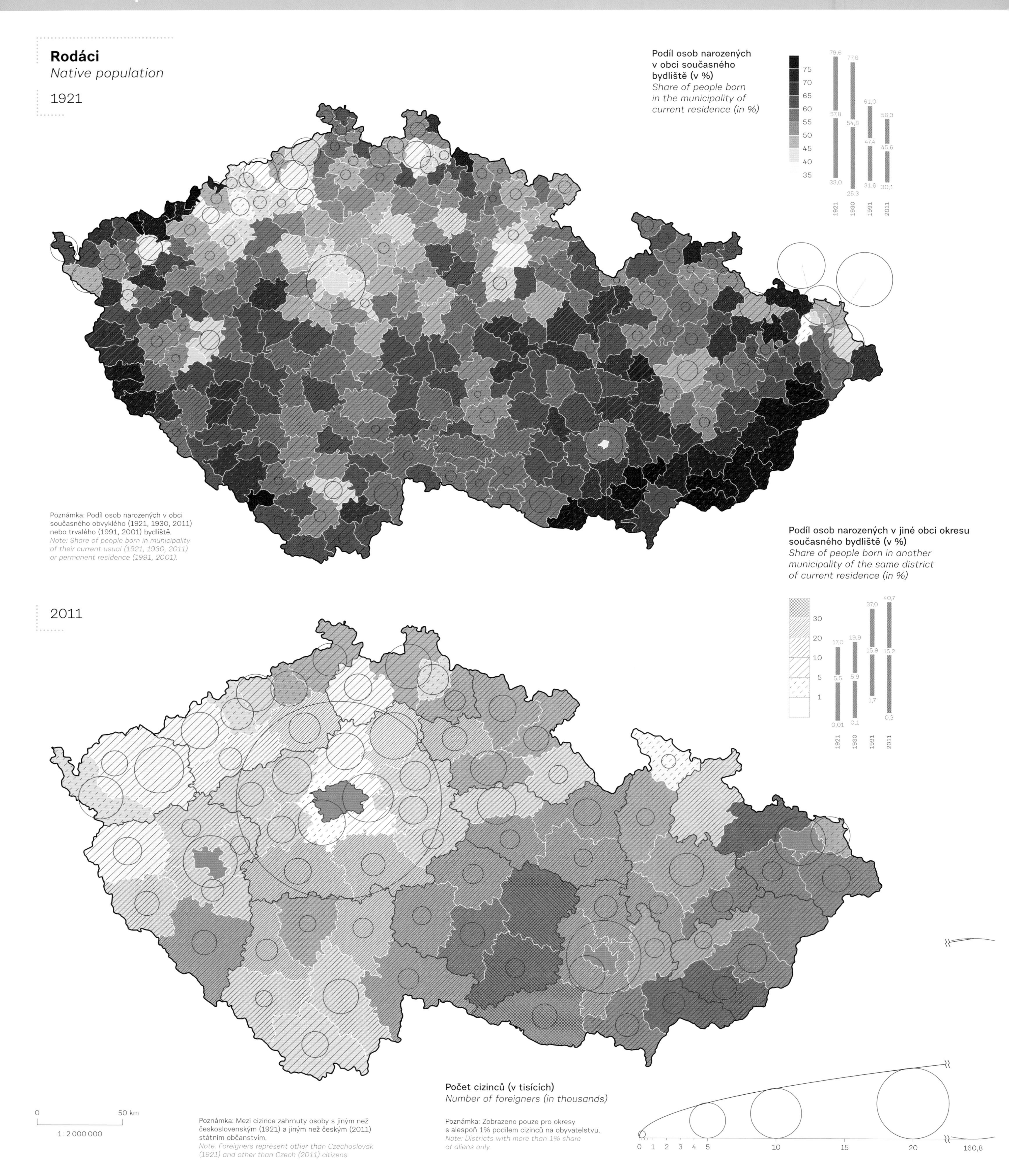
Rodáci
Native population
1921
Podíl osob narozených v obci současného bydliště (v %)
Share of people born in the municipality of current residence (in %)
75
70
65
60
55
50
45
40
35
79,6
57,8
33,0
77,6
54,8
25,3
61,0
47,4
31,6
56,3
45,6
30,1
1921
1930
1991
2011
Poznámka: Podíl osob narozených v obci současného obvyklého (1921, 1930, 2011) nebo trvalého (1991, 2001) bydliště.
Note: Share of people born in municipality of their current usual (1921, 1930, 2011) or permanent residence (1991, 2001).
Podíl osob narozených v jiné obci okresu současného bydliště (v %)
Share of people born in another municipality of the same district of current residence (in %)
30
20
10
5
1
17,0
5,5
0,01
19,9
5,9
0,1
37,0
15,9
1,7
40,7
15,2
0,3
1921
1930
1991
2011
2011
0
50 km
1 : 2 000 000
Poznámka: Mezi cizince zahrnuty osoby s jiným než československým (1921) a jiným než českým (2011) státním občanstvím.
Note: Foreigners represent other than Czechoslovak (1921) and other than Czech (2011) citizens.
Počet cizinců (v tisících)
Number of foreigners (in thousands)
Poznámka: Zobrazeno pouze pro okresy s alespoň 1% podílem cizinců na obyvatelstvu.
Note: Districts with more than 1% share of aliens only.
0 1 2 3 4 5
10
15
20
160,8

1930

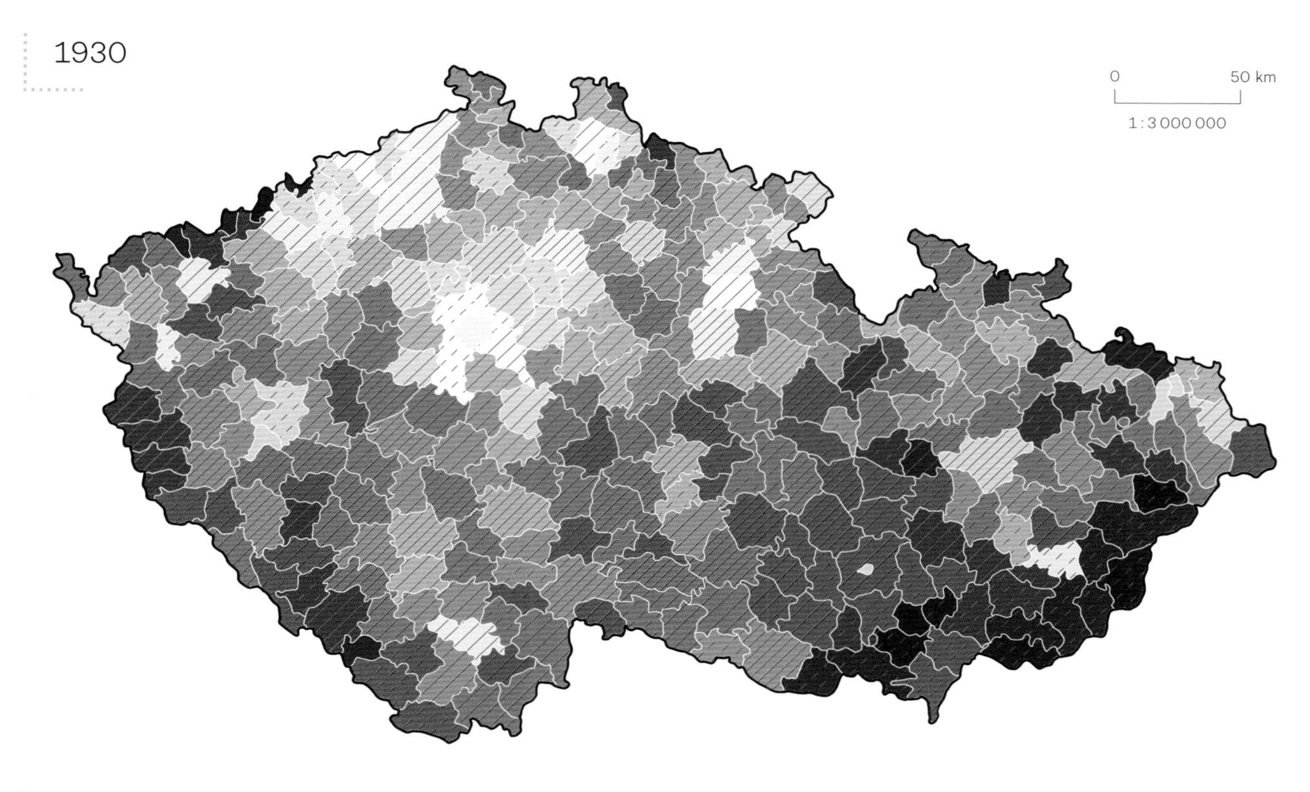
0
50 km
1 : 3 000 000

1991

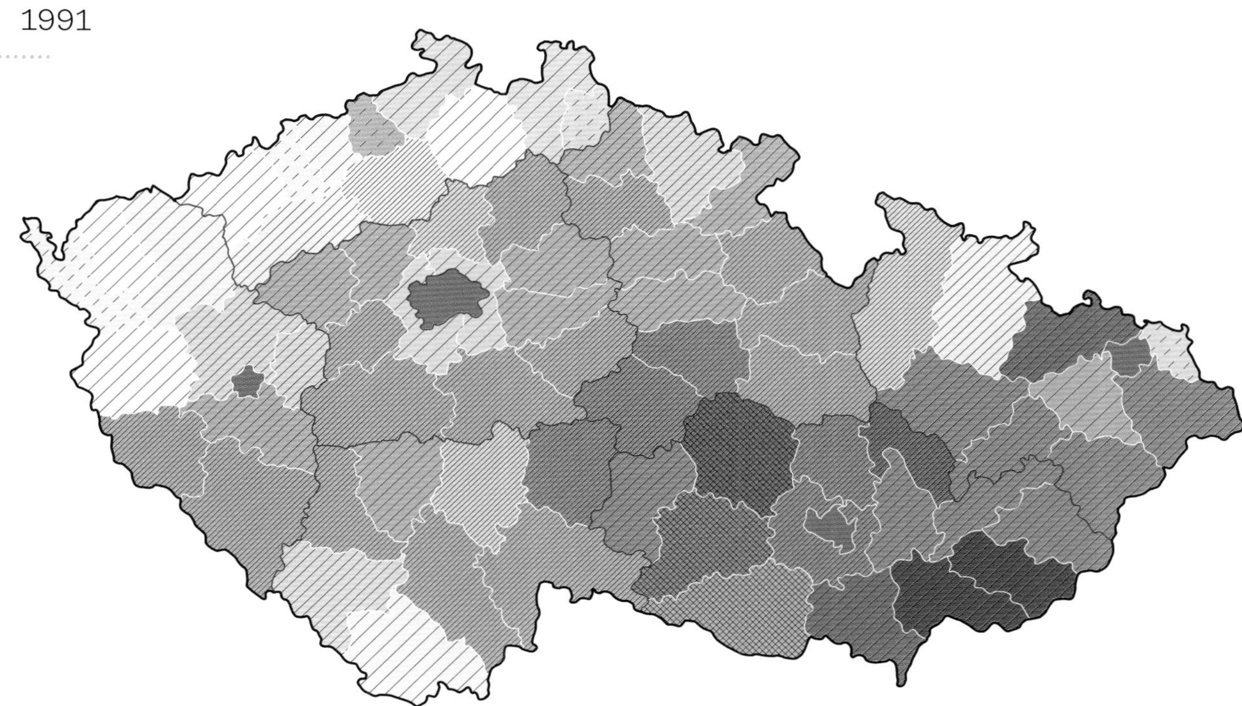

Místo narození obyvatel českých zemí

Place of birth of Czech lands' population

1921

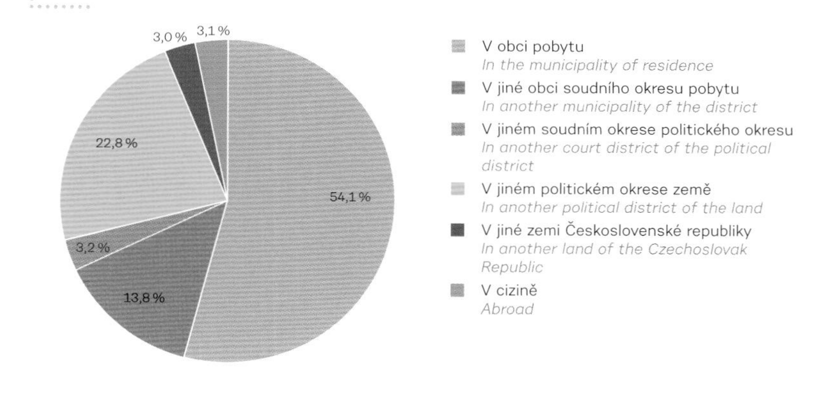
3,0 %
3,1 %
22,8 %
54,1 %
3,2 %
13,8 %
V obci pobytu
In the municipality of residence
V jiné obci soudního okresu pobytu
In another municipality of the district
V jiném soudním okrese politického okresu
In another court district of the political district
V jiném politickém okrese země
In another political district of the land
V jiné zemi Československé republiky
In another land of the Czechoslovak Republic
V cizině
Abroad

2011

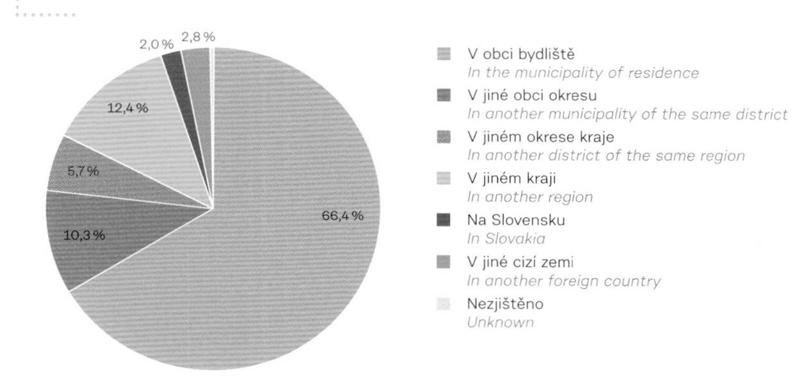
2,0 %
2,8 %
12,4 %
5,7 %
10,3 %
66,4 %
V obci bydliště
In the municipality of residence
V jiné obci okresu
In another municipality of the same district
V jiném okrese kraje
In another district of the same region
V jiném kraji
In another region
Na Slovensku
In Slovakia
V jiné cizí zemi
In another foreign country
Nezjištěno
Unknown

Rodáci a cizinci

Native and foreign-born population

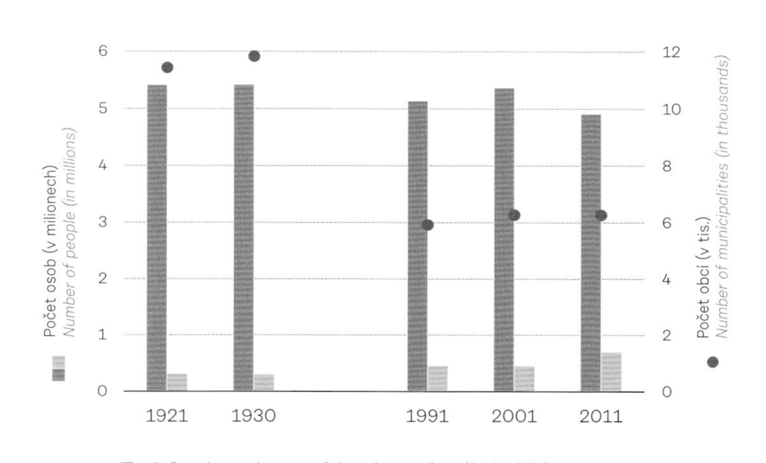
Počet osob (v milionech)
Number of people (in millions)
Počet obcí (v tis.)
Number of municipalities (in thousands)
0
1
2
3
4
5
6
0
2
4
6
8
10
12
1921
1930
1991
2001
2011
Počet obyvatel narozených v obci současného bydliště
Population born in the municipality of current residence
Počet obyvatel narozených v zahraničí
Foreign born population
Počet obcí
Number of municipalities

Stabilita obyvatelstva po 2. světové válce

Population stability after 2nd World War

1947

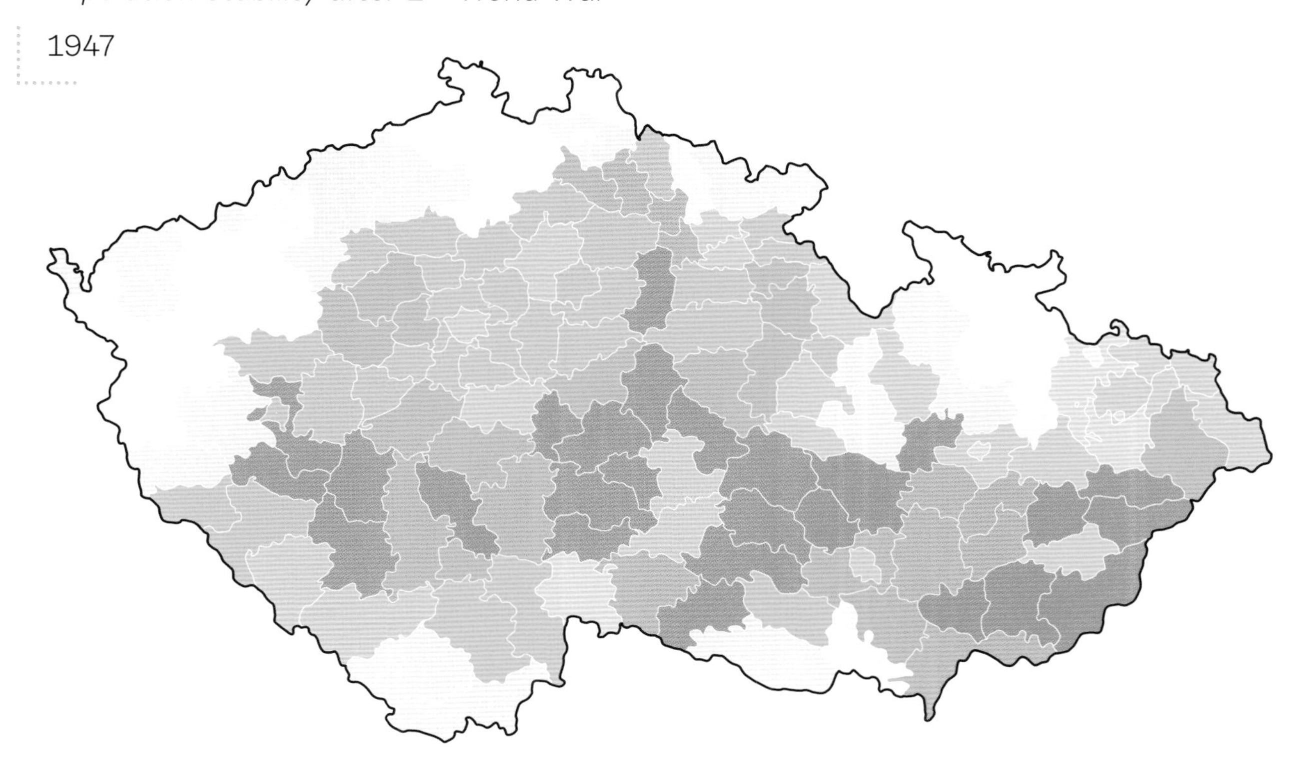

Podíl obyvatel žijících k 1. 5. 1945 a 22. 5. 1947 ve stejném politickém okrese (v %)

Share of inhabitants living in the same political district on 1 May 1945 and 22 May 1947 (in %)

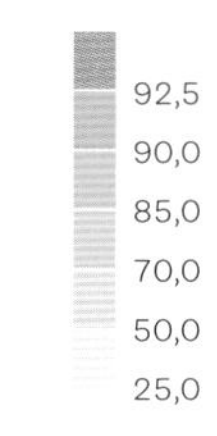
92,5
90,0
85,0
70,0
50,0
25,0

7

Ekonomická struktura
Economic Structure

Garant oddílu
Section Editor
Peter Svoboda

Zdroje dat
Data sources

7.1 48, 53, 54, 56, 57, 62, 64, 66, 69, 71, 73, 82, 84, 85
7.2 48, 53, 54, 56, 57, 62, 64, 66, 69, 71, 73, 82, 84, 85
7.3 69, 71, 73, 79, 82, 84, 85, 88, 116, 117

Ekonomická aktivita
Economic activity

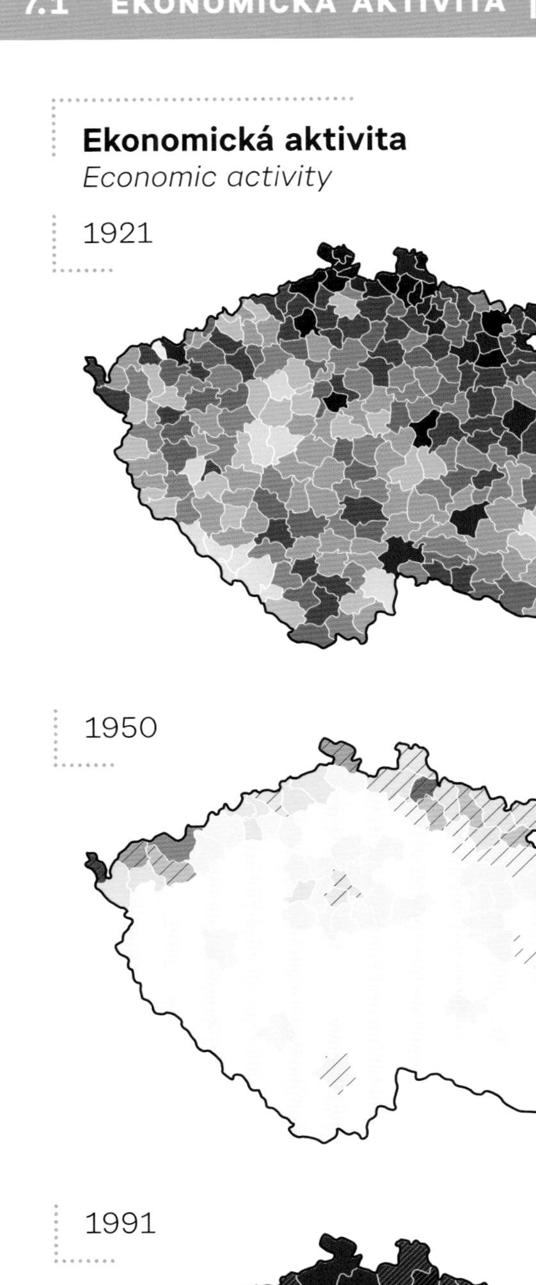

1921
1950
1991

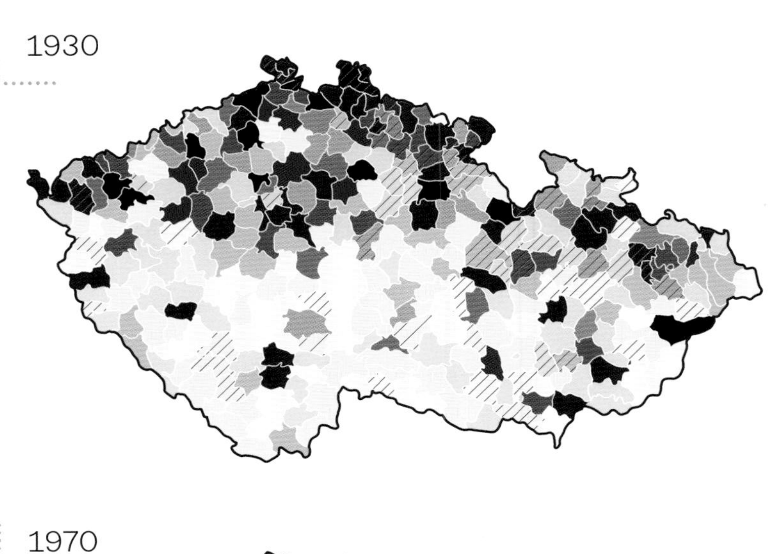

1930

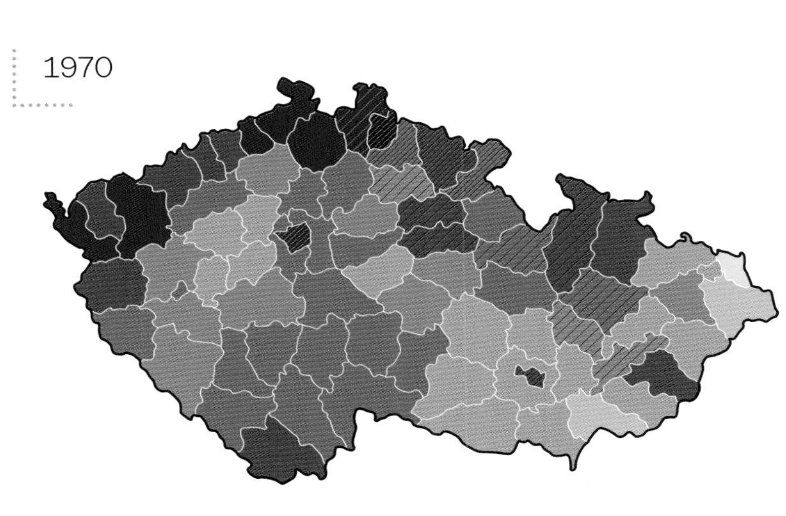

1970

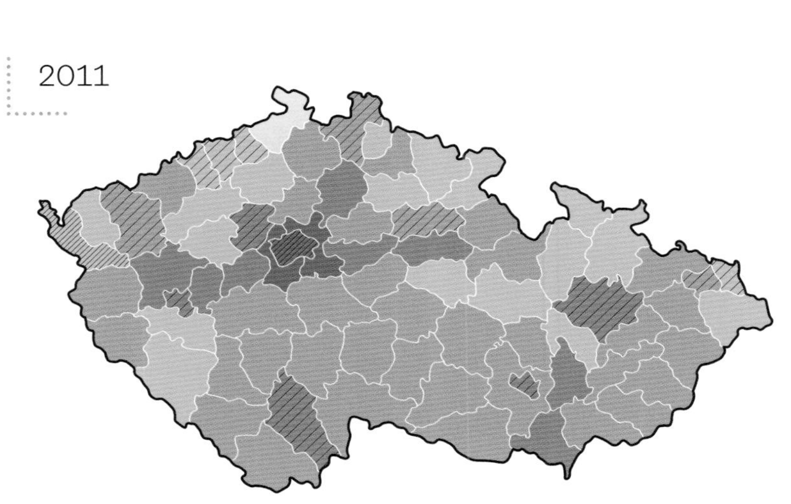

2011

0
100 km
1 : 5 000 000

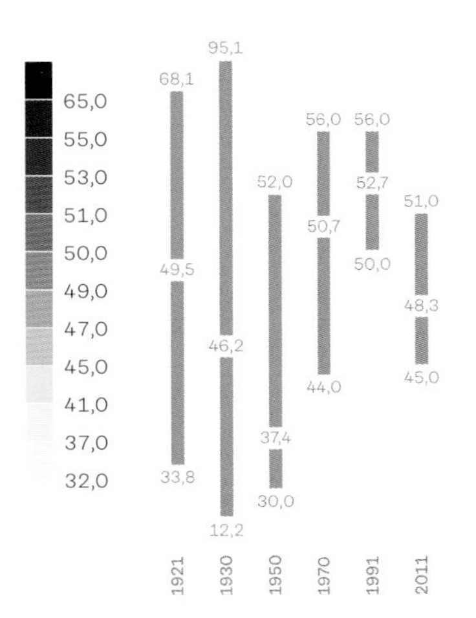

Podíl ekonomicky aktivních z celkové populace (v %)
Share of the economically active in total population (in %)
65,0
55,0
53,0
51,0
50,0
49,0
47,0
45,0
41,0
37,0
32,0
68,1
49,5
33,8
95,1
46,2
12,2
52,0
37,4
30,0
56,0
50,7
44,0
56,0
52,7
50,0
51,0
48,3
45,0
1921
1930
1950
1970
1991
2011

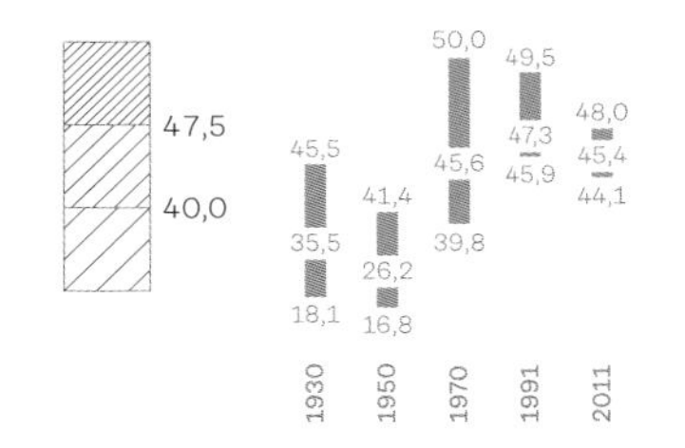

Podíl žen na ekonomicky aktivní populaci (v %)
Share of women in the economically active population (in %)
47,5
40,0
45,5
35,5
18,1
41,4
26,2
16,8
50,0
45,6
39,8
49,5
47,3
45,9
48,0
45,4
44,1
1930
1950
1970
1991
2011

Poznámka: Šrafy jsou u každé mapy zobrazeny pouze u 20 procent okresů s největším podílem ekonomicky aktivních žen. Pro rok 1921 nejsou data k dispozici.
Note: The hatching is applied only for 20% of districts with the highest share of economically active women. Data for 1921 are not available.

Ekonomická aktivita, 1921–2011
Economic activity, 1921–2011

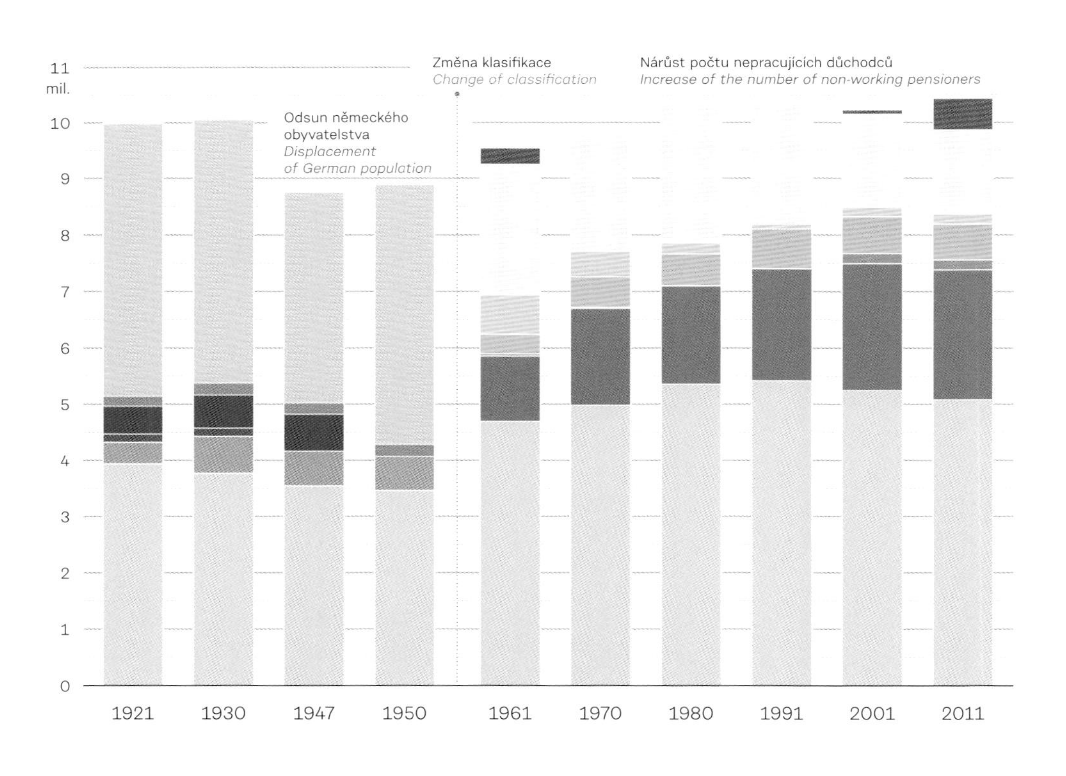

11 mil.
10
9
8
7
6
5
4
3
2
1
0
Odsun německého obyvatelstva
Displacement of German population
Změna klasifikace
Change of classification
Nárůst počtu nepracujících důchodců
Increase of the number of non-working pensioners
1921
1930
1947
1950
1961
1970
1980
1991
2001
2011

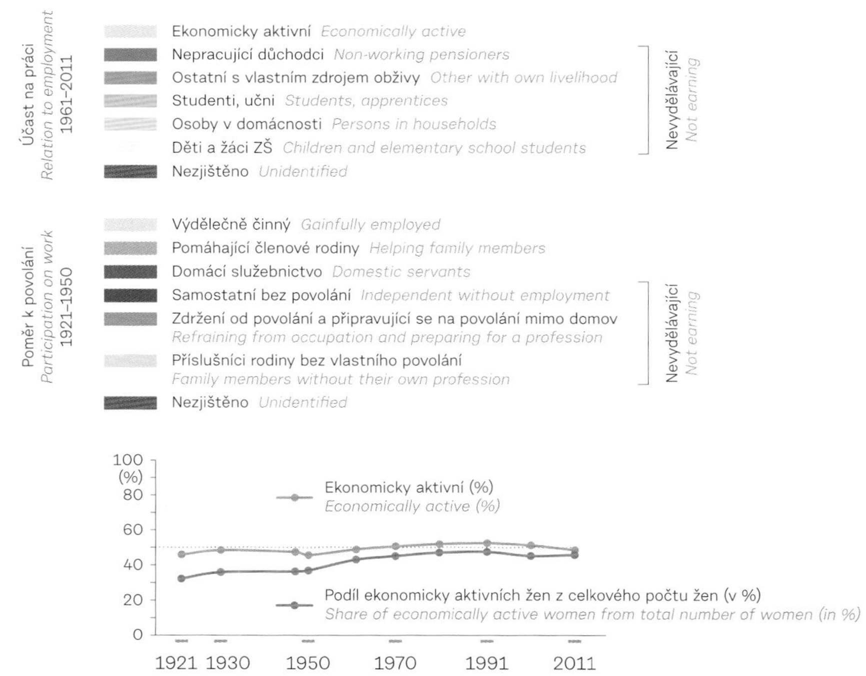

Účast na práci 1961–2011
Relation to employment
Ekonomicky aktivní Economically active
Nepracující důchodci Non-working pensioners
Ostatní s vlastním zdrojem obživy Other with own livelihood
Studenti, učni Students, apprentices
Osoby v domácnosti Persons in households
Děti a žáci ZŠ Children and elementary school students
Nezjištěno Unidentified
Nevydělávající
Not earning
Poměr k povolání 1921–1950
Participation on work
Výdělečně činný Gainfully employed
Pomáhající členové rodiny Helping family members
Domácí služebnictvo Domestic servants
Samostatní bez povolání Independent without employment
Zdržení od povolání a připravující se na povolání mimo domov
Refraining from occupation and preparing for a profession
Příslušníci rodiny bez vlastního povolání
Family members without their own profession
Nezjištěno Unidentified
Nevydělávající
Not earning
100 (%)
80
60
40
20
0
Ekonomicky aktivní (%)
Economically active (%)
Podíl ekonomicky aktivních žen z celkového počtu žen (v %)
Share of economically active women from total number of women (in %)
1921
1930
1950
1970
1991
2011

Ekonomická aktivita mladých lidí a seniorů
Economic activity of young people and seniors

1970

1991

2011

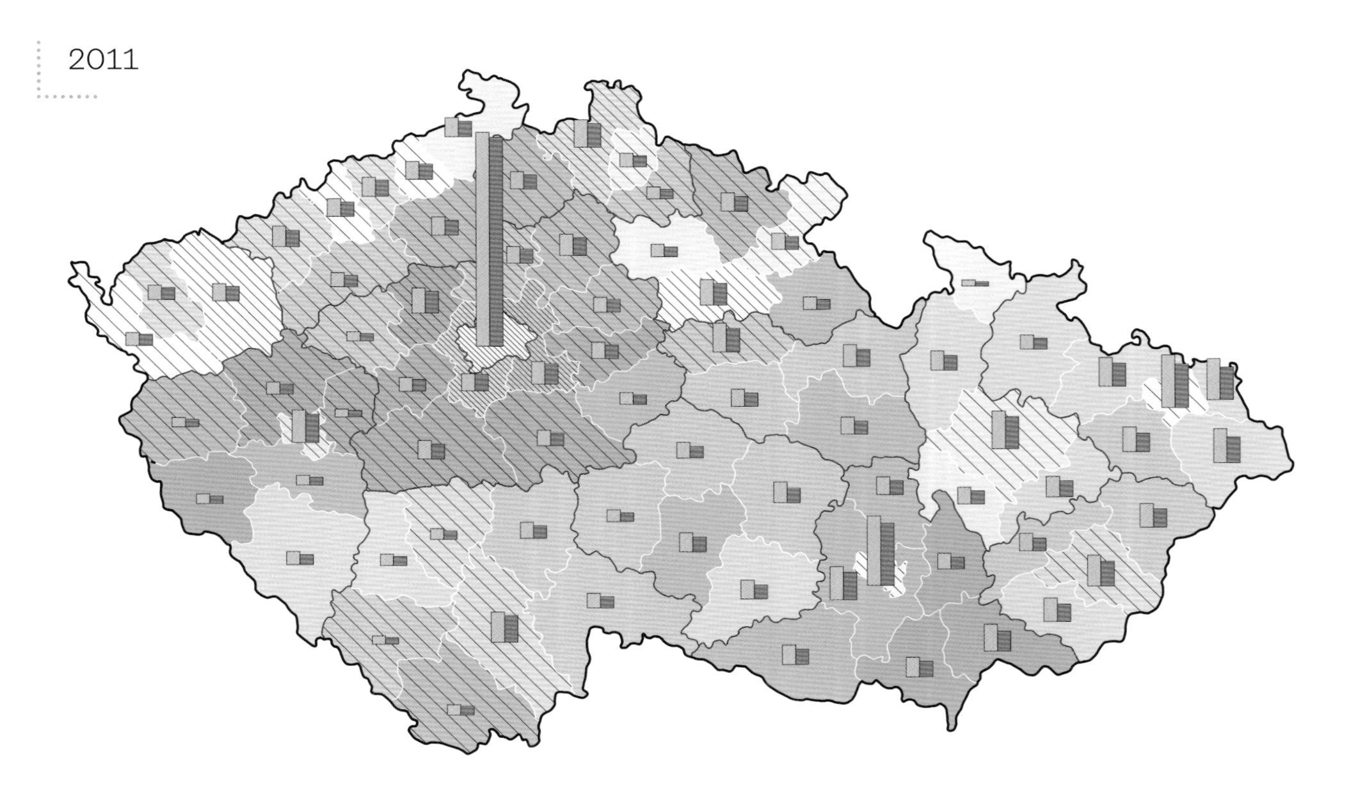

0
50 km
1 : 3 000 000

Podíl ekonomicky aktivních ve věku 20–29 let z celkové populace 20–29 let (v %)
Share of economically active aged 20–29 years in total population aged 20–29 years (in %)

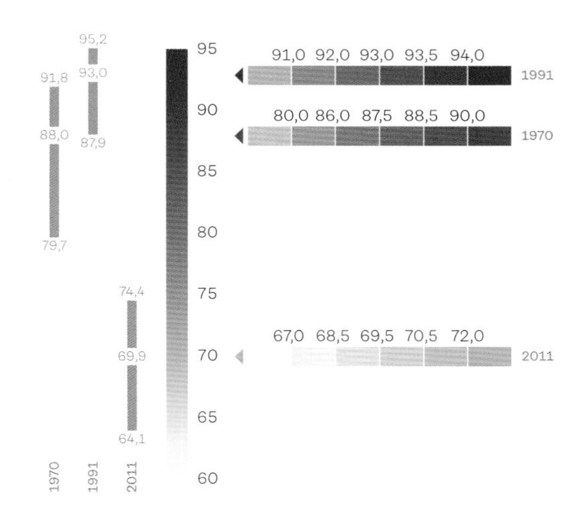
95,2
93,0
91,8
88,0
87,9
79,7
74,4
69,9
64,1
1970
1991
2011
95
90
85
80
75
70
65
60
91,0 92,0 93,0 93,5 94,0
1991
80,0 86,0 87,5 88,5 90,0
1970
67,0 68,5 69,5 70,5 72,0
2011

Podíl ekonomicky aktivních ve věku 60 a více let z celkové populace 60 a více let (v %)
Share of economically active aged 60 years and over in total population aged 60 years and over (in %)

Počet ekonomicky aktivních ve věku 20–29 let
Number of economically active aged 20–29 years

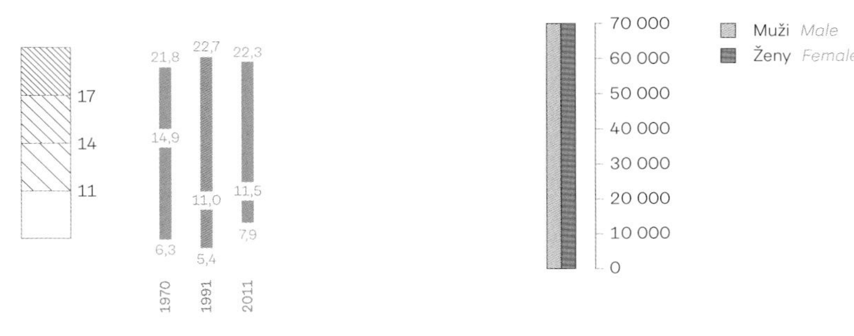
17
14
11
21,8
14,9
6,3
22,7
11,0
5,4
22,3
11,5
7,9
1970
1991
2011
70 000
60 000
50 000
40 000
30 000
20 000
10 000
0
Muži Male
Ženy Female

Ekonomicky aktivní podle věkových skupin
Economically active by age groups

1970

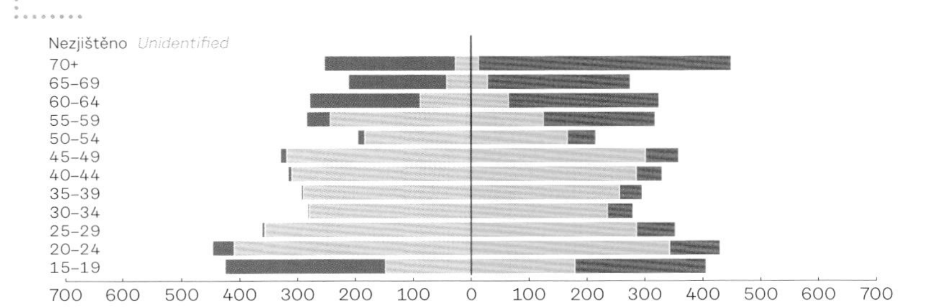
Nezjištěno Unidentified
70+
65–69
60–64
55–59
50–54
45–49
40–44
35–39
30–34
25–29
20–24
15–19
700 600 500 400 300 200 100 0 100 200 300 400 500 600 700

1991

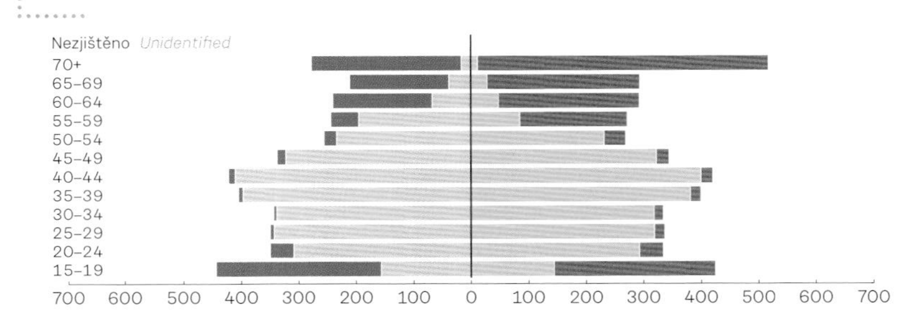
Nezjištěno Unidentified
70+
65–69
60–64
55–59
50–54
45–49
40–44
35–39
30–34
25–29
20–24
15–19
700 600 500 400 300 200 100 0 100 200 300 400 500 600 700

2011

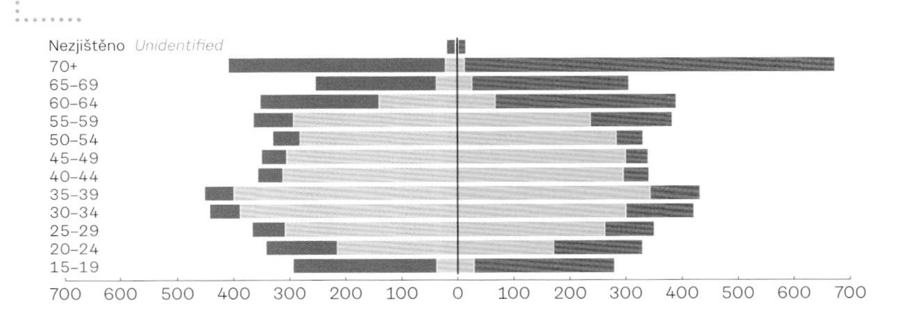
Nezjištěno Unidentified
70+
65–69
60–64
55–59
50–54
45–49
40–44
35–39
30–34
25–29
20–24
15–19
700 600 500 400 300 200 100 0 100 200 300 400 500 600 700

Ženy *Female* — Ekonomicky aktivní ženy *Economically active women* — V tisících *in thousands*
Muži *Male* — Ekonomicky aktivní muži *Economically active men*

Zaměstnanost v priméru
Employment in primary sector

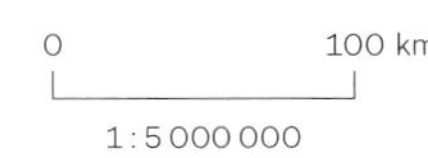
0
100 km
1 : 5 000 000

1921

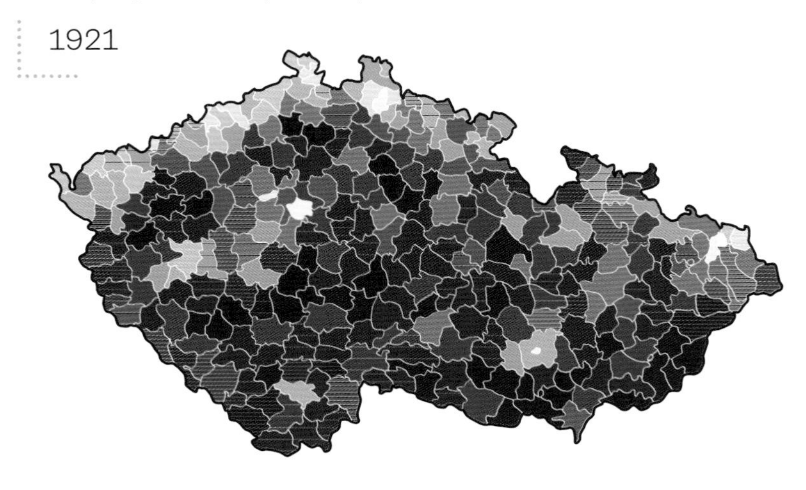

1950

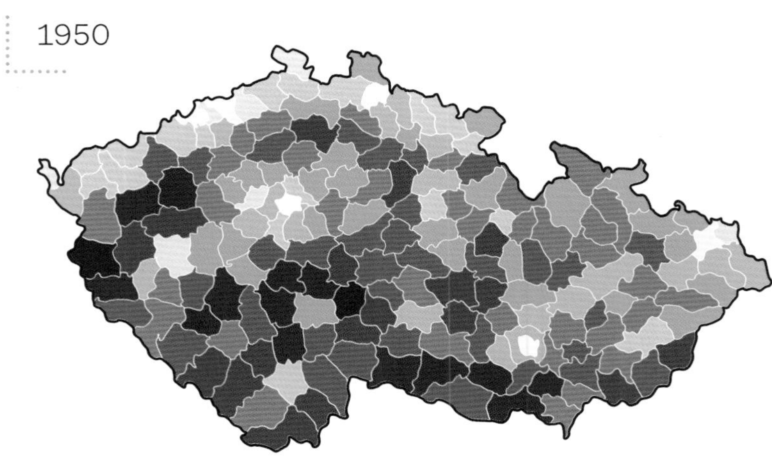

Podíl ekonomicky aktivních obyvatel pracujících v priméru (v %)
Share of economically active population employed in primary sector (in %)

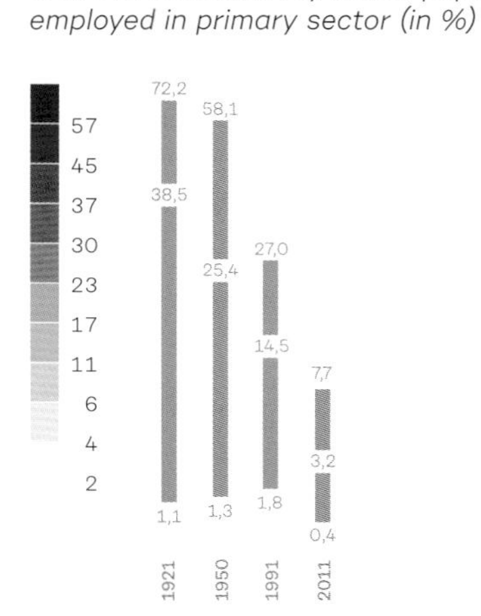
57
45
37
30
23
17
11
6
4
2
72,2
38,5
1,1
58,1
25,4
1,3
27,0
14,5
1,8
7,7
3,2
0,4
1921
1950
1991
2011

1991

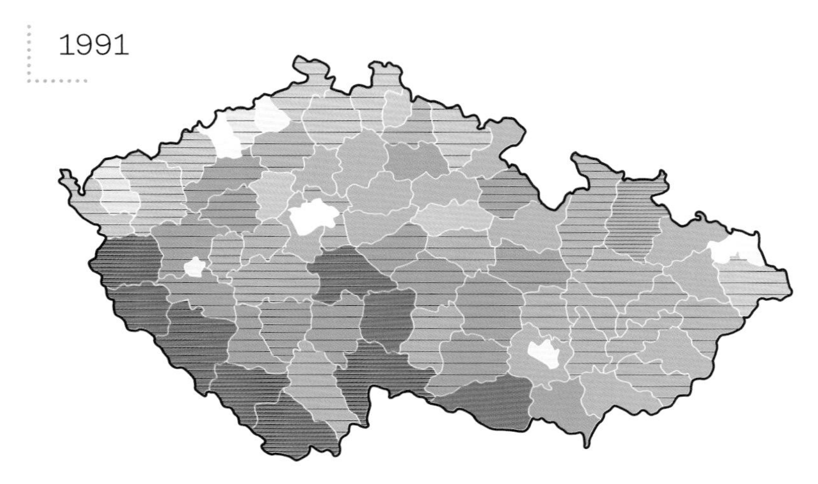

2011

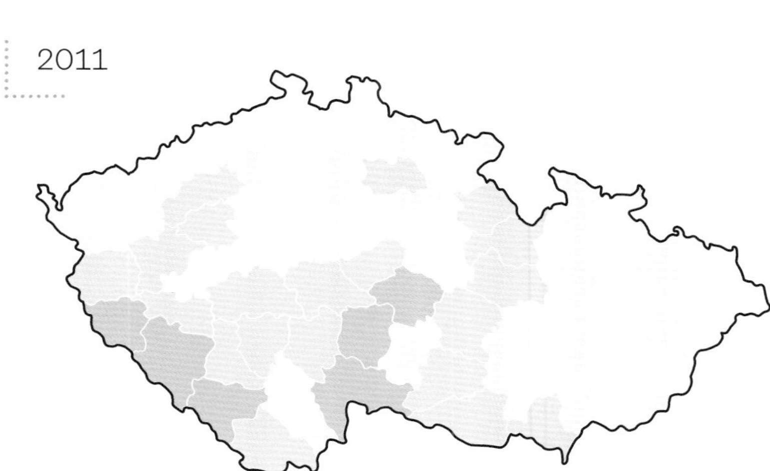

Poznámka: Primér zahrnuje zemědělství, lesnictví a rybolov.
Note: Primary sector inludes agriculture, forestry and fishing.

Podíl ekonomicky aktivních obyvatel pracujících v lesnictví a rybolovu (v %)
Share of economically active population employed in forestry and fishing (in %)

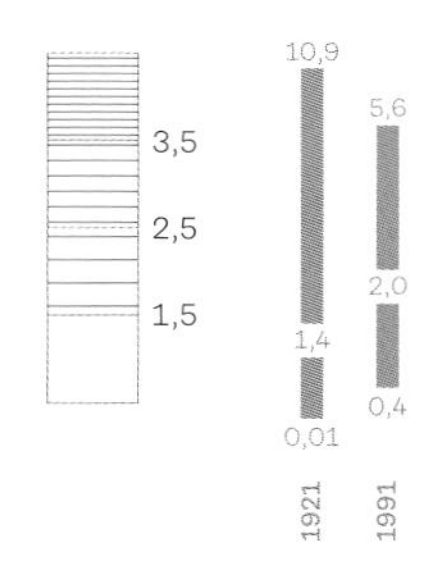
3,5
2,5
1,5
10,9
1,4
0,01
5,6
2,0
0,4
1921
1991

Poznámka: Pro rok 1950 a 2011 nejsou data k dispozici.
Note: No data for 1950 and 2011.

Zaměstnanost v sekundéru
Employment in secondary sector

1921

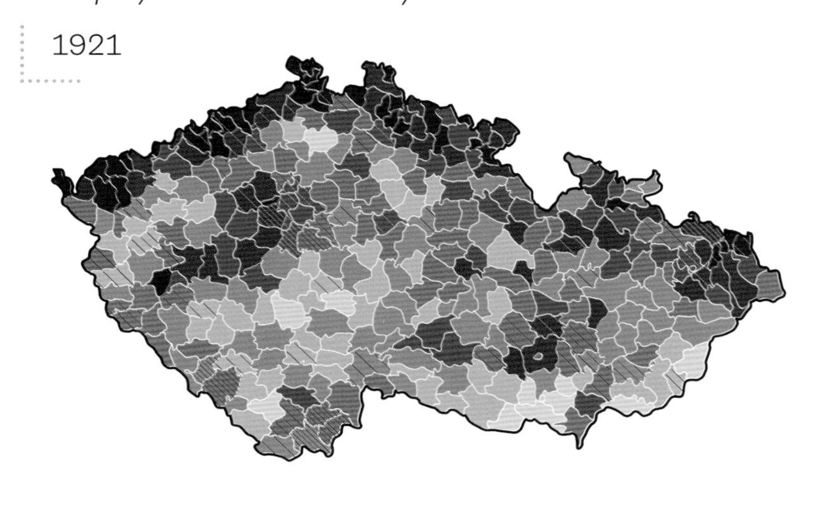

1950

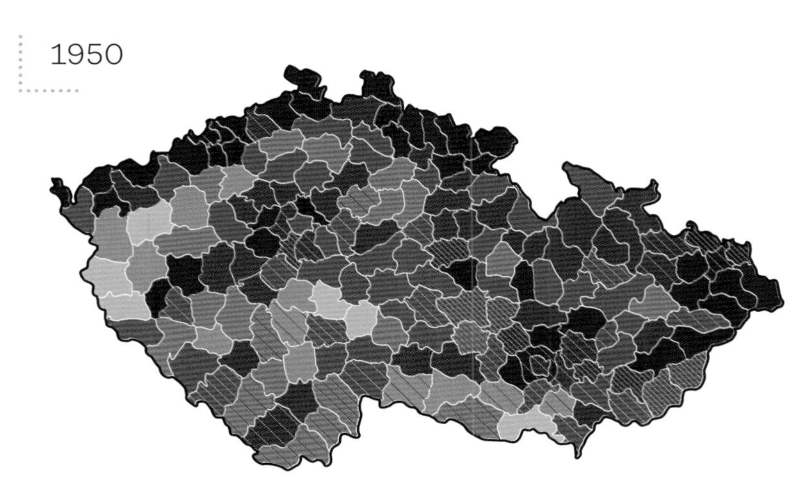

Podíl ekonomicky aktivních obyvatel pracujících v sekundéru (v %)
Share of economically active population employed in secondary sector (in %)

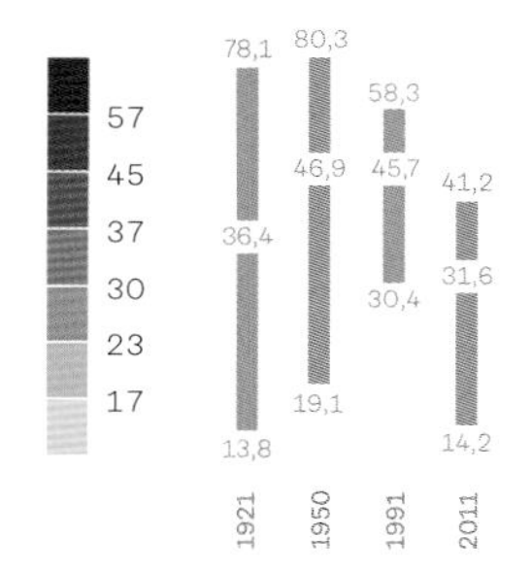
57
45
37
30
23
17
78,1
36,4
13,8
80,3
46,9
19,1
58,3
45,7
30,4
41,2
31,6
14,2
1921
1950
1991
2011

Poznámka: Sekundér zahrnuje průmysl a řemesla, stavebnictví a těžbu nerostů.
Note: Secondary sector includes industry and crafts, construction and mining.

1991

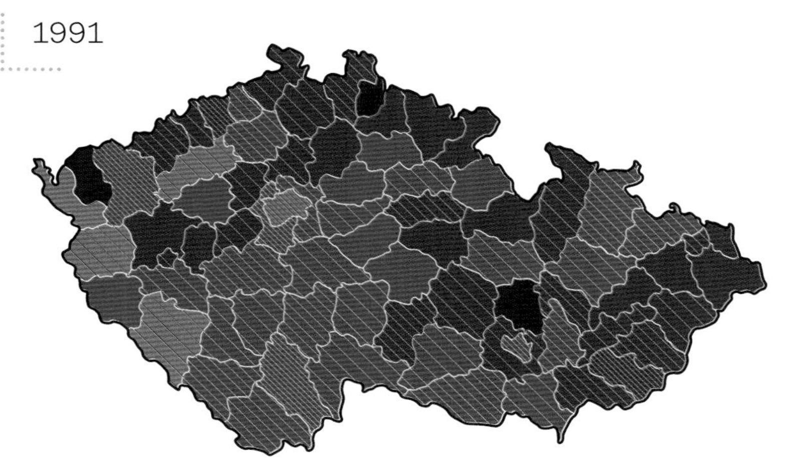

2011

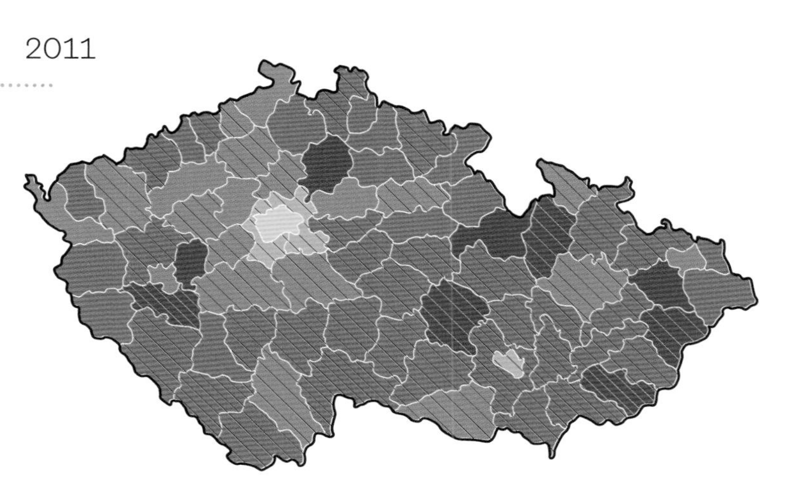

Podíl ekonomicky aktivních obyvatel pracujících ve stavebnictví (v %)
Share of economically active population employed in construction (in %)

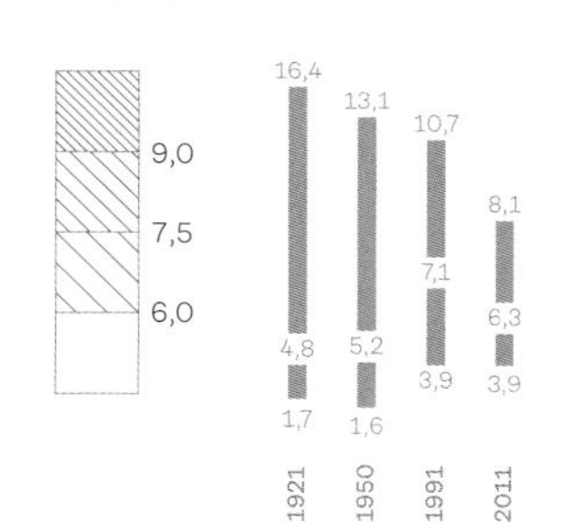
9,0
7,5
6,0
16,4
4,8
1,7
13,1
5,2
1,6
10,7
7,1
3,9
8,1
6,3
3,9
1921
1950
1991
2011

Zaměstnanost v terciéru
Employment in tertiary sector

0
100 km
1:5 000 000

1921

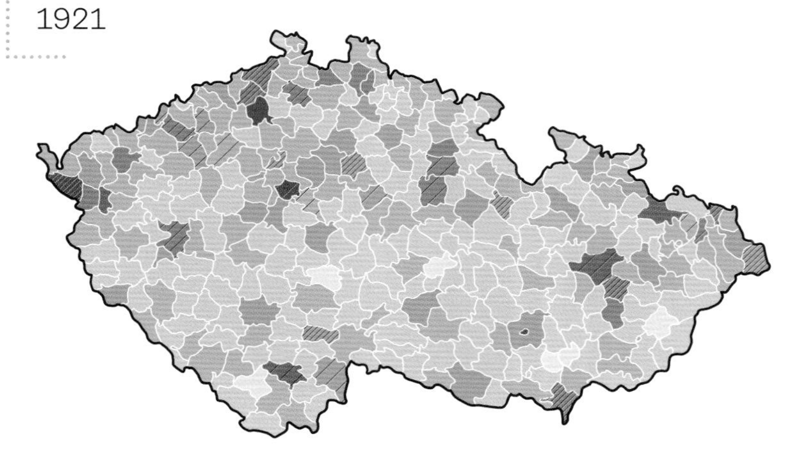

1950

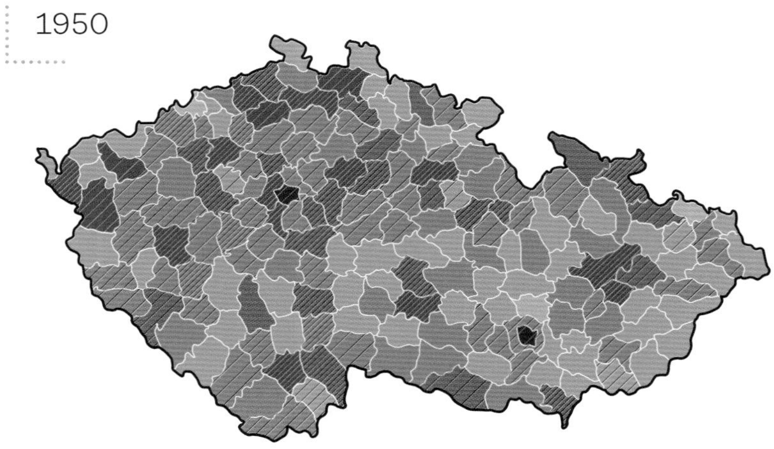

Podíl ekonomicky aktivních obyvatel pracujících v terciéru (v %)
Share of economically active population employed in tertiary sector (in %)

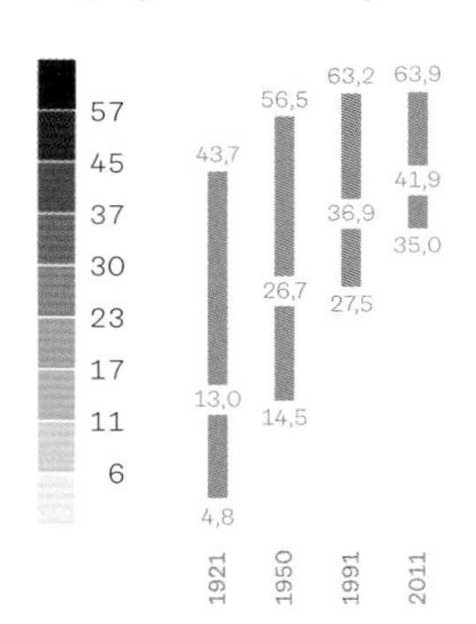
57
45
37
30
23
17
11
6
43,7
13,0
4,8
56,5
26,7
14,5
63,2
36,9
27,5
63,9
41,9
35,0
1921
1950
1991
2011

1991

2011

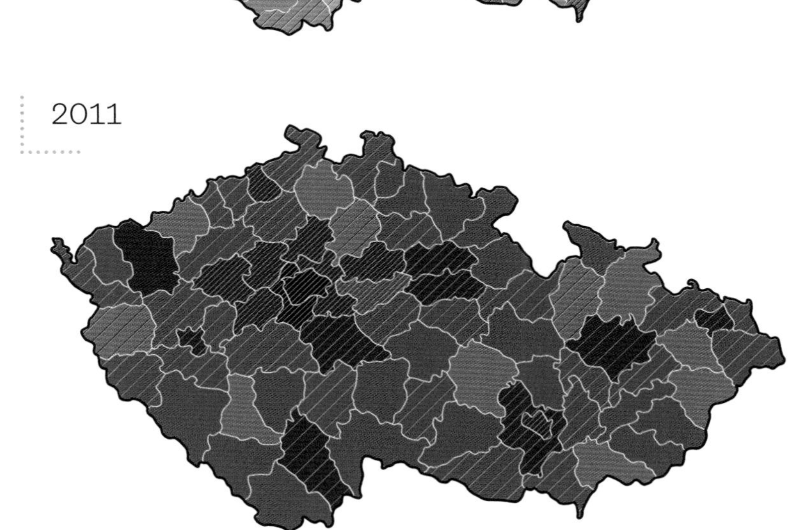

Poznámka: Terciérní sektor zahrnuje služby, dopravu a spoje, obchod a peněžnictví, veřejnou správu a službu.
Note: tertiary sector inludes services, transport and communication, wholesale and finance, public administration and services.

Podíl ekonomicky aktivních obyvatel pracujících v dopravě a spojích (v %)
Share of economically active population employed in transport and communication (in %)

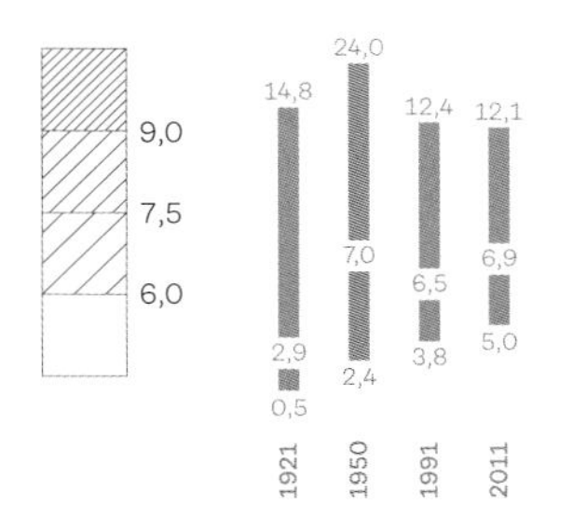
9,0
7,5
6,0
14,8
2,9
0,5
24,0
7,0
2,4
12,4
6,5
3,8
12,1
6,9
5,0
1921
1950
1991
2011

Typy okresů podle zaměstnanosti v hospodářských sektorech
Types of districts according to employment in economic sectors

2011

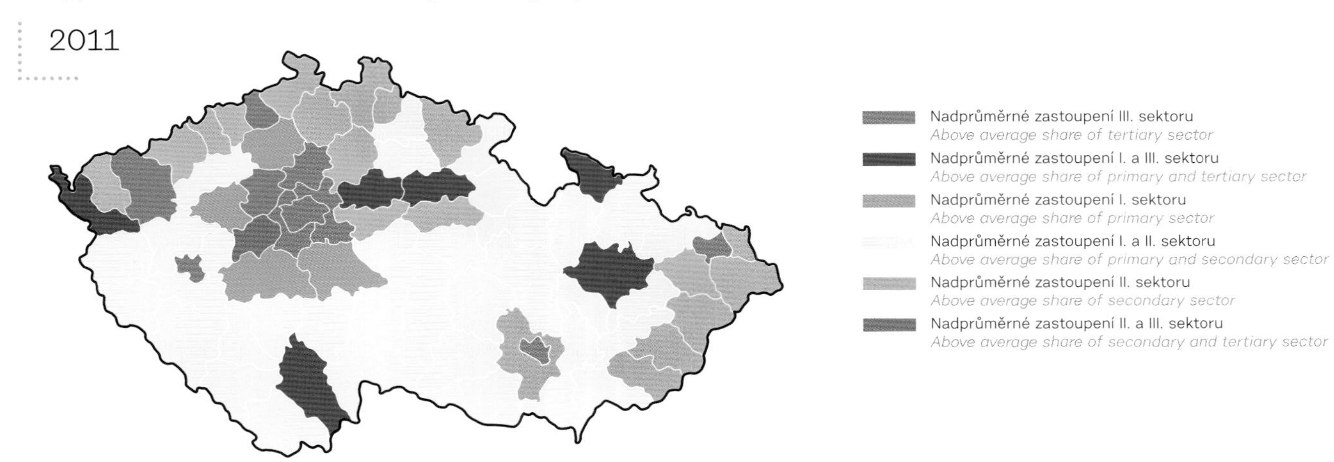
Nadprůměrné zastoupení III. sektoru
Above average share of tertiary sector
Nadprůměrné zastoupení I. a III. sektoru
Above average share of primary and tertiary sector
Nadprůměrné zastoupení I. sektoru
Above average share of primary sector
Nadprůměrné zastoupení I. a II. sektoru
Above average share of primary and secondary sector
Nadprůměrné zastoupení II. sektoru
Above average share of secondary sector
Nadprůměrné zastoupení II. a III. sektoru
Above average share of secondary and tertiary sector

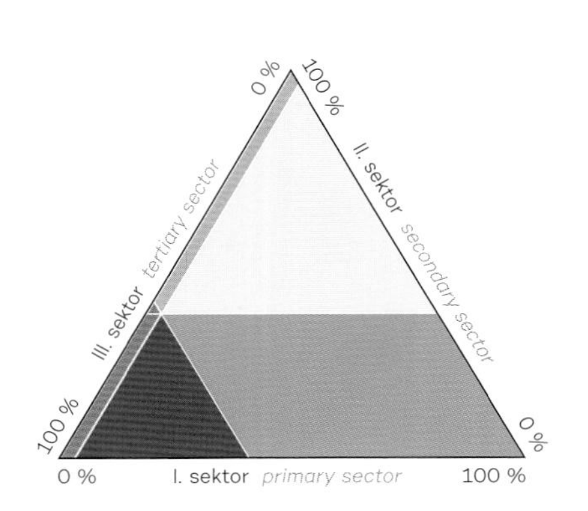
0 %
100 %
II. sektor
secondary sector
III. sektor
tertiary sector
100 %
0 %
0 %
I. sektor primary sector
100 %

Struktura zaměstnanosti podle hospodářských odvětví, 1921–2011
Employment structure by economic sectors, 1921–2011

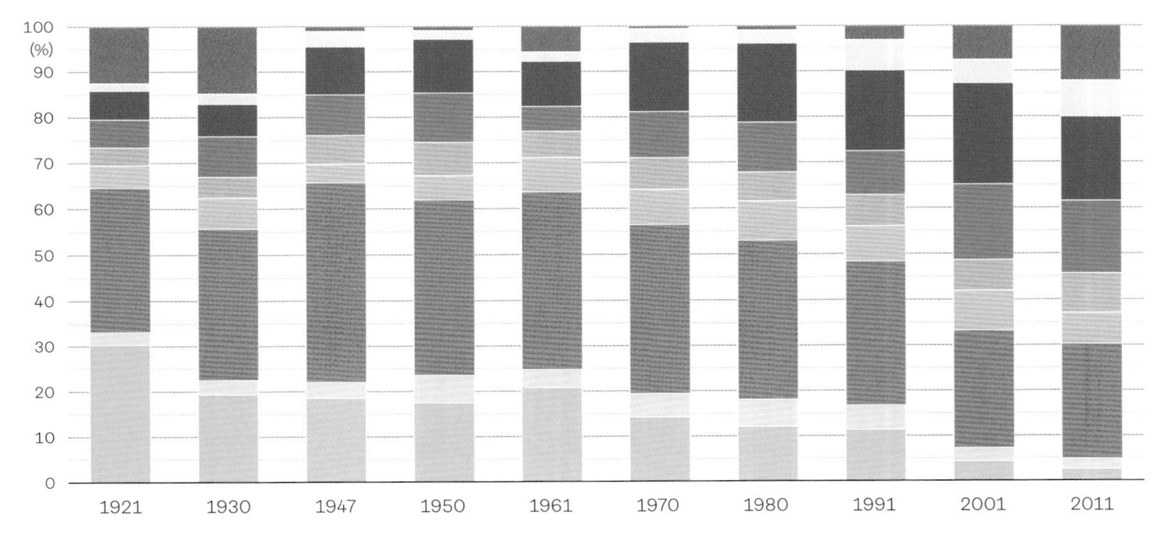
100
(%)
90
80
70
60
50
40
30
20
10
0
1921
1930
1947
1950
1961
1970
1980
1991
2001
2011

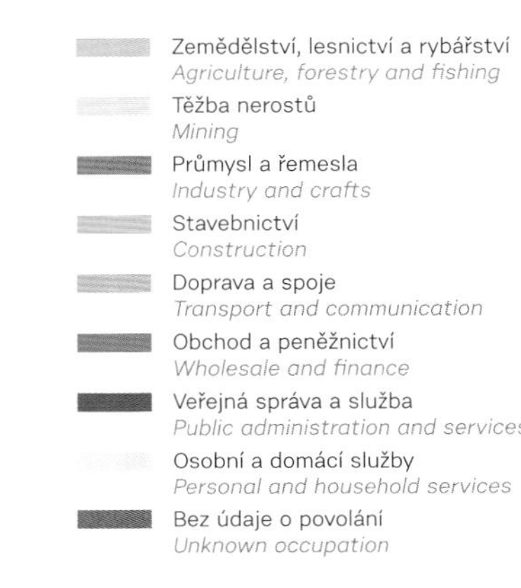
Zemědělství, lesnictví a rybářství
Agriculture, forestry and fishing
Těžba nerostů
Mining
Průmysl a řemesla
Industry and crafts
Stavebnictví
Construction
Doprava a spoje
Transport and communication
Obchod a peněžnictví
Wholesale and finance
Veřejná správa a služba
Public administration and services
Osobní a domácí služby
Personal and household services
Bez údaje o povolání
Unknown occupation

Míra nezaměstnanosti
Unemployment rate

0 100 km
1 : 5 000 000

1930

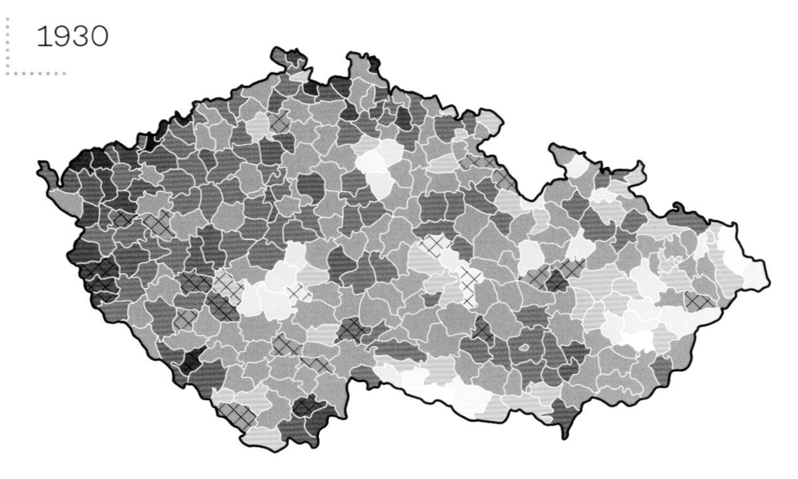

Podíl zaměstnaných s vedlejším povoláním vyšší než 10 %
Share of employees with a secondary occupation more than 10%

1991

Podíl mužů z celkového počtu nezaměstnaných vyšší než 60 %
Share of men from unemployed persons more than 60%

Podíl nezaměstnaných z ekonomicky aktivních obyvatel (v %)
Share of unemployed from economically active population (in %)

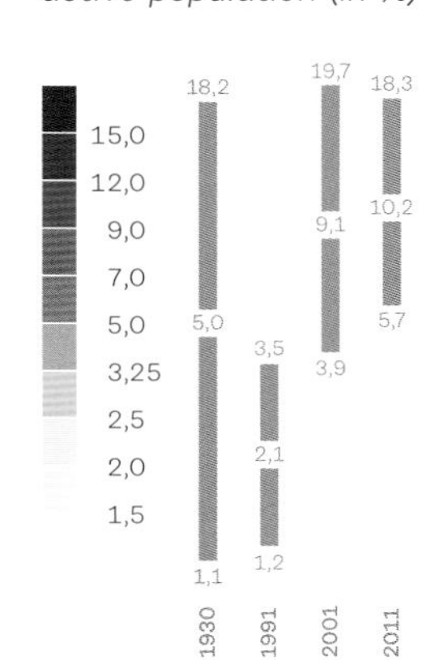
15,0
12,0
9,0
7,0
5,0
3,25
2,5
2,0
1,5
18,2
5,0
1,1
3,5
2,1
1,2
19,7
9,1
3,9
18,3
10,2
5,7
1930
1991
2001
2011

2001

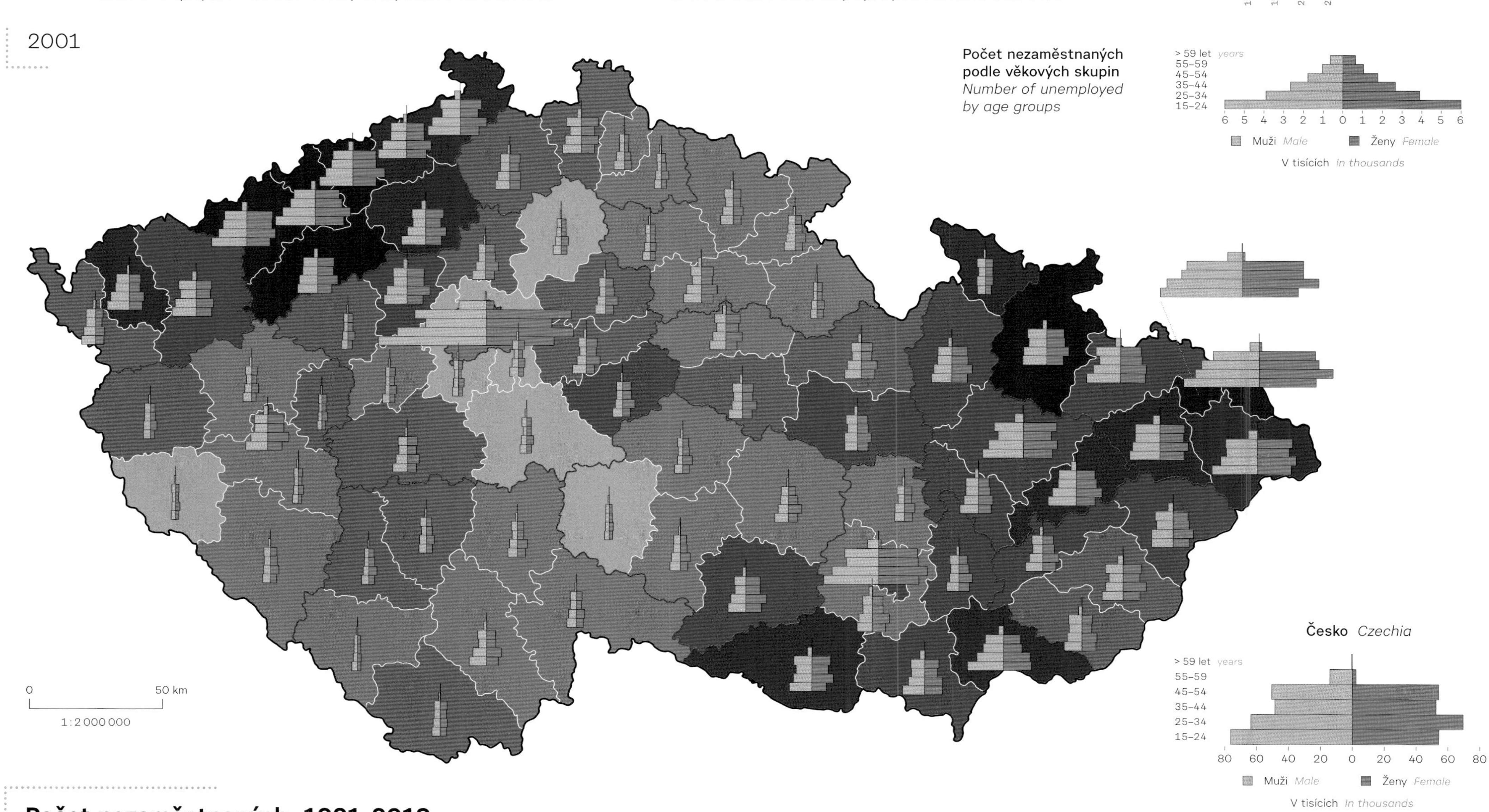
0 50 km
1 : 2 000 000

Počet nezaměstnaných podle věkových skupin
Number of unemployed by age groups

> 59 let *years*
55–59
45–54
35–44
25–34
15–24
6 5 4 3 2 1 0 1 2 3 4 5 6
Muži *Male* Ženy *Female*
V tisících *In thousands*

Česko *Czechia*

> 59 let *years*
55–59
45–54
35–44
25–34
15–24
80 60 40 20 0 20 40 60 80
Muži *Male* Ženy *Female*
V tisících *In thousands*

Počet nezaměstnaných, 1921–2013
Number of unemployed, 1921–2013

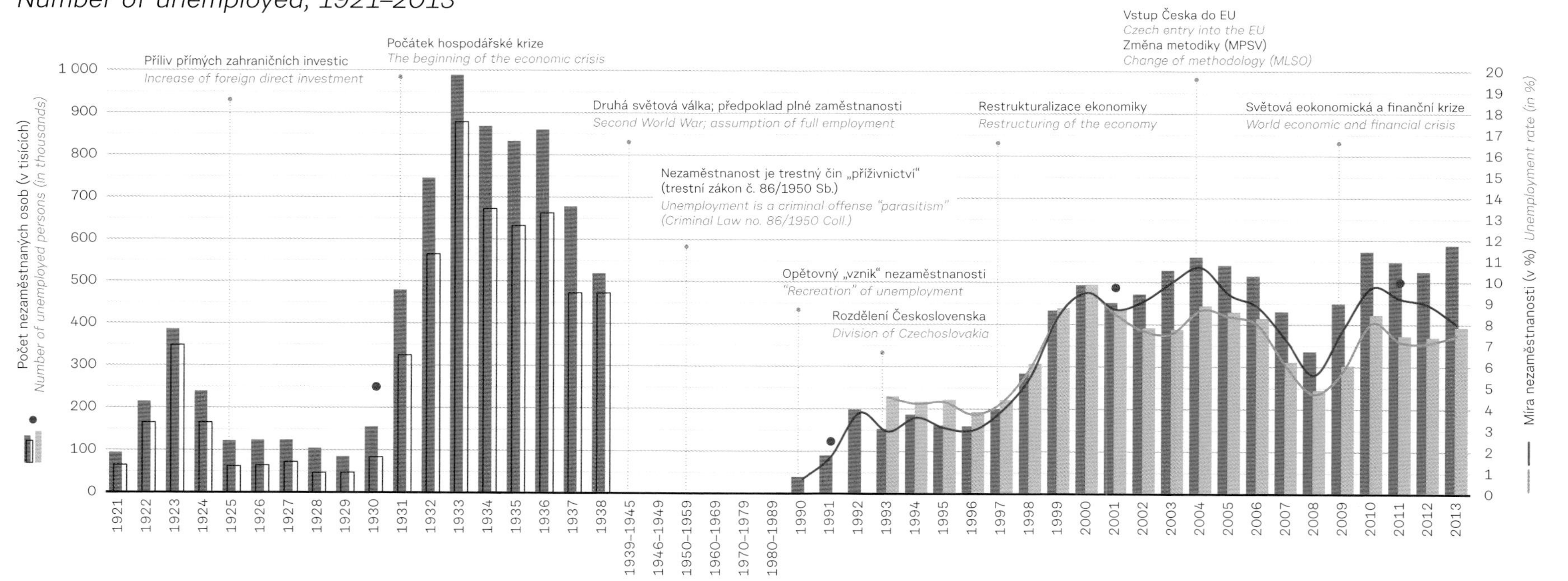
Příliv přímých zahraničních investic
Increase of foreign direct investment
Počátek hospodářské krize
The beginning of the economic crisis
Druhá světová válka; předpoklad plné zaměstnanosti
Second World War; assumption of full employment
Nezaměstnanost je trestný čin „příživnictví" (trestní zákon č. 86/1950 Sb.)
Unemployment is a criminal offense "parasitism" (Criminal Law no. 86/1950 Coll.)
Opětovný „vznik" nezaměstnanosti
"Recreation" of unemployment
Rozdělení Československa
Division of Czechoslovakia
Restrukturalizace ekonomiky
Restructuring of the economy
Vstup Česka do EU
Czech entry into the EU
Změna metodiky (MPSV)
Change of methodology (MLSO)
Světová ekonomická a finanční krize
World economic and financial crisis
Počet nezaměstnaných osob (v tisících)
Number of unemployed persons (in thousands)
Míra nezaměstnanosti (v %)
Unemployment rate (in %)
1 000
900
800
700
600
500
400
300
200
100
0
1921
1922
1923
1924
1925
1926
1927
1928
1929
1930
1931
1932
1933
1934
1935
1936
1937
1938
1939–1945
1946–1949
1950–1959
1960–1969
1970–1979
1980–1989
1990
1991
1992
1993
1994
1995
1996
1997
1998
1999
2000
2001
2002
2003
2004
2005
2006
2007
2008
2009
2010
2011
2012
2013

Počet nezaměstnaných osob (Registr zprostředkovatelen práce a Ministerstvo práce a sociálních věcí)
Number of unemployed persons (Register of uneployment agencies and Ministry of Labour and Social Affairs)

z toho, neumístěných uchazečů o práci
from that, unplaced job applicants

Počet nezaměstnaných osob (Výběrové šetření pracovních sil)
Number of unemployed persons (Labour force sample survey)

Počet nezaměstnaných osob (sčítání lidu)
Number of unemployed persons (censuses)

Obecná míra nezaměstnanosti (Výběrové šetření pracovních sil)
General unemployment rate (Labour force sample survey)

Míra registrované nezaměstnanosti (Ministerstvo práce a sociálních věcí)
Registered unemployed rate (Ministry of Labour and Social Affairs)

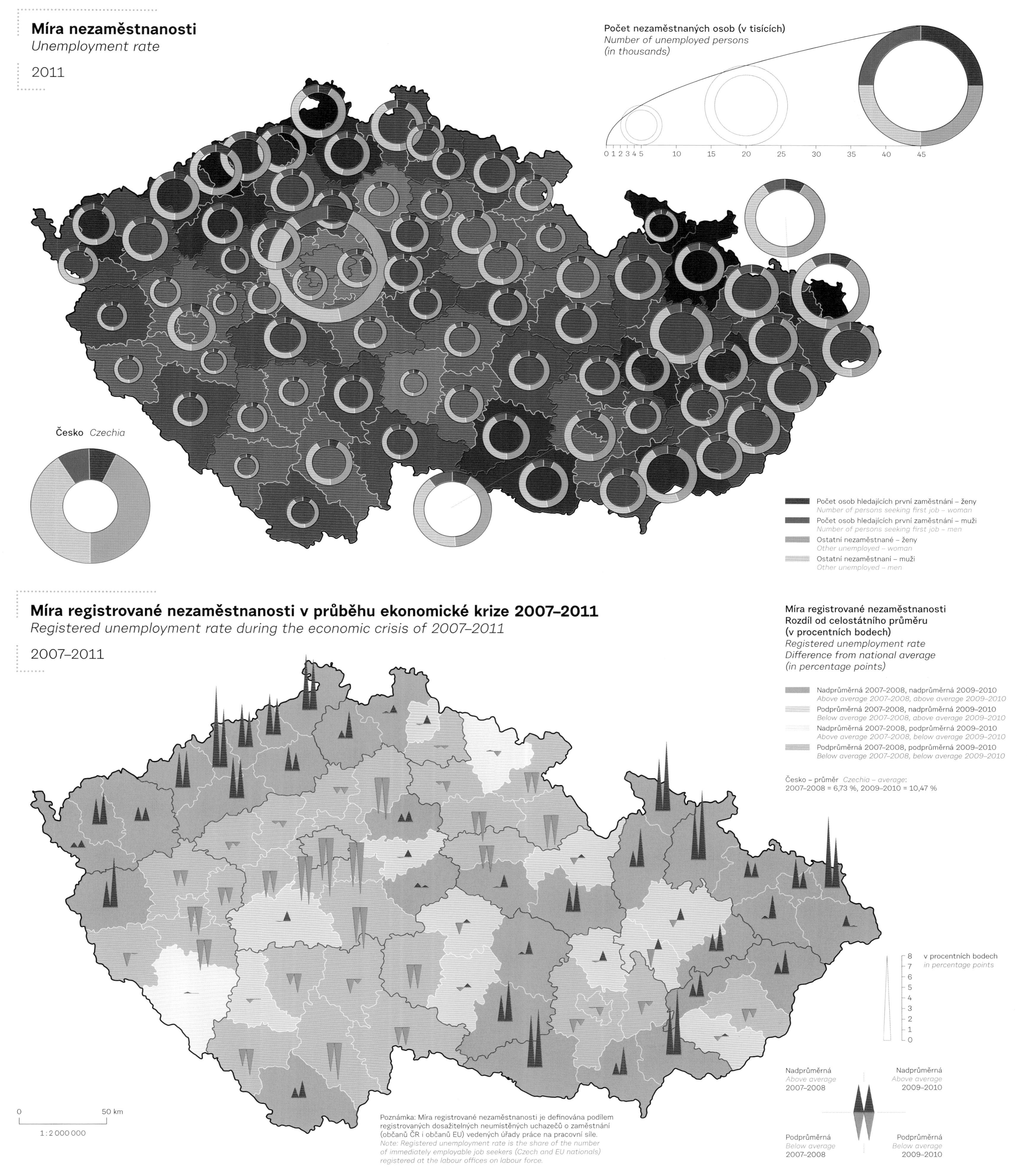
Míra nezaměstnanosti
Unemployment rate
2011
Počet nezaměstnaných osob (v tisících)
Number of unemployed persons
(in thousands)
0 1 2 3 4 5 10 15 20 25 30 35 40 45
Česko Czechia
Počet osob hledajících první zaměstnání – ženy
Number of persons seeking first job – woman
Počet osob hledajících první zaměstnání – muži
Number of persons seeking first job – men
Ostatní nezaměstnané – ženy
Other unemployed – woman
Ostatní nezaměstnaní – muži
Other unemployed – men
Míra registrované nezaměstnanosti v průběhu ekonomické krize 2007–2011
Registered unemployment rate during the economic crisis of 2007–2011
2007–2011
Míra registrované nezaměstnanosti
Rozdíl od celostátního průměru
(v procentních bodech)
Registered unemployment rate
Difference from national average
(in percentage points)
Nadprůměrná 2007–2008, nadprůměrná 2009–2010
Above average 2007–2008, above average 2009–2010
Podprůměrná 2007–2008, nadprůměrná 2009–2010
Below average 2007–2008, above average 2009–2010
Nadprůměrná 2007–2008, podprůměrná 2009–2010
Above average 2007–2008, below average 2009–2010
Podprůměrná 2007–2008, podprůměrná 2009–2010
Below average 2007–2008, below average 2009–2010
Česko – průměr Czechia – average:
2007–2008 = 6,73 %, 2009–2010 = 10,47 %
8 7 6 5 4 3 2 1 0
v procentních bodech
in percentage points
Nadprůměrná
Above average
2007–2008
Nadprůměrná
Above average
2009–2010
Podprůměrná
Below average
2007–2008
Podprůměrná
Below average
2009–2010
0 50 km
1:2 000 000

Poznámka: Míra registrované nezaměstnanosti je definována podílem registrovaných dosažitelných neumístěných uchazečů o zaměstnání (občanů ČR i občanů EU) vedených úřady práce na pracovní síle.
Note: Registered unemployment rate is the share of the number of immediately employable job seekers (Czech and EU nationals) registered at the labour offices on labour force.

8

Kulturní struktura
Cultural Structure

Garantka oddílu
Section Editor
Jana Jíchová

Zdroje dat
Data sources

8.1 45, 52, 60, 69, 71, 73
8.2 52, 60, 69, 71
8.3 45, 52, 59, 62, 64, 66, 69, 71, 73
8.4 45, 52, 60, 64, 66, 69, 71, 73
8.5 46, 69, 71, 73, 78, 80

Věřící podle náboženského vyznání
The religious by religion

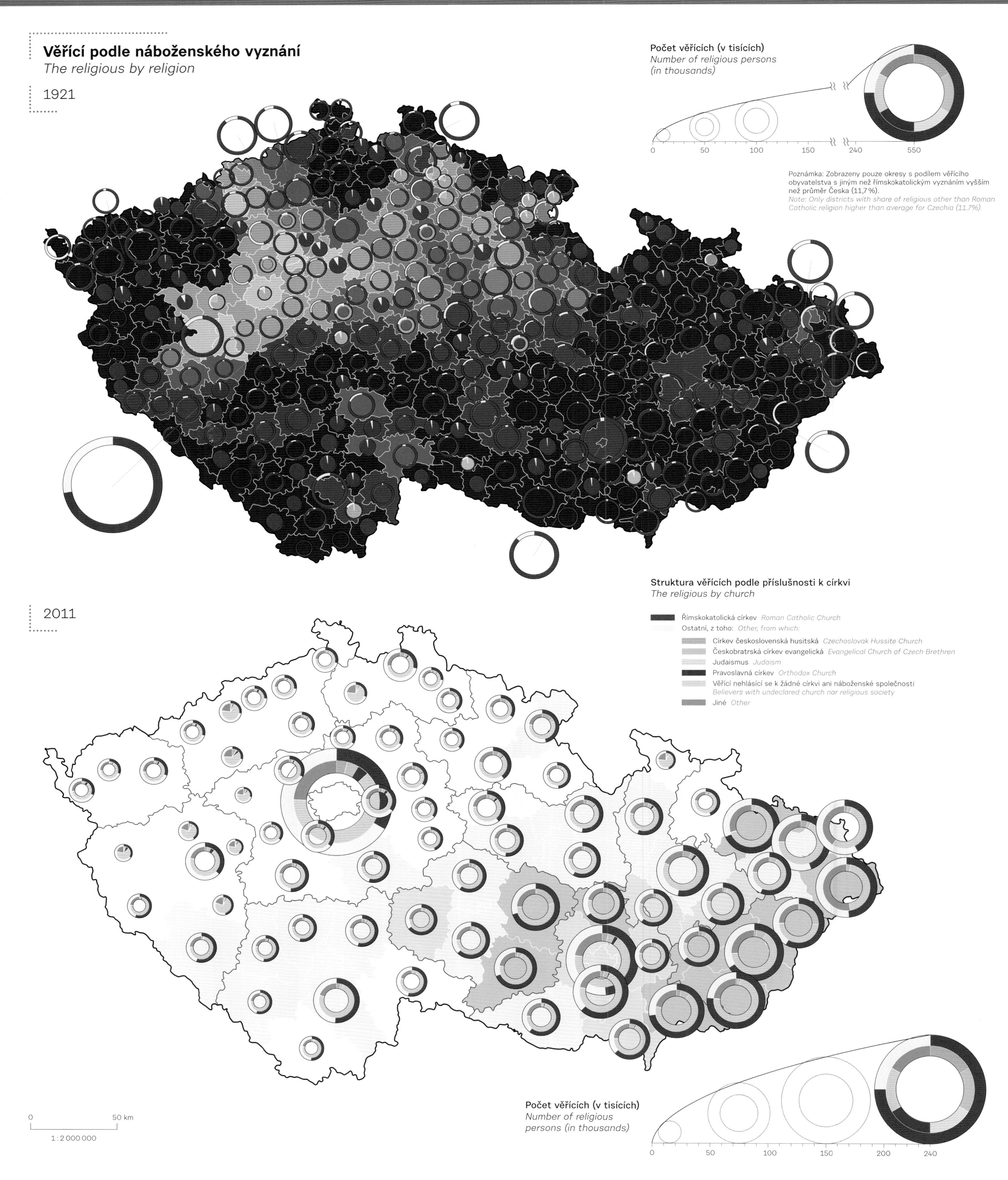
1921
Počet věřících (v tisících)
Number of religious persons (in thousands)
0
50
100
150
240
550
Poznámka: Zobrazeny pouze okresy s podílem věřícího obyvatelstva s jiným než římskokatolickým vyznáním vyšším než průměr Česka (11,7 %).
Note: Only districts with share of religious other than Roman Catholic religion higher than average for Czechia (11.7%).
Struktura věřících podle příslušnosti k církvi
The religious by church
Římskokatolická církev Roman Catholic Church
Ostatní, z toho: Other, from which:
Církev československá husitská Czechoslovak Hussite Church
Českobratrská církev evangelická Evangelical Church of Czech Brethren
Judaismus Judaism
Pravoslavná církev Orthodox Church
Věřící nehlásící se k žádné církvi ani náboženské společnosti
Believers with undeclared church nor religious society
Jiné Other
2011
0
50 km
1 : 2 000 000
Počet věřících (v tisících)
Number of religious persons (in thousands)
0
50
100
150
200
240

Dominantní náboženství
Dominant religions

0 100 km
1 : 5 000 000

1930

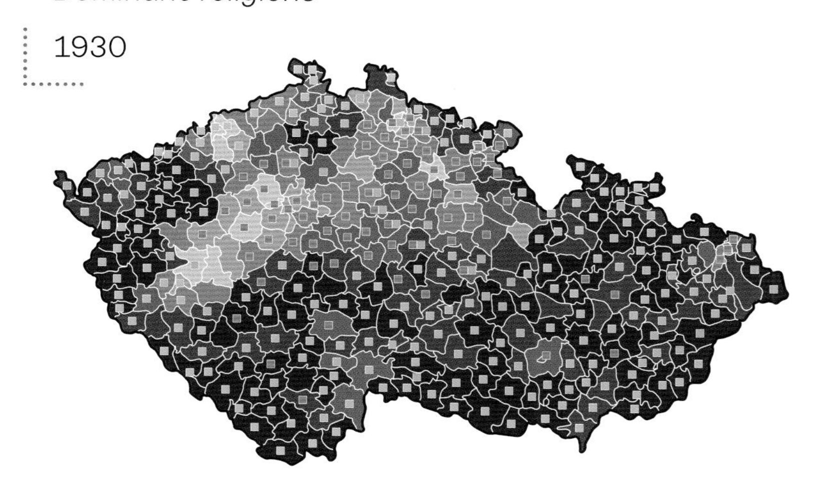

1950

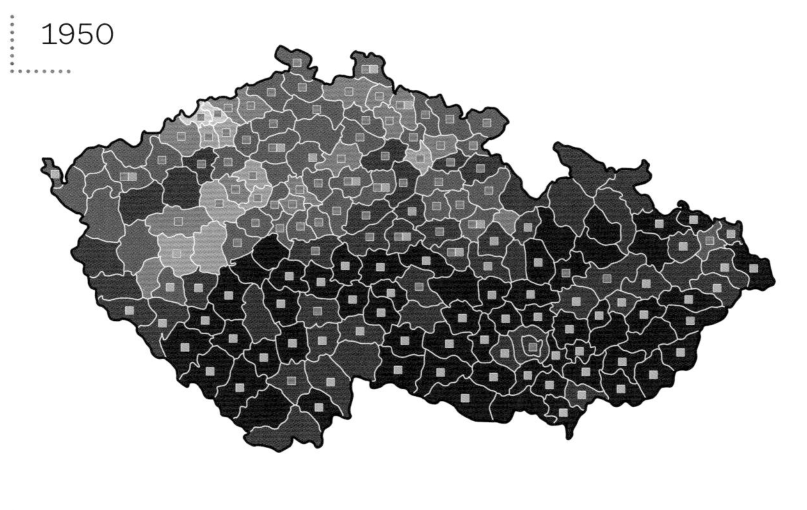

1991

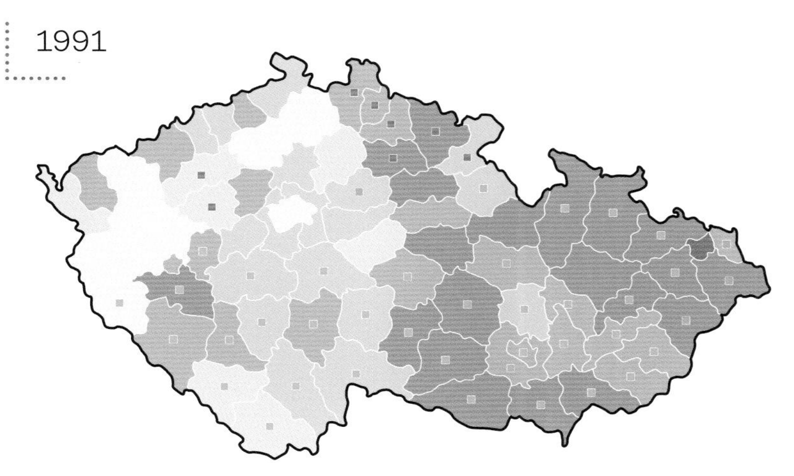

2001

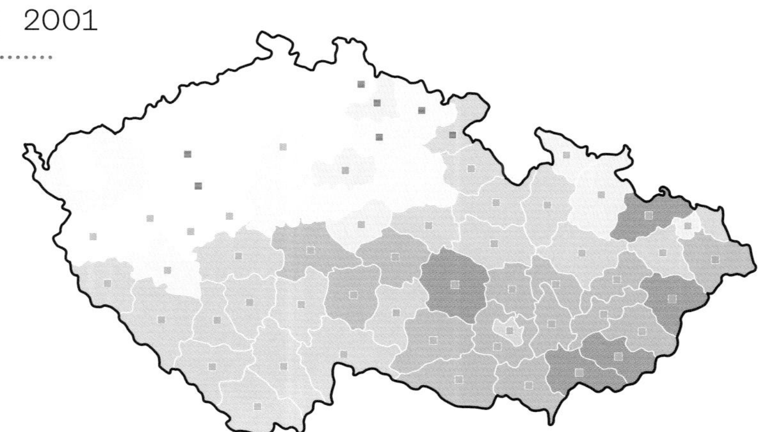

Alespoň 10 % věřících obyvatel hlásících se k církvím
At least 10% of followers of the churches

- československé husitské *Czechoslovak Hussite*
- evangelickým *Evangelical*

Alespoň 90 % věřících obyvatel hlásících se k římskokatolické církvi
At least 90% of believers of Roman Catholic Church

Podíl věřících podle vyznání
Share of believers by religion

1921	(%)
Římskokatolická *Roman Catholic*	88,1
Československá husitská *Czechoslovak Hussite*	5,7
Českobratrská evangelická *Czech Brethren*	2,6
Augsburská evangelická *Augsburg Evangelical*	1,1
Izraelská *Israeli*	1,4
Starokatolická *Old Catholics*	0,2
1930	
Římskokatolická *Roman Catholic*	85,1
Československá husitská *Czechoslovak Hussite*	7,9
Českobratrská evangelická *Czech Brethren*	3,0
Německá evangelická *German Evangelical*	1,3
Izraelská *Israeli*	1,2
Slezská evangelická *Silesian Evangelical*	0,5
1950	
Římskokatolická *Roman Catholic*	81,3
Československá husitská *Czechoslovak Hussite*	11,4
Českobratrská evangelická *Czech Brethren*	4,8
Pravoslavná *Orthodox*	0,6
Řeckokatolická *Greek Catholic*	0,4
Augsburská evangelická *Augsburg Evangelical*	0,3
1991	
Římskokatolická *Roman Catholic*	88,9
Českobratrská evangelická *Czech Brethren*	4,5
Československá husitská *Czechoslovak Hussite*	3,9
Slezská evangelická *Silesian Evangelical*	0,7
Pravoslavná *Orthodox*	0,4
Svědkové Jehovovi *Jehovah's Witnesses*	0,3
2001	
Římskokatolická *Roman Catholic*	83,4
Českobratrská evangelická *Czech Brethren*	3,6
Československá husitská *Czechoslovak Hussite*	3,0
Svědkové Jehovovi *Jehovah's Witnesses*	0,7
Pravoslavná církev v českých zemích *Orthodox*	0,7
Augsburská evangelická *Augsburg Evangelical*	0,5
2011	
Římskokatolická *Roman Catholic*	49,9
Českobratrská evangelická *Czech Brethren*	2,4
Československá husitská *Czechoslovak Hussite*	1,8
Pravoslavná církev v českých zemích *Orthodox*	0,9
Svědkové Jehovovi *Jehovah's Witnesses*	0,6
Církev bratrská *Church of the Brethren*	0,5

Poznámka: Uvedeno vždy šest církví / náboženských společností s nejvyšším podílem věřících z celkového počtu obyvatel (v %).
Note: Only six churches / religious societies with the highest share of followers as a share of total population (in %).

Podíl věřících z celkového počtu obyvatel (v %)
The religious as a share of total population (in %)

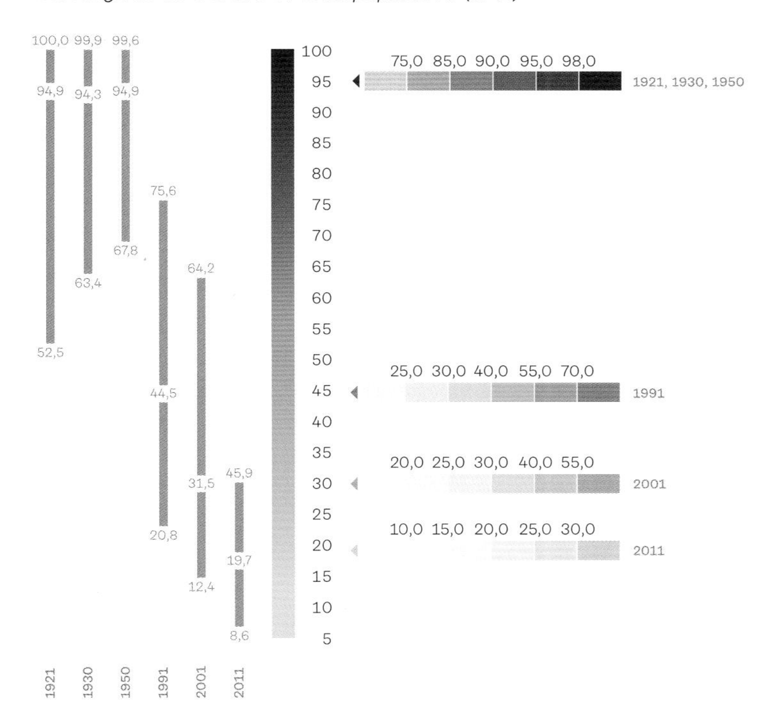
100,0 99,9 99,6
94,9 94,3 94,9
75,6
67,8
63,4
64,2
52,5
44,5
45,9
31,5
20,8
19,7
12,4
8,6
1921 1930 1950 1991 2001 2011
100 95 90 85 80 75 70 65 60 55 50 45 40 35 30 25 20 15 10 5
75,0 85,0 90,0 95,0 98,0
1921, 1930, 1950
25,0 30,0 40,0 55,0 70,0
1991
20,0 25,0 30,0 40,0 55,0
2001
10,0 15,0 20,0 25,0 30,0
2011

Věřící obyvatelstvo v krajích, 1950 a 2011
The religious by region, 1950 and 2011

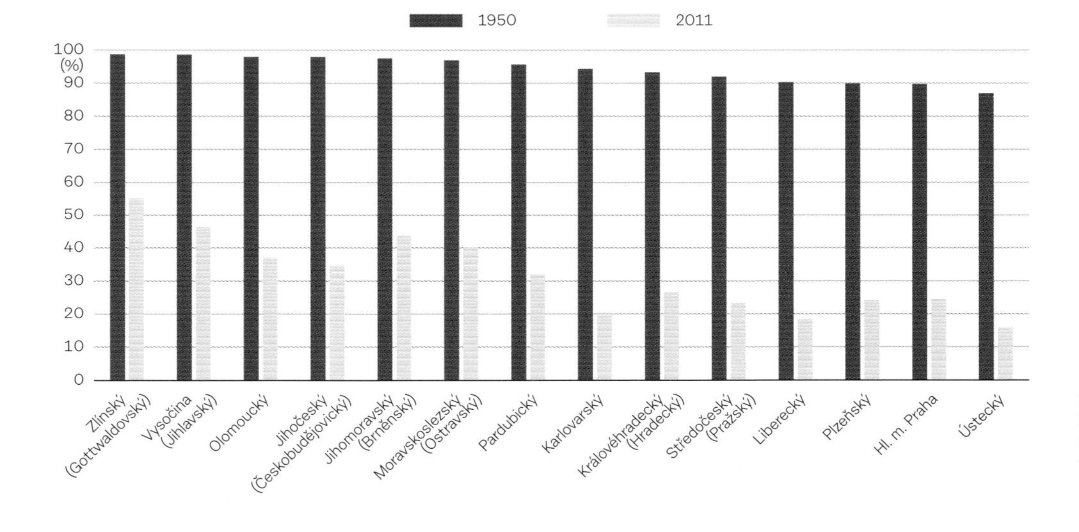
1950
2011
100 (%)
90
80
70
60
50
40
30
20
10
0
Zlínský (Gottwaldovský)
Vysočina (Jihlavský)
Olomoucký
Jihočeský (Českobudějovický)
Jihomoravský (Brněnský)
Moravskoslezský (Ostravský)
Pardubický
Karlovarský
Královéhradecký (Hradecký)
Středočeský (Pražský)
Liberecký
Plzeňský
Hl. m. Praha
Ústecký

Poznámka: Názvy krajů k roku 1950 v závorkách.
Note: Name of regions in 1950 in brackets.

Obyvatelstvo podle náboženského vyznání, 1921–2011
Population by religion, 1921–2011

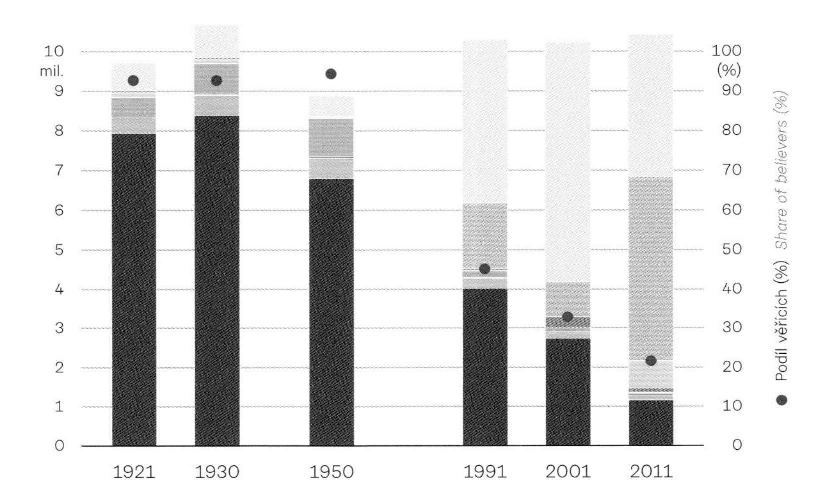
10 mil.
9
8
7
6
5
4
3
2
1
0
1921 1930 1950 1991 2001 2011
100 (%)
90
80
70
60
50
40
30
20
10
0
Podíl věřících (%) Share of believers (%)

Katolické církve *Catholic Churches* [1]
Evangelické církve *Evangelical Churches*
Pravoslavné církve *Orthodox Churches* [2]
Církev československá husitská *Czechoslovak Hussite Church*
Judaismus *Judaism*
Jiné *Other*
Věřící nehlásící se k žádné církvi ani náboženské společnosti *Religious persons not associated to any church nor religious society*
Nezjištěný vztah k církvi *Relation to religion not declared*
Bez vyznání *Non-denominationalists*

Poznámka: V roce 2001 [1] pouze Římskokatolická církev; [2] pouze Pravoslavná církev v českých zemích.
Note: In 2001 [1] only Roman Catholic Church; [2] only Orthodox Church in the Czech Lands.

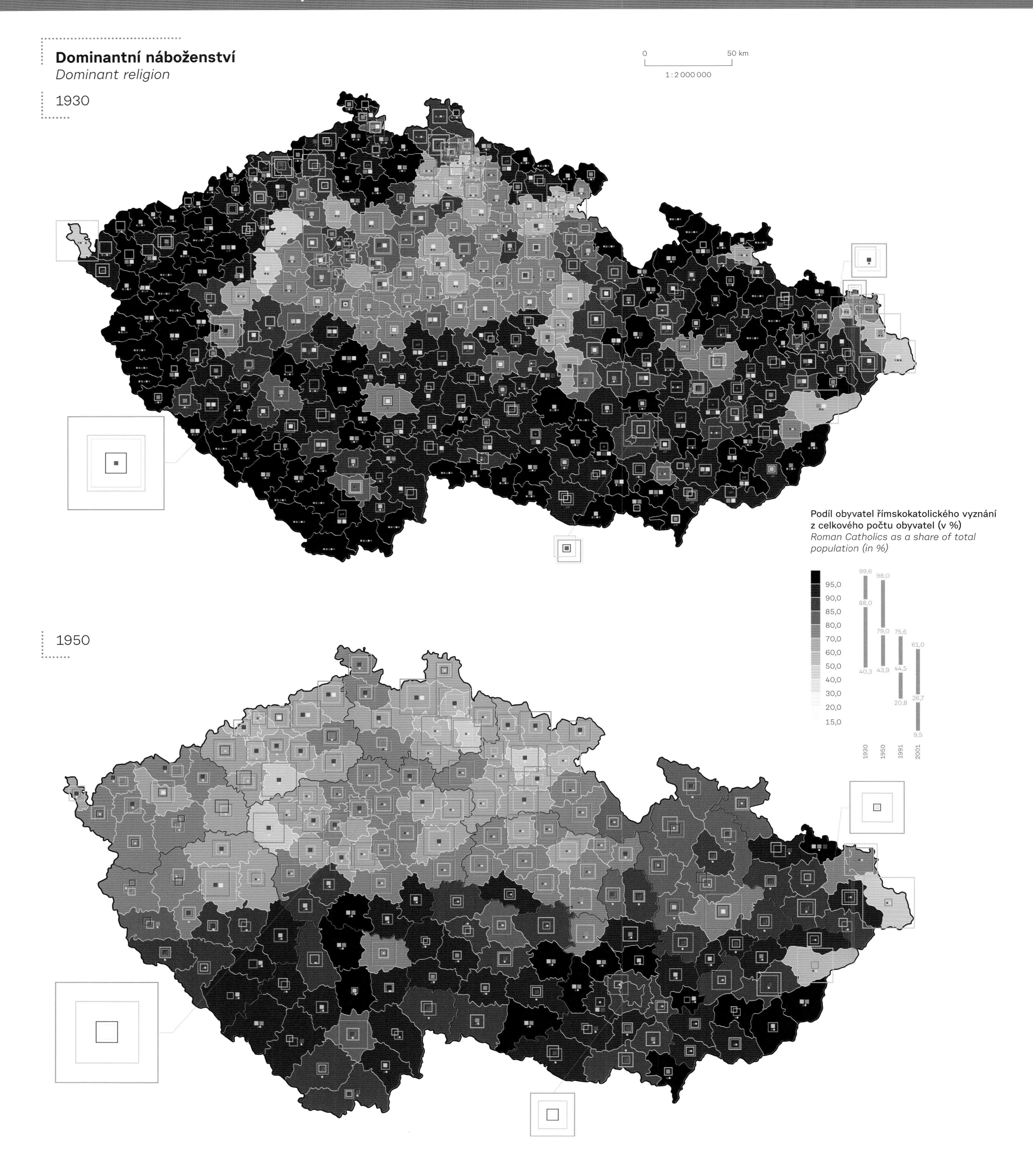
Dominantní náboženství
Dominant religion
1930
0
50 km
1 : 2 000 000
1950
Podíl obyvatel římskokatolického vyznání z celkového počtu obyvatel (v %)
Roman Catholics as a share of total population (in %)
95,0
90,0
85,0
80,0
70,0
60,0
50,0
40,0
30,0
20,0
15,0
99,6
88,0
40,3
98,0
79,0
43,9
75,6
44,5
20,8
61,0
26,7
9,5
1930
1950
1991
2001

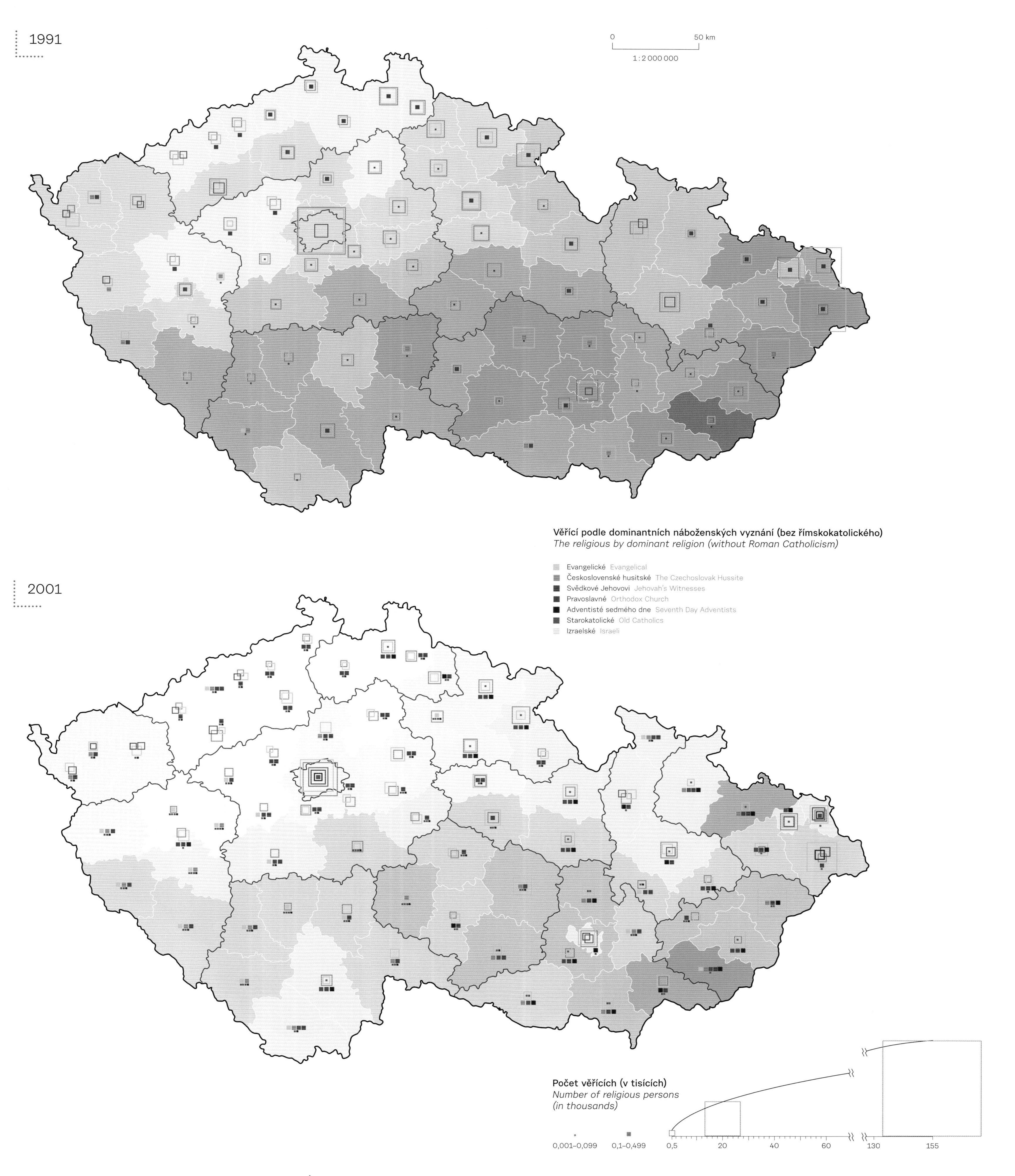

1991
0
50 km
1 : 2 000 000
2001
Věřící podle dominantních náboženských vyznání (bez římskokatolického)
The religious by dominant religion (without Roman Catholicism)
Evangelické Evangelical
Československé husitské The Czechoslovak Hussite
Svědkové Jehovovi Jehovah's Witnesses
Pravoslavné Orthodox Church
Adventisté sedmého dne Seventh Day Adventists
Starokatolické Old Catholics
Izraelské Israeli
Počet věřících (v tisících)
Number of religious persons
(in thousands)
0,001–0,099
0,1–0,499
0,5
20
40
60
130
155

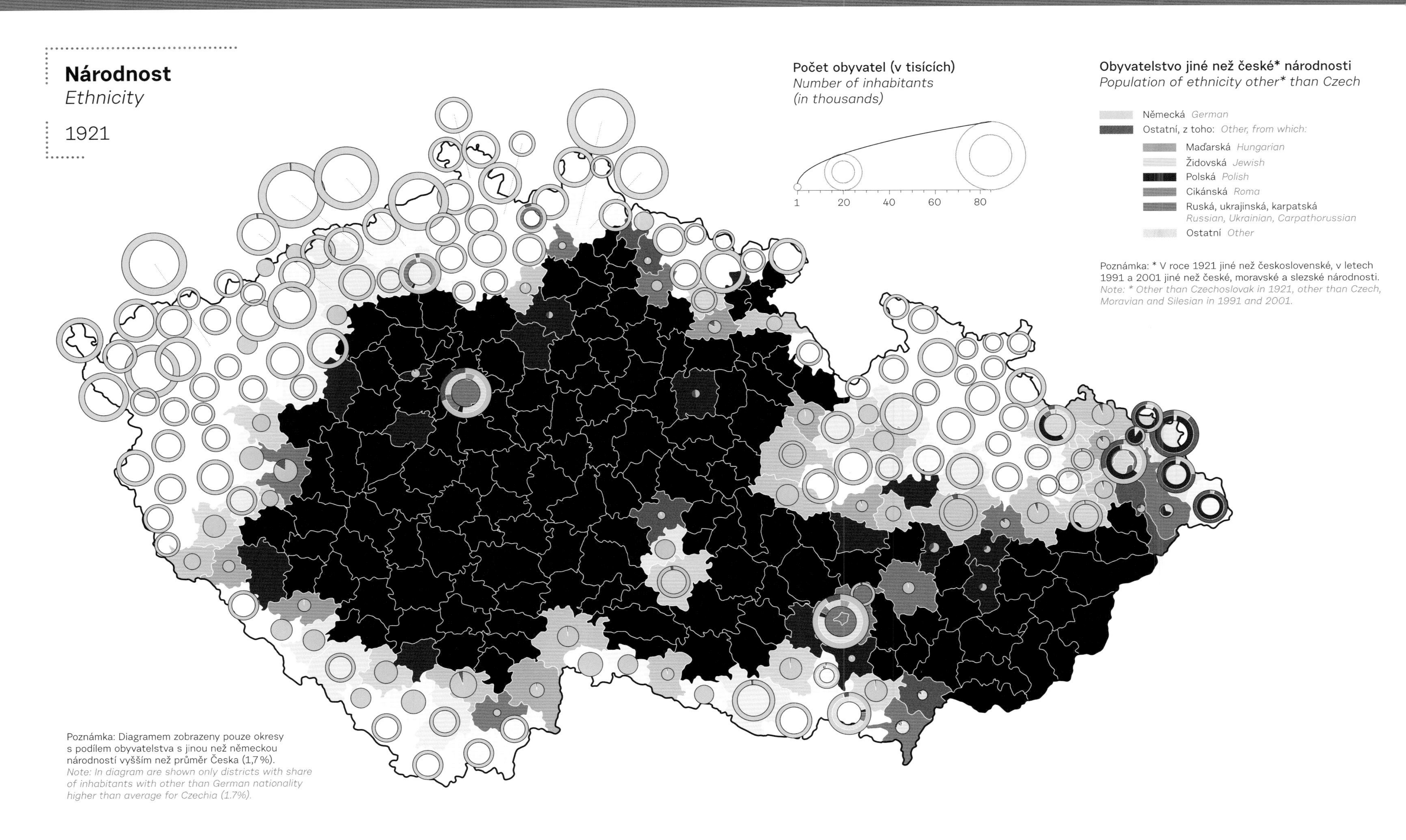
Národnost
Ethnicity
1921
Počet obyvatel (v tisících)
Number of inhabitants
(in thousands)
1
20
40
60
80
Obyvatelstvo jiné než české* národnosti
Population of ethnicity other* than Czech
Německá German
Ostatní, z toho: Other, from which:
Maďarská Hungarian
Židovská Jewish
Polská Polish
Cikánská Roma
Ruská, ukrajinská, karpatská
Russian, Ukrainian, Carpathorussian
Ostatní Other
Poznámka: * V roce 1921 jiné než československé, v letech 1991 a 2001 jiné než české, moravské a slezské národnosti.
Note: * Other than Czechoslovak in 1921, other than Czech, Moravian and Silesian in 1991 and 2001.
Poznámka: Diagramem zobrazeny pouze okresy s podílem obyvatelstva s jinou než německou národností vyšším než průměr Česka (1,7 %).
Note: In diagram are shown only districts with share of inhabitants with other than German nationality higher than average for Czechia (1.7%).

2001
1950, 1991, 2001:
Počet obyvatel (v tisících)
Number of inhabitants
(in thousands)
1
20
40
55
Slovenská Slovak
Německá German
Maďarská Hungarian
Polská Polish
Romská Roma
Vietnamská Vietnamese
Ruská Russian
Ukrajinská Ukrainian
Ostatní Other
0
50 km
1:2 000 000

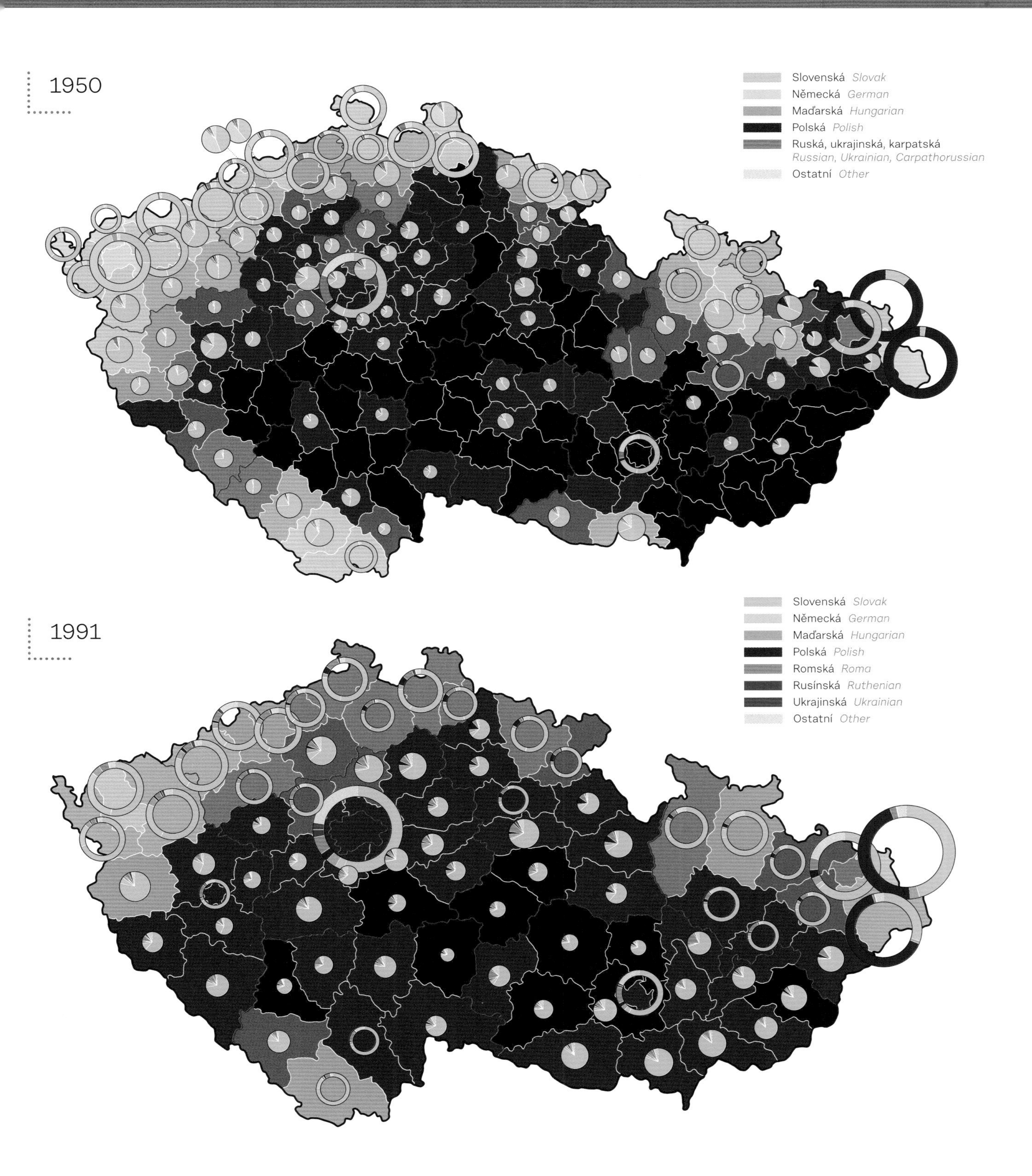
1950
Slovenská Slovak
Německá German
Maďarská Hungarian
Polská Polish
Ruská, ukrajinská, karpatská
Russian, Ukrainian, Carpathorussian
Ostatní Other
1991
Slovenská Slovak
Německá German
Maďarská Hungarian
Polská Polish
Romská Roma
Rusínská Ruthenian
Ukrajinská Ukrainian
Ostatní Other

0
50 km
1:3 000 000

Podíl obyvatel české* národnosti na obyvatelstvu se zjištěnou národností (v %)
Share of Czech ethnicity on population with declared ethnicity (in %)*

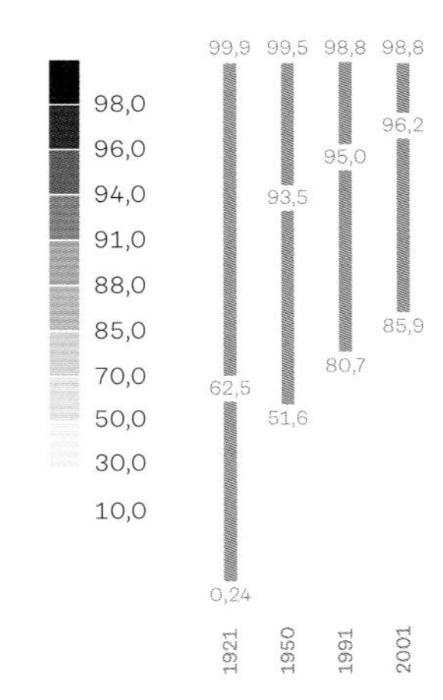
98,0
96,0
94,0
91,0
88,0
85,0
70,0
50,0
30,0
10,0
99,9
99,5
98,8
98,8
96,2
95,0
93,5
85,9
80,7
62,5
51,6
0,24
1921
1950
1991
2001

Poznámka: * V roce 1921 československé, v letech 1991 a 2001 české, moravské a slezské národnosti.
*Note: * Czechoslovak in 1921, Czech, Moravian and Silesian in 1991 and 2001.*

Národnost obyvatelstva podle velikostních kategorií obcí

Ethnicity of population by municipality size

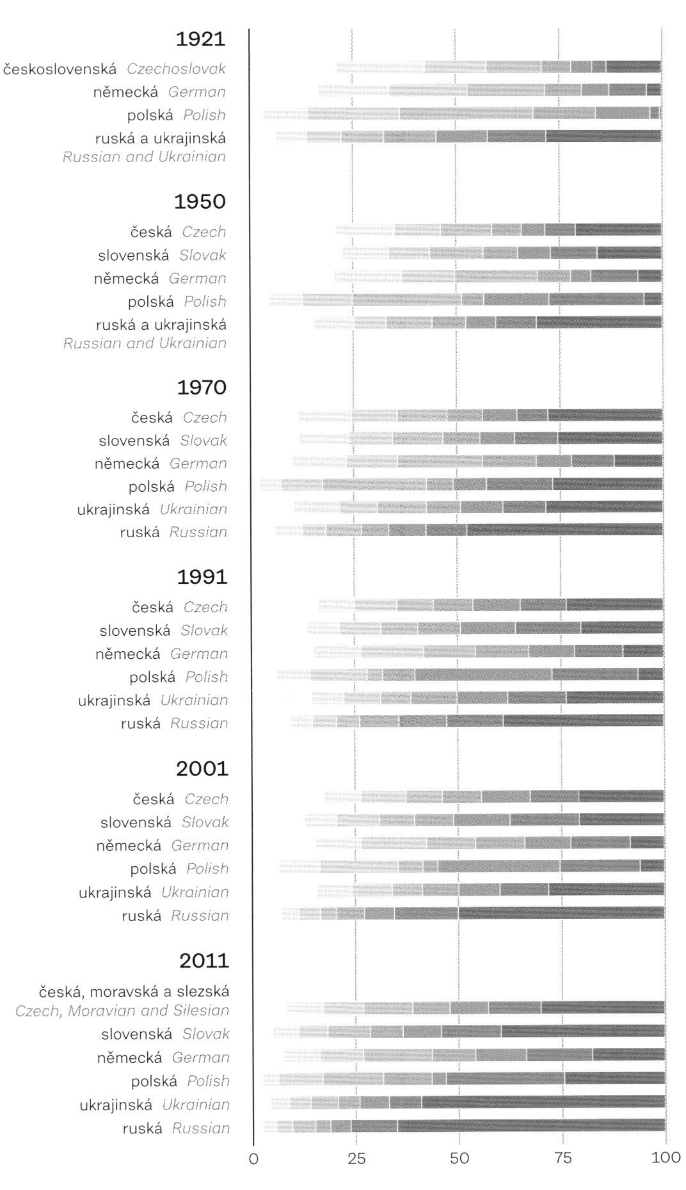
1921
československá Czechoslovak
německá German
polská Polish
ruská a ukrajinská
Russian and Ukrainian
1950
česká Czech
slovenská Slovak
německá German
polská Polish
ruská a ukrajinská
Russian and Ukrainian
1970
česká Czech
slovenská Slovak
německá German
polská Polish
ukrajinská Ukrainian
ruská Russian
1991
česká Czech
slovenská Slovak
německá German
polská Polish
ukrajinská Ukrainian
ruská Russian
2001
česká Czech
slovenská Slovak
německá German
polská Polish
ukrajinská Ukrainian
ruská Russian
2011
česká, moravská a slezská
Czech, Moravian and Silesian
slovenská Slovak
německá German
polská Polish
ukrajinská Ukrainian
ruská Russian
0
25
50
75
100 %

Počet obyvatel v obci
Number of population in municipality

≤ 500
501 – 1 000
1 001 – 2 000
2 001 – 5 000
5 001 – 10 000
10 001 – 20 000
20 001 – 50 000
> 50 000

Poznámka: Pro rok 1921 pouze českoslovenští státní příslušníci, v roce 1970 trvale bydlící a v roce 2011 obvykle bydlící obyvatelstvo.
Note: In 1921 Czechoslovak citizens only, in 1970 permanent and in 2011 usually resident population.

Obyvatelstvo cizích národností, 1921–2011

Population of foreign ethnicity, 1921–2011

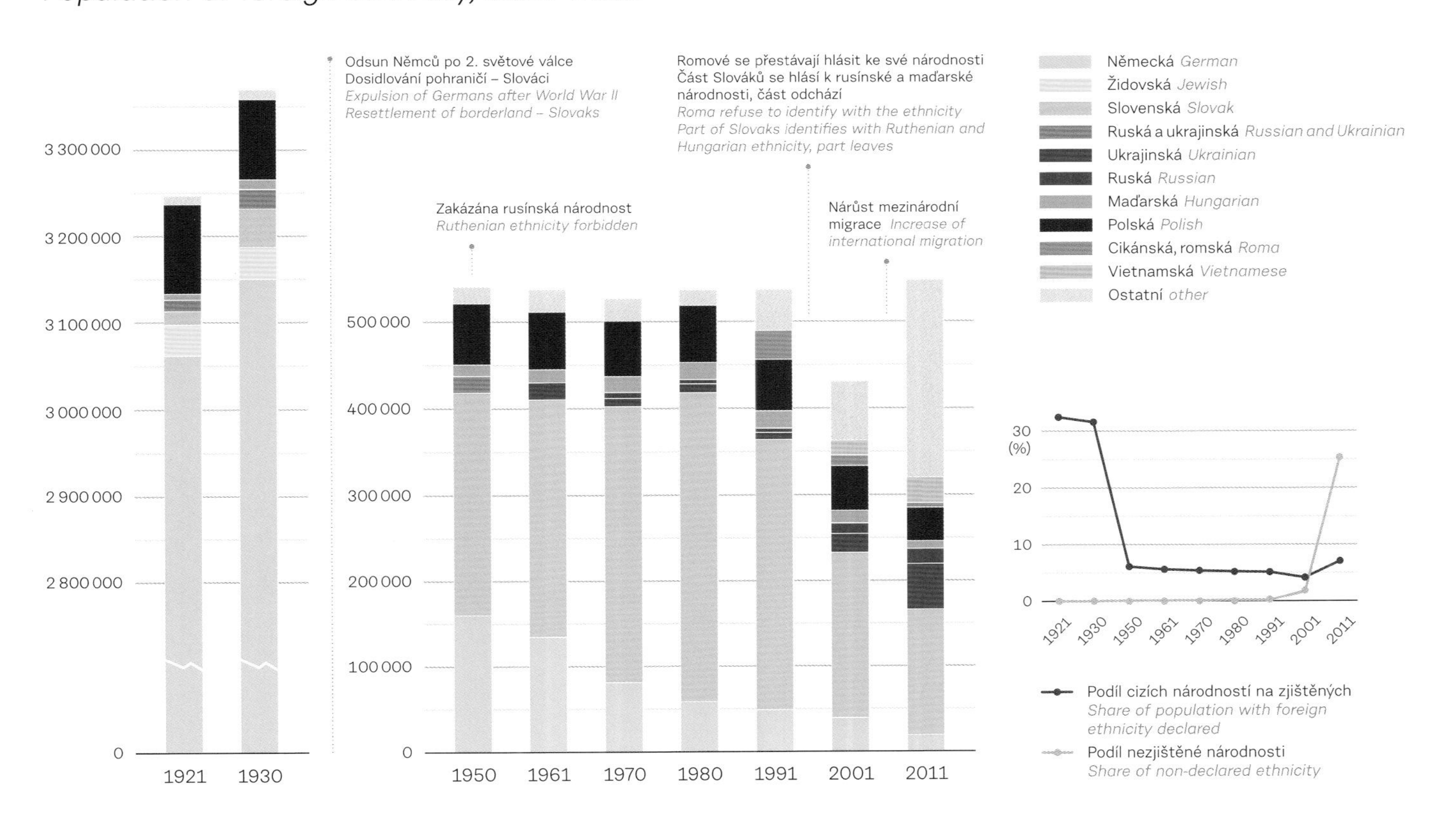
Odsun Němců po 2. světové válce
Dosidlování pohraničí – Slováci
Expulsion of Germans after World War II
Resettlement of borderland – Slovaks
Romové se přestávají hlásit ke své národnosti
Část Slováků se hlásí k rusínské a maďarské národnosti, část odchází
Roma refuse to identify with the ethnicity
Part of Slovaks identifies with Ruthenian and Hungarian ethnicity, part leaves
Zakázána rusínská národnost
Ruthenian ethnicity forbidden
Nárůst mezinárodní migrace
Increase of international migration
Německá German
Židovská Jewish
Slovenská Slovak
Ruská a ukrajinská Russian and Ukrainian
Ukrajinská Ukrainian
Ruská Russian
Maďarská Hungarian
Polská Polish
Cikánská, romská Roma
Vietnamská Vietnamese
Ostatní other
3 300 000
3 200 000
3 100 000
3 000 000
2 900 000
2 800 000
0
1921
1930
500 000
400 000
300 000
200 000
100 000
0
1950
1961
1970
1980
1991
2001
2011
30
(%)
20
10
0
1921
1930
1950
1961
1970
1980
1991
2001
2011
Podíl cizích národností na zjištěných
Share of population with foreign ethnicity declared
Podíl nezjištěné národnosti
Share of non-declared ethnicity

Národnostní menšiny
Ethnic minorities

1921

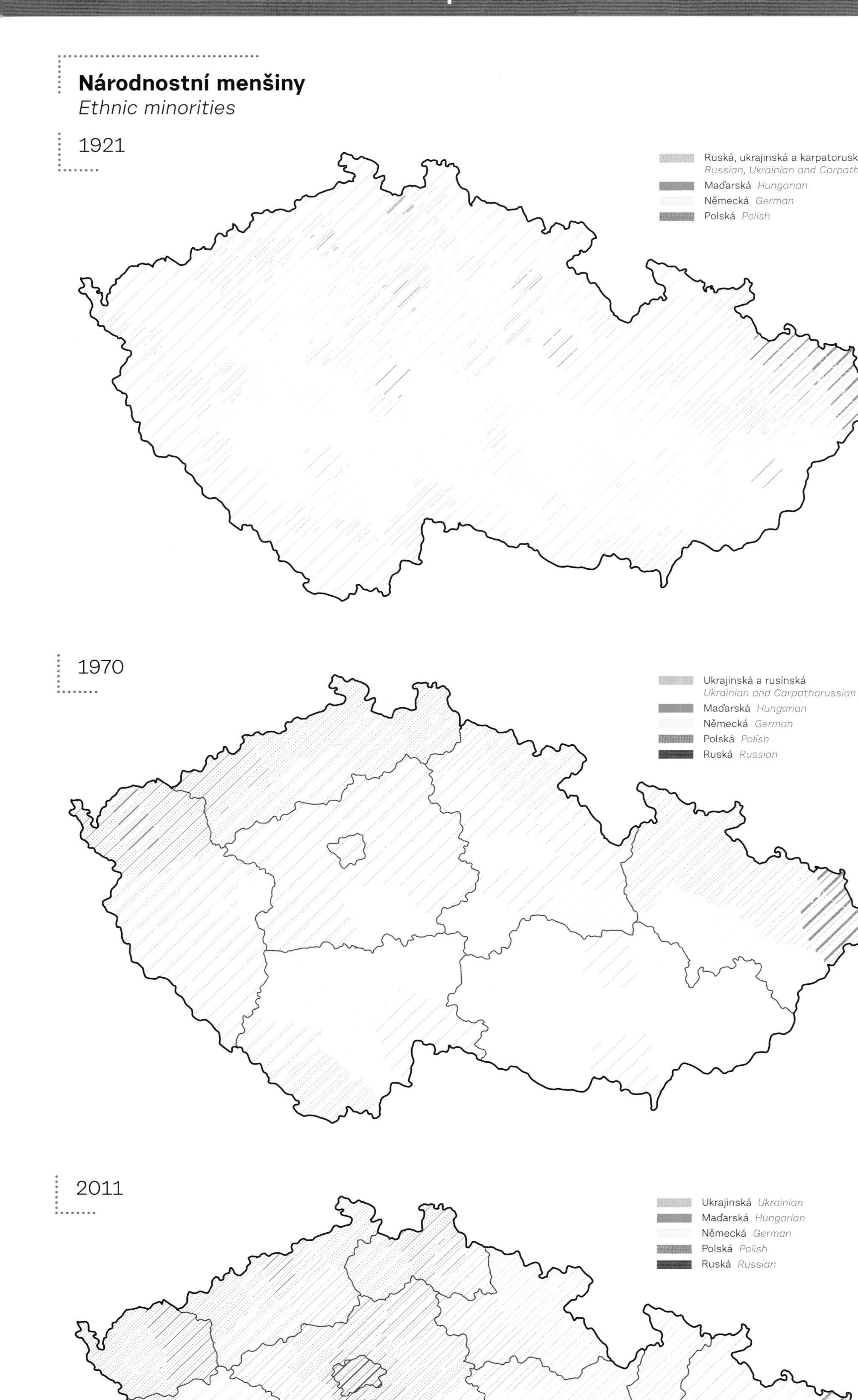
Ruská, ukrajinská a karpatoruská
Russian, Ukrainian and Carpathorussian
Maďarská Hungarian
Německá German
Polská Polish
1970
Ukrajinská a rusínská
Ukrainian and Carpathorussian
Maďarská Hungarian
Německá German
Polská Polish
Ruská Russian
2011
Ukrajinská Ukrainian
Maďarská Hungarian
Německá German
Polská Polish
Ruská Russian

0
50 km
1 : 3 000 000

Podíl osob s danou národností z celkového počtu obyvatel (v ‰)
Share of persons of given ethnicity from total population (in ‰)

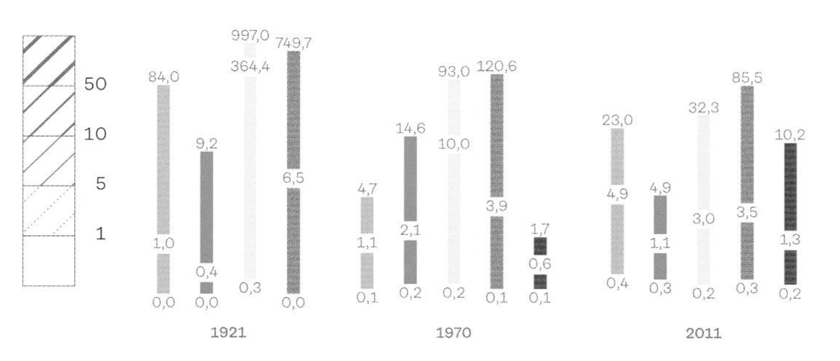
50
10
5
1
84,0
1,0
0,0
9,2
0,4
0,0
997,0
364,4
0,3
749,7
6,5
0,0
4,7
1,1
0,1
14,6
2,1
0,2
93,0
10,0
0,2
120,6
3,9
0,1
1,7
0,6
0,1
23,0
4,9
0,4
4,9
1,1
0,3
32,3
3,0
0,2
85,5
3,5
0,3
10,2
1,3
0,2
1921
1970
2011

Poznámka: Zobrazeny pouze národnostní menšiny dlouhodobě přítomné na území českých zemí.
Note: Only ethnic minorities present over long time in the Czech lands.

Českoslovenští státní příslušníci podle národnosti a pohlaví, 1921
Czechoslovak citizens by ethnicity and sex, 1921

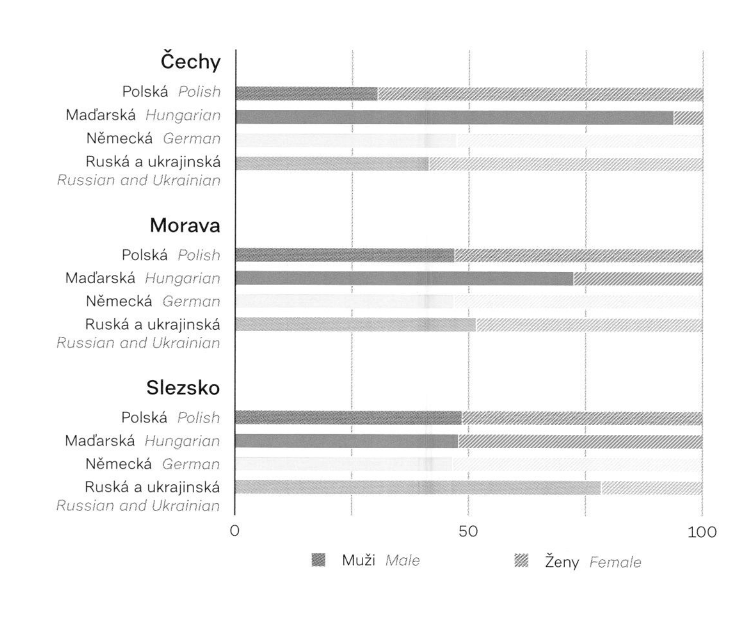
Čechy
Polská Polish
Maďarská Hungarian
Německá German
Ruská a ukrajinská
Russian and Ukrainian
Morava
Polská Polish
Maďarská Hungarian
Německá German
Ruská a ukrajinská
Russian and Ukrainian
Slezsko
Polská Polish
Maďarská Hungarian
Německá German
Ruská a ukrajinská
Russian and Ukrainian
0
50
100
Muži Male
Ženy Female

Ekonomická aktivita obyvatelstva podle národnosti a pohlaví, 1970
Economic activity of population by ethnicity and sex, 1970

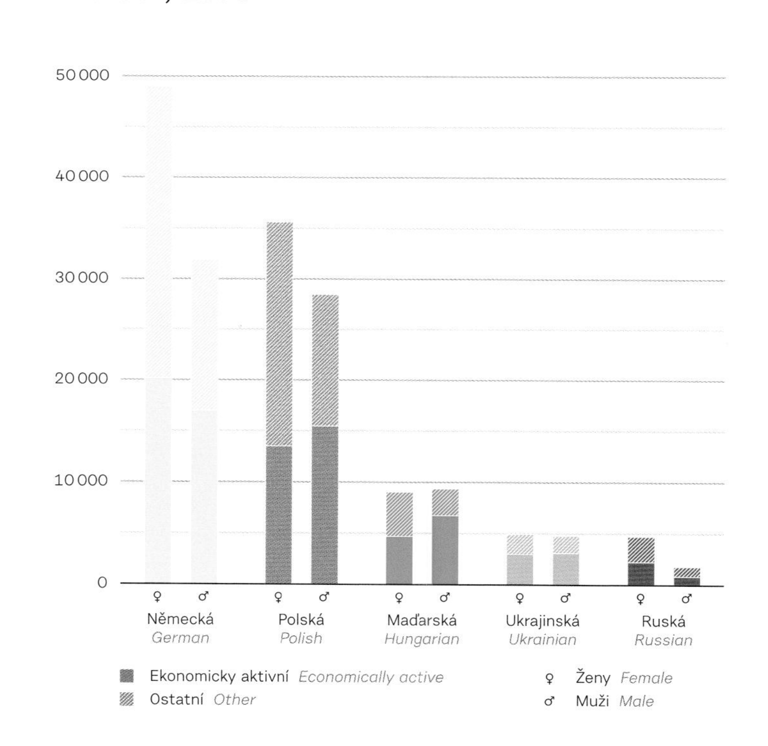
50 000
40 000
30 000
20 000
10 000
0
Německá
German
Polská
Polish
Maďarská
Hungarian
Ukrajinská
Ukrainian
Ruská
Russian
Ekonomicky aktivní Economically active
Ostatní Other
♀ Ženy Female
♂ Muži Male

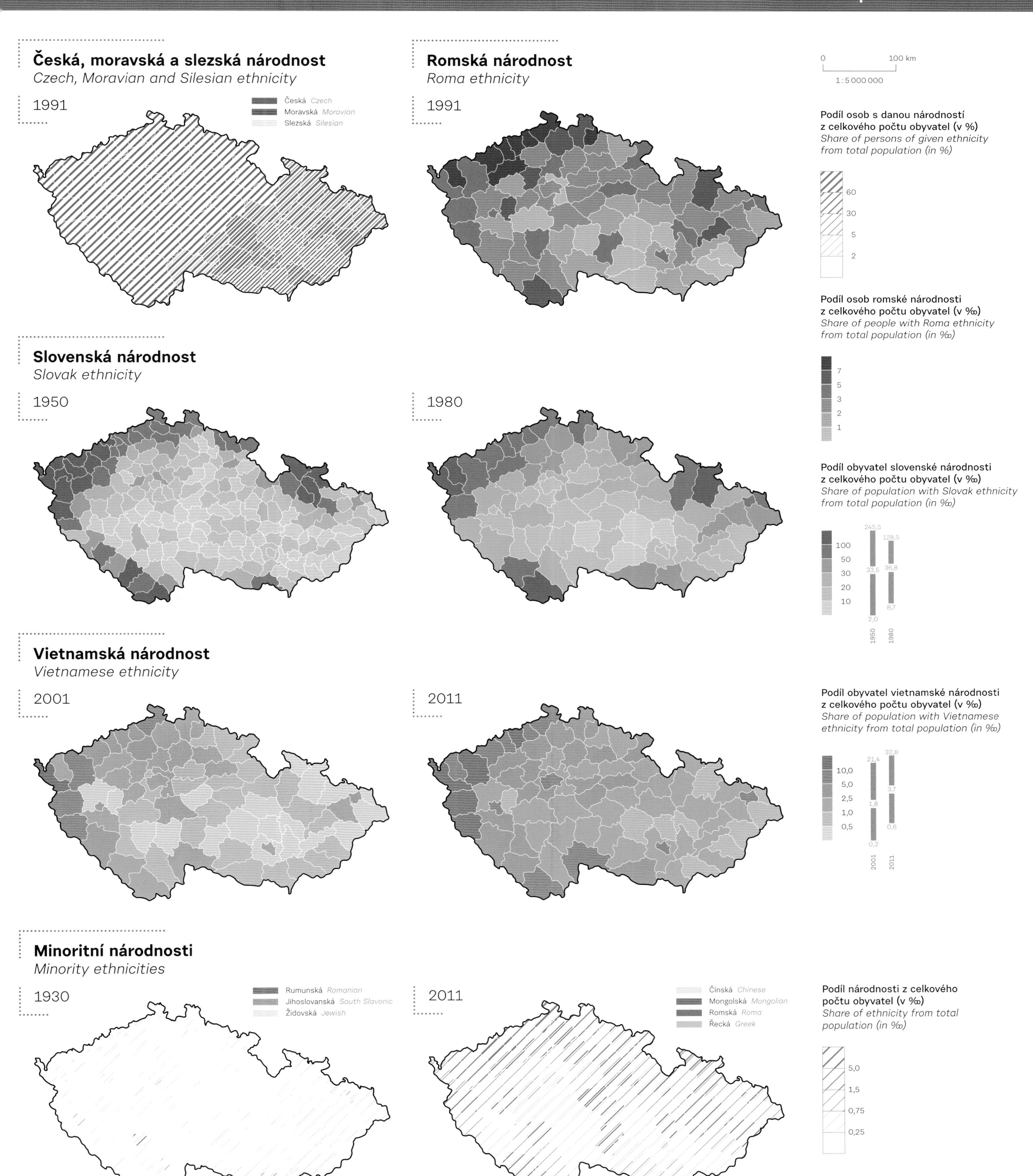

Česká, moravská a slezská národnost
Czech, Moravian and Silesian ethnicity
1991
Česká Czech
Moravská Moravian
Slezská Silesian
Romská národnost
Roma ethnicity
1991
0
100 km
1 : 5 000 000
Podíl osob s danou národností z celkového počtu obyvatel (v %)
Share of persons of given ethnicity from total population (in %)
60
30
5
2
Podíl osob romské národnosti z celkového počtu obyvatel (v ‰)
Share of people with Roma ethnicity from total population (in ‰)
7
5
3
2
1
Slovenská národnost
Slovak ethnicity
1950
1980
Podíl obyvatel slovenské národnosti z celkového počtu obyvatel (v ‰)
Share of population with Slovak ethnicity from total population (in ‰)
100
50
30
20
10
245,5
128,5
33,5
36,8
8,7
2,0
1950
1980
Vietnamská národnost
Vietnamese ethnicity
2001
2011
Podíl obyvatel vietnamské národnosti z celkového počtu obyvatel (v ‰)
Share of population with Vietnamese ethnicity from total population (in ‰)
10,0
5,0
2,5
1,0
0,5
21,4
32,8
1,8
3,7
0,2
0,6
2001
2011
Minoritní národnosti
Minority ethnicities
1930
Rumunská Romanian
Jihoslovanská South Slavonic
Židovská Jewish
2011
Čínská Chinese
Mongolská Mongolian
Romská Roma
Řecká Greek
Podíl národnosti z celkového počtu obyvatel (v ‰)
Share of ethnicity from total population (in ‰)
5,0
1,5
0,75
0,25

Poznámka: Včetně osob s dvojí národností.
Note: Including double ethnicity.

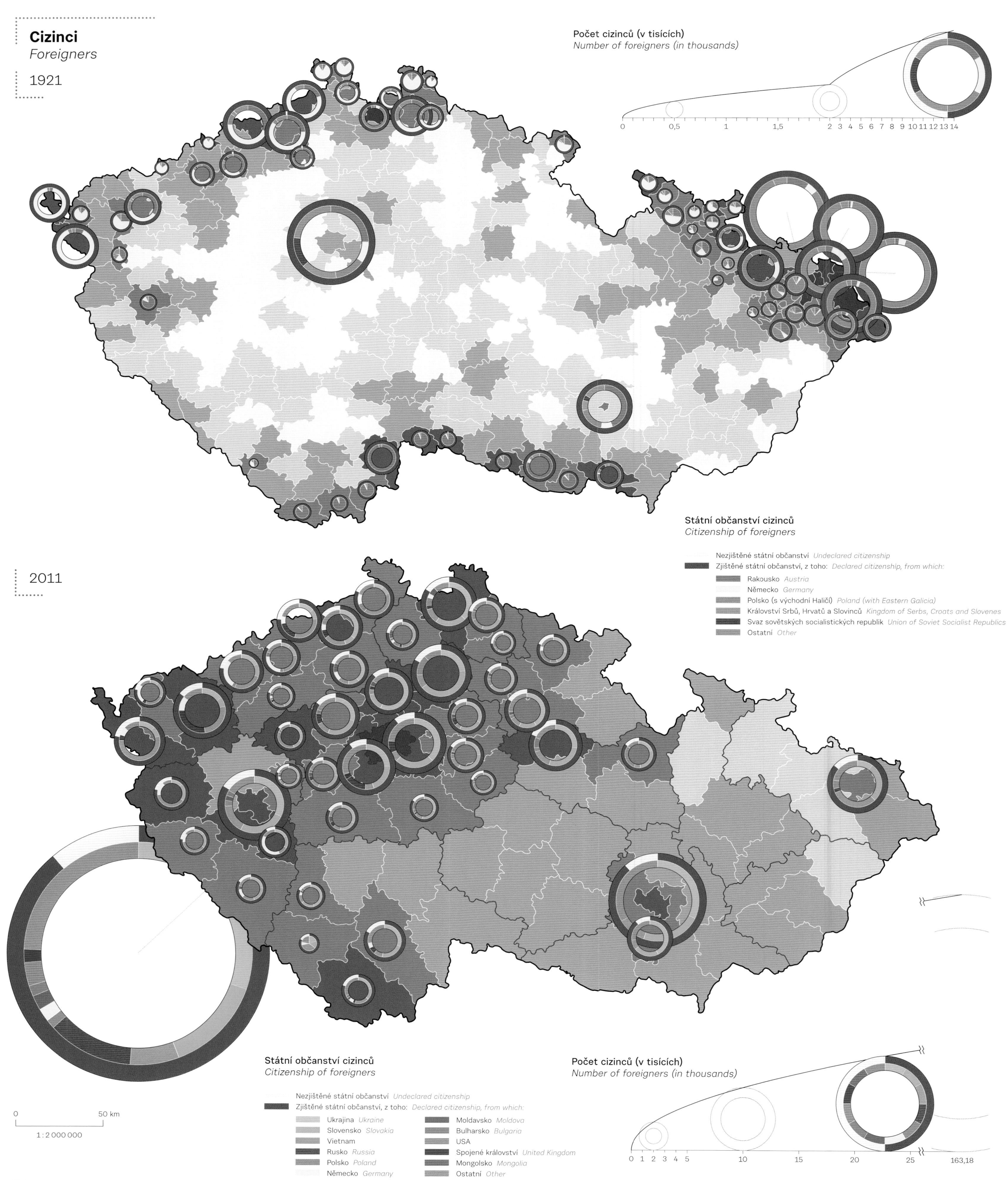

Cizinci
Foreigners
1921
Počet cizinců (v tisících)
Number of foreigners (in thousands)
0 0,5 1 1,5 2 3 4 5 6 7 8 9 10 11 12 13 14
Státní občanství cizinců
Citizenship of foreigners
Nezjištěné státní občanství Undeclared citizenship
Zjištěné státní občanství, z toho: Declared citizenship, from which:
Rakousko Austria
Německo Germany
Polsko (s východní Haličí) Poland (with Eastern Galicia)
Království Srbů, Hrvatů a Slovinců Kingdom of Serbs, Croats and Slovenes
Svaz sovětských socialistických republik Union of Soviet Socialist Republics
Ostatní Other
2011
Státní občanství cizinců
Citizenship of foreigners
Nezjištěné státní občanství Undeclared citizenship
Zjištěné státní občanství, z toho: Declared citizenship, from which:
Ukrajina Ukraine
Slovensko Slovakia
Vietnam
Rusko Russia
Polsko Poland
Německo Germany
Moldavsko Moldova
Bulharsko Bulgaria
USA
Spojené království United Kingdom
Mongolsko Mongolia
Ostatní Other
Počet cizinců (v tisících)
Number of foreigners (in thousands)
0 1 2 3 4 5 10 15 20 25 163,18
0 50 km
1:2 000 000

1991

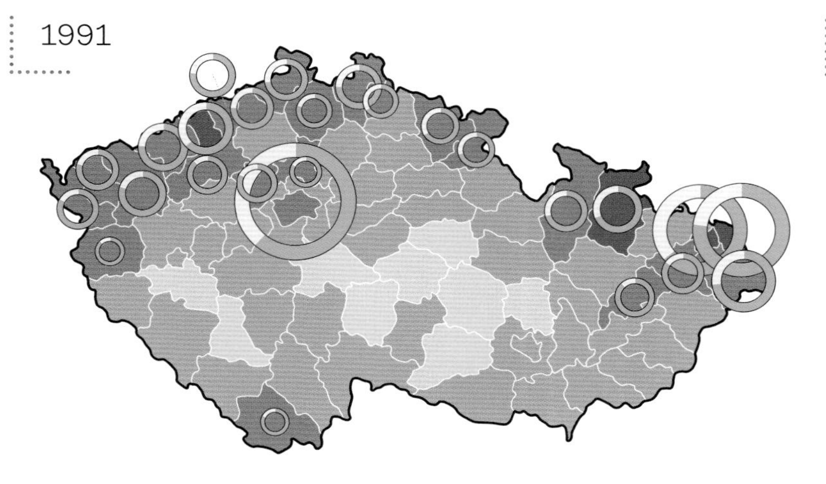

2001

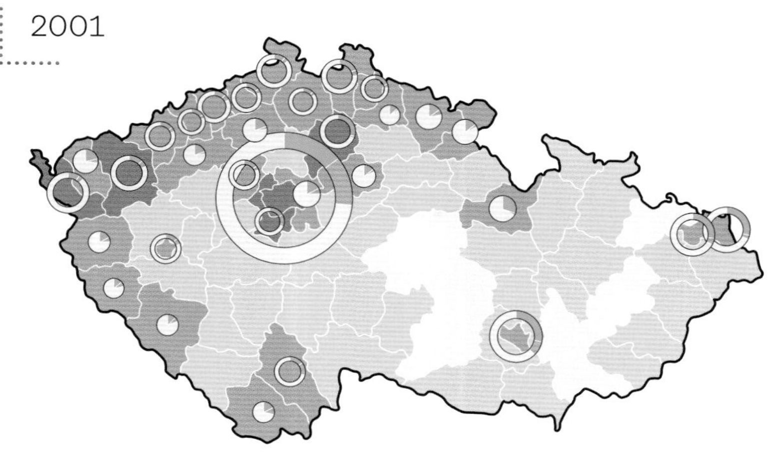

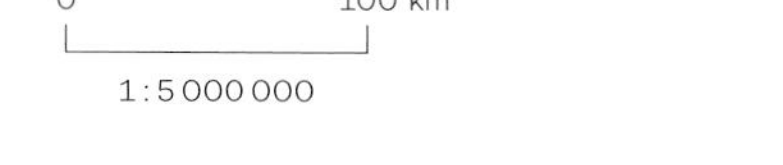
0
100 km
1 : 5 000 000

Podíl cizinců na celkovém počtu obyvatel (v %)
Share of foreigners from total population (in %)

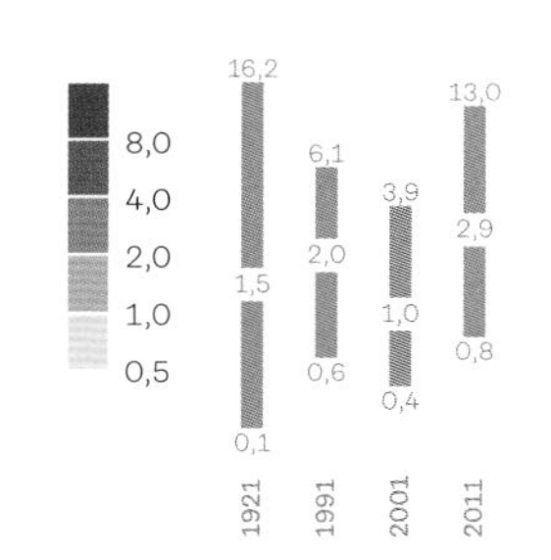
8,0
4,0
2,0
1,0
0,5
16,2
1,5
0,1
6,1
2,0
0,6
3,9
1,0
0,4
13,0
2,9
0,8
1921
1991
2001
2011

Počet cizinců (v tisících)
Number of foreigners (in thousands)

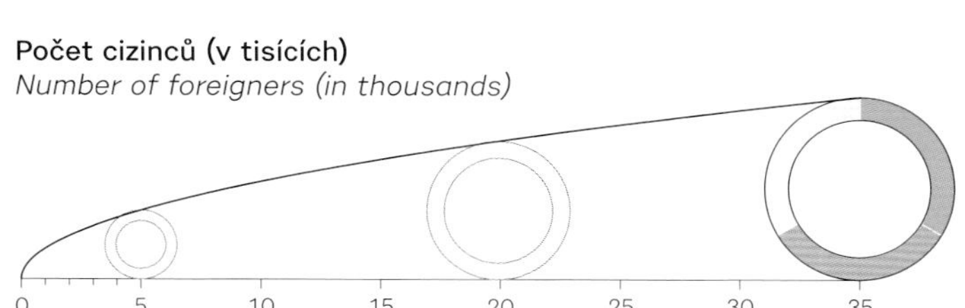
0
5
10
15
20
25
30
35

Státní občanství cizinců
Citizenship of foreigners

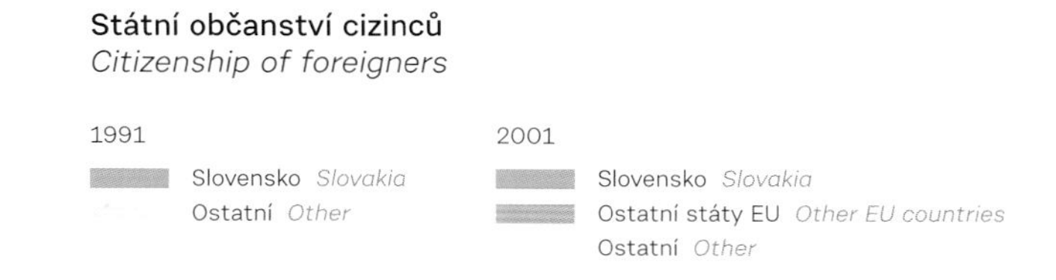
1991
Slovensko Slovakia
Ostatní Other
2001
Slovensko Slovakia
Ostatní státy EU Other EU countries
Ostatní Other

Poznámky: Včetně cizinců s nezjištěným státním občanstvím. V roce 1991 zahrnuti mezi cizinci rovněž občané Slovenské socialistické republiky, kteří byli zároveň občané Československé socialistické republiky.
V letech 1921, 1991 a 2011 znázorněny pouze okresy s podílem cizinců nad 1,95 ‰. V roce 2001 s podílem cizinců nad 1,00 ‰.
Notes: Including foreigners with unknown citizenship. In 1991 foreigners also include citizens of Slovak Socialist Republic who were citizens of The Czechoslovak Socialist Republic.
Only districts with share of foreigners higher than 1.95‰ in 1921, 1991 and 2011. In 2001 with share of foreigners higher than 1.00‰.

Zaměstnanost cizinců
Employment of foreigners

2002–2011

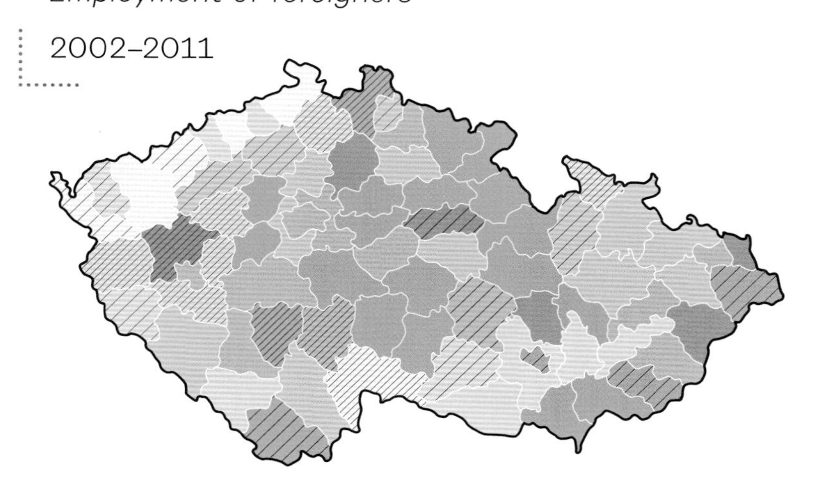

Okresy s nadprůměrným podílem občanů Vietnamu na cizincích (v %)
Districts with above-average share of Vietnamese citizens to foreigners (in %)

25
15

Podíl cizinců-zaměstnanců na celkové zaměstnanosti cizinců (v %)
Share of foreign-employees on economically active foreigners (in %)

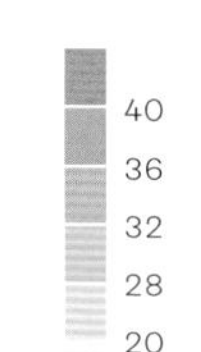
40
36
32
28
20

Cizinci podle druhu pobytu, 1985–2013
Foreigners by type of residence, 1985–2013

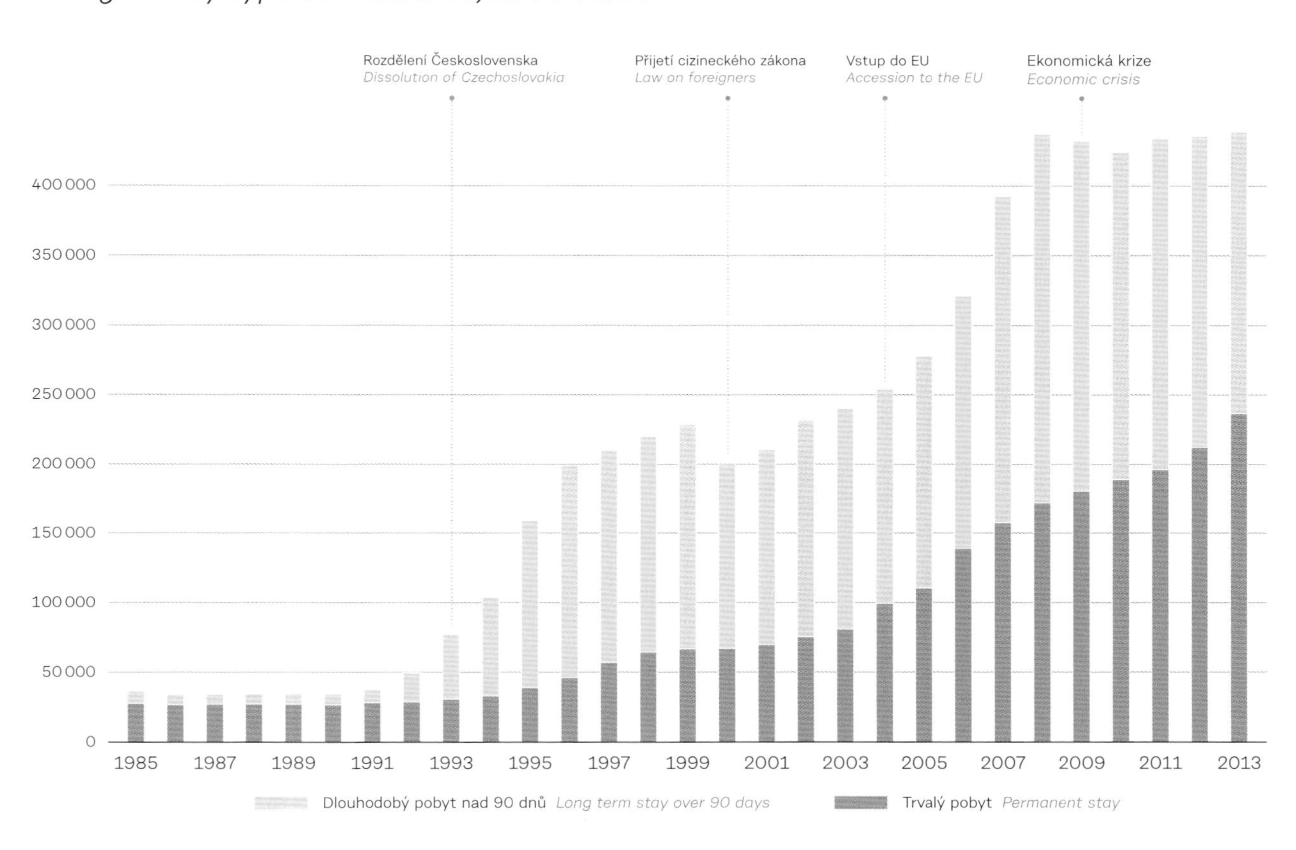
Rozdělení Československa
Dissolution of Czechoslovakia
Přijetí cizineckého zákona
Law on foreigners
Vstup do EU
Accession to the EU
Ekonomická krize
Economic crisis
400 000
350 000
300 000
250 000
200 000
150 000
100 000
50 000
0
1985
1987
1989
1991
1993
1995
1997
1999
2001
2003
2005
2007
2009
2011
2013
Dlouhodobý pobyt nad 90 dnů Long term stay over 90 days
Trvalý pobyt Permanent stay

Cizinci evidovaní úřady práce, 2011
Foreigners registered at labour offices, 2011

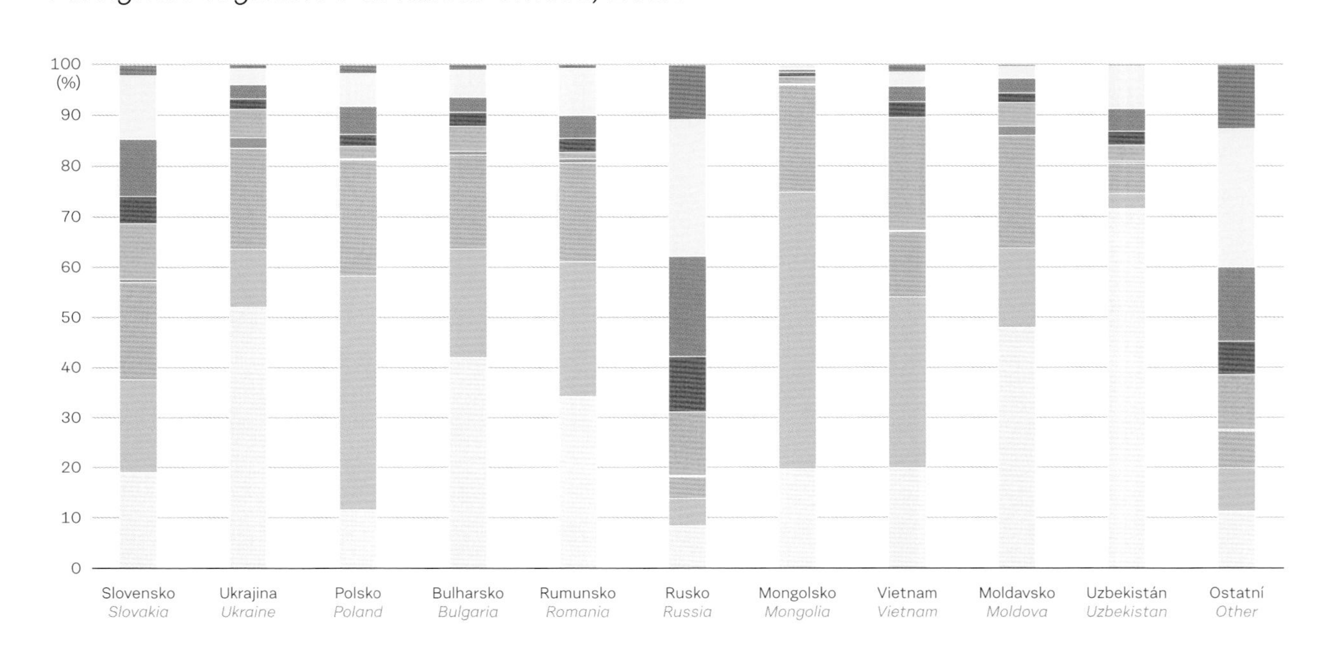
100 (%)
90
80
70
60
50
40
30
20
10
0
Slovensko
Slovakia
Ukrajina
Ukraine
Polsko
Poland
Bulharsko
Bulgaria
Rumunsko
Romania
Rusko
Russia
Mongolsko
Mongolia
Vietnam
Vietnam
Moldavsko
Moldova
Uzbekistán
Uzbekistan
Ostatní
Other

Zaměstnanci v ozbrojených silách *Armed forces occupations*
Zákonodárci a řídící pracovníci *Managers*
Specialisté *Professionals*
Techničtí a odborní pracovníci *Technicians and associate professionals*
Úředníci *Clerical support workers*
Pracovníci ve službách a prodeji *Service and sales workers*
Kvalifikovaní dělníci v zemědělství a lesnictví *Skilled agricultural, forestry and fishery workers*
Řemeslníci a opraváři *Craft and related trades workers*
Obsluha strojů a zařízení, montéři *Plant and machine operators, and assemblers*
Pomocní a nekvalifikovaní pracovníci *Elementary occupations*

Poznámka: Podle ISCO k 31. 12. 2011. *Note: According to ISCO, 31.12.2011.*

9

Sociální status
Social Status

Garantka oddílu
Section Editor
Petra Špačková

Zdroje dat
Data sources

9.1 62, 64, 65, 66, 69, 71, 73, 77
9.2 49, 55, 62, 64, 66, 69, 71, 73, 109, 111
9.3 48, 57, 64, 71, 113
9.4 45, 59, 64, 69, 73

Počet let školní docházky
Years of school attendance

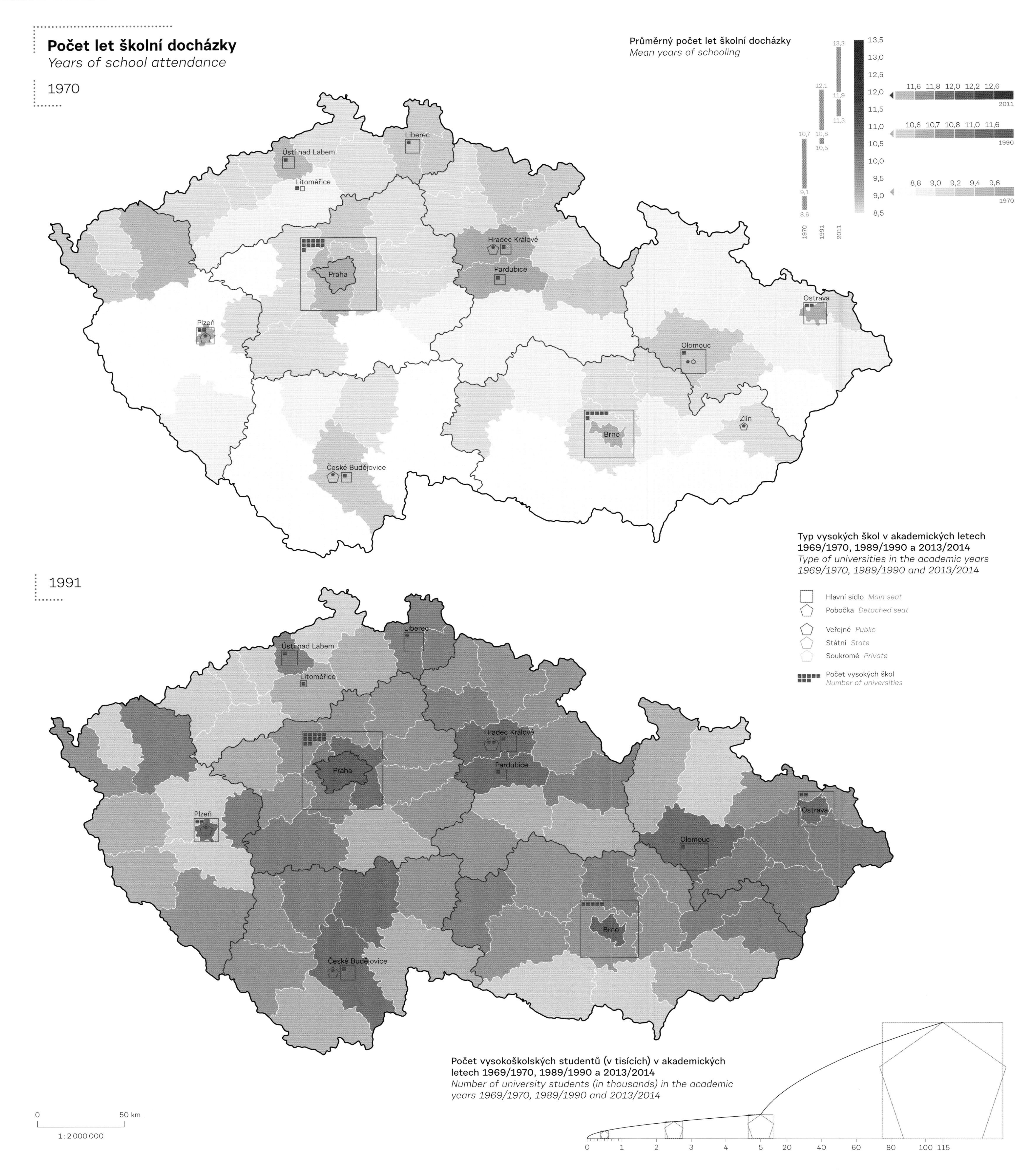
1970
1991
Průměrný počet let školní docházky
Mean years of schooling
13,5
13,0
12,5
12,0
11,5
11,0
10,5
10,0
9,5
9,0
8,5
11,6 11,8 12,0 12,2 12,6
2011
10,6 10,7 10,8 11,0 11,6
1990
8,8 9,0 9,2 9,4 9,6
1970
Liberec
Ústí nad Labem
Litoměřice
Hradec Králové
Pardubice
Praha
Plzeň
Ostrava
Olomouc
Brno
Zlín
České Budějovice
Typ vysokých škol v akademických letech 1969/1970, 1989/1990 a 2013/2014
Type of universities in the academic years 1969/1970, 1989/1990 and 2013/2014
Hlavní sídlo Main seat
Pobočka Detached seat
Veřejné Public
Státní State
Soukromé Private
Počet vysokých škol
Number of universities
Počet vysokoškolských studentů (v tisících) v akademických letech 1969/1970, 1989/1990 a 2013/2014
Number of university students (in thousands) in the academic years 1969/1970, 1989/1990 and 2013/2014
0 1 2 3 4 5 20 40 60 80 100 115
0 50 km
1:2 000 000

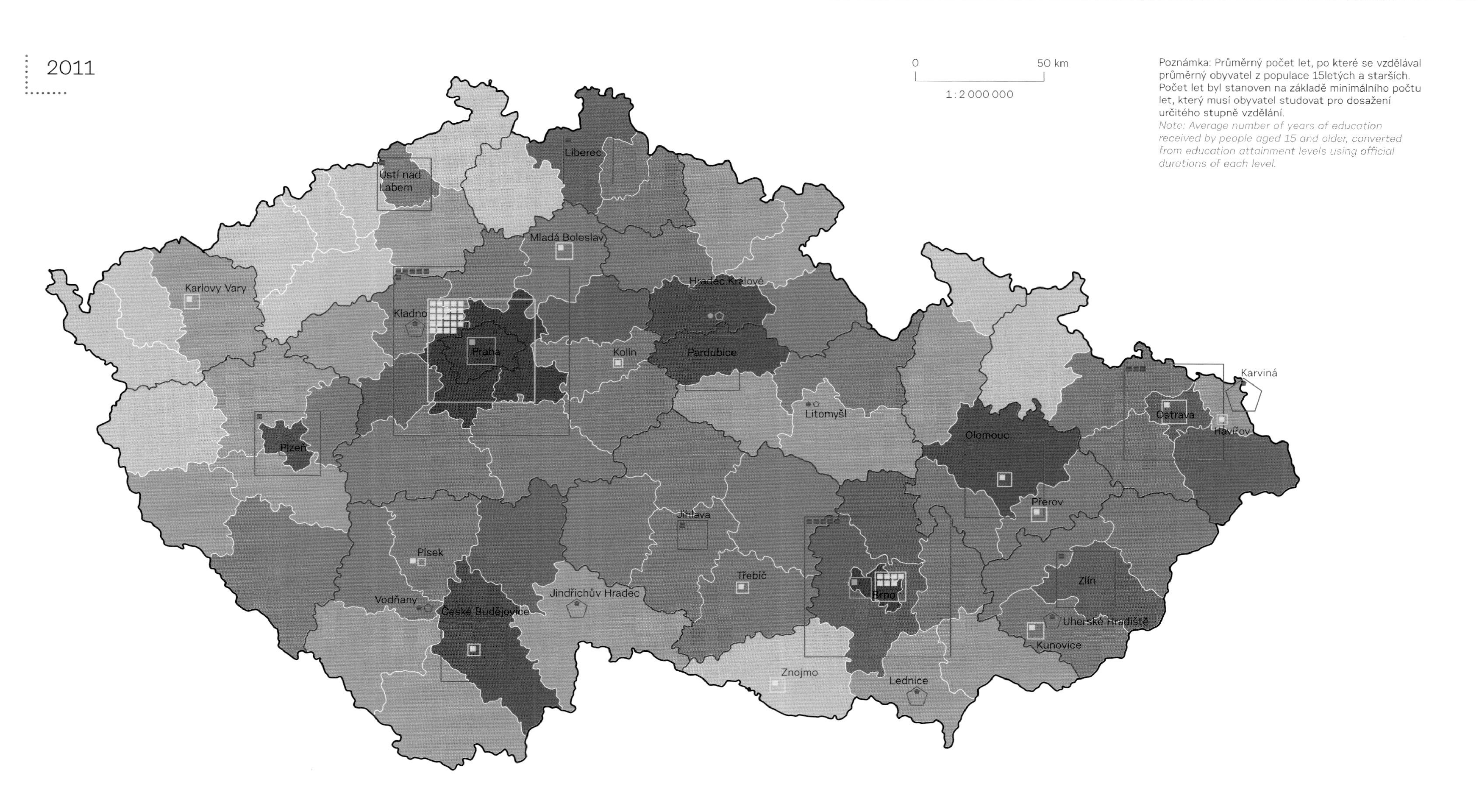
2011
0
50 km
1 : 2 000 000
Liberec
Ústí nad Labem
Mladá Boleslav
Karlovy Vary
Hradec Králové
Kladno
Praha
Kolín
Pardubice
Karviná
Litomyšl
Ostrava
Havířov
Plzeň
Olomouc
Přerov
Jihlava
Písek
Třebíč
Brno
Zlín
Vodňany
Jindřichův Hradec
České Budějovice
Uherské Hradiště
Kunovice
Znojmo
Lednice

Poznámka: Průměrný počet let, po které se vzdělával průměrný obyvatel z populace 15letých a starších. Počet let byl stanoven na základě minimálního počtu let, který musí obyvatel studovat pro dosažení určitého stupně vzdělání.
Note: Average number of years of education received by people aged 15 and older, converted from education attainment levels using official durations of each level.

Věková a vzdělanostní struktura obyvatelstva
Age and educational structure of the population

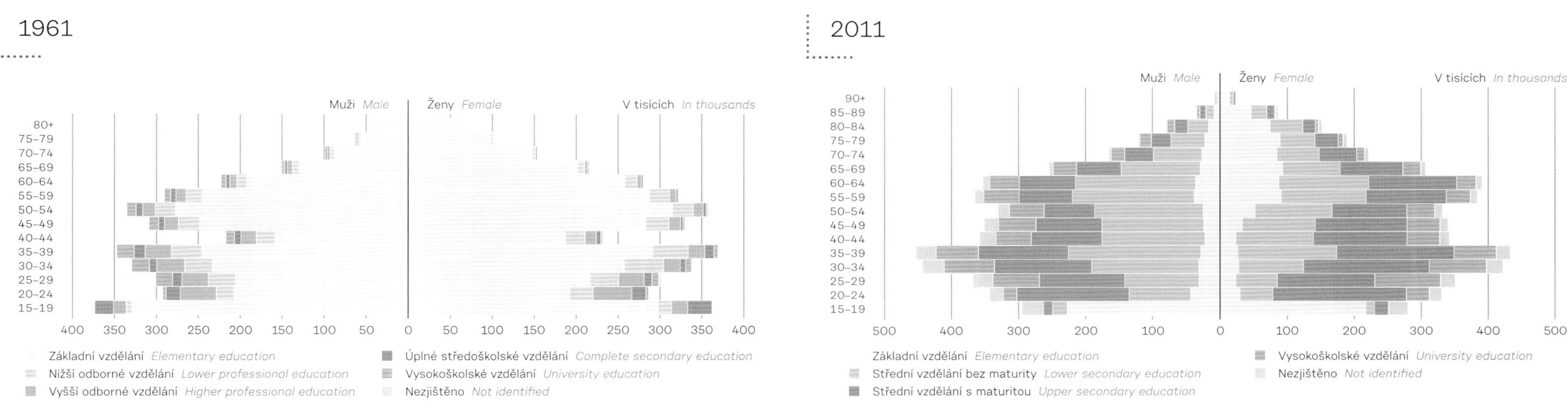
1961
Muži *Male*
Ženy *Female*
V tisících *In thousands*
80+
75–79
70–74
65–69
60–64
55–59
50–54
45–49
40–44
35–39
30–34
25–29
20–24
15–19
400 350 300 250 200 150 100 50 0 50 100 150 200 250 300 350 400
Základní vzdělání *Elementary education*
Nižší odborné vzdělání *Lower professional education*
Vyšší odborné vzdělání *Higher professional education*
Úplné středoškolské vzdělání *Complete secondary education*
Vysokoškolské vzdělání *University education*
Nezjištěno *Not identified*
2011
Muži *Male*
Ženy *Female*
V tisících *In thousands*
90+
85–89
80–84
75–79
70–74
65–69
60–64
55–59
50–54
45–49
40–44
35–39
30–34
25–29
20–24
15–19
500 400 300 200 100 0 100 200 300 400 500
Základní vzdělání *Elementary education*
Střední vzdělání bez maturity *Lower secondary education*
Střední vzdělání s maturitou *Upper secondary education*
Vysokoškolské vzdělání *University education*
Nezjištěno *Not identified*

Vývoj vzdělanostní struktury, 1950–2011
Development of educational structure, 1950–2011

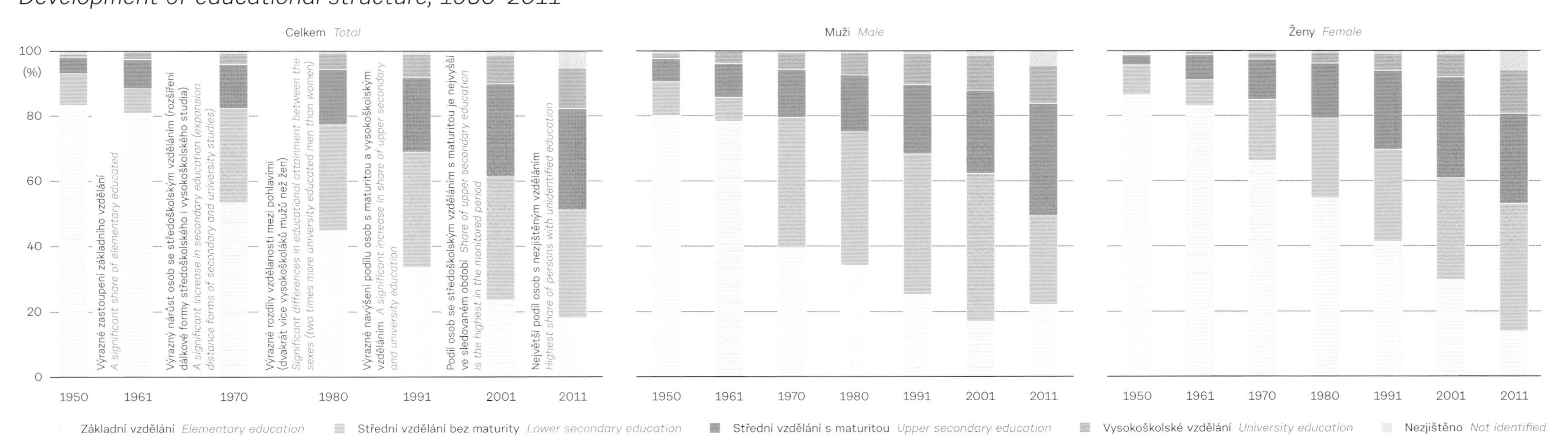
Celkem *Total*
Muži *Male*
Ženy *Female*
100
(%)
80
60
40
20
0
Výrazné zastoupení základního vzdělání *A significant share of elementary educated*
Výrazný nárůst osob se středoškolským vzděláním (rozšíření dálkové formy středoškolského i vysokoškolského studia) *A significant increase in secondary education (expansion distance forms of secondary and university studies)*
Výrazné rozdíly vzdělanosti mezi pohlavími (dvakrát více vysokoškolsky vzdělaných mužů než žen) *Significant differences in educational attainment between the sexes (two times more university educated men than women)*
Výrazné navýšení podílu osob s maturitou a vysokoškolským vzděláním *A significant increase in share of upper secondary and university education*
Podíl osob se středoškolským vzděláním s maturitou je nejvyšší ve sledovaném období *Share of upper secondary education is the highest in the monitored period*
Největší podíl osob s nezjištěným vzděláním *Highest share of persons with unidentified education*
1950 1961 1970 1980 1991 2001 2011
Základní vzdělání *Elementary education*
Střední vzdělání bez maturity *Lower secondary education*
Střední vzdělání s maturitou *Upper secondary education*
Vysokoškolské vzdělání *University education*
Nezjištěno *Not identified*

Gramotnost
Literacy

0
100 km
1 : 5 000 000

1921

1930

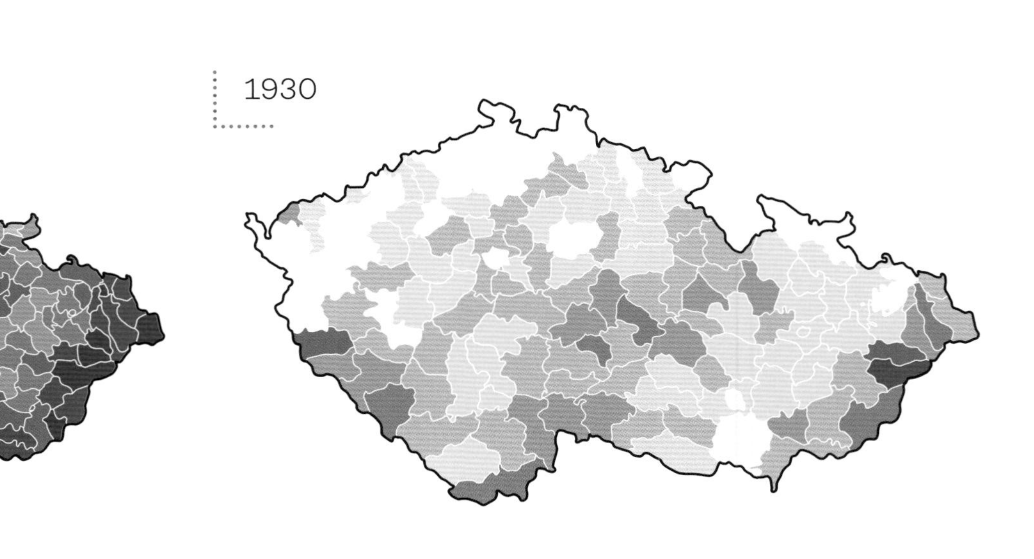

Podíl negramotných osob starších 5 (1921), 10 (1930) let z celkového počtu obyvatel starších 5 (1921), 10 (1930) let (v %)
Share of illiterate population aged 5 (1921), and 10 (1930) from total population aged 5 (1921), 10 (1930) years and over (in %)

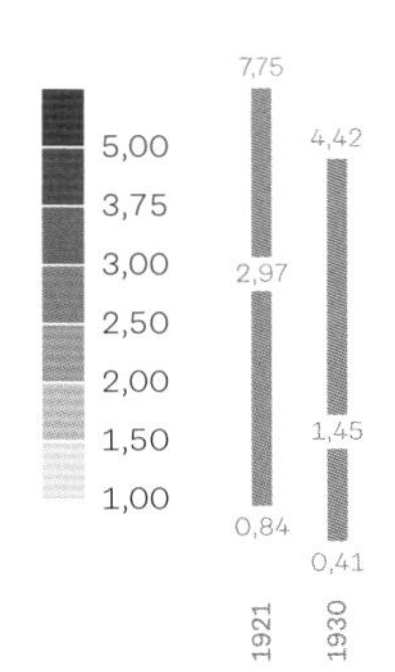
5,00
3,75
3,00
2,50
2,00
1,50
1,00
7,75
2,97
0,84
4,42
1,45
0,41
1921
1930

Základní vzdělání
Primary education

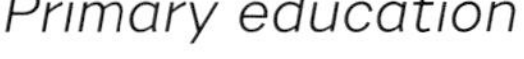

1961

1970

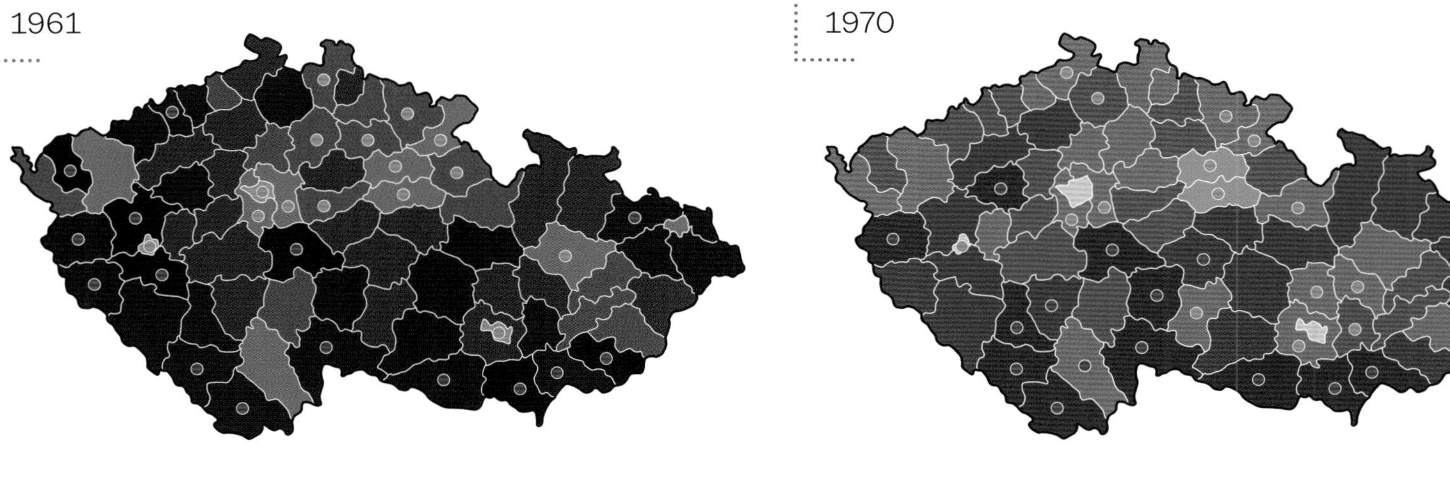

Podíl osob se základním vzděláním starších 15 let z celkového počtu obyvatel starších 15 let (v %)
Share of population with primary education aged 15 years and over from total population aged 15 years and over (in %)

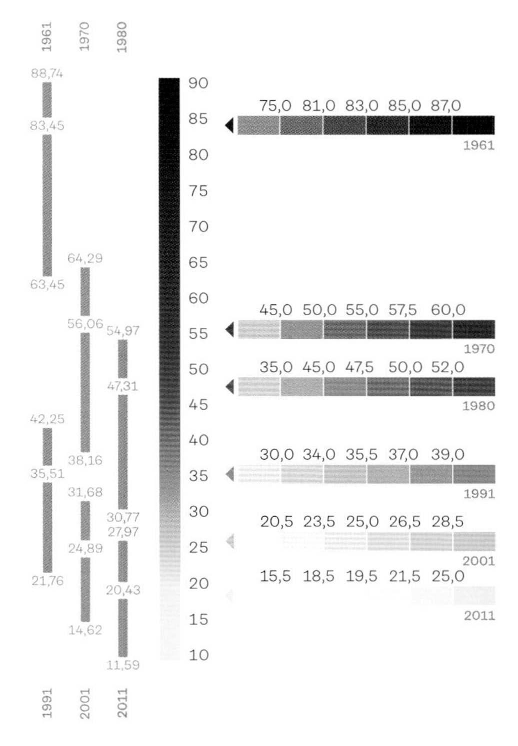
1961
1970
1980
88,74
83,45
63,45
64,29
56,06
54,97
47,31
42,25
35,51
38,16
31,68
30,77
27,97
24,89
21,76
20,43
14,62
11,59
1991
2001
2011
90
85
80
75
70
65
60
55
50
45
40
35
30
25
20
15
10
75,0 81,0 83,0 85,0 87,0
1961
45,0 50,0 55,0 57,5 60,0
1970
35,0 45,0 47,5 50,0 52,0
1980
30,0 34,0 35,5 37,0 39,0
1991
20,5 23,5 25,0 26,5 28,5
2001
15,5 18,5 19,5 21,5 25,0
2011

1980

1991

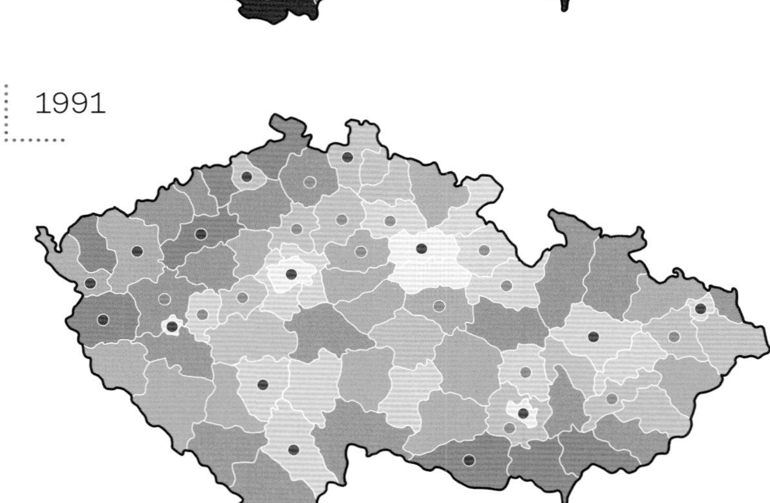

Poznámka: V roce 2011 pouze obyvatelé se zjištěným vzděláním.
Note: In 2011, population with identified level of education only.

2001

2011

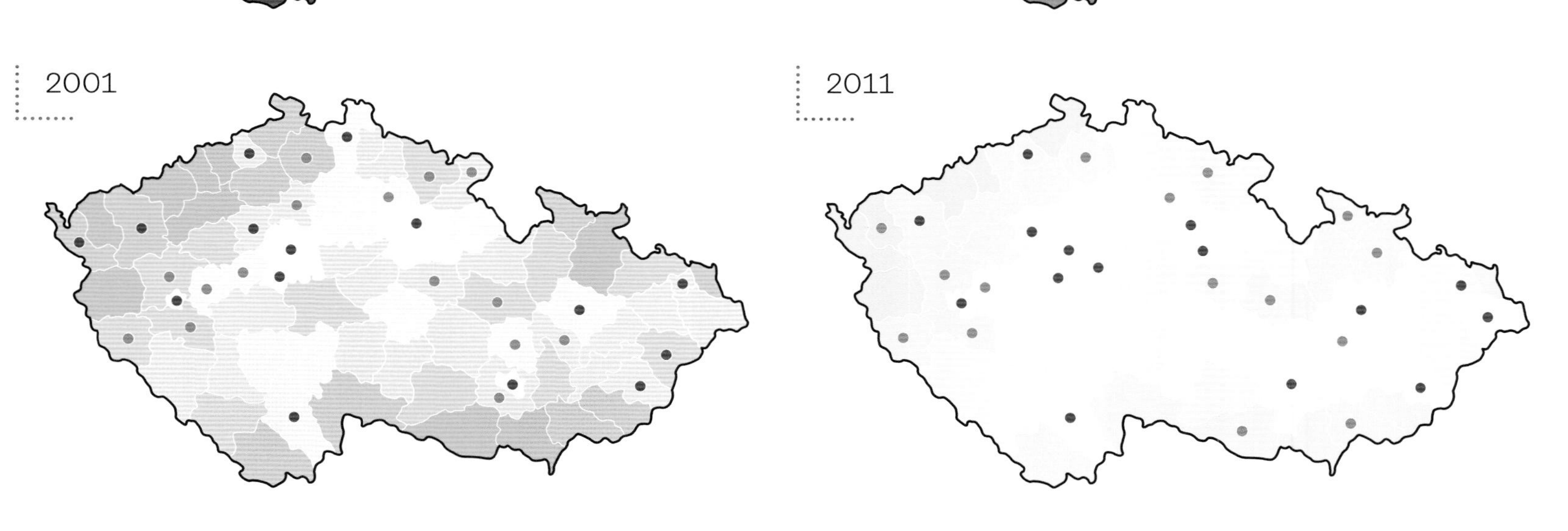

Podíl obyvatel se středoškolským vzděláním bez maturity z celkového počtu obyvatel starších 15 let (v %)
Share of population with lower secondary education from total population aged 15 years and over

- Pětina okresů s nejvyšším podílem obyvatel se středoškolským vzděláním bez maturity
  Fifth of districts with the highest share of population with lower secondary education
- Pětina okresů s nejnižším podílem obyvatel se středoškolským vzděláním bez maturity
  Fifth of districts with the lowest share of population with lower secondary education

Vysokoškolské vzdělání
University education

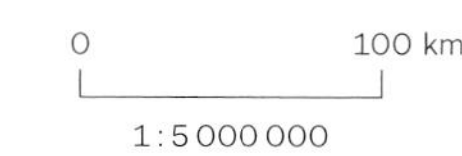

0
100 km
1:5 000 000

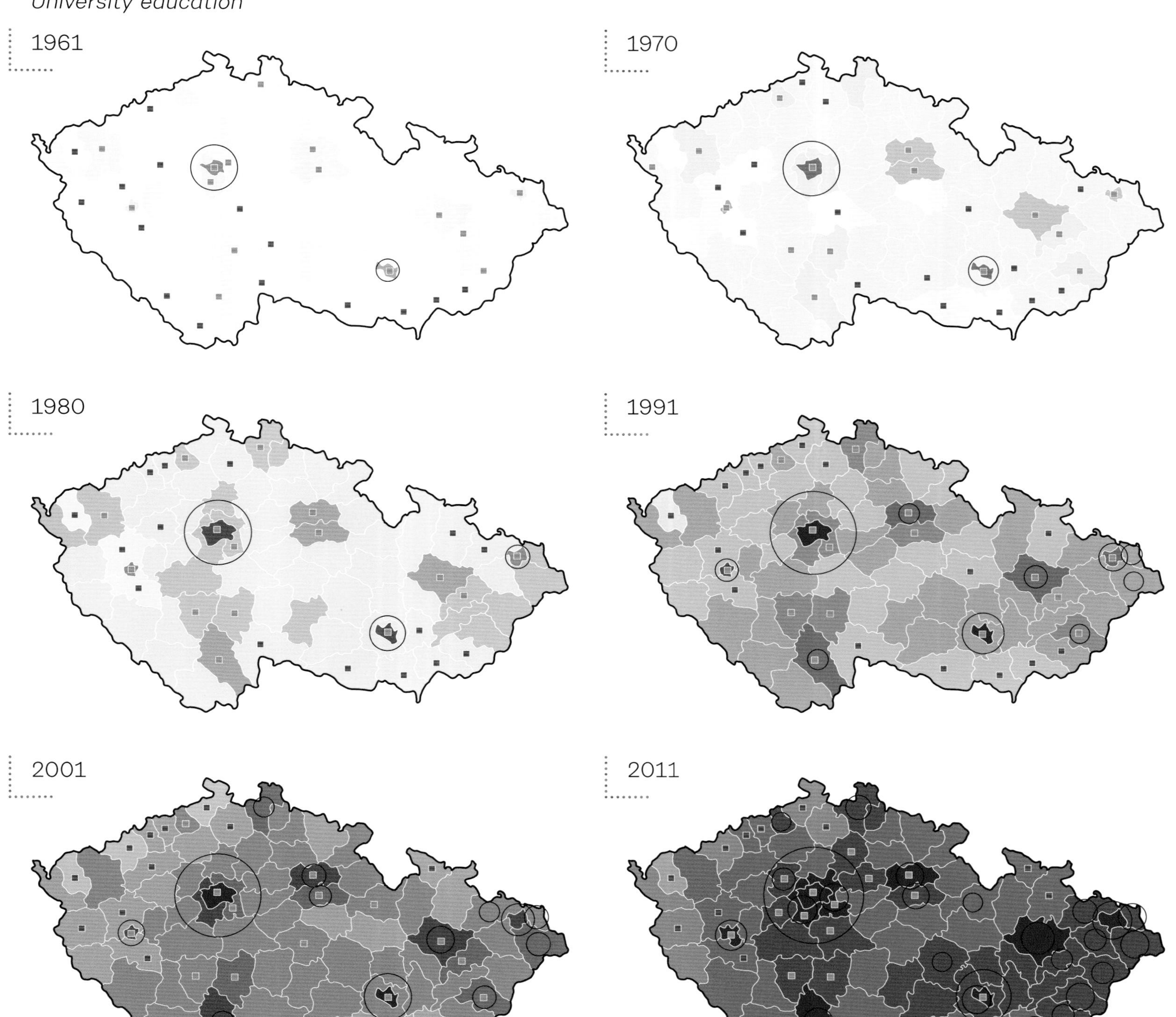

1961
1970
1980
1991
2001
2011

Podíl osob s vysokoškolským vzděláním starších 15 let z celkového počtu obyvatel starších 15 let (v %)
Share of population with university education aged 15 years and over from total population aged 15 years and over (in %)

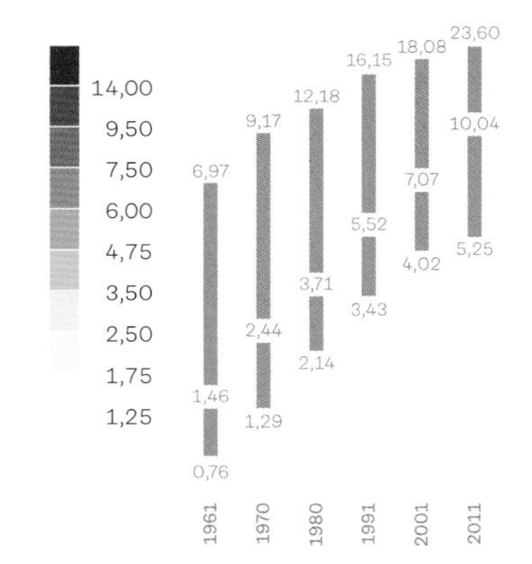

14,00
9,50
7,50
6,00
4,75
3,50
2,50
1,75
1,25
6,97
1,46
0,76
9,17
2,44
1,29
12,18
3,71
2,14
16,15
5,52
3,43
18,08
7,07
4,02
23,60
10,04
5,25
1961
1970
1980
1991
2001
2011

Poznámka: V roce 2011 pouze obyvatelé se zjištěným vzděláním.
Notes: In 2011, population with identified level of education only.

Počet vysokoškolsky vzdělaných (v tisících)
Number of university educated persons (in thousands)

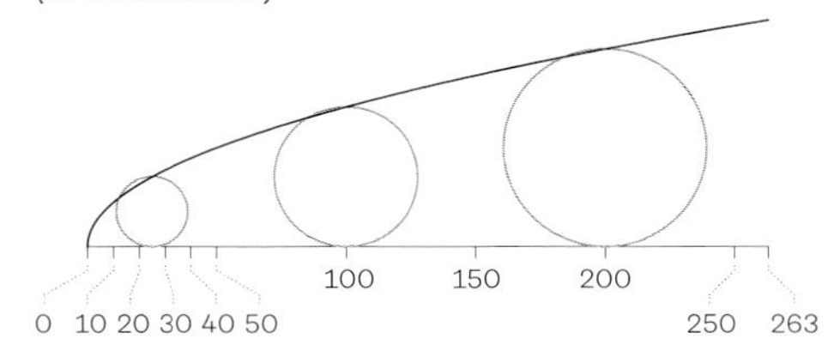

0
10
20
30
40
50
100
150
200
250
263

Poznámka: Pouze okresy s více než 10 000 vysokoškoláky.
Note: Districts with more than 10,000 university educated persons only.

Podíl obyvatel se středoškolským vzděláním s maturitou z celkového počtu obyvatel starších 15 let (v %)
Share of population with upper secondary education from total population aged 15 years and over (in %)

- Pětina okresů s nejvyšším podílem obyvatel se středoškolským vzděláním s maturitou
  Fifth of districts with the highest share of population with upper secondary education
- Pětina okresů s nejnižším podílem obyvatel se středoškolským vzděláním s maturitou
  Fifth of districts with the lowest share of population with upper secondary education

Počet vysokoškolských studentů, 1921–2013
Number of university students, 1921–2013

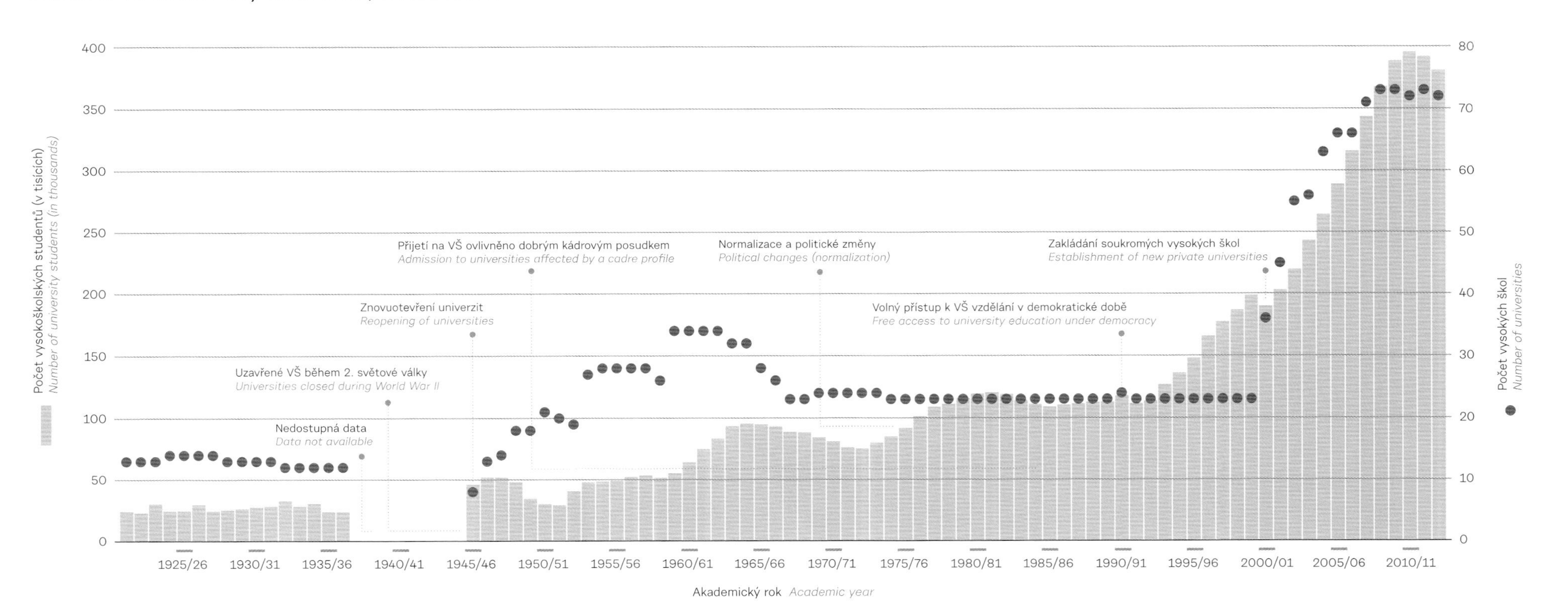

Počet vysokoškolských studentů (v tisících)
Number of university students (in thousands)
Počet vysokých škol
Number of universities
0
50
100
150
200
250
300
350
400
10
20
30
40
50
60
70
80
Nedostupná data
Data not available
Uzavřené VŠ během 2. světové války
Universities closed during World War II
Znovuotevření univerzit
Reopening of universities
Přijetí na VŠ ovlivněno dobrým kádrovým posudkem
Admission to universities affected by a cadre profile
Normalizace a politické změny
Political changes (normalization)
Volný přístup k VŠ vzdělání v demokratické době
Free access to university education under democracy
Zakládání soukromých vysokých škol
Establishment of new private universities
1925/26
1930/31
1935/36
1940/41
1945/46
1950/51
1955/56
1960/61
1965/66
1970/71
1975/76
1980/81
1985/86
1990/91
1995/96
2000/01
2005/06
2010/11
Akademický rok Academic year

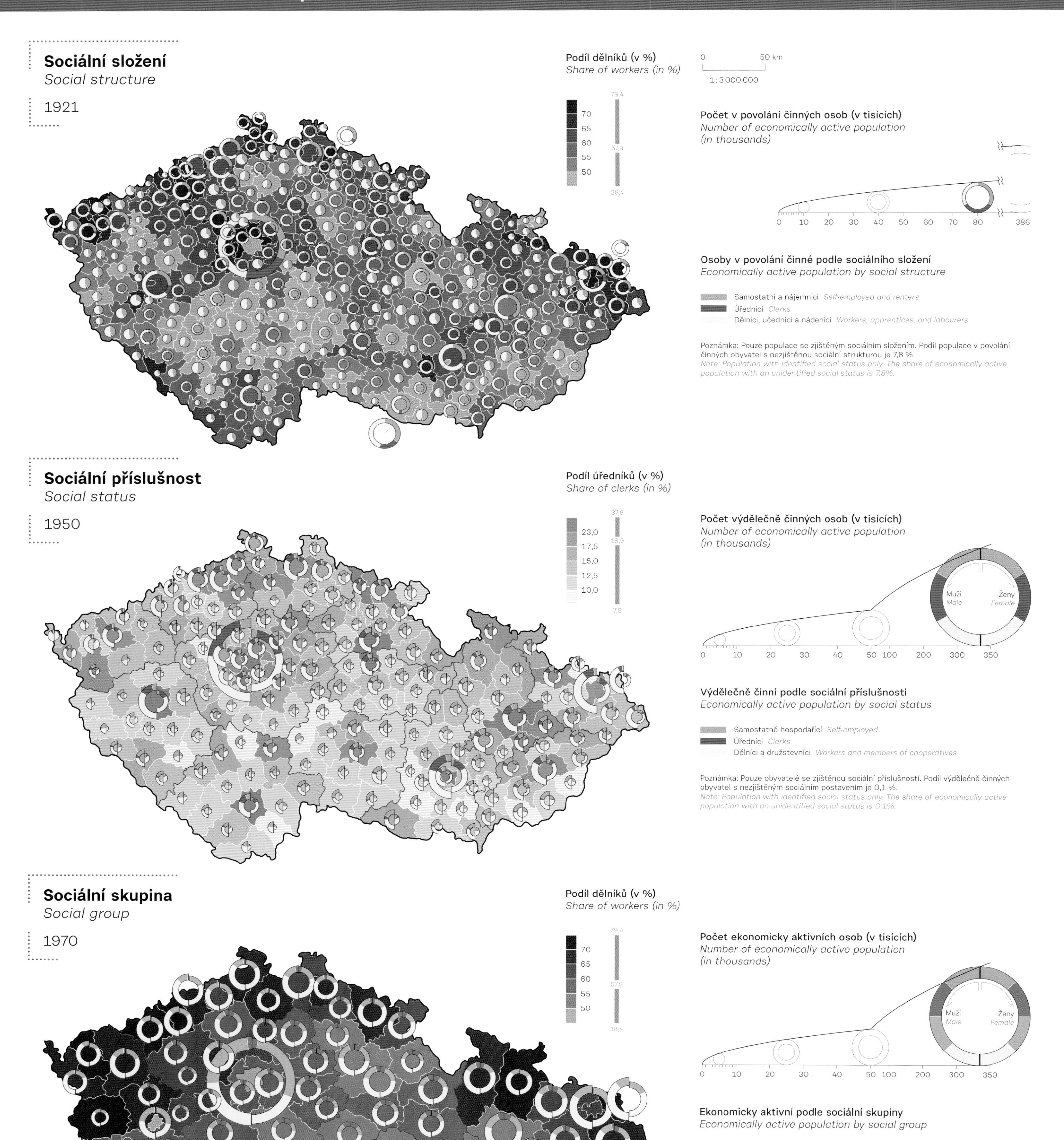
Sociální složení
Social structure
1921
Podíl dělníků (v %)
Share of workers (in %)
70
65
60
55
50
79,4
57,8
38,4
0
50 km
1 : 3 000 000
Počet v povolání činných osob (v tisících)
Number of economically active population
(in thousands)
0
10
20
30
40
50
60
70
80
386
Osoby v povolání činné podle sociálního složení
Economically active population by social structure
Samostatní a nájemníci Self-employed and renters
Úředníci Clerks
Dělníci, učedníci a nádeníci Workers, apprentices, and labourers
Poznámka: Pouze populace se zjištěným sociálním složením. Podíl populace v povolání činných obyvatel s nezjištěnou sociální strukturou je 7,8 %.
Note: Population with identified social status only. The share of economically active population with an unidentified social status is 7.8%.
Sociální příslušnost
Social status
1950
Podíl úředníků (v %)
Share of clerks (in %)
23,0
17,5
15,0
12,5
10,0
37,6
18,9
7,8
Počet výdělečně činných osob (v tisících)
Number of economically active population
(in thousands)
Muži
Male
Ženy
Female
0
10
20
30
40
50
100
200
300
350
Výdělečně činní podle sociální příslušnosti
Economically active population by social status
Samostatně hospodařící Self-employed
Úředníci Clerks
Dělníci a družstevníci Workers and members of cooperatives
Poznámka: Pouze obyvatelé se zjištěnou sociální příslušností. Podíl výdělečně činných obyvatel s nezjištěným sociálním postavením je 0,1 %.
Note: Population with identified social status only. The share of economically active population with an unidentified social status is 0.1%.
Sociální skupina
Social group
1970
Podíl dělníků (v %)
Share of workers (in %)
70
65
60
55
50
79,4
57,8
38,4
Počet ekonomicky aktivních osob (v tisících)
Number of economically active population
(in thousands)
Muži
Male
Ženy
Female
0
10
20
30
40
50
100
200
300
350
Ekonomicky aktivní podle sociální skupiny
Economically active population by social group
Ostatní samostatní a svobodná povolání Other independent and liberal professions
Členové družstev a jednotlivě hospodařící rolníci Members of cooperatives and private farmers
Zaměstnanci Employees
Dělníci Workers

Poznámka: Pouze obyvatelé se zjištěnou sociální skupinou. Podíl ekonomicky aktivních obyvatel s nezjištěnou sociální skupinou je 0,3 %.
Note: Population with identified social group only. The share of economically active population with an unidentified social group is 0.3%.

Postavení v zaměstnání
Employment status

2001

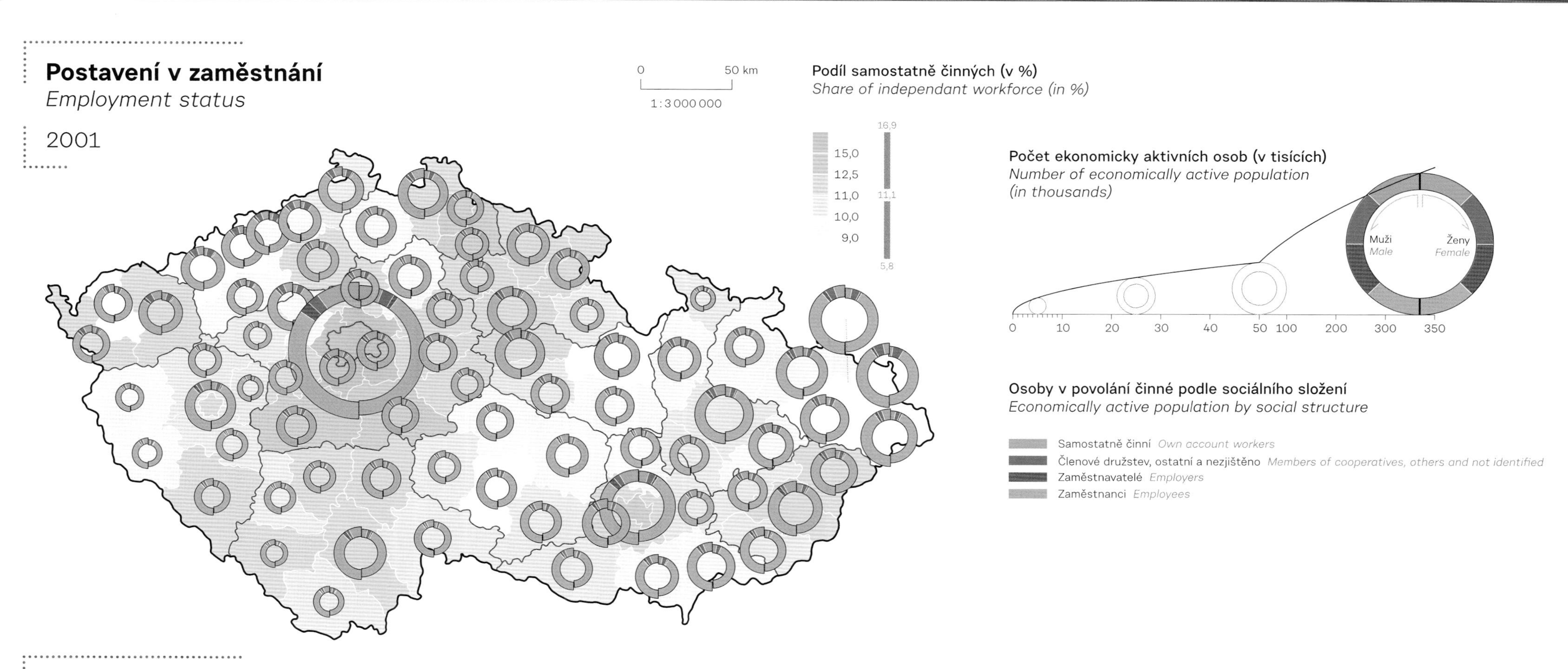
0
50 km
1:3 000 000
Podíl samostatně činných (v %)
Share of independant workforce (in %)
16,9
15,0
12,5
11,0
11,1
10,0
9,0
5,8
Počet ekonomicky aktivních osob (v tisících)
Number of economically active population (in thousands)
Muži *Male*
Ženy *Female*
0
10
20
30
40
50
100
200
300
350
Osoby v povolání činné podle sociálního složení
Economically active population by social structure
Samostatně činní *Own account workers*
Členové družstev, ostatní a nezjištěno *Members of cooperatives, others and not identified*
Zaměstnavatelé *Employers*
Zaměstnanci *Employees*

Klasifikace zaměstnání
Classification of occupations

2011

Podíl osob zaměstnaných ve třech (*) nejvyšších skupinách zaměstnání (v %)
Share of persons employed in top three (*) occupational groups (in %)

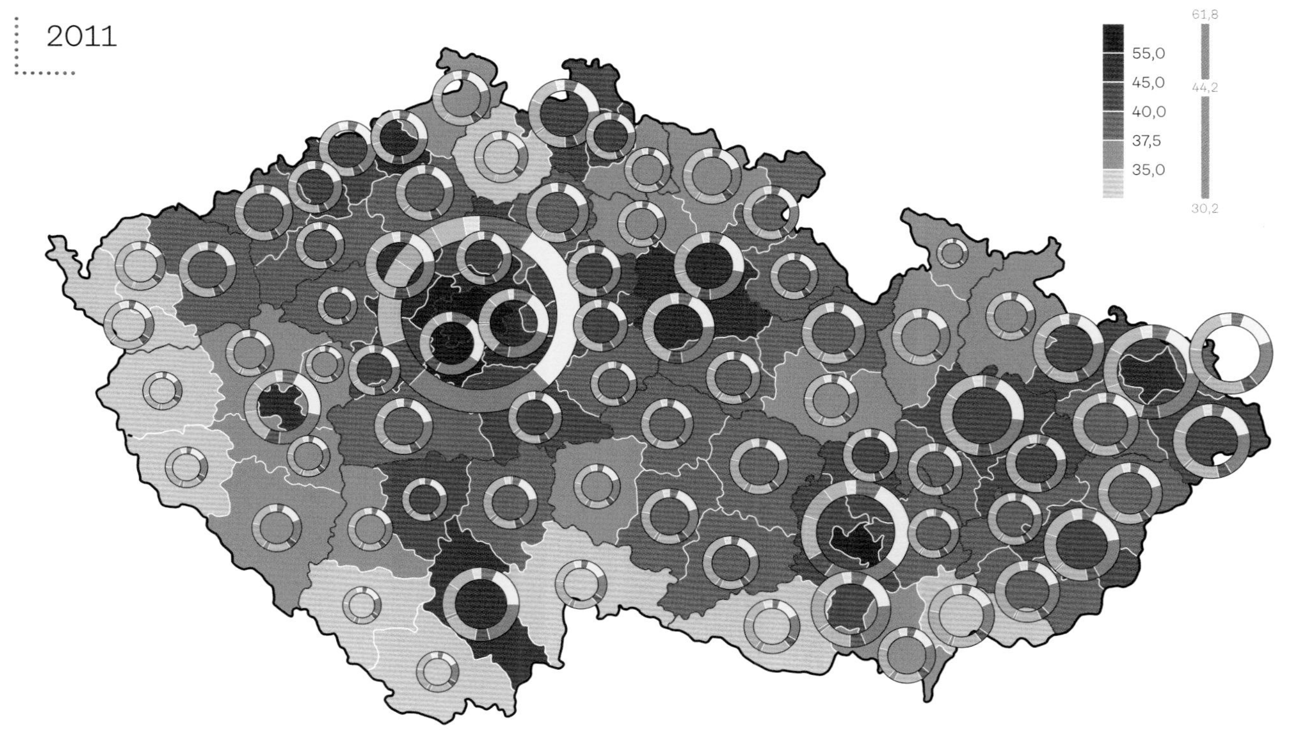
61,8
55,0
45,0
44,2
40,0
37,5
35,0
30,2

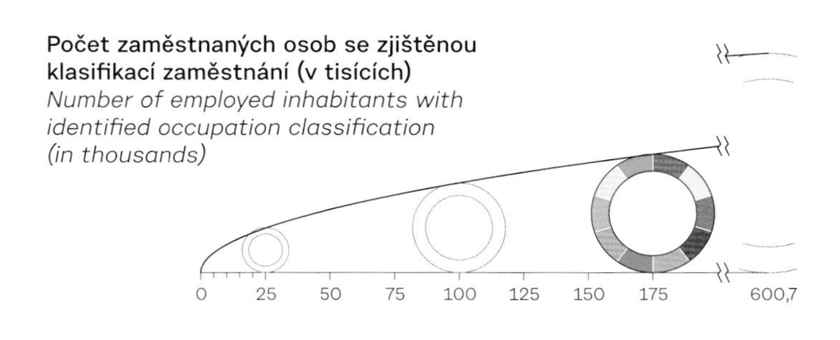
Počet zaměstnaných osob se zjištěnou klasifikací zaměstnání (v tisících)
Number of employed inhabitants with identified occupation classification (in thousands)
0
25
50
75
100
125
150
175
600,7

Obyvatelé podle klasifikace zaměstnání (ISCO)
Population structure by occupational group (ISCO)

- Zaměstnanci v ozbrojených silách *Armed forces occupations*
- Zákonodárci a řídicí pracovníci *Managers* (*)
- Specialisté *Professionals* (*)
- Techničtí a odborní pracovníci *Technicians and associate professionals* (*)
- Úředníci *Clerical support workers*
- Pracovníci ve službách a prodeji *Service and sales workers*
- Kvalifikovaní dělníci v zemědělství a lesnictví *Skilled agricultural, forestry and fishery workers*
- Řemeslníci a opraváři *Craft and related trades workers*
- Obsluha strojů a zařízení, montéři *Plant and machine operators, and assemblers*
- Pomocní a nekvalifikovaní pracovníci *Elementary occupations*

Poznámka: Pouze obyvatelé se zjištěnou klasifikací zaměstnání. Podíl zaměstnaných obyvatel s nezjištěnou klasifikací zaměstnání je 8,4 %.
Note: Population with identified classification of occupations only. The share of employed population with an unidentified classification of occupation is 8.4%.

Výdělečně činné osoby, 1921
Economically active population, 1921

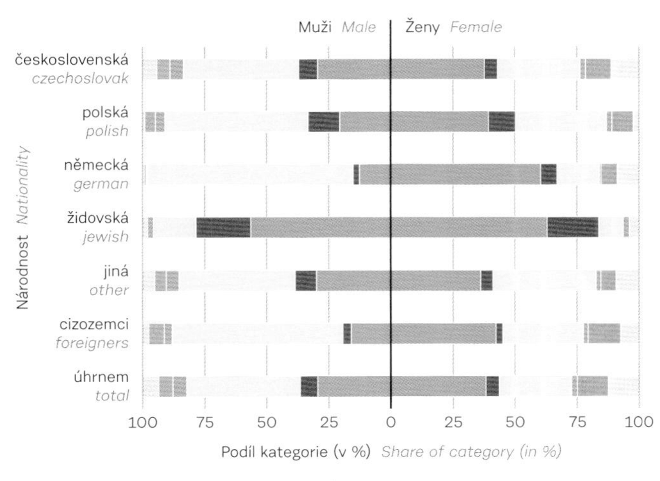
Muži *Male*
Ženy *Female*
československá *czechoslovak*
polská *polish*
německá *german*
židovská *jewish*
jiná *other*
cizozemci *foreigners*
úhrnem *total*
Národnost *Nationality*
100
75
50
25
0
25
50
75
100
Podíl kategorie (v %) *Share of category (in %)*

- Samostatní a nájemníci *Self-employed and renters*
- Úředníci *Clerks*
- Dělníci *Workers*
- Učedníci *Apprentices*
- Nádeníci *Labourers*
- Pomáhající členové rodiny *Helping family members*

Výdělečně činné osoby, 1950
Economically active population, 1950

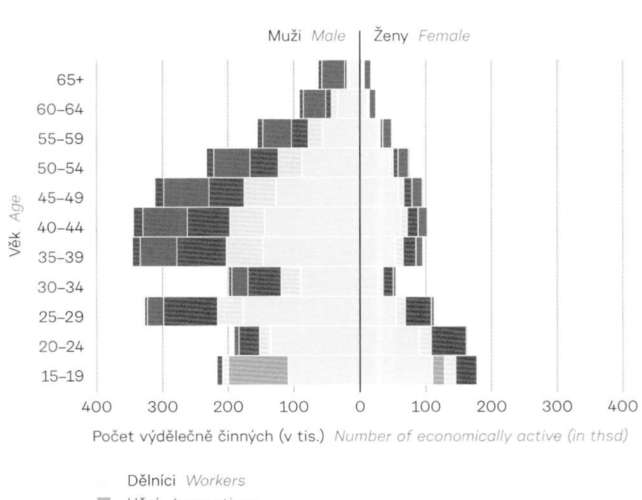
Muži *Male*
Ženy *Female*
65+
60–64
55–59
50–54
45–49
40–44
35–39
30–34
25–29
20–24
15–19
Věk *Age*
400
300
200
100
0
100
200
300
400
Počet výdělečně činných (v tis.) *Number of economically active (in thsd)*

- Dělníci *Workers*
- Učni *Apprentices*
- Dilovedoucí a zřízenci *Foremen*
- Úředníci *Clerks*
- Pracující na vlastní účet a družstevníci *Self-employed and members of cooperatives*
- Zaměstnavatelé *Employers*

Ekonomicky aktivní osoby, 1921–2011
Economically active population, 1921–2011

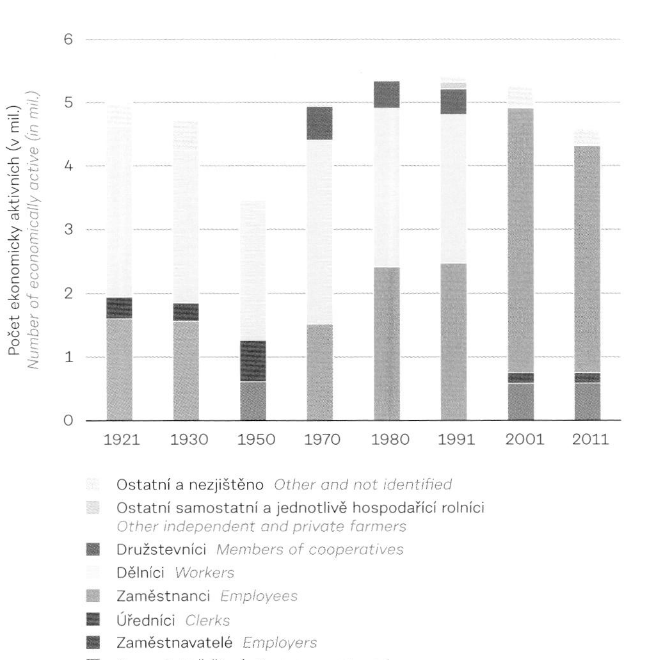
6
5
4
3
2
1
0
Počet ekonomicky aktivních (v mil.)
Number of economically active (in mil.)
1921
1930
1950
1970
1980
1991
2001
2011
Ostatní a nezjištěno *Other and not identified*
Ostatní samostatní a jednotlivě hospodařící rolníci *Other independent and private farmers*
Družstevníci *Members of cooperatives*
Dělníci *Workers*
Zaměstnanci *Employees*
Úředníci *Clerks*
Zaměstnavatelé *Employers*
Samostatně činní *Own account workers*
Samostatní a nájemníci *Self-employed and renters*

Zalidněnost bytového fondu
Housing stock occupancy

1921

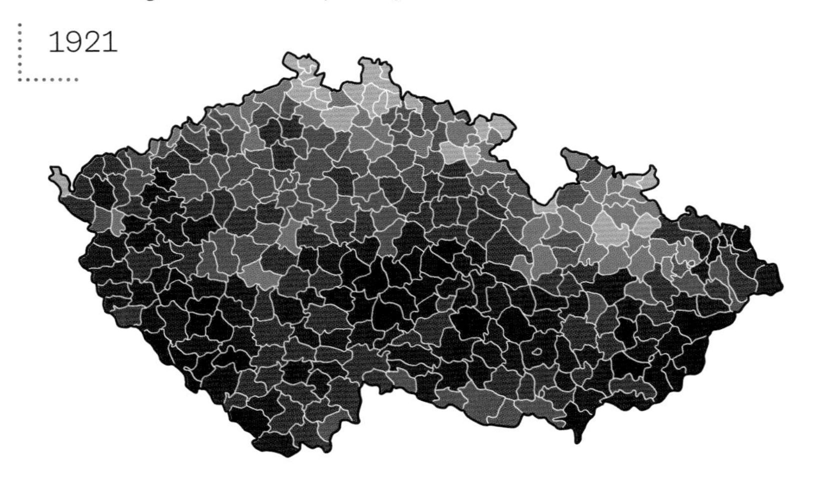

1970

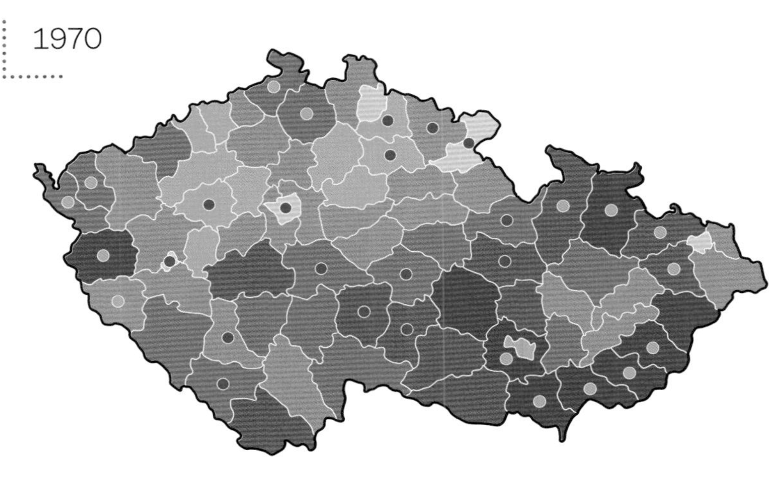

1991

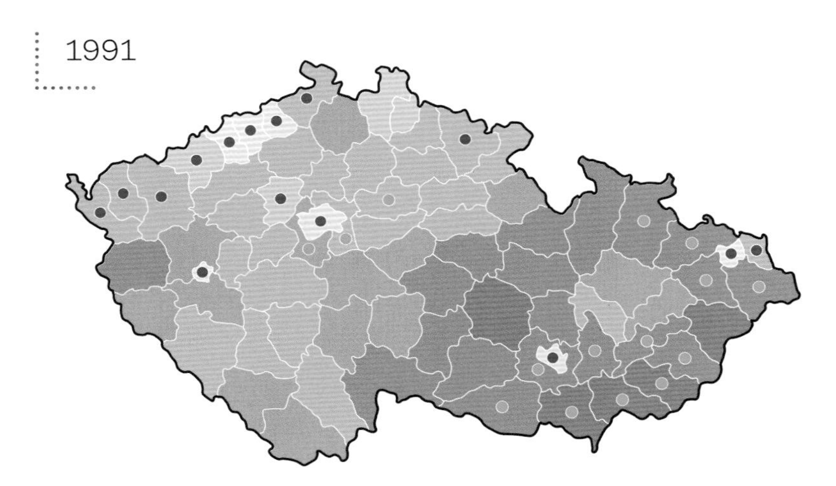

2011

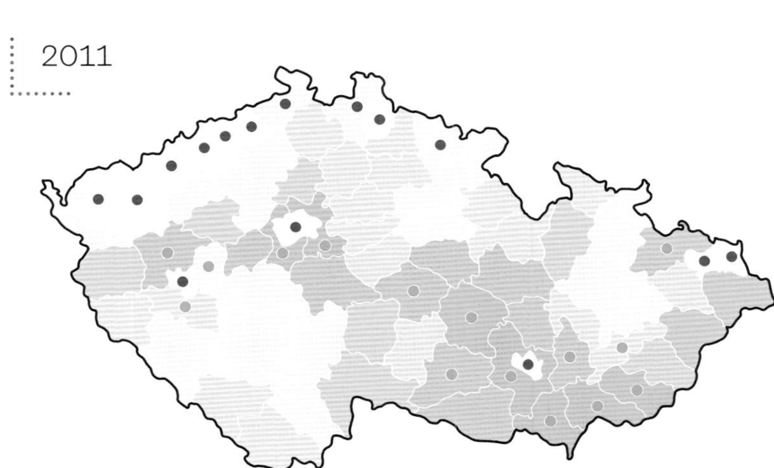

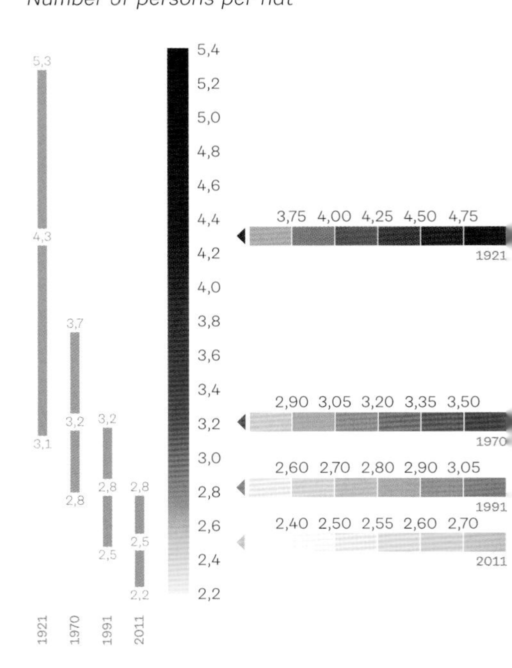

0
100 km
1 : 5 000 000
Počet osob v bytě
Number of persons per flat
5,4
5,2
5,0
4,8
4,6
4,4
4,2
4,0
3,8
3,6
3,4
3,2
3,0
2,8
2,6
2,4
2,2
3,75 4,00 4,25 4,50 4,75
1921
2,90 3,05 3,20 3,35 3,50
1970
2,60 2,70 2,80 2,90 3,05
1991
2,40 2,50 2,55 2,60 2,70
2011

Podíl malých bytů
Share of small flats

● Pětina okresů s nejvyšším podílem malých bytů
Fifth of districts with the highest share of small flats

● Pětina okresů s nejnižším podílem malých bytů
Fifth of districts with the lowest share of small flats

Poznámka: Byty o 1–2 místnostech.
Pro rok 1921 nejsou k dispozici data.
Note: Flats with 1–2 habitable rooms.
Data for the year 1921 are not available.

Vybavenost bytového fondu
Housing stock equipment

1950

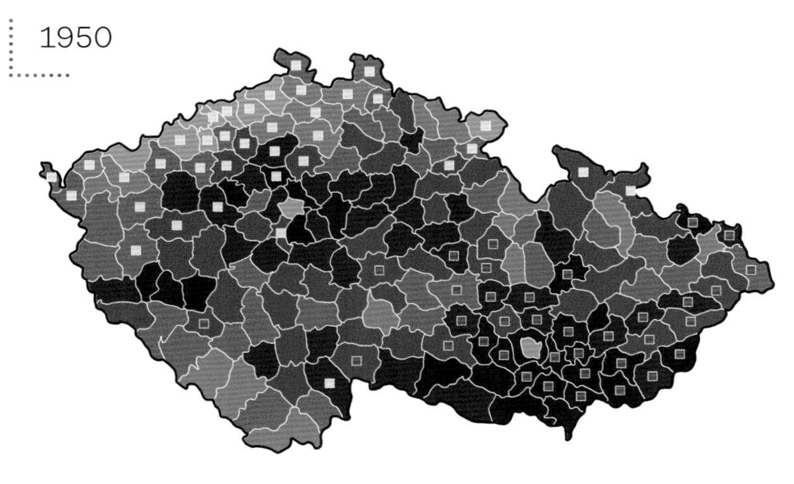

1970

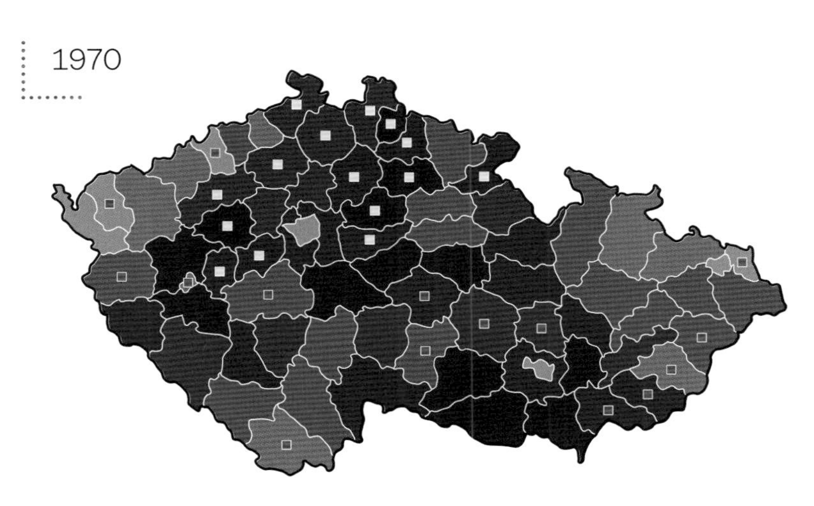

1950: Podíl domů bez instalace elektřiny a vodovodu z celkového počtu domů (v %)
Share of houses without connection to electricity and water conduit from total number of houses (in %)

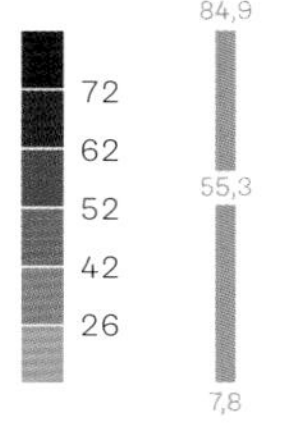

72
62
52
42
26

1991

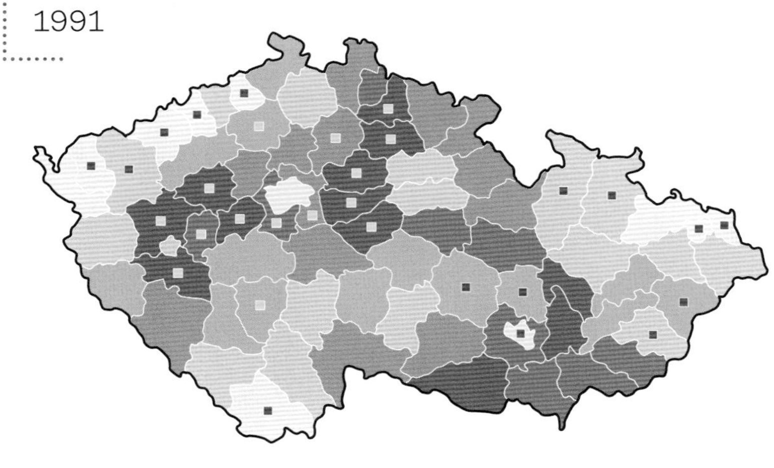

2011

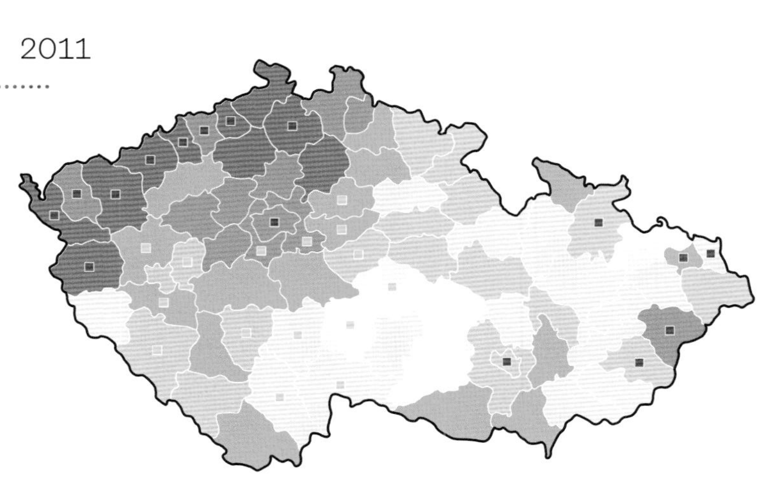

Obytná plocha na osobu
Floor space per person

▪ Pětina okresů s největší plochou na osobu
Fifth of districts with the highest floor space per person

▪ Pětina okresů s nejmenší plochou na osobu
Fifth of districts with the lowest floor space per person

1970, 1991, 2011:
Podíl bytů se sníženou kvalitou z celkového počtu bytů (v %)
Share of lower quality flats from total number of flats (in %)

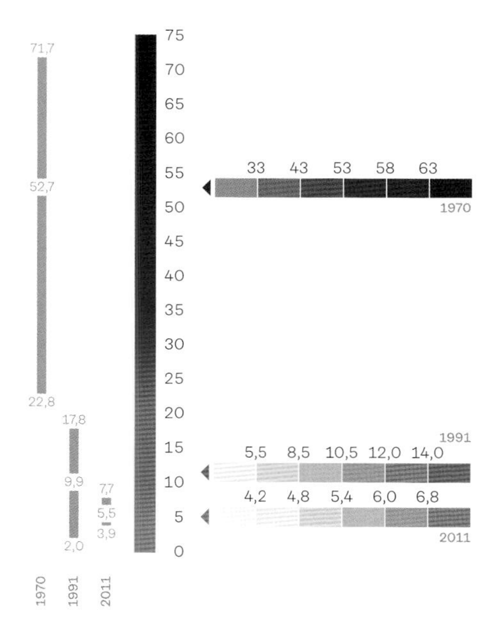

75
70
65
60
55
50
45
40
35
30
25
20
15
10
5
0
33 43 53 58 63
1970
1991
5,5 8,5 10,5 12,0 14,0
4,2 4,8 5,4 6,0 6,8
2011

Poznámka: Byty se sníženou kvalitou – byty bez ústředního topení s částečným příslušenstvím (záchod nebo koupelna / sprchový kout), případně s úplným příslušenstvím mimo byt (byty III. a IV. kategorie)
Note: Lower quality flats – flats without central heating and either incomplete facilities (either toilet or bathroom/shower), or complete facilities outside flats (category III and IV)

Vybavenost domácností
Household equipment

1970

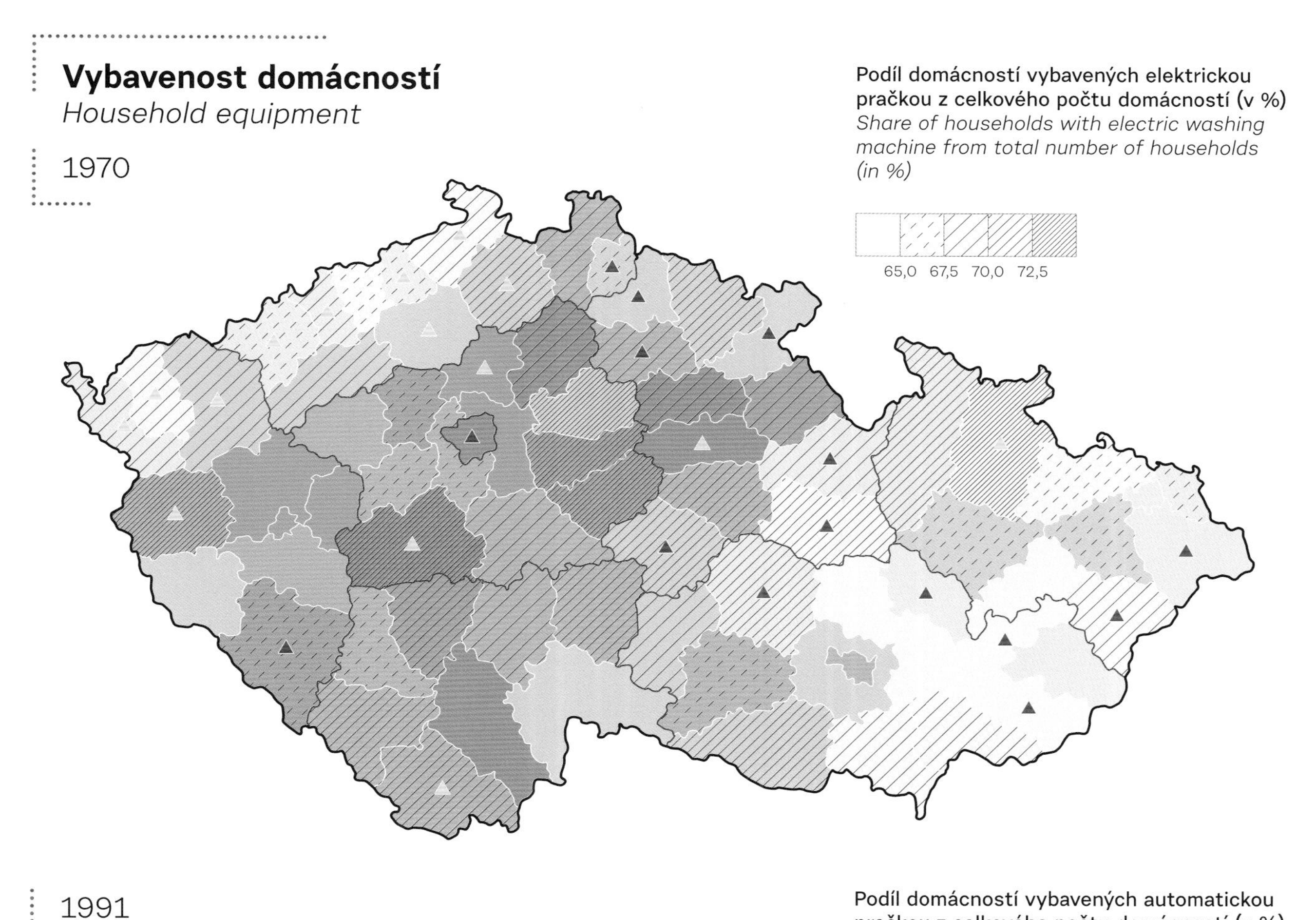

Podíl domácností vybavených elektrickou pračkou z celkového počtu domácností (v %)
Share of households with electric washing machine from total number of households (in %)

65,0 67,5 70,0 72,5

0
50 km
1:3 000 000

Podíl domácností vybavených automobilem z celkového počtu domácností (v %)
Share of households with car from total number of households (in %)

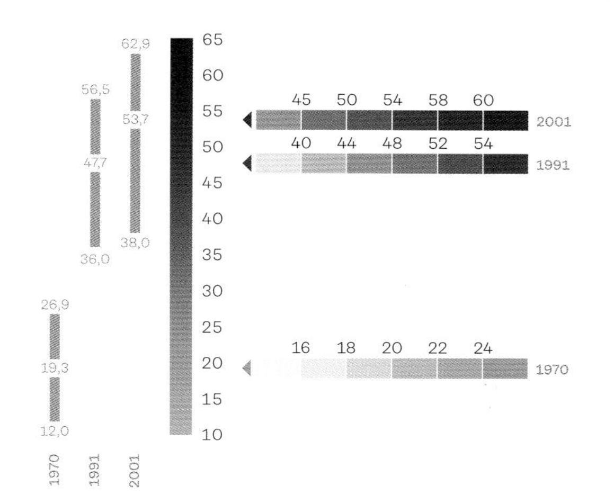

62,9
56,5
53,7
47,7
36,0
38,0
26,9
19,3
12,0
1970
1991
2001
65
60
55
50
45
40
35
30
25
20
15
10
45 50 54 58 60
2001
40 44 48 52 54
1991
16 18 20 22 24
1970

▲ Pětina okresů s nejvyšším podílem domácností vybavených televizorem
Fifth of districts with the highest share of households with television

▲ Pětina okresů s nejnižším podílem domácností vybavených televizorem
Fifth of districts with the lowest share of households with television

Poznámka: V roce 1991 sčítány pouze barevné televizory.
Note: Only color televisions included in 1991.

1991

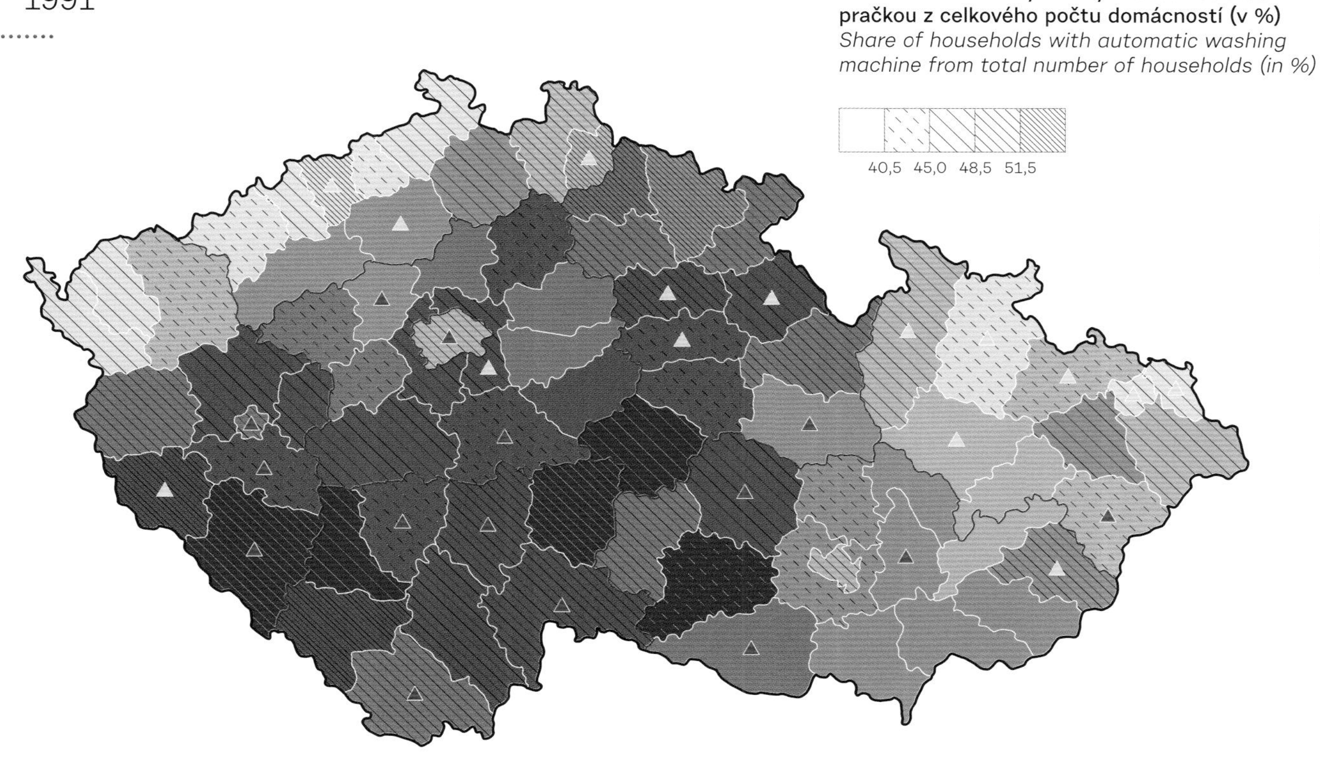

Podíl domácností vybavených automatickou pračkou z celkového počtu domácností (v %)
Share of households with automatic washing machine from total number of households (in %)

40,5 45,0 48,5 51,5

⬟ Pětina okresů s nejvyšším podílem domácností vybavených telefonem
Fifth of districts with the highest share of households with phone

⬟ Pětina okresů s nejnižším podílem domácností vybavených telefonem
Fifth of districts with the lowest share of households with phone

Kategorie bytu, 1961–2011
Flat category, 1961–2011

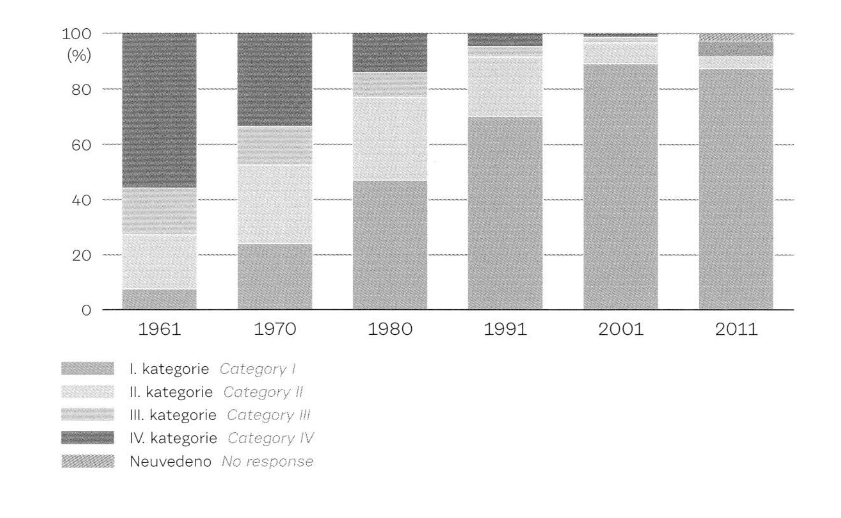

100
(%)
80
60
40
20
0
1961
1970
1980
1991
2001
2011

I. kategorie *Category I*
II. kategorie *Category II*
III. kategorie *Category III*
IV. kategorie *Category IV*
Neuvedeno *No response*

2001

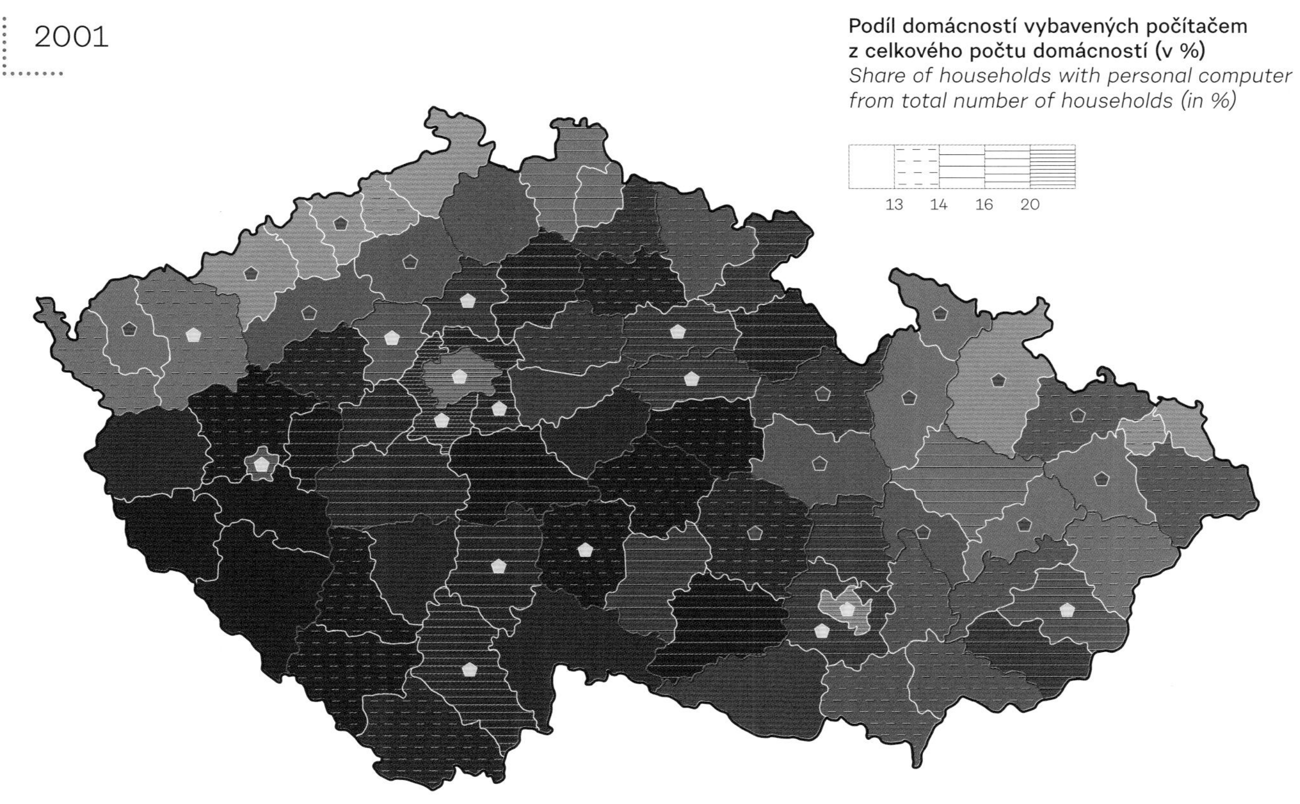

Podíl domácností vybavených počítačem z celkového počtu domácností (v %)
Share of households with personal computer from total number of households (in %)

13 14 16 20

Zalidněnost bytového fondu, 1921–2011
Housing stock occupancy, 1921–2011

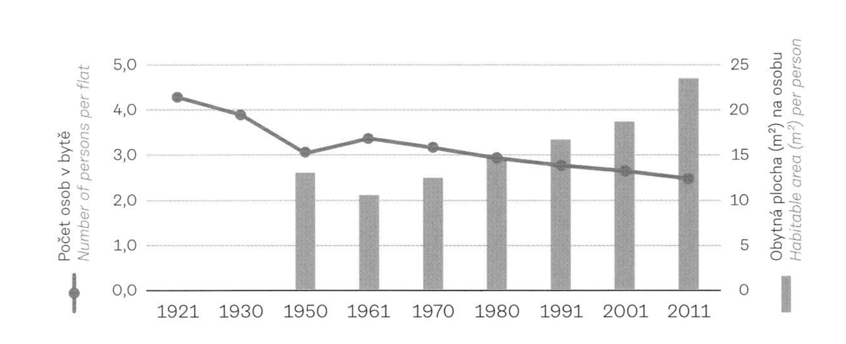

Počet osob v bytě
Number of persons per flat
5,0
4,0
3,0
2,0
1,0
0,0
1921
1930
1950
1961
1970
1980
1991
2001
2011
25
20
15
10
5
0
Obytná plocha (m²) na osobu
Habitable area (m²) per person

10

Kriminalita
Crime

Garantka oddílu
Section Editor
Jana Jíchová

Zdroje dat
Data sources

10.1 45, 51, 62, 64, 66, 73, 75, 81, 97, 102, 111
10.2 62, 64, 69, 73, 75, 95, 96, 98, 103, 105, 106
10.3 62, 64, 69, 71, 73, 105

Odsouzení pachatelé
Convicted offenders

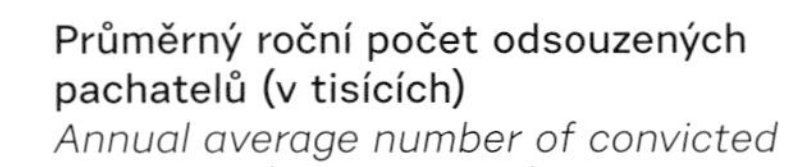

0
50 km
1 : 3 000 000

1923–1927

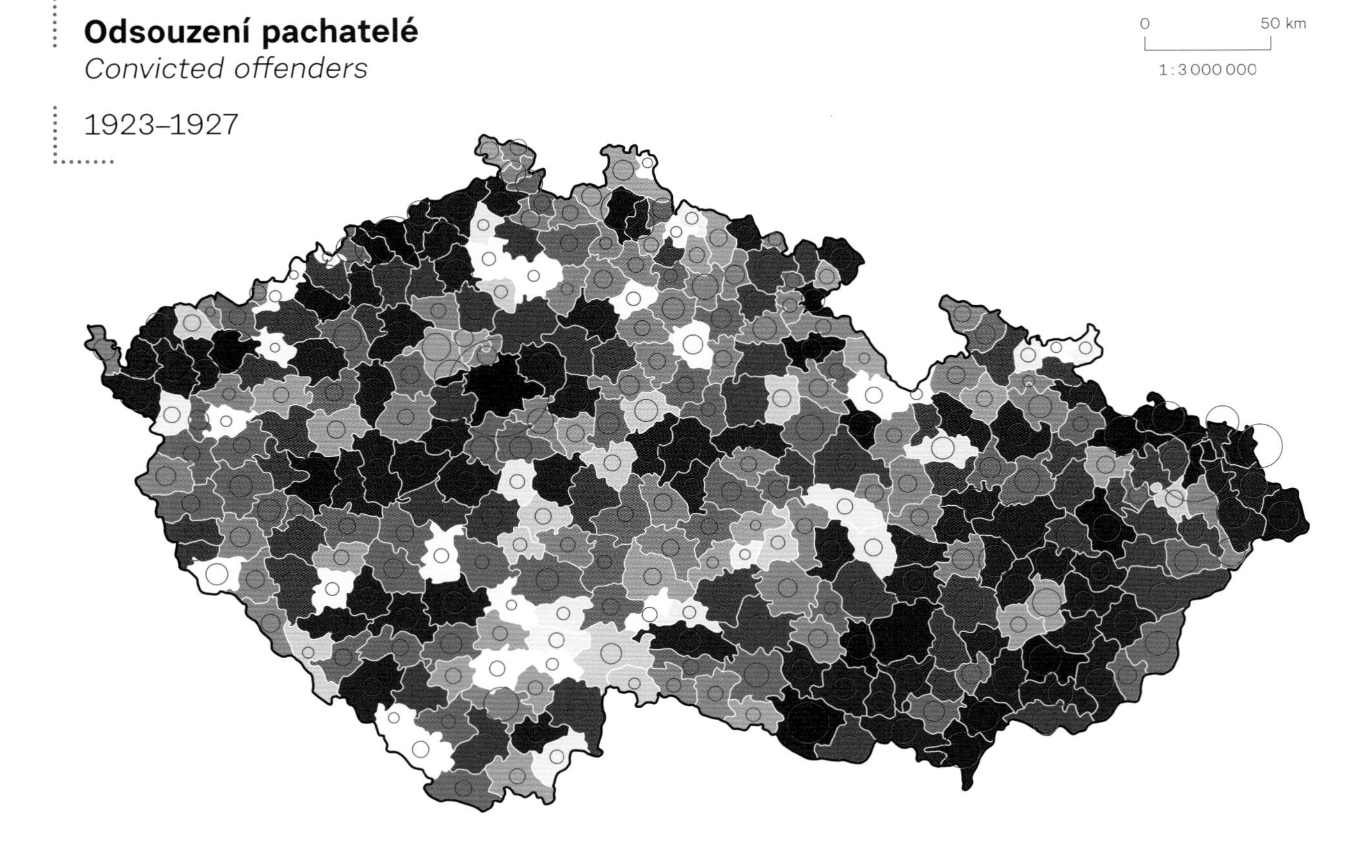

Průměrný roční počet odsouzených pachatelů (v tisících)
Annual average number of convicted offenders (in thousands)

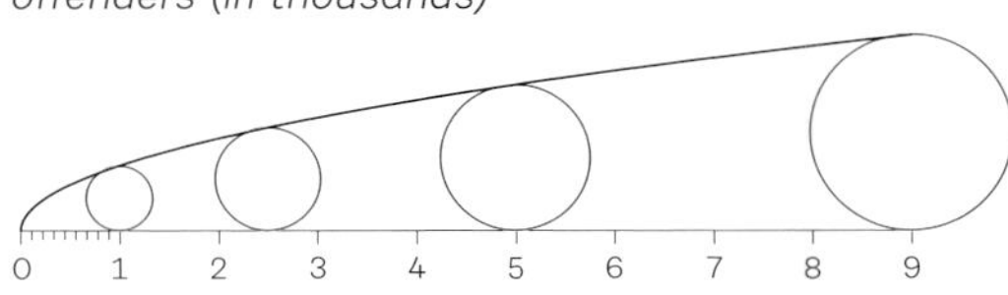

0 1 2 3 4 5 6 7 8 9

Počet odsouzených pachatelů na 10 000 obyvatel ve věku 15 let a více
Number of convicted offenders per 10,000 inhabitants aged 15 years and over

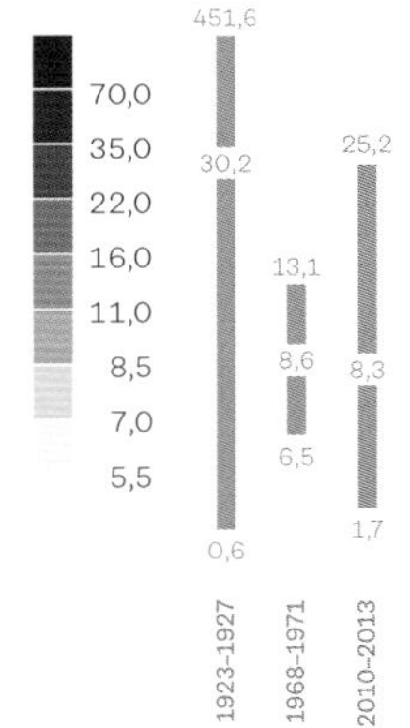

70,0
35,0
22,0
16,0
11,0
8,5
7,0
5,5
451,6
30,2
0,6
13,1
8,6
6,5
25,2
8,3
1,7
1923–1927
1968–1971
2010–2013

1968–1971

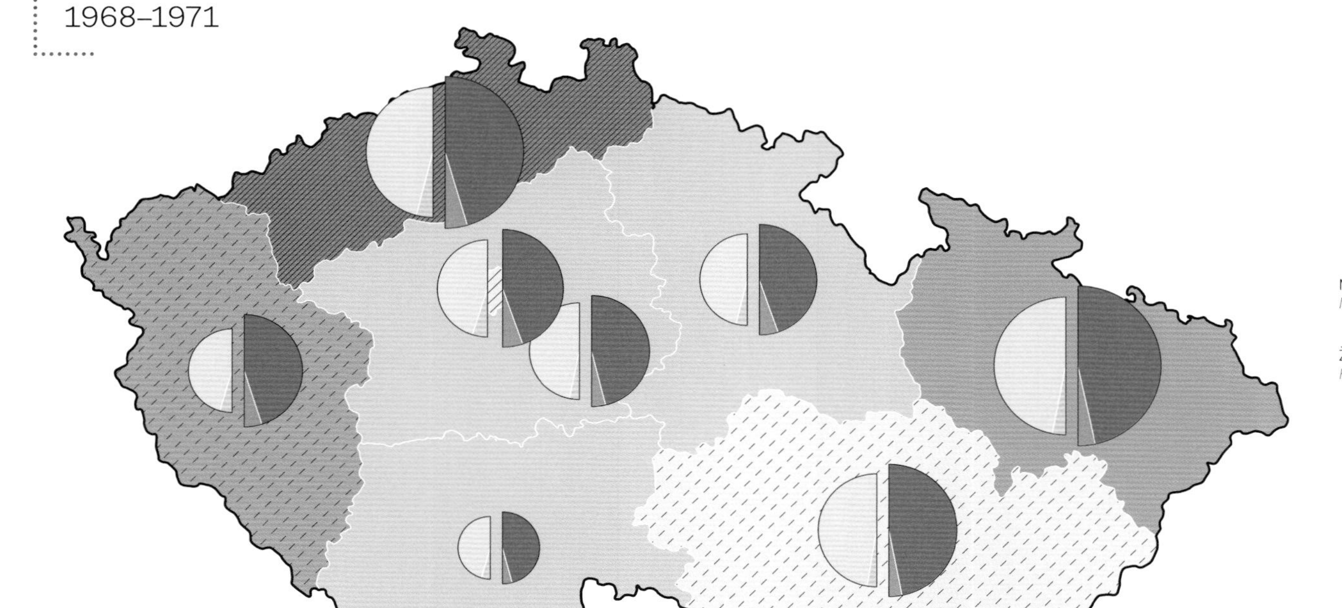

Mladiství pachatelé
Průměrný roční počet obviněných/stíhaných mladistvých pachatelů
Juvenile delinquents
Annual average number of accused/prosecuted juvenile offenders

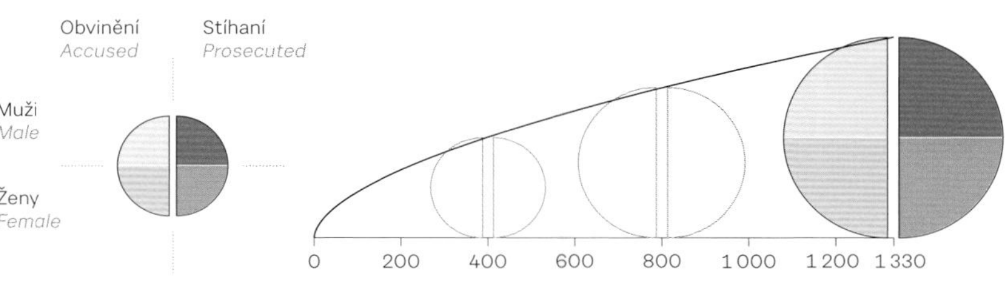

Obvinění
Accused
Stíhaní
Prosecuted
Muži
Male
Ženy
Female
0 200 400 600 800 1 000 1 200 1 330

Obvinění: Průměr let 1967–1970.
Stíhaní: Průměr let 1967, 1969 a 1970.
Accused: Average for the years 1967–1970.
Prosecuted: Average for the years 1967, 1969 and 1970.

Podíl odsouzených pachatelek z celkového počtu odsouzených (v %)
Share of female convicted offenders from total number of convicted offenders (in %)

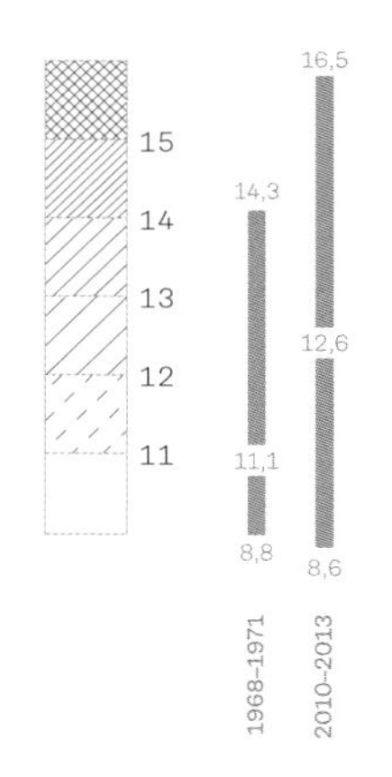

15
14
13
12
11
14,3
11,1
8,8
16,5
12,6
8,6
1968–1971
2010–2013

Poznámka: Pro roky 1923–1927 nejsou k dispozici data.
Note: Data for the years 1923–1927 is not available.

2010–2013

Průměrný roční počet odsouzených pachatelů podle věku (v tisících)
Annual average number of convicted offenders by age (in thousands)

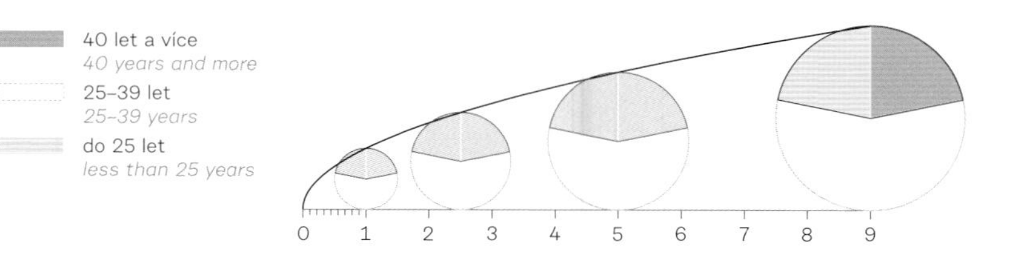

40 let a více
40 years and more
25–39 let
25–39 years
do 25 let
less than 25 years
0 1 2 3 4 5 6 7 8 9

Pachatelé trestných činů proti majetku
Offenders of crimes against property

0
100 km
1:5 000 000

1968–1971

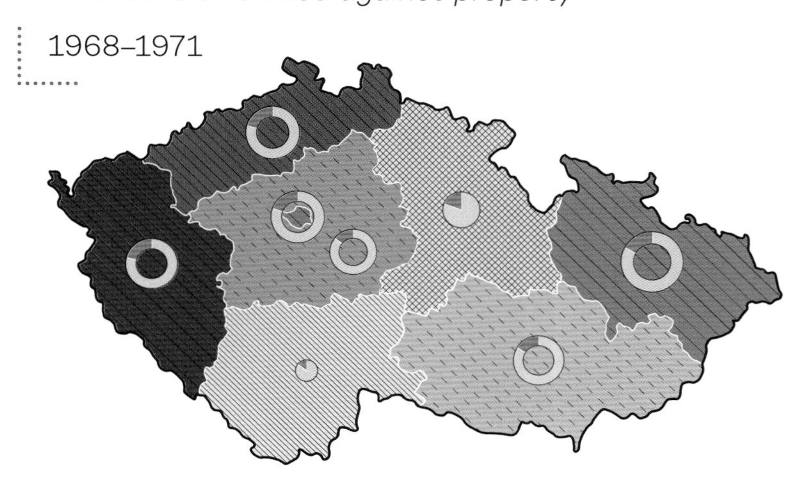

1981–1984

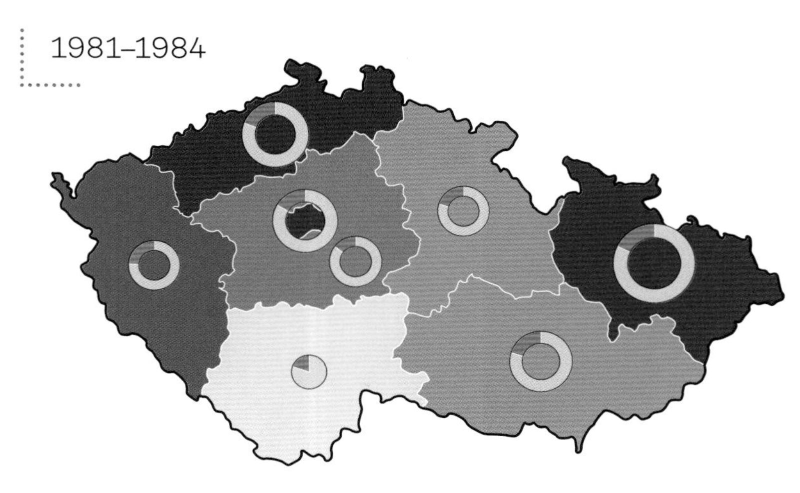

Počet pachatelů trestných činů proti majetku na 10 000 obyvatel ve věku 15 let a více
Number of offenders of crimes against property per 10,000 inhabitants aged 15 years and over

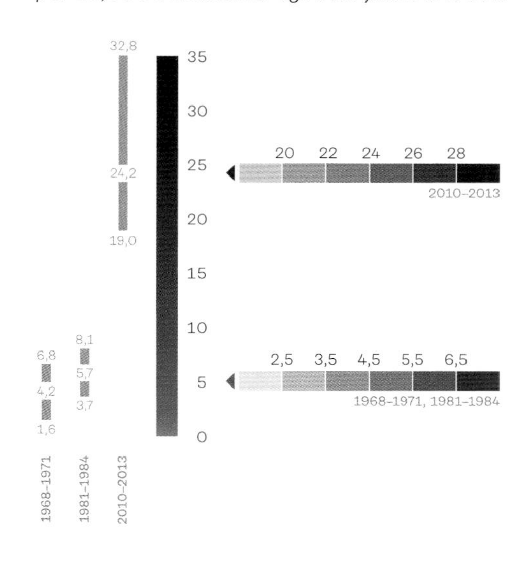
32,8
24,2
19,0
8,1
6,8
5,7
4,2
3,7
1,6
35
30
25
20
15
10
5
0
20 22 24 26 28
2010–2013
2,5 3,5 4,5 5,5 6,5
1968–1971, 1981–1984
1968–1971
1981–1984
2010–2013

2010–2013

Průměrný roční počet odsouzených (v tisících)
Average annual number of convicted offenders (in thousands)

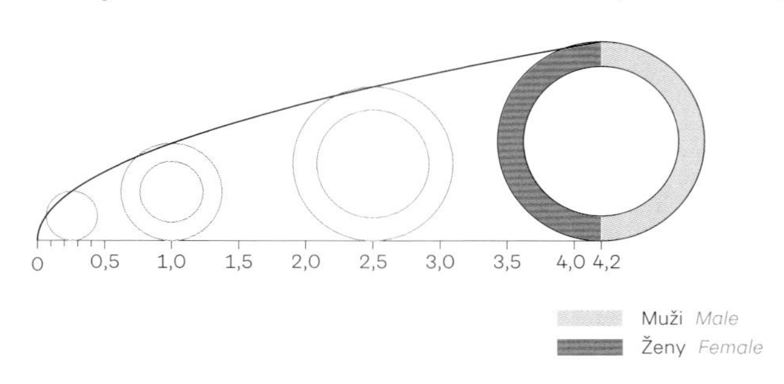
0 0,5 1,0 1,5 2,0 2,5 3,0 3,5 4,0 4,2

Muži *Male*
Ženy *Female*

Podíl obžalovaných (1968–1971), odsouzených (2010–2013) mladistvých dívek z celkového počtu obžalovaných mladistvých (v %)
Share of accused (1968–1971), convicted (2010–2013) juvenile girls to total number of accused juveniles (in %)

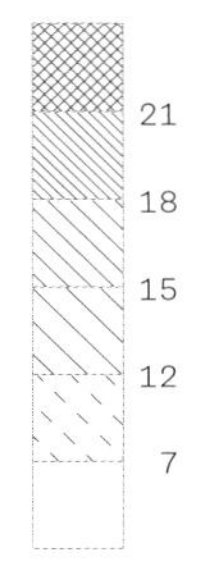
21
18
15
12
7

Poznámka: Trestné činy proti majetku jsou vymezeny IX. hlavou trestního zákoníku, od roku 2010 V. hlavou nového trestního zákoníku. V letech 2010–2013 byla statistika evidována ve starých krajských hranicích.
Note: Crimes against property are defined by the Title IX of criminal code, after 2010 by the Title V of the new criminal code. Statistical evidence based on old regional borders during 2010–2013.

Pachatelé vybraných trestných činů proti osobě
Offenders of selected crimes against a person

1968–1971

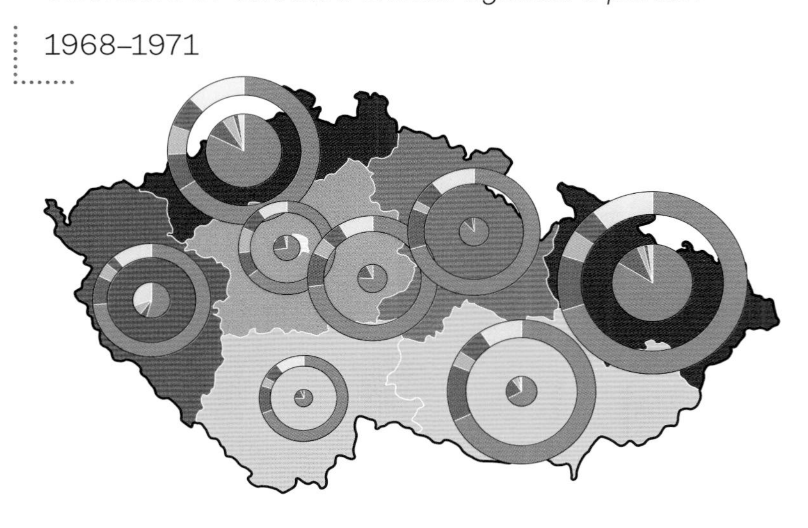

1982–1985

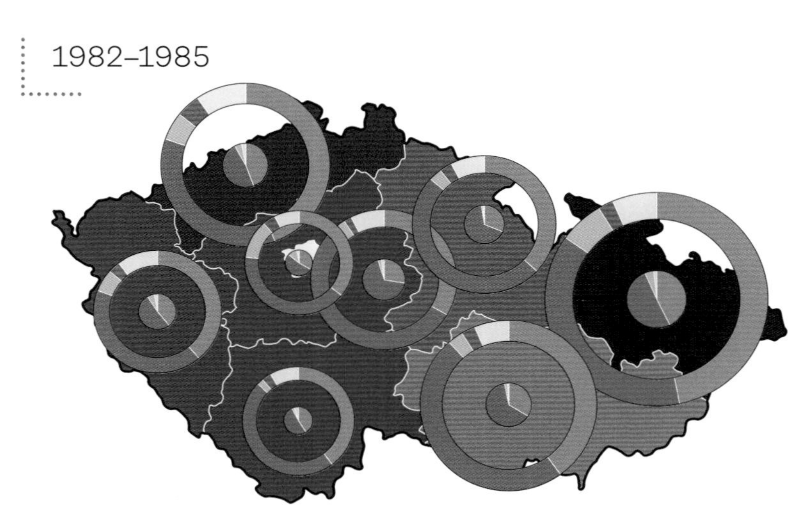

Počet pachatelů vybraných trestných činů proti osobě na 10 000 obyvatel ve věku 15 let a více
Number of offenders of selected crimes against a person per 10,000 inhabitants aged 15 years and over

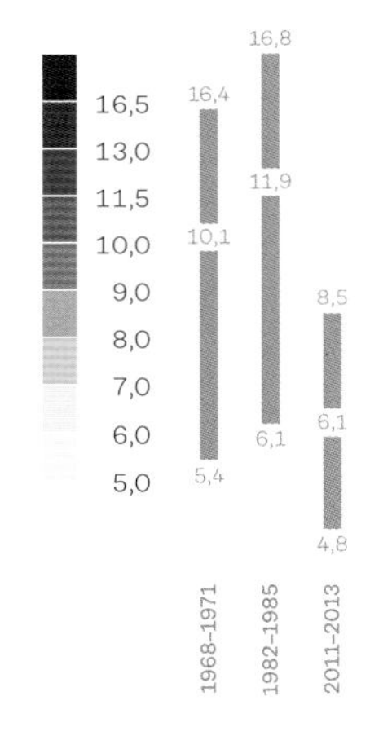
16,5
13,0
11,5
10,0
9,0
8,0
7,0
6,0
5,0
16,8
16,4
11,9
10,1
8,5
6,1
6,1
5,4
4,8
1968–1971
1982–1985
2011–2013

2011–2013

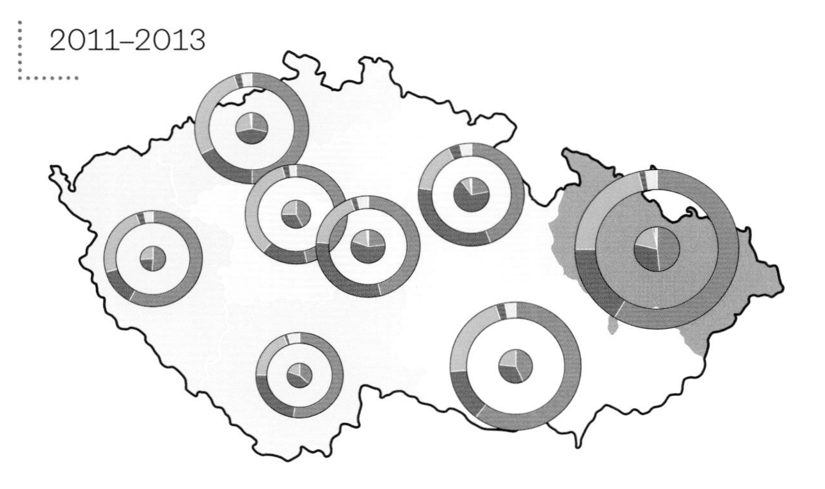

Průměrný roční počet pachatelů vybraných trestných činů proti osobě podle pohlaví pohlaví a trestného činu
Average annual number of selected crimes against a person by sex and type of crime

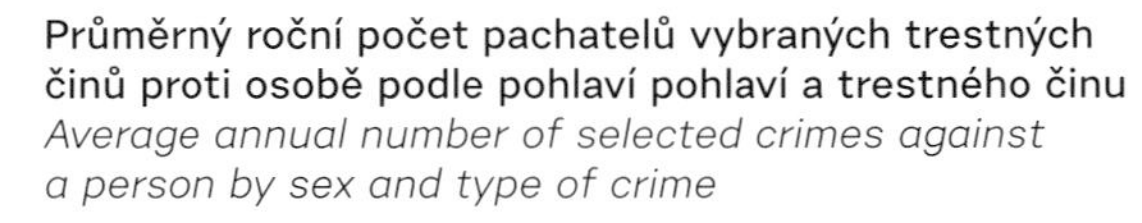

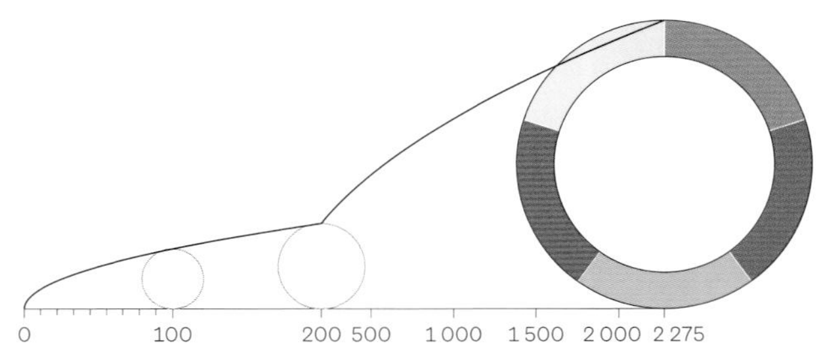
0 100 200 500 1 000 1 500 2 000 2 275

Vnější kruh: muži *Outer circle: male*
Vnitřní kruh: ženy *Inner circle: female*
Ublížení na zdraví a rvačky *Actual bodily harm and brawls*
Ublížení na zdraví z nedbalosti *Actual bodily harm by negligence*
Loupeže *Robberies*
Znásilnění *Rapes*
Pohlavní zneužití *Sexual abuse*

Poznámka: Vybrané trestné činy proti osobě jsou vymezeny VII. a VIII. hlavou trestního zákoníku, od roku 2010 I., II. a III. hlavou nového trestního zákoníku. V letech 2010–2013 byla statistika evidována ve starých krajských hranicích.
Note: Selected crimes against a person are defined by the Title VII and VIII of criminal code, after 2010 by the Title I, II and III of the new criminal code. Statistical evidence based on old regional borders during 2010–2013.

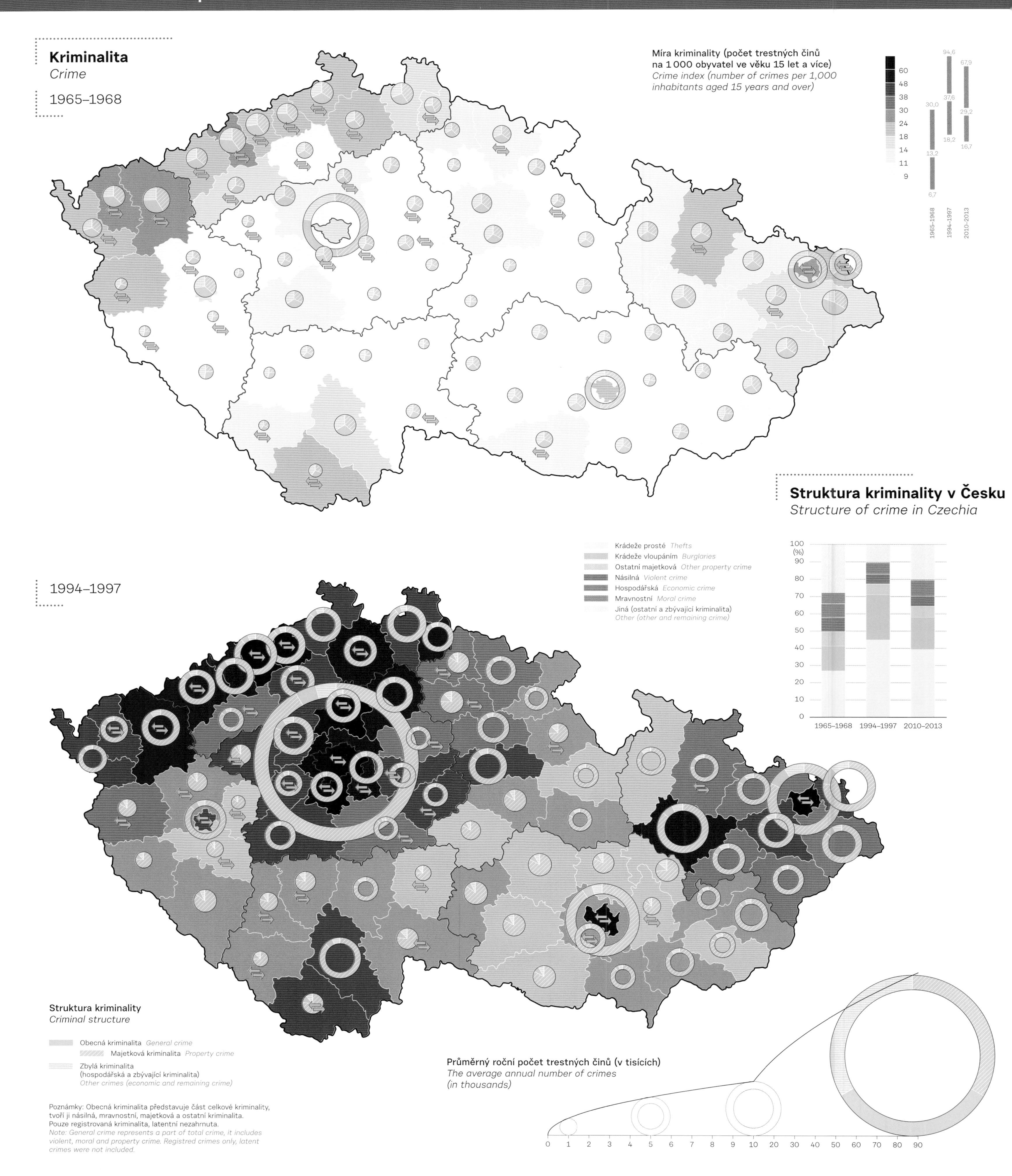
Kriminalita
Crime
1965–1968
Míra kriminality (počet trestných činů na 1 000 obyvatel ve věku 15 let a více)
Crime index (number of crimes per 1,000 inhabitants aged 15 years and over)
60
48
38
30
24
18
14
11
9
94,6
37,6
18,2
67,9
29,2
16,7
30,0
13,2
6,7
1965–1968
1994–1997
2010–2013
Struktura kriminality v Česku
Structure of crime in Czechia
Krádeže prosté Thefts
Krádeže vloupáním Burglaries
Ostatní majetková Other property crime
Násilná Violent crime
Hospodářská Economic crime
Mravnostní Moral crime
Jiná (ostatní a zbývající kriminalita)
Other (other and remaining crime)
100 (%)
90
80
70
60
50
40
30
20
10
0
1965–1968
1994–1997
2010–2013
1994–1997
Struktura kriminality
Criminal structure
Obecná kriminalita General crime
Majetková kriminalita Property crime
Zbylá kriminalita
(hospodářská a zbývající kriminalita)
Other crimes (economic and remaining crime)
Průměrný roční počet trestných činů (v tisících)
The average annual number of crimes
(in thousands)
0 1 2 3 4 5 6 7 8 9 10 20 30 40 50 60 70 80 90

Poznámky: Obecná kriminalita představuje část celkové kriminality, tvoří ji násilná, mravnostní, majetková a ostatní kriminalita. Pouze registrovaná kriminalita, latentní nezahrnuta.
Note: General crime represents a part of total crime, it includes violent, moral and property crime. Registred crimes only, latent crimes were not included.

2010–2013

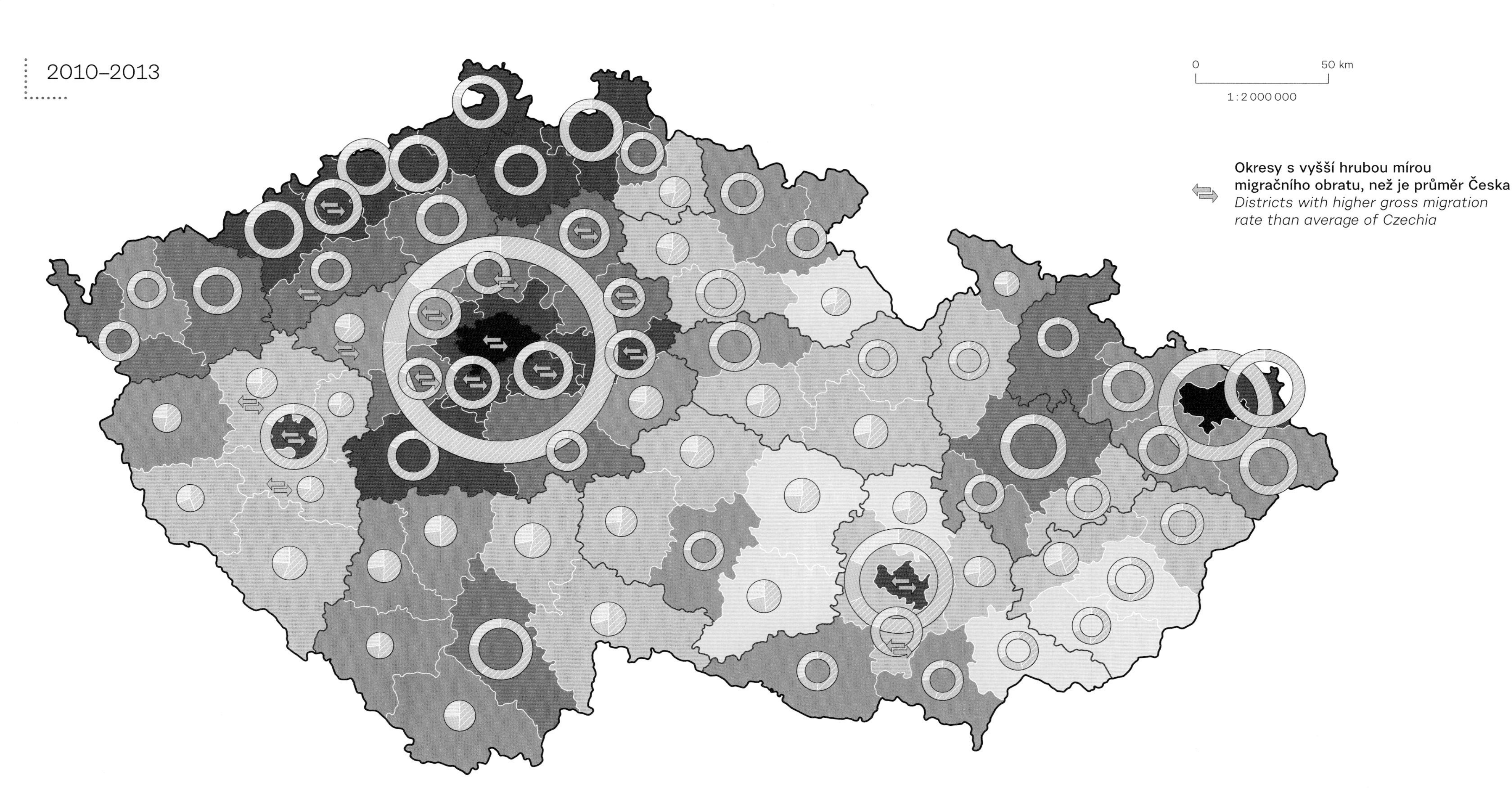
0
50 km
1 : 2 000 000

Okresy s vyšší hrubou mírou migračního obratu, než je průměr Česka
Districts with higher gross migration rate than average of Czechia

Struktura kriminality podle krajů
Structure of crime by region

1994–1997

2010–2013

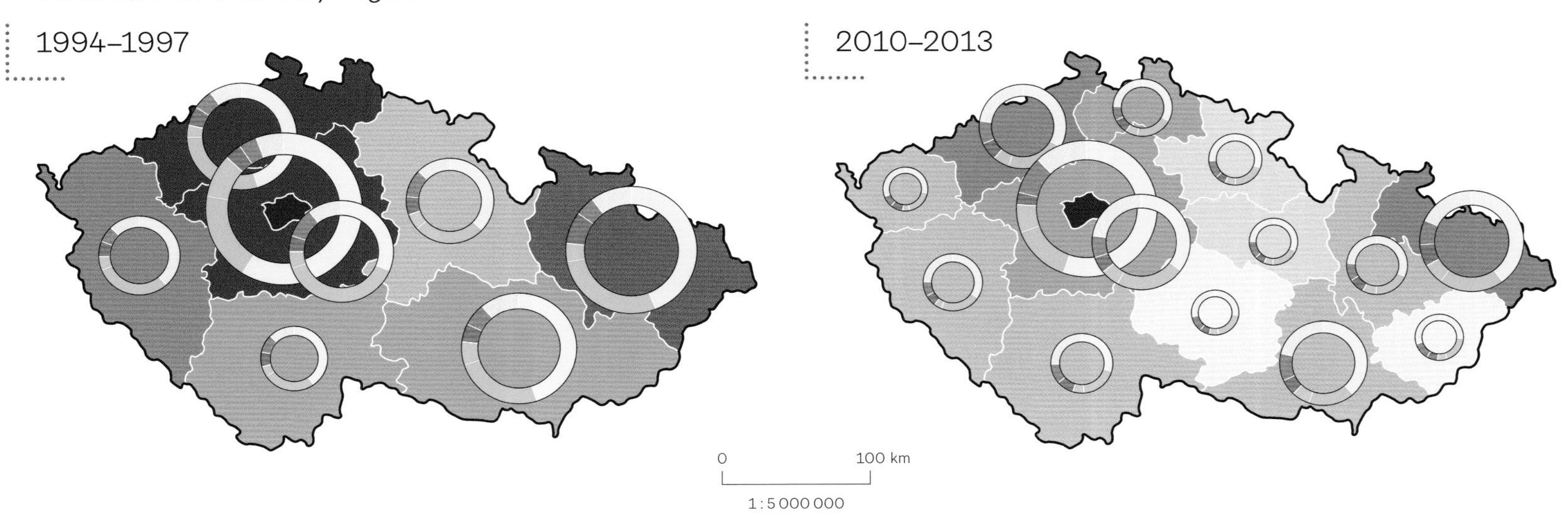
0
100 km
1 : 5 000 000

Míra obecné kriminality (počet trestných činů obecné kriminality na 1 000 obyvatel ve věku 15 let a více)
General crime index (number of crimes per 1,000 inhabitants aged 15 years and over)

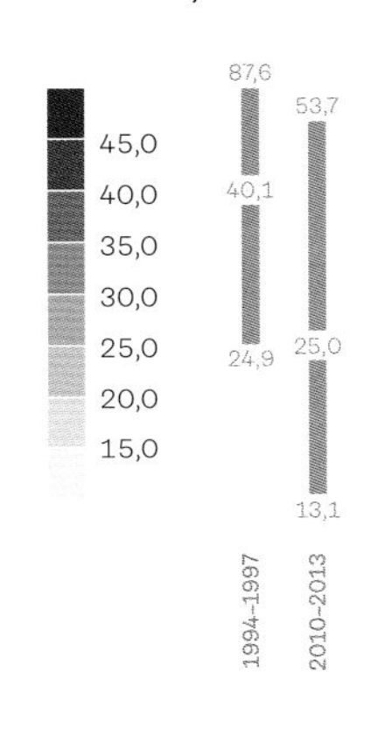
45,0
40,0
35,0
30,0
25,0
20,0
15,0
87,6
40,1
24,9
53,7
25,0
13,1
1994–1997
2010–2013

Struktura kriminality
Crime structure

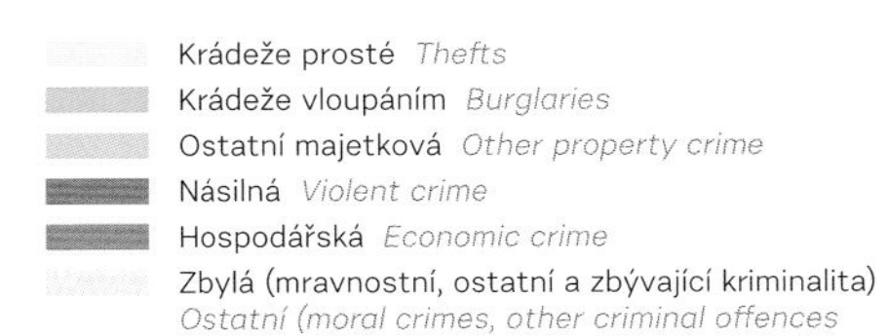
Krádeže prosté *Thefts*
Krádeže vloupáním *Burglaries*
Ostatní majetková *Other property crime*
Násilná *Violent crime*
Hospodářská *Economic crime*
Zbylá (mravnostní, ostatní a zbývající kriminalita) *Ostatní (moral crimes, other criminal offences and remaining crime)*

Průměrný roční počet trestných činů (v tisících)
The average annual number of crimes (in thousands)

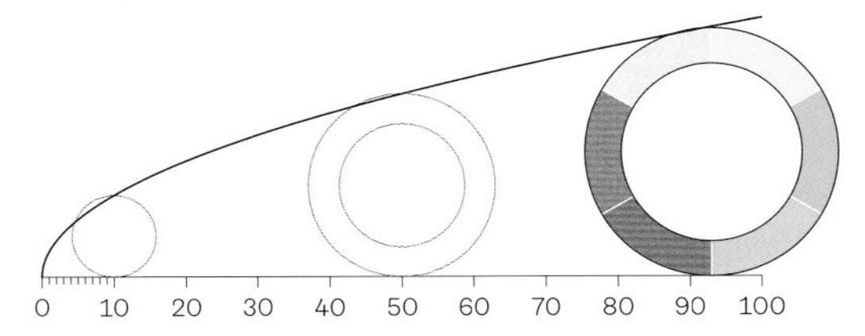
0
10
20
30
40
50
60
70
80
90
100

Trestné činy, 1921–2013
Crimes, 1921–2013

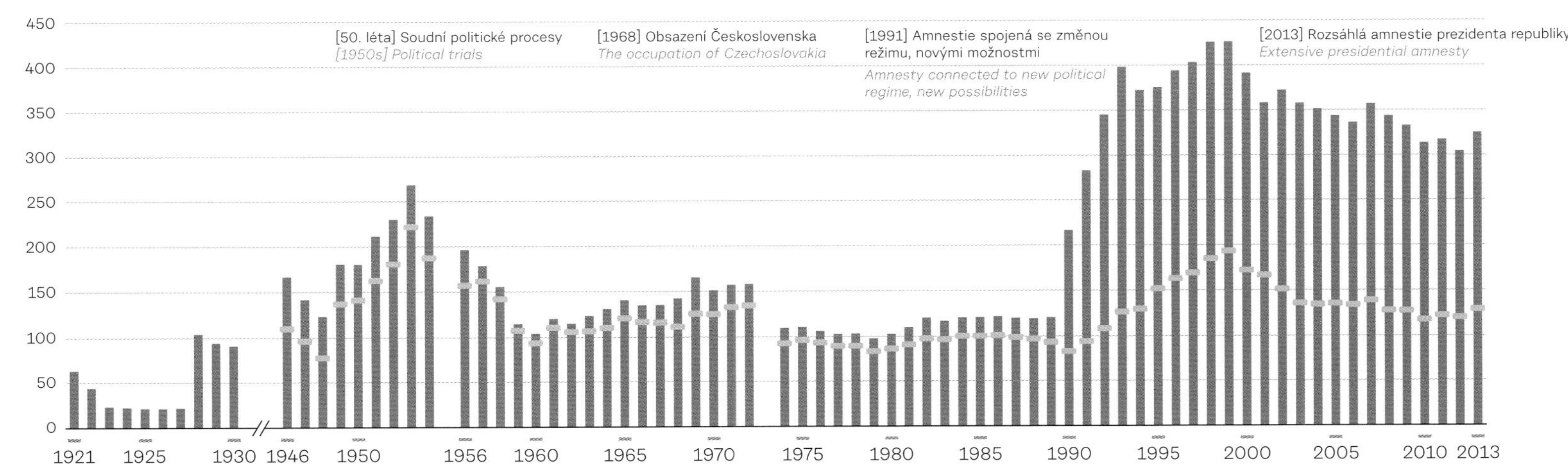
450
400
350
300
250
200
150
100
50
0
[50. léta] Soudní politické procesy
[1950s] Political trials
[1968] Obsazení Československa
The occupation of Czechoslovakia
[1991] Amnestie spojená se změnou režimu, novými možnostmi
Amnesty connected to new political regime, new possibilities
[2013] Rozsáhlá amnestie prezidenta republiky
Extensive presidential amnesty
1921
1925
1930
1946
1950
1956
1960
1965
1970
1975
1980
1985
1990
1995
2000
2005
2010
2013

Počet zjištěných trestných činů (v tisících)
Number of registered crimes (in thousands)

Počet trestných činů se známým pachatelem (v tisících)
Number of registered crimes with known offender (in thousands)

Poznámka: V letech 1931–1945, 1955 a 1973 nejsou dostupná data.
Note: No data for 1931–1945, 1955 and 1973.

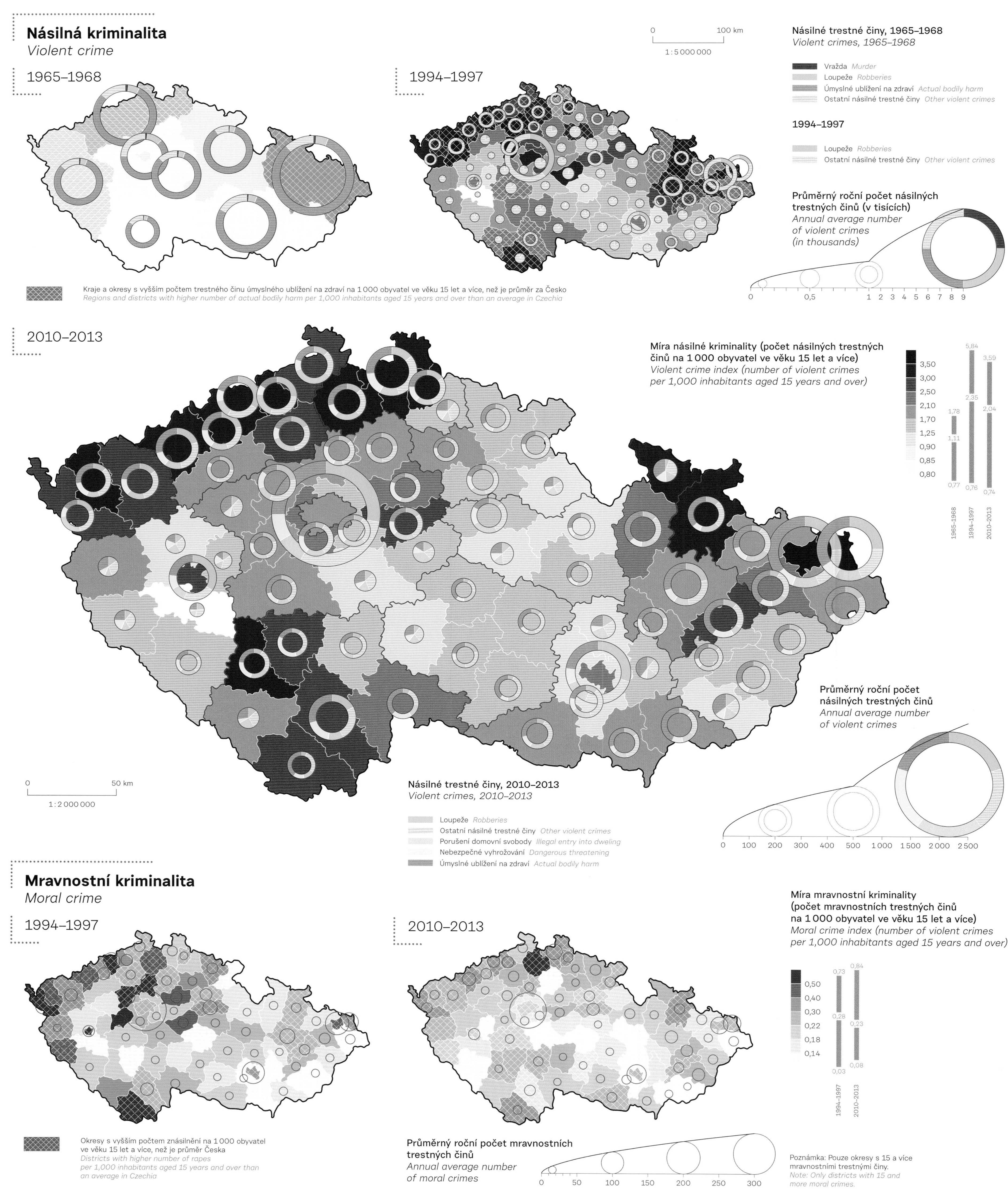
Násilná kriminalita
Violent crime
1965–1968
1994–1997
0
100 km
1 : 5 000 000
Násilné trestné činy, 1965–1968
Violent crimes, 1965–1968
Vražda Murder
Loupeže Robberies
Úmyslné ublížení na zdraví Actual bodily harm
Ostatní násilné trestné činy Other violent crimes
1994–1997
Loupeže Robberies
Ostatní násilné trestné činy Other violent crimes
Průměrný roční počet násilných trestných činů (v tisících)
Annual average number of violent crimes (in thousands)
0
0,5
1 2 3 4 5 6 7 8 9
Kraje a okresy s vyšším počtem trestného činu úmyslného ublížení na zdraví na 1 000 obyvatel ve věku 15 let a více, než je průměr za Česko
Regions and districts with higher number of actual bodily harm per 1,000 inhabitants aged 15 years and over than an average in Czechia
2010–2013
Míra násilné kriminality (počet násilných trestných činů na 1 000 obyvatel ve věku 15 let a více)
Violent crime index (number of violent crimes per 1,000 inhabitants aged 15 years and over)
3,50
3,00
2,50
2,10
1,70
1,25
0,90
0,85
0,80
5,84
3,59
2,35
2,04
1,78
1,11
0,77
0,76
0,74
1965–1968
1994–1997
2010–2013
Průměrný roční počet násilných trestných činů
Annual average number of violent crimes
0
50 km
1 : 2 000 000
Násilné trestné činy, 2010–2013
Violent crimes, 2010–2013
Loupeže Robberies
Ostatní násilné trestné činy Other violent crimes
Porušení domovní svobody Illegal entry into dweling
Nebezpečné vyhrožování Dangerous threatening
Úmyslné ublížení na zdraví Actual bodily harm
0 100 200 300 400 500 1 000 1 500 2 000 2 500
Mravnostní kriminalita
Moral crime
1994–1997
2010–2013
Míra mravnostní kriminality (počet mravnostních trestných činů na 1 000 obyvatel ve věku 15 let a více)
Moral crime index (number of violent crimes per 1,000 inhabitants aged 15 years and over)
0,50
0,40
0,30
0,22
0,18
0,14
0,73
0,84
0,28
0,23
0,03
0,08
1994–1997
2010–2013
Okresy s vyšším počtem znásilnění na 1 000 obyvatel ve věku 15 let a více, než je průměr Česka
Districts with higher number of rapes per 1,000 inhabitants aged 15 years and over than an average in Czechia
Průměrný roční počet mravnostních trestných činů
Annual average number of moral crimes
0 50 100 150 200 250 300
Poznámka: Pouze okresy s 15 a více mravnostními trestnými činy.
Note: Only districts with 15 and more moral crimes.

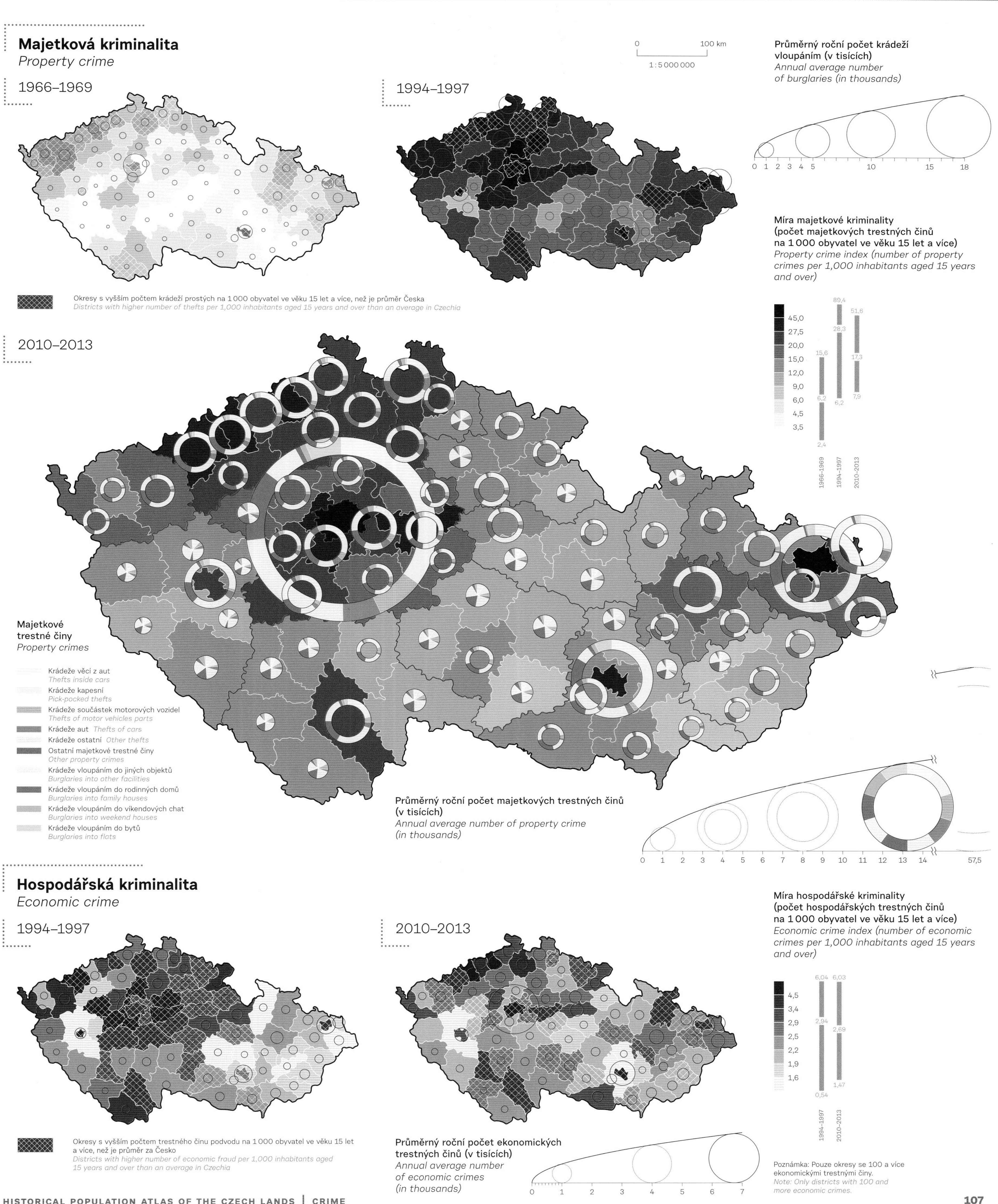
Majetková kriminalita
Property crime
1966–1969
1994–1997
0
100 km
1 : 5 000 000
Průměrný roční počet krádeží vloupáním (v tisících)
Annual average number of burglaries (in thousands)
0 1 2 3 4 5 10 15 18
Míra majetkové kriminality (počet majetkových trestných činů na 1 000 obyvatel ve věku 15 let a více)
Property crime index (number of property crimes per 1,000 inhabitants aged 15 years and over)
45,0
27,5
20,0
15,0
12,0
9,0
6,0
4,5
3,5
89,4
51,6
28,3
15,6
17,3
6,2
6,2
7,9
2,4
1966–1969
1994–1997
2010–2013
Okresy s vyšším počtem krádeží prostých na 1 000 obyvatel ve věku 15 let a více, než je průměr Česka
Districts with higher number of thefts per 1,000 inhabitants aged 15 years and over than an average in Czechia
2010–2013
Majetkové trestné činy
Property crimes
Krádeže věcí z aut
Thefts inside cars
Krádeže kapesní
Pick-pocked thefts
Krádeže součástek motorových vozidel
Thefts of motor vehicles parts
Krádeže aut Thefts of cars
Krádeže ostatní Other thefts
Ostatní majetkové trestné činy
Other property crimes
Krádeže vloupáním do jiných objektů
Burglaries into other facilities
Krádeže vloupáním do rodinných domů
Burglaries into family houses
Krádeže vloupáním do víkendových chat
Burglaries into weekend houses
Krádeže vloupáním do bytů
Burglaries into flats
Průměrný roční počet majetkových trestných činů (v tisících)
Annual average number of property crime (in thousands)
0 1 2 3 4 5 6 7 8 9 10 11 12 13 14 57,5
Hospodářská kriminalita
Economic crime
1994–1997
2010–2013
Míra hospodářské kriminality (počet hospodářských trestných činů na 1 000 obyvatel ve věku 15 let a více)
Economic crime index (number of economic crimes per 1,000 inhabitants aged 15 years and over)
4,5
3,4
2,9
2,5
2,2
1,9
1,6
6,04
6,03
2,94
2,69
1,47
0,54
1994–1997
2010–2013
Okresy s vyšším počtem trestného činu podvodu na 1 000 obyvatel ve věku 15 let a více, než je průměr Česko
Districts with higher number of economic fraud per 1,000 inhabitants aged 15 years and over than an average in Czechia
Průměrný roční počet ekonomických trestných činů (v tisících)
Annual average number of economic crimes (in thousands)
0 1 2 3 4 5 6 7
Poznámka: Pouze okresy se 100 a více ekonomickými trestnými činy.
Note: Only districts with 100 and more economic crimes.

11

Volby
Elections

Garant oddílu
Section Editor
Martin Šimon

Zdroje dat
Data sources

11.1 2, 44, 50, 118
11.2 15, 118
11.3 118
11.4 118
11.5 118

Volby do Národního shromáždění republiky Československé

Elections to the National Assembly of the Republic of Czechoslovakia

1920

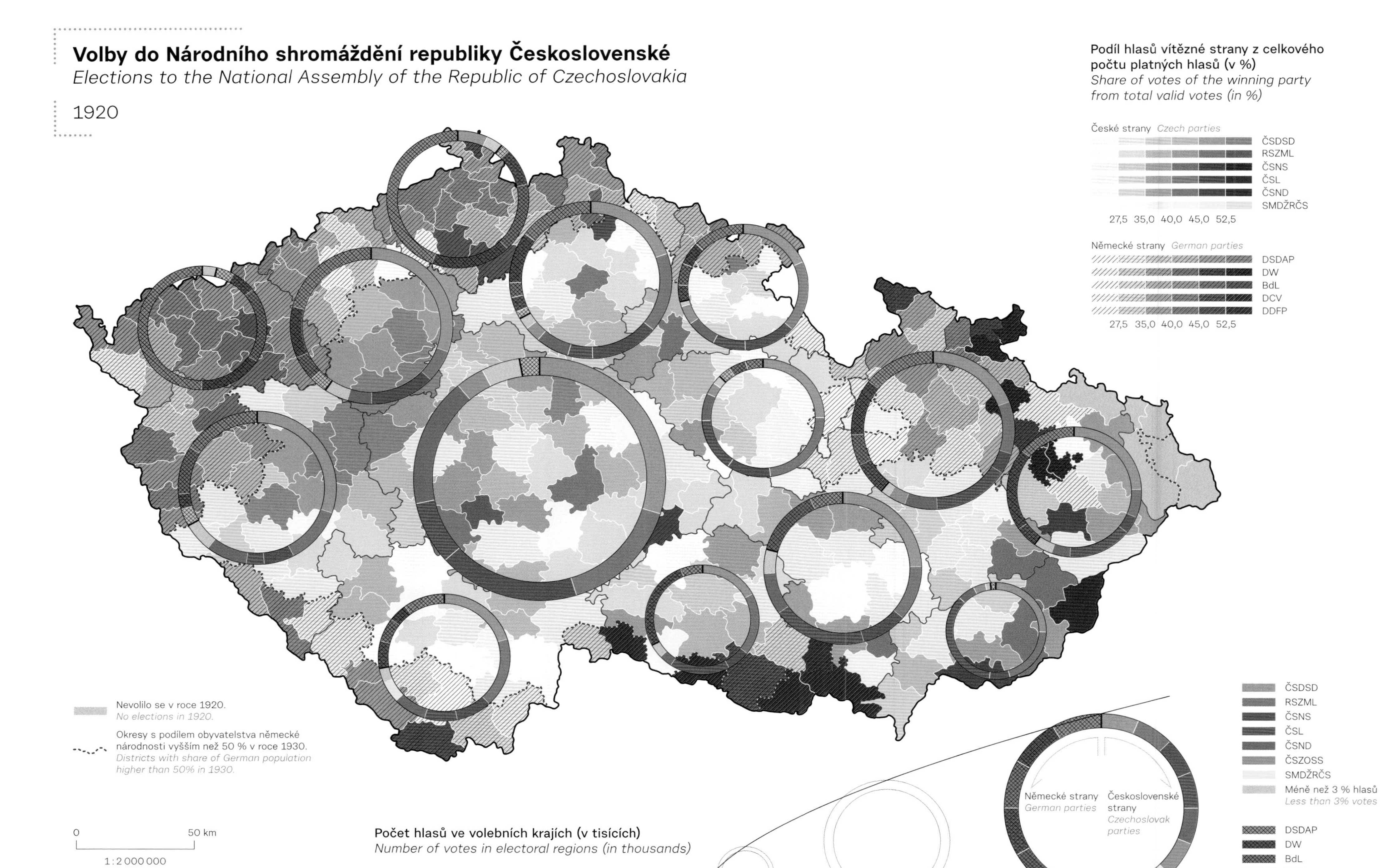
Podíl hlasů vítězné strany z celkového počtu platných hlasů (v %)
Share of votes of the winning party from total valid votes (in %)
České strany Czech parties
ČSDSD
RSZML
ČSNS
ČSL
ČSND
SMDŽRČS
27,5 35,0 40,0 45,0 52,5
Německé strany German parties
DSDAP
DW
BdL
DCV
DDFP
27,5 35,0 40,0 45,0 52,5
Nevolilo se v roce 1920.
No elections in 1920.
Okresy s podílem obyvatelstva německé národnosti vyšším než 50 % v roce 1930.
Districts with share of German population higher than 50% in 1930.
0
50 km
1 : 2 000 000
Počet hlasů ve volebních krajích (v tisících)
Number of votes in electoral regions (in thousands)
Seřazeno podle výsledků v celostátních volbách
Sorted according to results in national elections
Německé strany
German parties
Československé strany
Czechoslovak parties
0 100 200 300 400 500 600 700 800 900 1000
ČSDSD
RSZML
ČSNS
ČSL
ČSND
ČSZOSS
SMDŽRČS
Méně než 3 % hlasů
Less than 3% votes
DSDAP
DW
BdL
DCV
DDFP
Méně než 3 % hlasů
Less than 3% votes

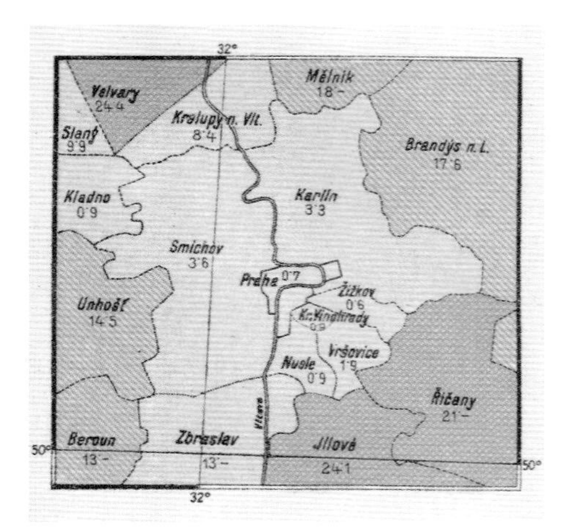
Velvary
Mělník
Kralupy n. Vlt.
Brandýs n. L.
Kladno
Karlín
Smíchov
Praha
Žižkov
Unhošť
Vršovice
Nusle
Říčany
Beroun
Zbraslav
Jílové

Podíl hlasů Republikánské strany zemědělského a malorolnického lidu z úhrnu platných hlasů všech československých stran (v %)

Share of votes of The Republican Party of Agricultural and Smallholder People from total valid votes of all Czechoslovak parties (in %)

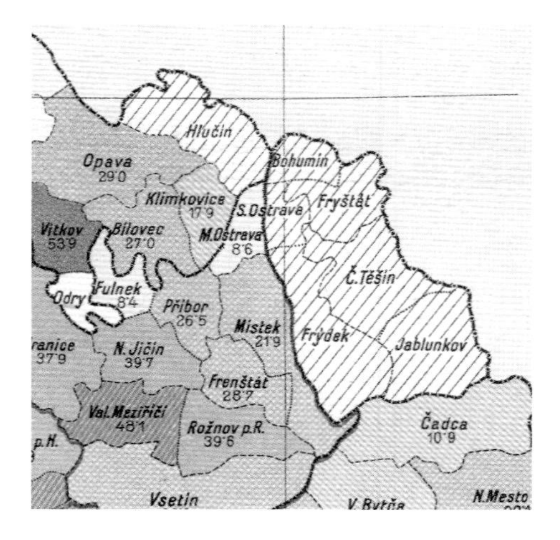
Hlučín
Opava
Bohumín
Klimkovice
S. Ostrava
Fryštát
Vítkov
Bílovec
M. Ostrava
Č. Těšín
Fulnek
Příbor
Místek
Frýdek
Jablunkov
N. Jičín
Frenštát
Val. Meziříčí
Rožnov p. R.
Čadca
Vsetín

Podíl hlasů Německé sociálně demokratické strany dělnické (Deutsch socialdemokratishe Arbeiterpartei) z úhrnu platných hlasů všech československých stran (v %)

Share of votes of German Social Democratic Workers Party from total valid votes of all Czechoslovak parties (in %)

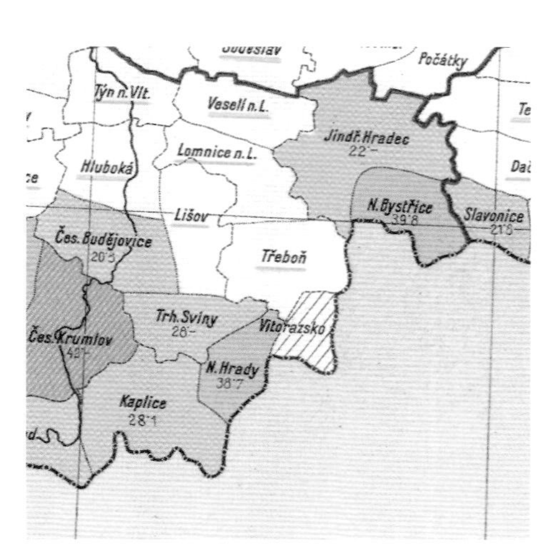
Týn n. Vlt.
Veselí n. L.
Počátky
Hluboká
Lomnice n. L.
Jindř. Hradec
Lišov
N. Bystřice
Slavonice
Čes. Budějovice
Třeboň
Trh. Sviny
Vitorazsko
Čes. Krumlov
N. Hrady
Kaplice

Podíl hlasů Československé strany lidové z úhrnu platných hlasů všech československých stran (v %)

Share of votes of The Czechoslovak People's Party from total valid votes of all Czechoslovak parties (in %)

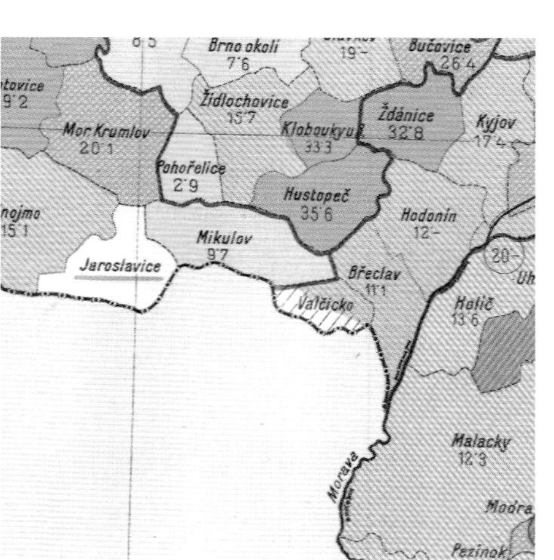
Brno okolí
Bučovice
Židlochovice
Mor. Krumlov
Klobouky
Ždánice
Kyjov
Pohořelice
Hustopeč
Hodonín
Mikulov
Jaroslavice
Břeclav
Valtice
Holíč
Malacky
Morava

Podíl hlasů Republikánské strany zemědělského a malorolnického lidu z úhrnu platných hlasů všech československých stran (v %)

Share of votes of The Republican Party of Agricultural and Smallholder People from total valid votes of all Czechoslovak parties (in %)

Poznámky:
Hlavní město Praha před rozšířením v roce 1921.
Okresy, kde se v roce 1920 nevolilo z důvodu změny státní hranice, jsou vyznačeny šrafurou.

Notes:
Capital city of Prague before enlargement in 1921.
Districts with no election in 1920 marked by hatches.

Zdroj: Volby do Národního shromáždění (1922)
Source: Elections to the National Assembly (1922)
© Archiv Poslanecké sněmovny PČR, Praha

Mandáty v Národním shromáždění republiky Československé
Mandates in the National Assembly of the Republic of Czechoslovakia

1925

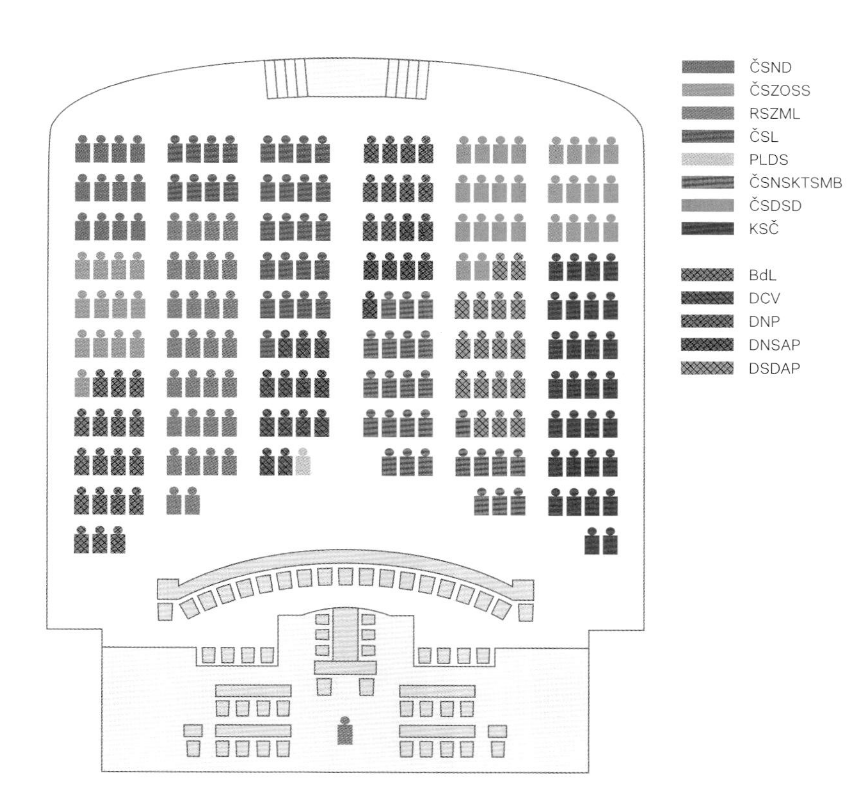
ČSND
ČSZOSS
RSZML
ČSL
PLDS
ČSNSKTSMB
ČSDSD
KSČ
BdL
DCV
DNP
DNSAP
DSDAP

1946

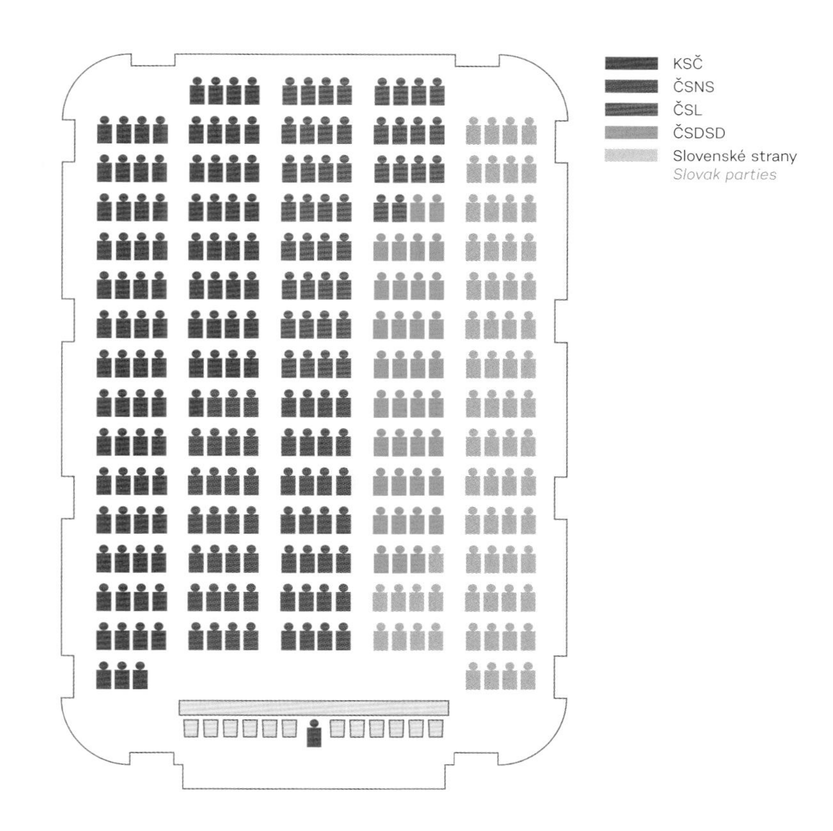
KSČ
ČSNS
ČSL
ČSDSD
Slovenské strany
Slovak parties

Bílé lístky
Blank ballots

1948

Poznámka: Bílé lístky – v roce 1948 nekandidovaly politické strany, ale pouze jednotná kandidátka Národní fronty. Kdo s jednotnou kandidátkou nesouhlasil, mohl do urny vhodit „bílý lístek".
Note: Blank ballots – in elections in 1948 no political parties but only single candidate list of National Front was allowed to vote for. Those, who didn't want to vote for National Front were allowed to put a blank ballot into ballot box.

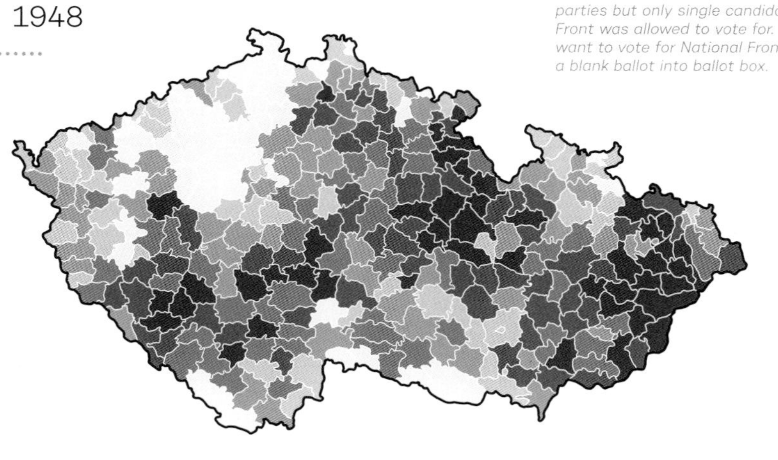

Podíl bílých lístků ve volbách do Národního shromáždění republiky Československé z celkového počtu hlasů (v %)
Share of Blank ballots in elections to the National Assembly of the Republic of Czechoslovakia from total number of votes (in %)

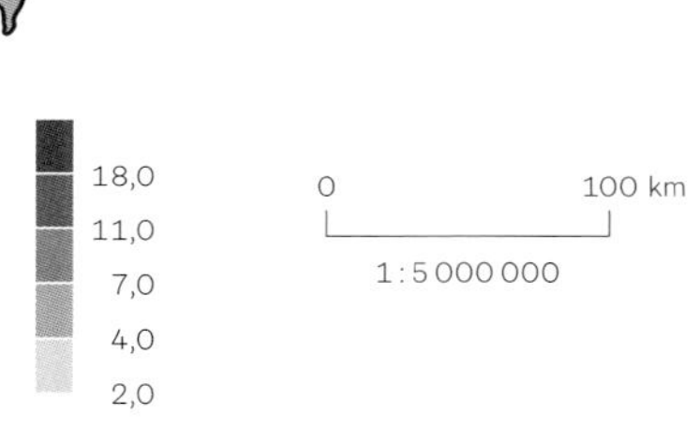
18,0
11,0
7,0
4,0
2,0
0
100 km
1 : 5 000 000

Parlamentní volby
Parliamentary elections

1920–1946

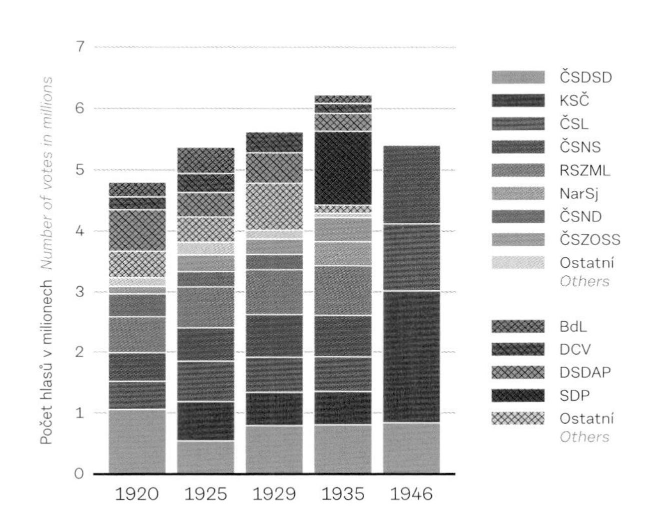
Počet hlasů v milionech
Number of votes in millions
7
6
5
4
3
2
1
0
1920
1925
1929
1935
1946
ČSDSD
KSČ
ČSL
ČSNS
RSZML
NarSj
ČSND
ČSZOSS
Ostatní
Others
BdL
DCV
DSDAP
SDP
Ostatní
Others

1925
Rozdělení ČSDSD a vznik KSČ jako jediné internacionální strany
A split of social democrats and creation of communist party as only international party

1925, 1929
Stabilní multipartistický systém fragmentovaný podle národnostních linií
Stable multi-partisan system split according to nationhood belonging

1935
Radikalizace německých stran v pohraničí do Sudetoněmecké strany
Radicalisation of German parties in borderland into Sudeten-German party

1946
Volby s omezeným počtem kandidujících stran Národní fronty
Election with limited choice to parties in National Front

Seznam politických stran
List of political parties

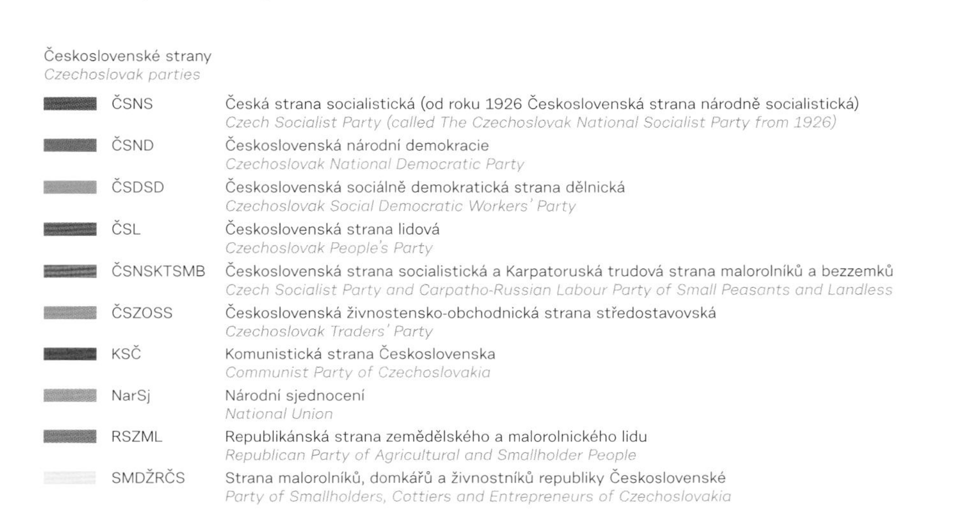

Československé strany
Czechoslovak parties

- ČSNS — Česká strana socialistická (od roku 1926 Československá strana národně socialistická) — *Czech Socialist Party (called The Czechoslovak National Socialist Party from 1926)*
- ČSND — Československá národní demokracie — *Czechoslovak National Democratic Party*
- ČSDSD — Československá sociálně demokratická strana dělnická — *Czechoslovak Social Democratic Workers' Party*
- ČSL — Československá strana lidová — *Czechoslovak People's Party*
- ČSNSKTSMB — Československá strana socialistická a Karpatoruská trudová strana malorolníků a bezzemků — *Czech Socialist Party and Carpatho-Russian Labour Party of Small Peasants and Landless*
- ČSZOSS — Československá živnostensko-obchodnická strana středostavovská — *Czechoslovak Traders' Party*
- KSČ — Komunistická strana Československa — *Communist Party of Czechoslovakia*
- NarSj — Národní sjednocení — *National Union*
- RSZML — Republikánská strana zemědělského a malorolnického lidu — *Republican Party of Agricultural and Smallholder People*
- SMDŽRČS — Strana malorolníků, domkářů a živnostníků republiky Československé — *Party of Smallholders, Cottiers and Entrepreneurs of Czechoslovakia*

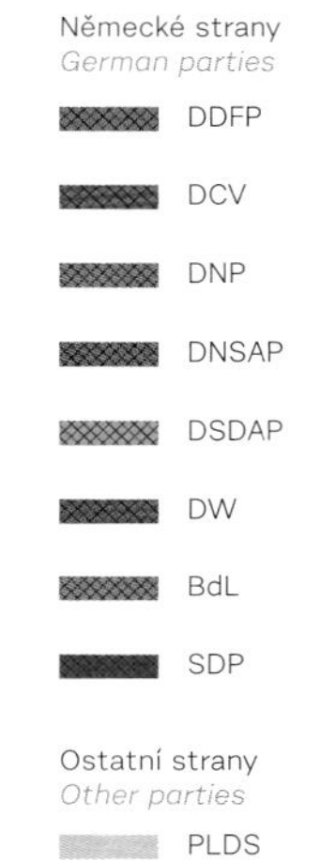

Německé strany
German parties

- DDFP — Německá demokratická svobodomyslná strana (Deutsche Demokratische Freiheitspartei) — *German democratic liberal party*
- DCV — Německá křesťansko-sociální strana lidová (Deutsche Christlichsoziale Volkspartei) — *German Christian Social People's Party*
- DNP — Německá nacionální strana (Deutsche Nationalpartei) — *German National Party*
- DNSAP — Německá národně socialistická strana dělnická (Deutsche nationalsozialistische Arbeiterpartei) — *German National Socialist Workers' Party*
- DSDAP — Německá sociálně demokratická strana dělnická (Deutsche sozialdemokratische Arbeiterpartei) — *German Social Democratic Workers' Party*
- DW — Německá volební pospolitost (Deutsche Wahlgemeinschaft); aliance DNP a DNSAP v roce 1920 — *German electoral community; aliance DNP and DNSAP in 1920*
- BdL — Německý svaz zemědělců (Bund der Landwirte) — *Farmers' League*
- SDP — Sudetoněmecká strana (Sudetendeutsche Partei; Deutsche sozialdemokratische Arbeiterpartei) — *Sudeten German Party*

Ostatní strany
Other parties

- PLDS — Polský lidový a dělnický svaz — *Polish peoples and workers union*

Volby do Sněmovny lidu Federálního shromáždění
Election to the Chamber of People of Federal Assembly

1990

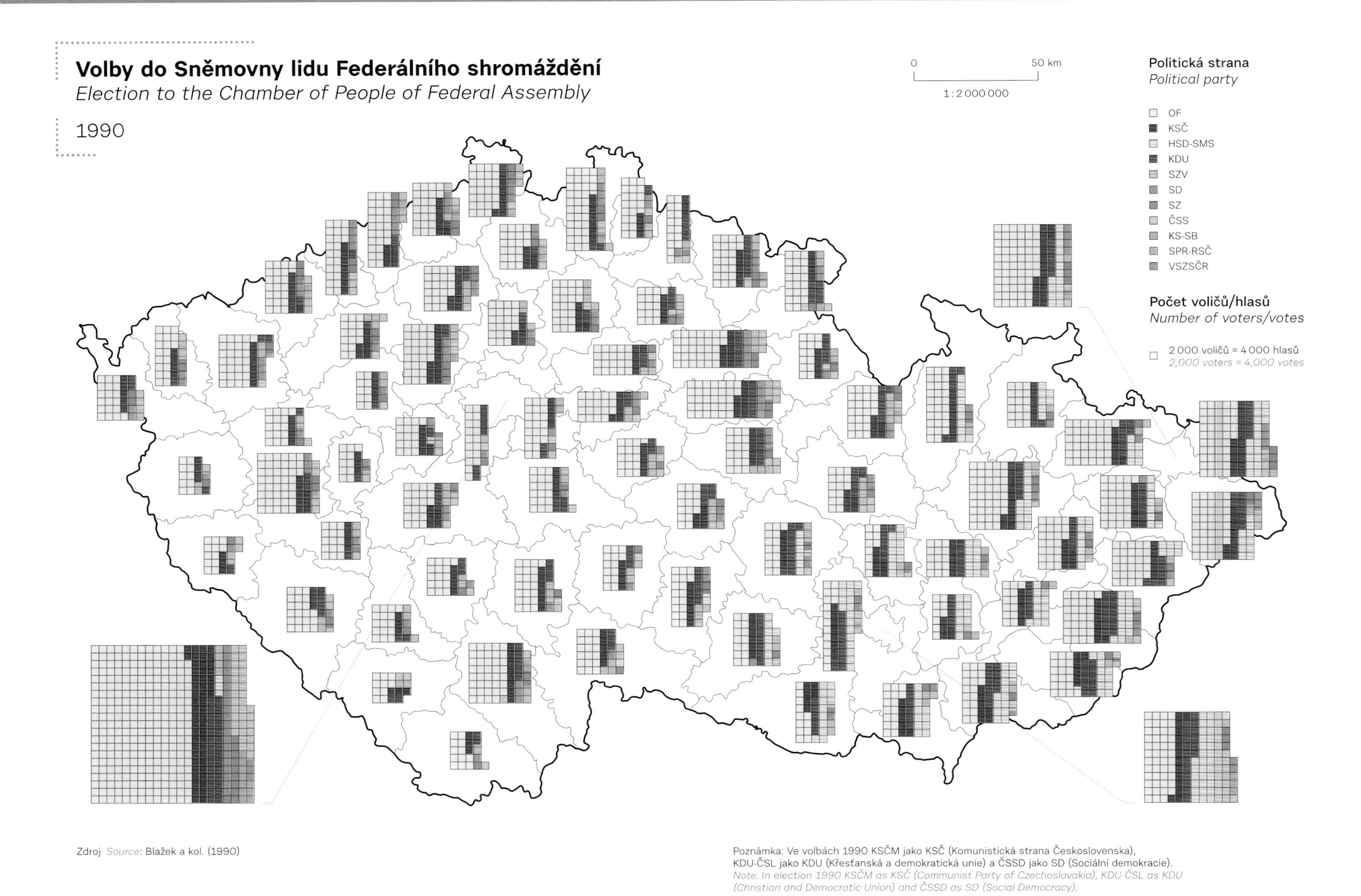

0 50 km
1:2 000 000
Politická strana
Political party
OF
KSČ
HSD-SMS
KDU
SZV
SD
SZ
ČSS
KS-SB
SPR-RSČ
VSZSČR
Počet voličů/hlasů
Number of voters/votes
2 000 voličů = 4 000 hlasů
2,000 voters = 4,000 votes

Zdroj *Source*: Blažek a kol. (1990)

Poznámka: Ve volbách 1990 KSČM jako KSČ (Komunistická strana Československa), KDU-ČSL jako KDU (Křesťanská a demokratická unie) a ČSSD jako SD (Sociální demokracie).
Note: In election 1990 KSČM as KSČ (Communist Party of Czechoslovakia), KDU-ČSL as KDU (Christian and Democratic Union) and ČSSD as SD (Social Democracy).

Seznam politických stran
List of political parties

ANO	ANO 2011	
Piráti	Česká pirátská strana	*Czech Pirate Party*
ČSSD	Česká strana sociálně demokratická	*Czech Social Democratic Party*
ČSS	Československá strana socialistická	*Czechoslovak Socialist Party*
HSD-SMS	Hnutí za samosprávnou demokracii – Společnost pro Moravu a Slezsko	*Movement for Autonomous Democracy – Party for Moravia and Silesia*
KSČM	Komunistická strana Čech a Moravy	*Communist Party of Bohemia and Moravia*
KS-SB	Konzervativní strana – Svobodný blok	*Conservative Party – Free Block*
KDU-ČSL	Křesťanská a demokratická unie – Československá strana lidová	*Christian and Democratic Union – Czechoslovak People's Party*
ODA	Občanská demokratická aliance	*Civic Democratic Alliance*
ODS	Občanská demokratická strana	*Civic Democratic Party*
OF	Občanské fórum	*Civic Forum*
SPR-RSČ	Sdružení pro republiku – Republikánská strana Československa	*Coalition for Republic – Republican Party of Czechoslovakia*
SZV	Spojenectví zemědělců a venkova	*Alliance of Farmers and Countryside*
SPOZ	Strana práv občanů ZEMANOVCI	*Party of Civic Rights – Zeman's people*
Svobodní	Strana svobodných občanů	*Party of Free Citizens*
SZ	Strana zelených	*Green Party*
TOP09	TOP 09	
ÚSVIT	Úsvit přímé demokracie Tomia Okamury	*Tomio Okamura's Dawn of Direct Democracy*
VSZSČR	Volební seskupení zájmových svazů v ČR	*Electoral Coalition of Representatives Associations in the Czech Republic*
Ostatní	Ostatní	*Others*

Mandáty v České národní radě České republiky
Mandates in Czech National Council of the Czech Republic

1990

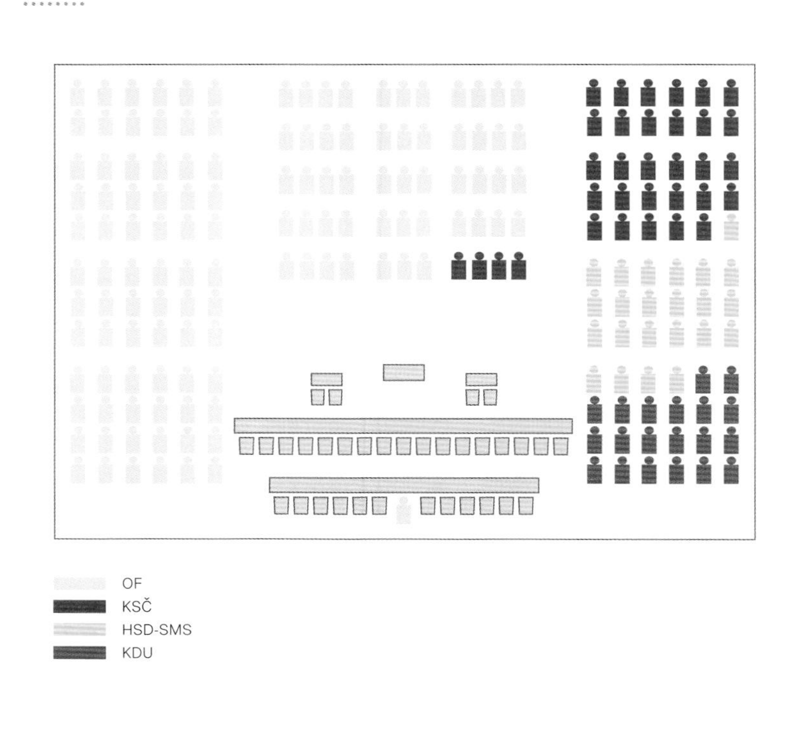

OF
KSČ
HSD-SMS
KDU

Volby do Poslanecké sněmovny Parlamentu České republiky
Elections to the Chamber of Deputies of the Parliament of the Czech Republic

2013

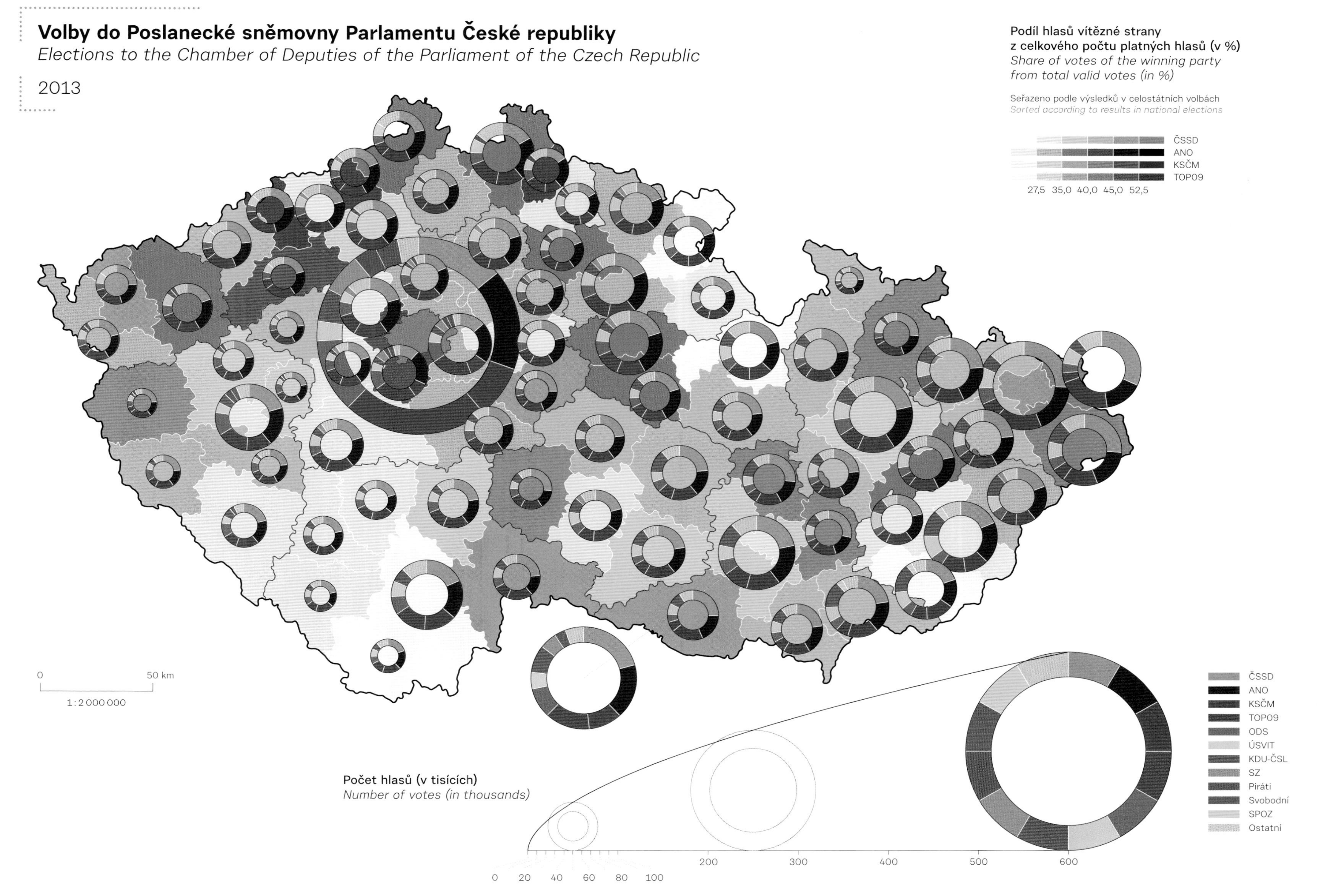

Podíl hlasů vítězné strany
z celkového počtu platných hlasů (v %)
Share of votes of the winning party
from total valid votes (in %)
Seřazeno podle výsledků v celostátních volbách
Sorted according to results in national elections
ČSSD
ANO
KSČM
TOP09
27,5 35,0 40,0 45,0 52,5
0 50 km
1:2 000 000
Počet hlasů (v tisících)
Number of votes (in thousands)
0 20 40 60 80 100 200 300 400 500 600
ČSSD
ANO
KSČM
TOP09
ODS
ÚSVIT
KDU-ČSL
SZ
Piráti
Svobodní
SPOZ
Ostatní

Mandáty v Poslanecké sněmovně Parlamentu České republiky
Mandates in Chamber of Deputies of the Parliament of the Czech Republic

2013

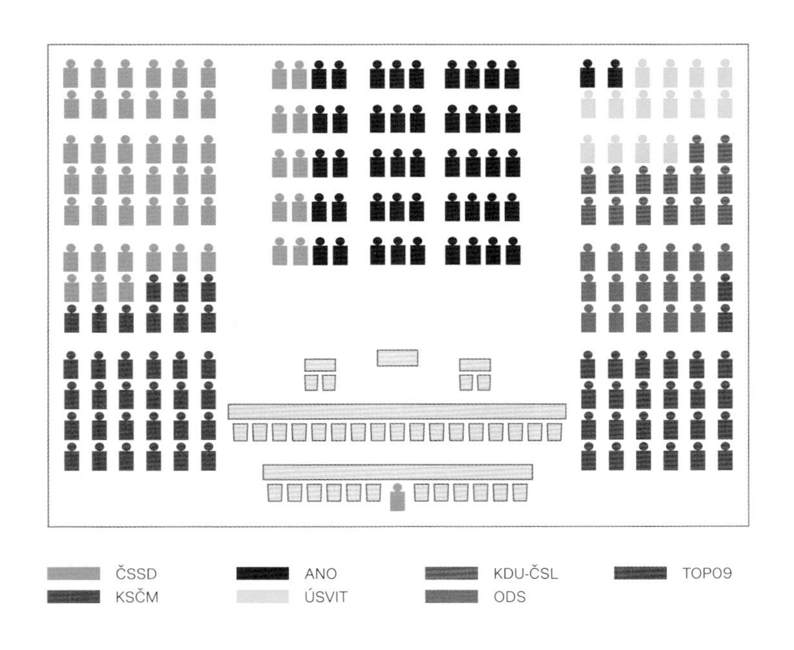

ČSSD
KSČM
ANO
ÚSVIT
KDU-ČSL
ODS
TOP09

Demokratické parlamentní volby
Democratic parliamentary elections

1990–2013

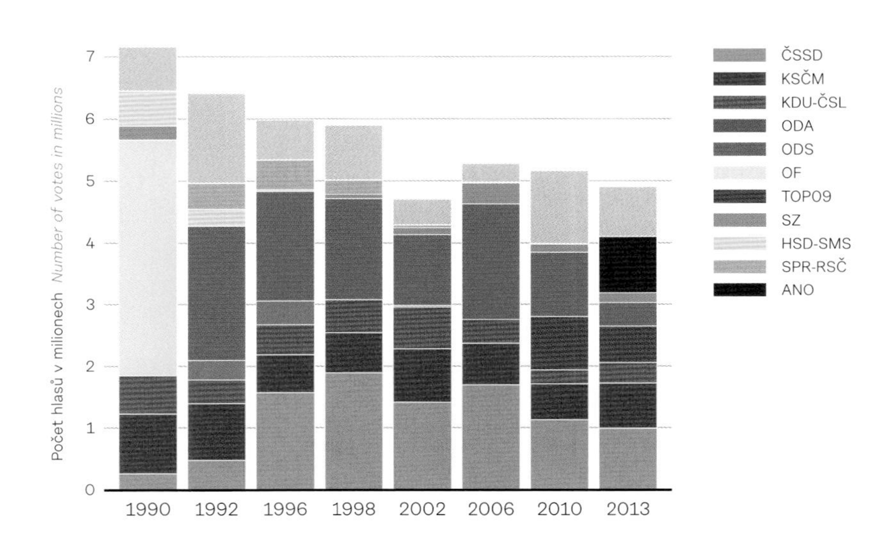

Počet hlasů v milionech Number of votes in millions
0 1 2 3 4 5 6 7
1990 1992 1996 1998 2002 2006 2010 2013
ČSSD
KSČM
KDU-ČSL
ODA
ODS
OF
TOP09
SZ
HSD-SMS
SPR-RSČ
ANO

1990
Vítězství Občanského fóra jakožto nestranického hnutí
Vznik a pád moravistických stran
Triumph of Civic Forum as non-party movement
Rise and fall of Moravian parties

1996–2006
Konsolidovaný stranický systém politických stran
Consolidated party system of political parties

2010, 2013
Oslabení stranického systému politických stran a nástup populistických stran
Weakening of party system of political parties and rise of populist parties

Československá sociálně demokratická strana dělnická a Německá sociálně demokratická strana dělnická

The Czechoslovak Social Democratic Workers' Party and German Social Democratic Workers' Party

1920

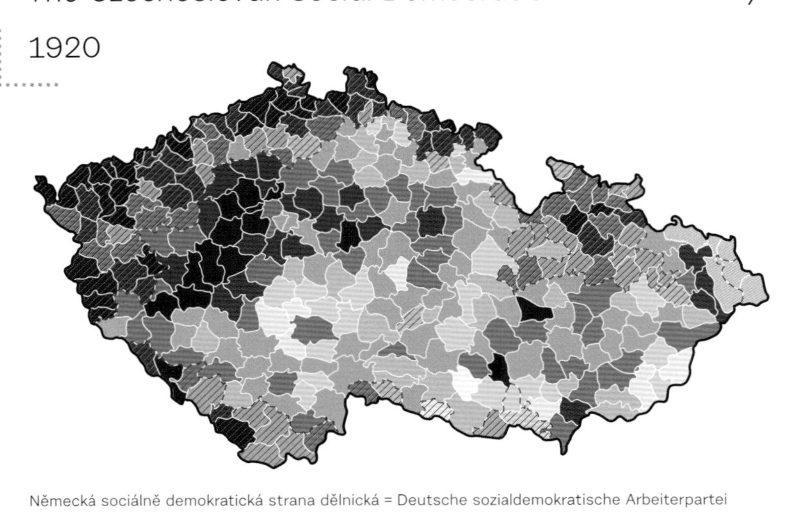

1929

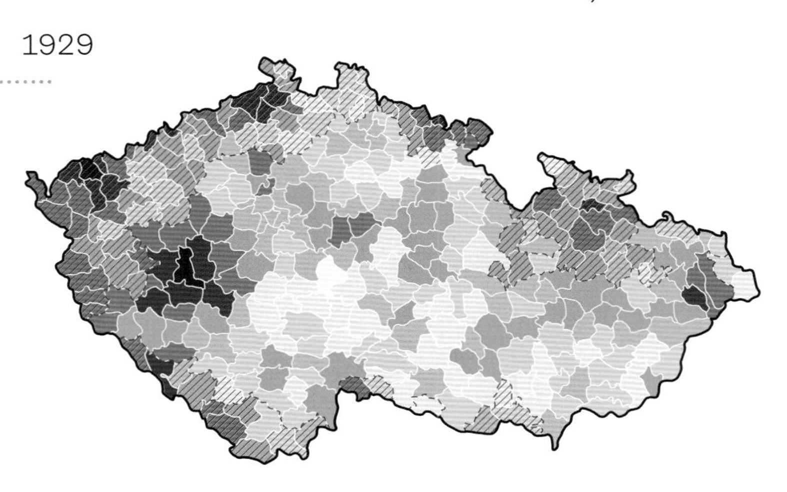

Podíl hlasů strany ze všech platných hlasů (v %)
Share of votes from total valid votes (in %)

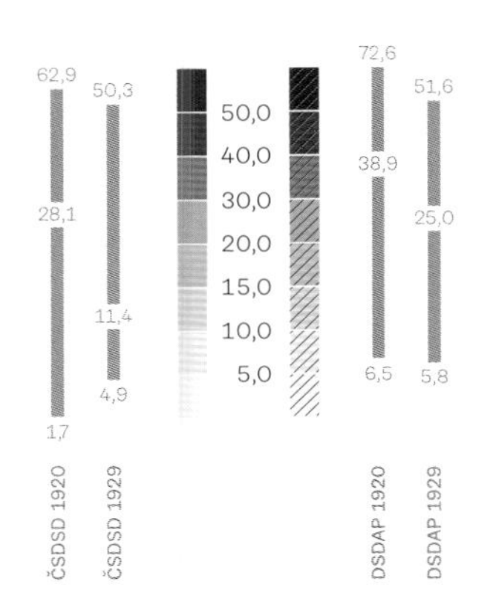
62,9
50,3
28,1
11,4
1,7
4,9
50,0
40,0
30,0
20,0
15,0
10,0
5,0
72,6
51,6
38,9
25,0
6,5
5,8
ČSDSD 1920
ČSDSD 1929
DSDAP 1920
DSDAP 1929

Německá sociálně demokratická strana dělnická = Deutsche sozialdemokratische Arbeiterpartei

Volby se v okrese nekonaly.
No elections in the district.

Okresy s podílem obyvatelstva německé národnosti vyšším než 50 % v roce 1930.
Districts with share of German population higher than 50% in 1930.

Československá sociálně demokratická strana dělnická

The Czechoslovak Social Democratic Workers' Party

1925

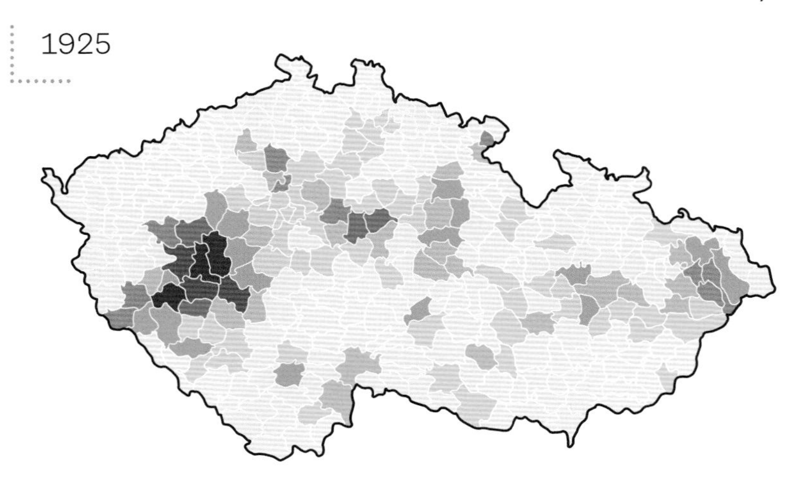

1946

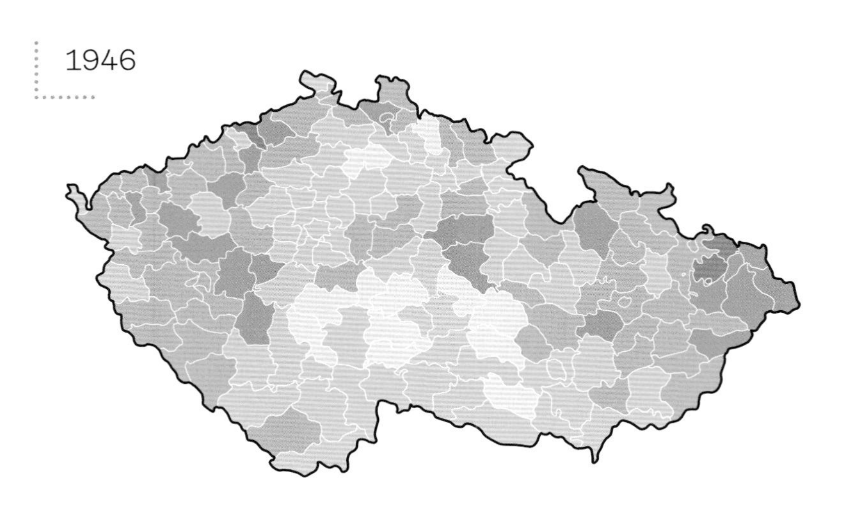

Podíl hlasů strany ze všech platných hlasů (v %)
Share of votes from total valid votes (in %)

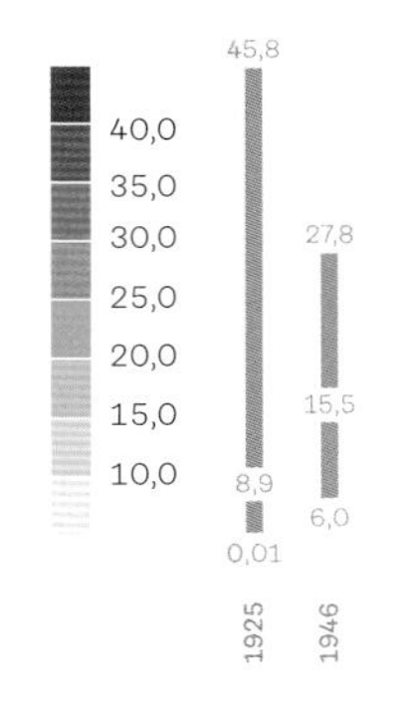
45,8
40,0
35,0
30,0
25,0
20,0
15,0
10,0
27,8
15,5
8,9
6,0
0,01
1925
1946

Česká strana sociálně demokratická

The Czech Social Democratic Party

1992

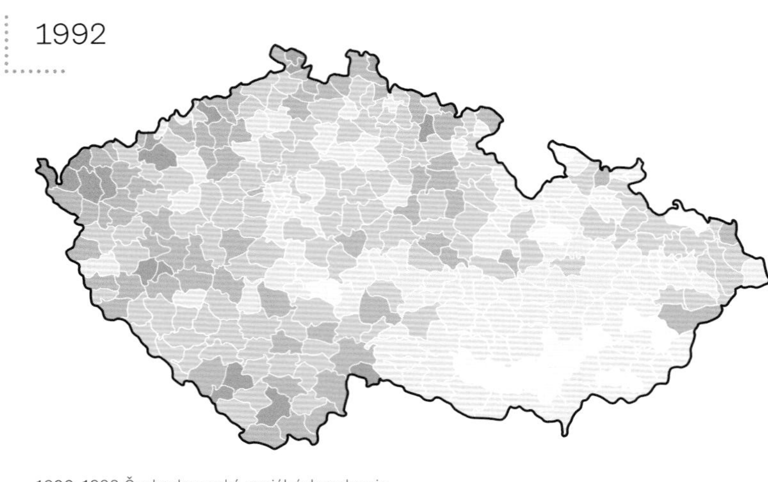

1996

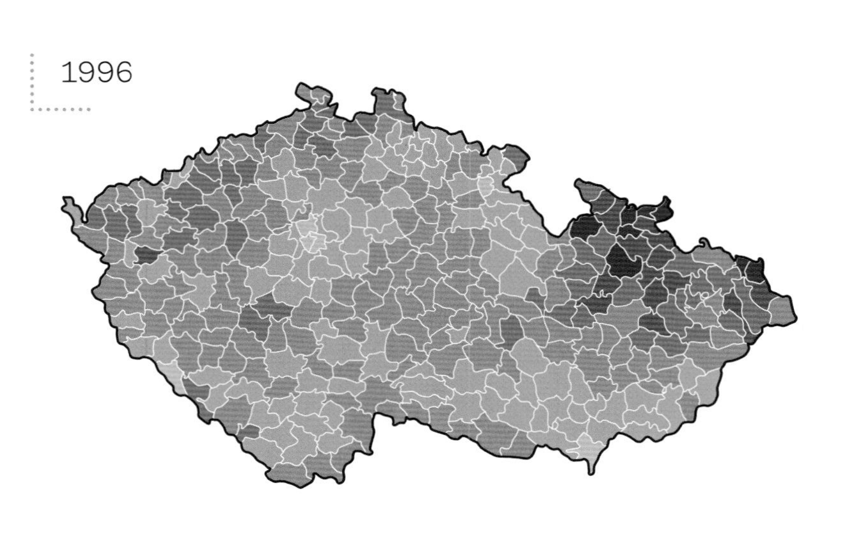

Podíl hlasů strany ze všech platných hlasů (v %)
Share of votes from total valid votes (in %)

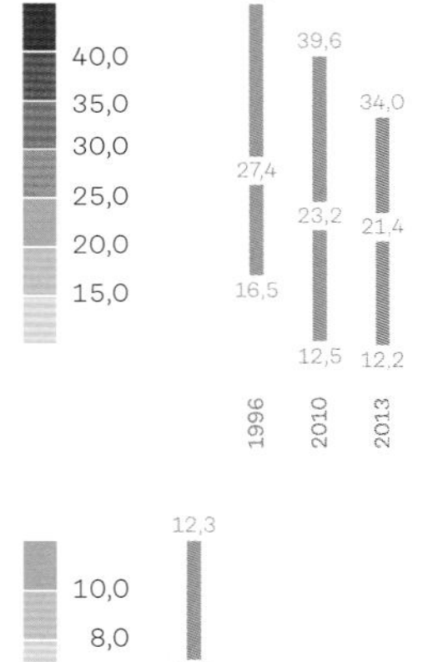
47,0
39,6
34,0
40,0
35,0
30,0
25,0
20,0
15,0
27,4
23,2
21,4
16,5
12,5
12,2
1996
2010
2013

1990–1993 Československá sociální demokracie
1990–1993 Czechoslovak Social Democratic Party

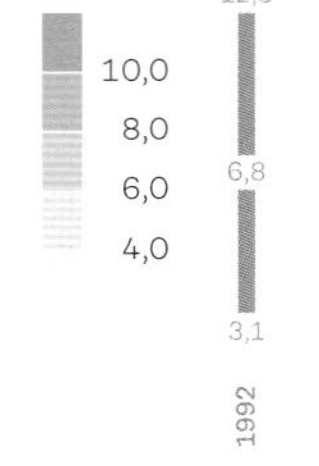
12,3
10,0
8,0
6,0
4,0
6,8
3,1
1992

2010

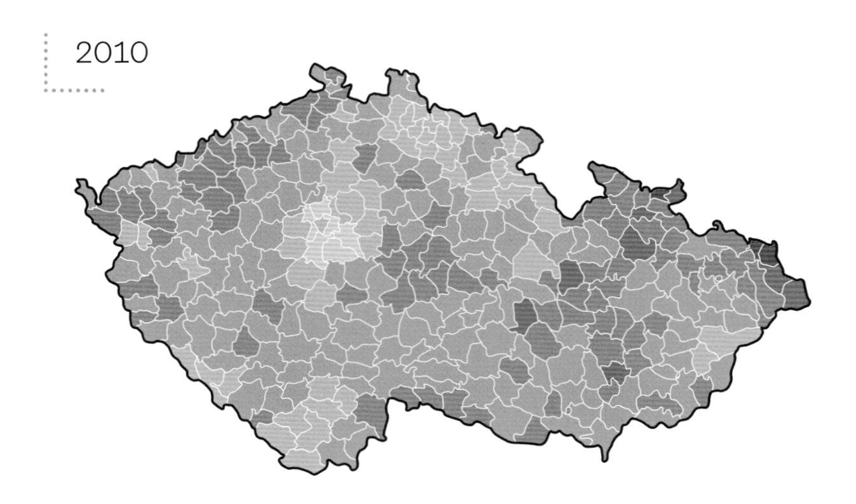

2013

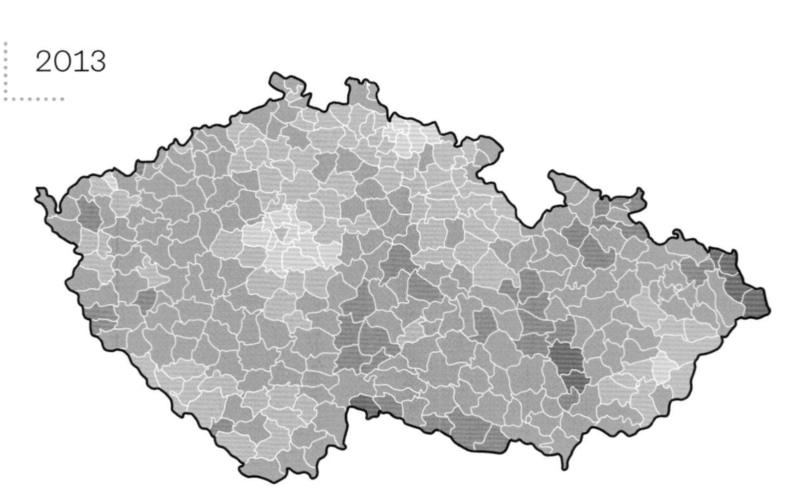

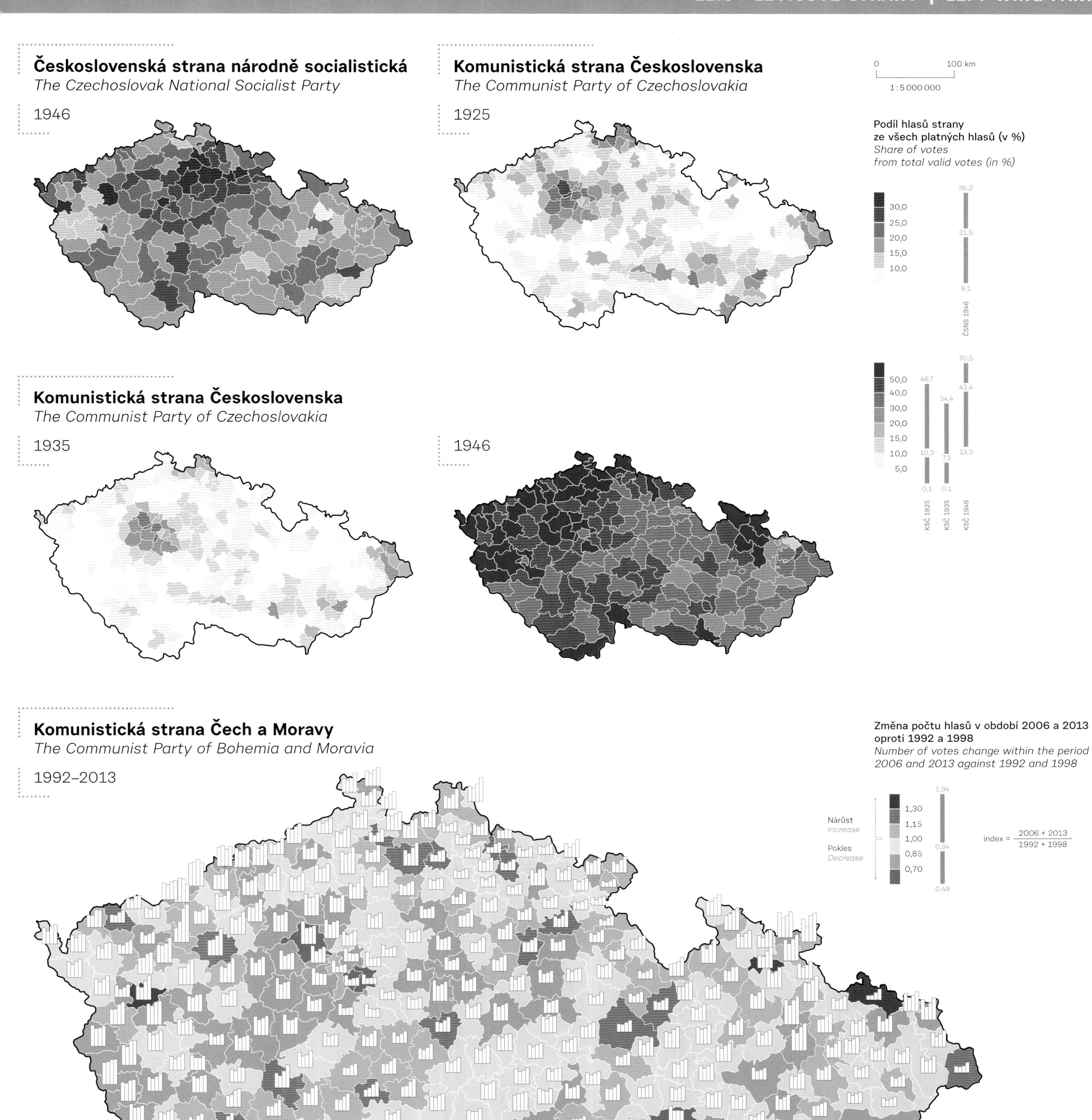

Československá strana národně socialistická
The Czechoslovak National Socialist Party
1946
Komunistická strana Československa
The Communist Party of Czechoslovakia
1925
0
100 km
1:5 000 000
Podíl hlasů strany
ze všech platných hlasů (v %)
Share of votes
from total valid votes (in %)
30,0
25,0
20,0
15,0
10,0
36,2
21,5
9,1
ČSNS 1946
Komunistická strana Československa
The Communist Party of Czechoslovakia
1935
1946
50,0
40,0
30,0
20,0
15,0
10,0
5,0
46,7
10,3
0,1
34,4
7,3
0,1
70,5
43,4
13,3
KSČ 1925
KSČ 1935
KSČ 1946
Komunistická strana Čech a Moravy
The Communist Party of Bohemia and Moravia
1992–2013
Změna počtu hlasů v období 2006 a 2013 oproti 1992 a 1998
Number of votes change within the period 2006 and 2013 against 1992 and 1998
Nárůst
Increase
Pokles
Decrease
1,30
1,15
1,00
0,85
0,70
1,94
0,94
0,49
index = (2006 + 2013) / (1992 + 1998)
Podíl hlasů strany
ze všech platných hlasů (v %)
Share of votes
from total valid votes (in %)
50 %
40
30
20
10
0
1992
1998
2006
2013
0
50 km
1:2 000 000

Československá strana lidová a Německá křesťansko-sociální strana lidová

The Czechoslovak People's Party and The German Christian Social People's Party

1920

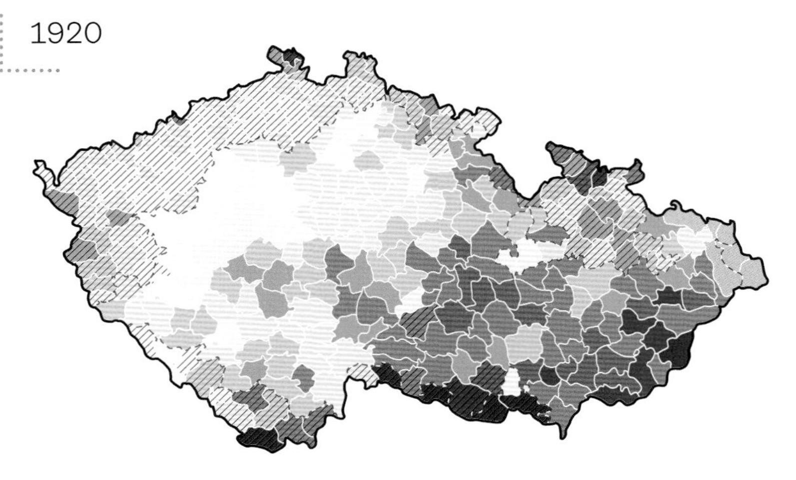

1929

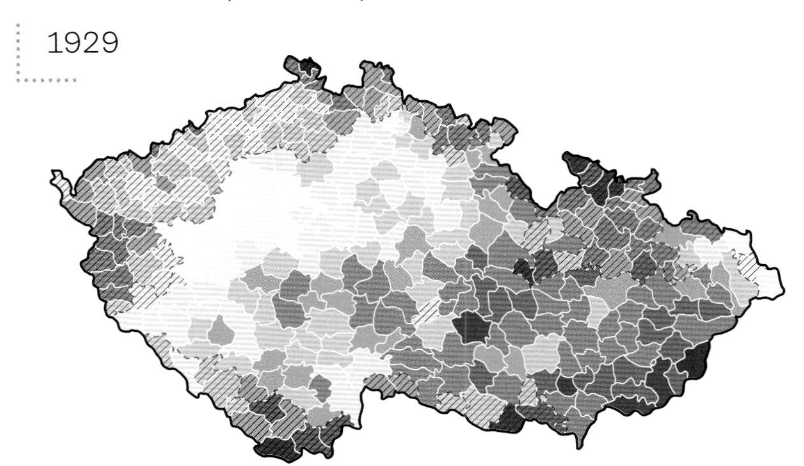

Německá křesťansko-sociální strana lidová = Deutsche Christlichsoziale Volkspartei

0 100 km

1:5 000 000

Podíl hlasů strany ze všech platných hlasů (v %)

Share of votes from total valid votes (in %)

55,1 55,5 78,8 52,3

50,0

40,0

30,0

20,0

15,0

10,0

5,0

15,5 16,8 13,5 18,3

1,2 0,9 1,8 3,6

ČSL 1920 ČSL 1929 DCV 1920 DCV 1929

Volby se v okrese nekonaly.

No elections in the district.

Okresy s podílem obyvatelstva německé národnosti vyšším než 50 % v roce 1930.

Districts with share of German population higher than 50% in 1930.

Československá strana lidová

The Czechoslovak People's Party

1946

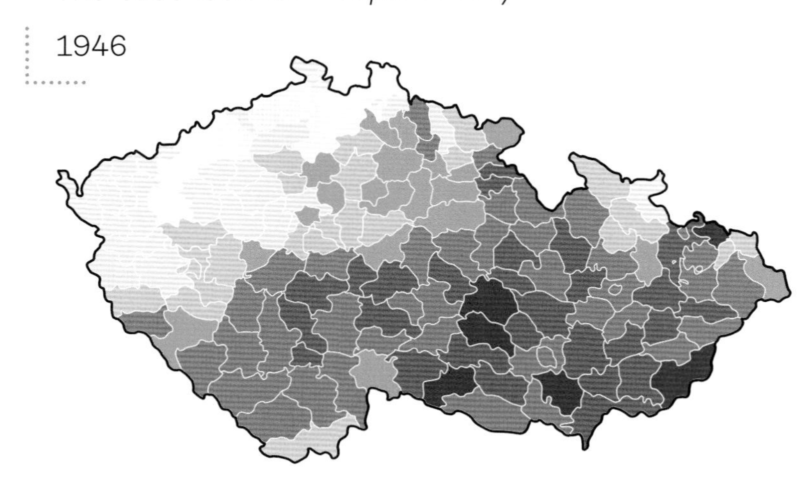

Židovská strana

The Jewish Party

1925

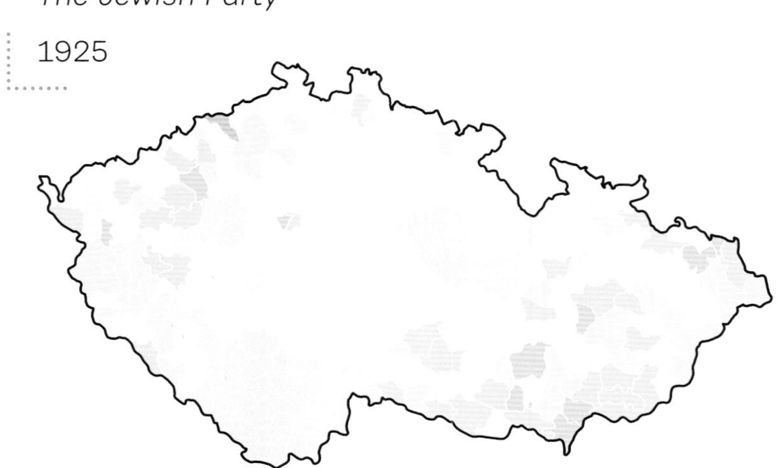

Podíl hlasů strany ze všech platných hlasů (v %)

Share of votes from total valid votes (in %)

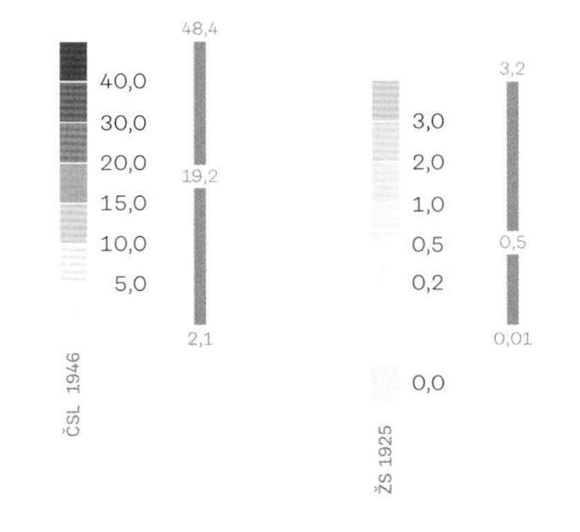
48,4
40,0
30,0
20,0
15,0
10,0
5,0
19,2
2,1
ČSL 1946
3,2
3,0
2,0
1,0
0,5
0,2
0,5
0,01
0,0
ŽS 1925

Křesťanská a demokratická unie – Československá strana lidová

Christian and Democratic Union – Czechoslovak People's Party

Změna počtu hlasů v období 2006 a 2013 oproti 1992 a 1998

Number of vote changes within the period 2006 and 2013 against 1992 and 1998

Nárůst *Increase*

Pokles *Decrease*

1,27

1,20

1,15

1,00

0,70

0,50

0,57

0,06

$$\text{index} = \frac{2006 + 2013}{1992 + 1998}$$

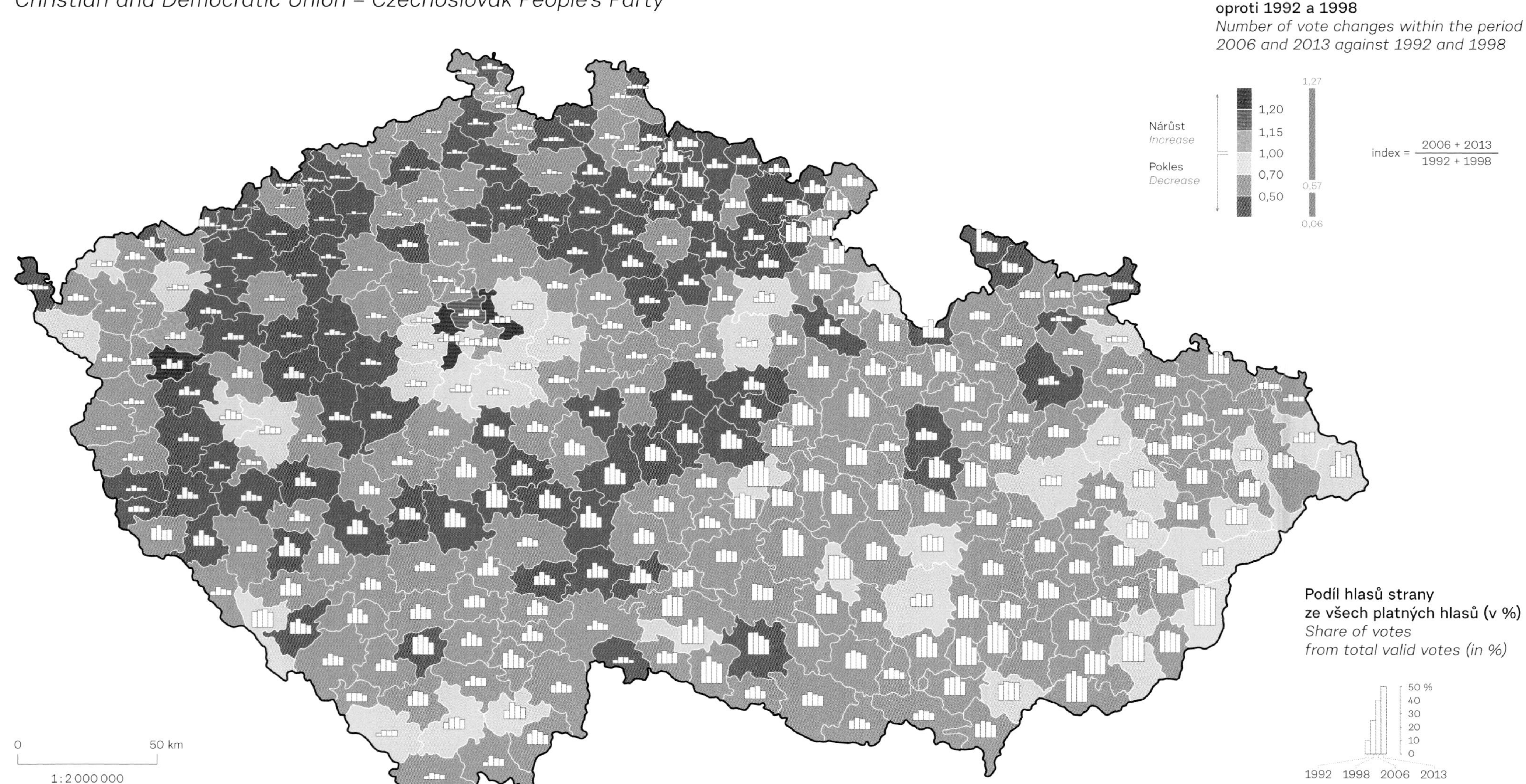
0 50 km
1:2 000 000
Podíl hlasů strany ze všech platných hlasů (v %)
Share of votes from total valid votes (in %)
50 %
40
30
20
10
0
1992 1998 2006 2013

Československá strana národně demokratická
The Czechoslovak National Democratic Party

1920

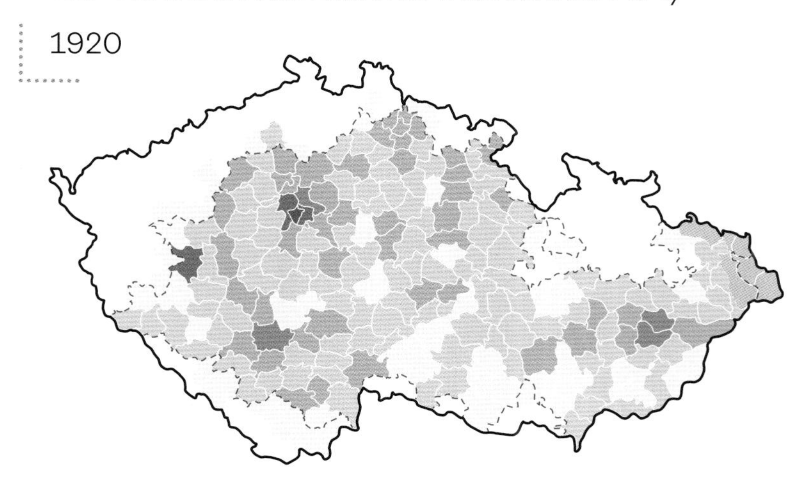

1929

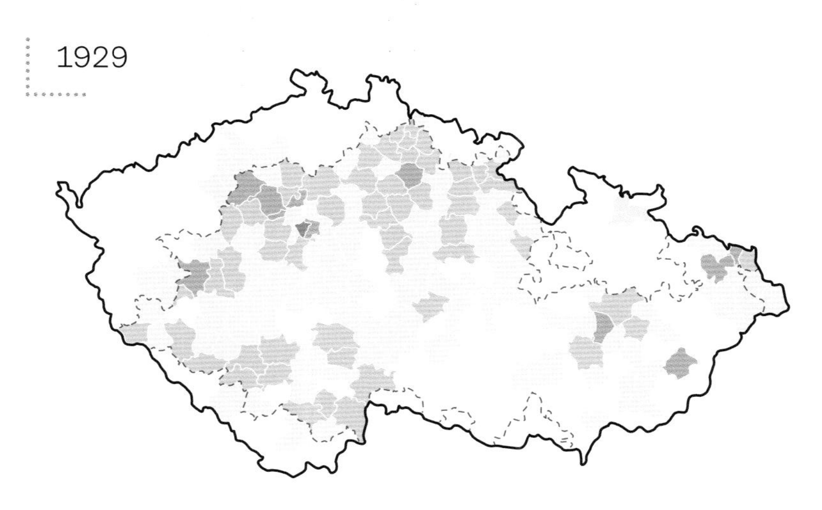

0
100 km
1 : 5 000 000

Podíl hlasů strany ze všech platných hlasů (v %)
Share of votes from total valid votes (in %)

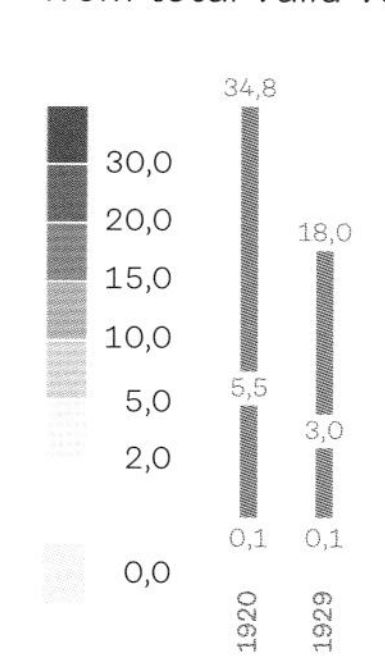
30,0
20,0
15,0
10,0
5,0
2,0
0,0
34,8
5,5
0,1
18,0
3,0
0,1
1920
1929

Volby se v okrese nekonaly.
No elections in the district.

Okresy s podílem obyvatelstva německé národnosti vyšším než 50 % v roce 1930.
Districts with share of German population higher than 50% in 1930.

Občanská demokratická strana
Civic Democratic Party

1992

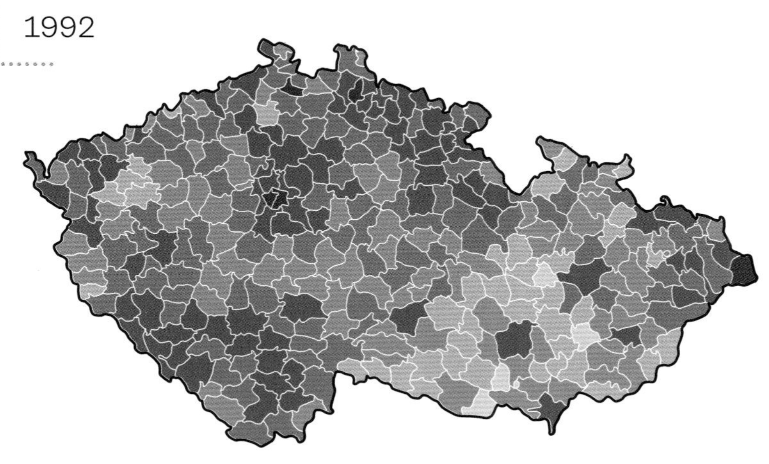

2006

Podíl hlasů strany ze všech platných hlasů (v %)
Share of votes from total valid votes (in %)

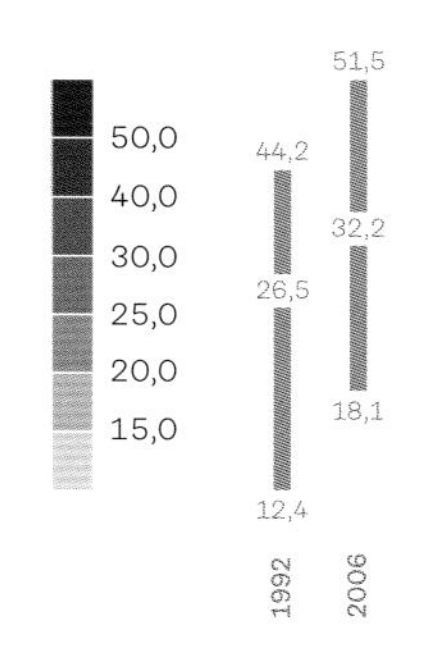
50,0
40,0
30,0
25,0
20,0
15,0
44,2
26,5
12,4
51,5
32,2
18,1
1992
2006

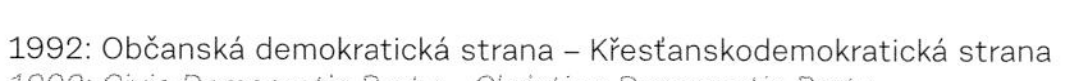

1992: Občanská demokratická strana – Křesťanskodemokratická strana
1992: Civic Democratic Party – Christian Democratic Party

Občanská demokratická aliance
Civic Democratic Alliance

1992

TOP 09
TOP 09

2010

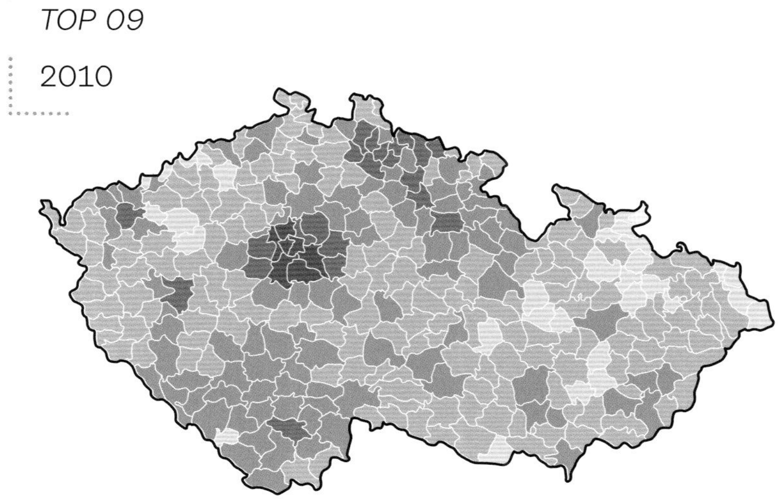

Podíl hlasů strany ze všech platných hlasů (v %)
Share of votes from total valid votes (in %)

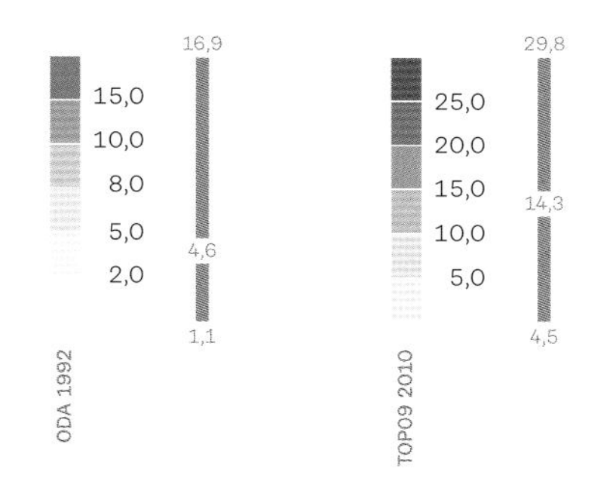
15,0
10,0
8,0
5,0
2,0
16,9
4,6
1,1
ODA 1992
25,0
20,0
15,0
10,0
5,0
29,8
14,3
4,5
TOP09 2010

Sdružení pro republiku – Republikánská strana Československa
Coalition for Republic – Republican Party of Czechoslovakia

1992

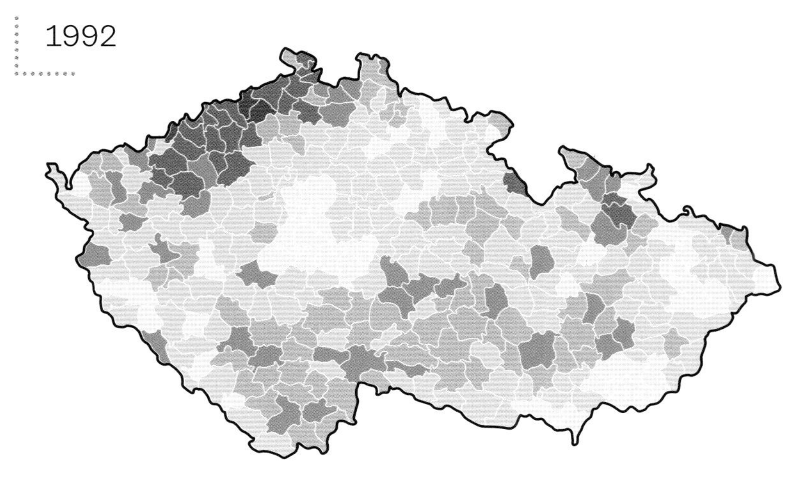

1998

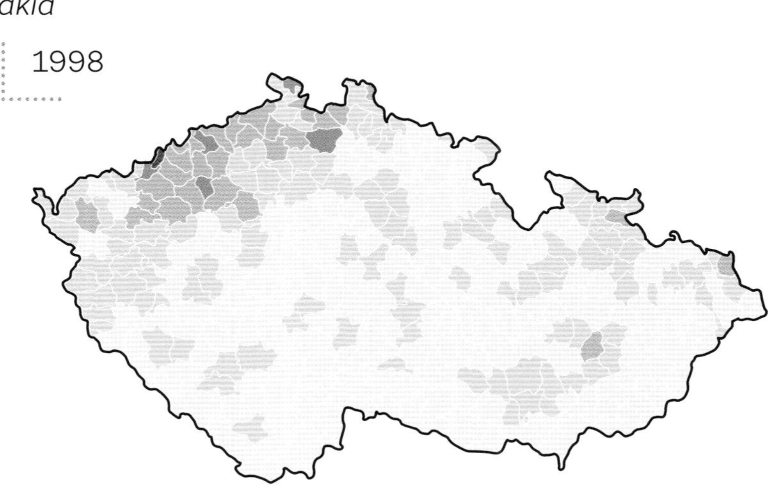

Podíl hlasů strany ze všech platných hlasů (v %)
Share of votes from total valid votes (in %)

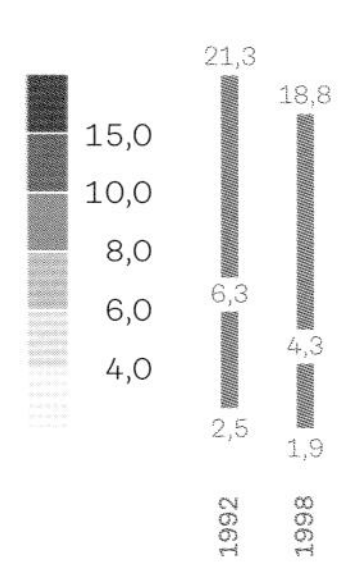
15,0
10,0
8,0
6,0
4,0
21,3
6,3
2,5
18,8
4,3
1,9
1992
1998

Stavovské strany
Estate-based parties

0 100 km
1 : 5 000 000

Republikánská strana zemědělského a malorolnického lidu a Německý svaz zemědělců (Bund der Landwirte)
The Republican Party of Agricultural and Smallholder People and Farmers' League (German)

1920

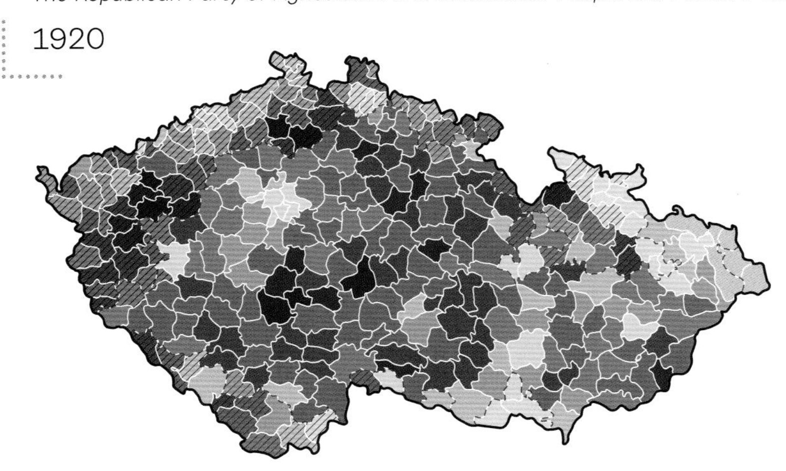

1929

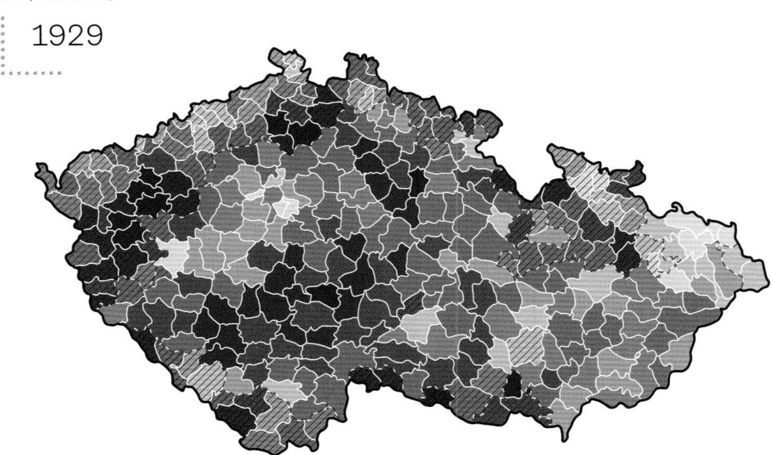

Podíl hlasů strany ze všech platných hlasů (v %)
Share of votes from total valid votes (in %)

54,7 55,2 59,7 67,9
21,8 24,2 19,6 26,0
0,1 1,6 0,4 1,6
50,0
40,0
30,0
20,0
15,0
10,0
5,0
0,0
RSZML 1920 RSZML 1929 BdL 1920 BdL 1929

Volby se v okrese nekonaly.
No elections in the district.

Okresy s podílem obyvatelstva německé národnosti vyšším než 50 % v roce 1930.
Districts with share of German population higher than 50% in 1930.

Strana československých podnikatelů, živnostníků a rolníků
Party of Czechoslovak Entrepreneurs, Skilled Trades and Farmers

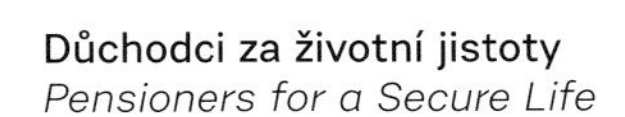

Důchodci za životní jistoty
Pensioners for a Secure Life

1992

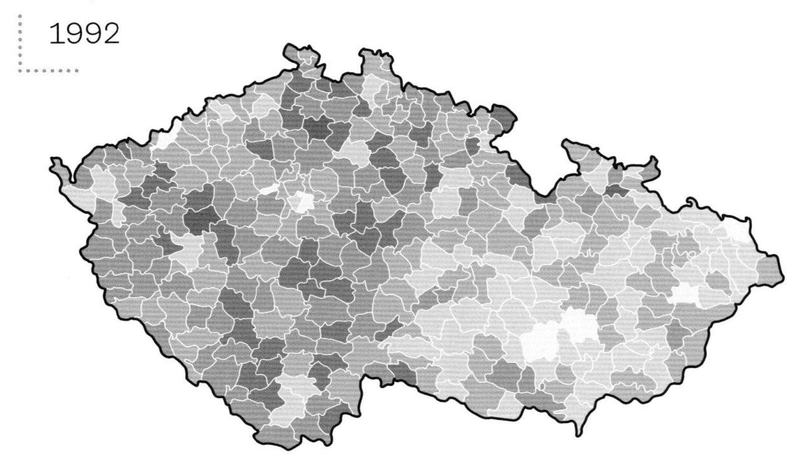

1996

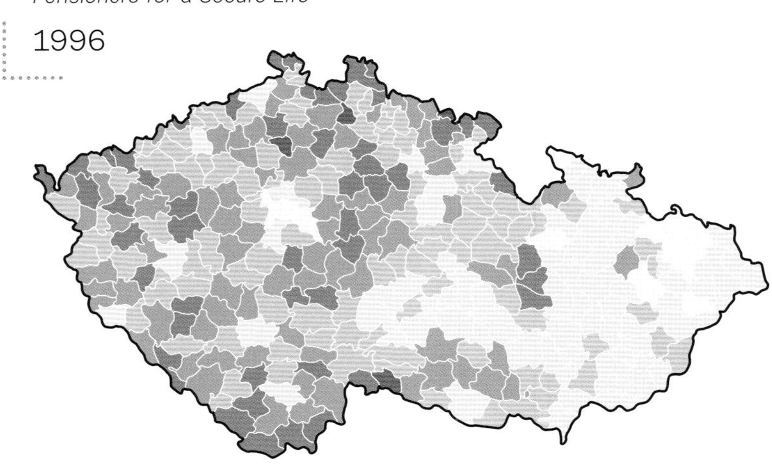

Podíl hlasů strany ze všech platných hlasů (v %)
Share of votes from total valid votes (in %)

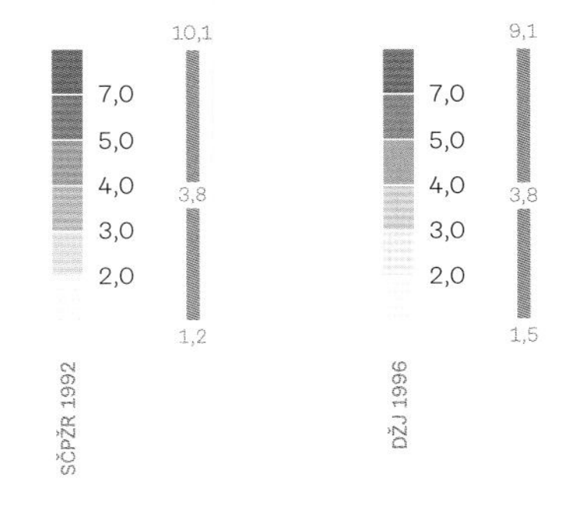
10,1
7,0
5,0
4,0
3,8
3,0
2,0
1,2
SČPŽR 1992
9,1
7,0
5,0
4,0
3,8
3,0
2,0
1,5
DŽJ 1996

Etnické strany
Ethnic parties

Německá volební pospolitost (Deutsche Wahlgemeinschaft)
German electoral community

1920

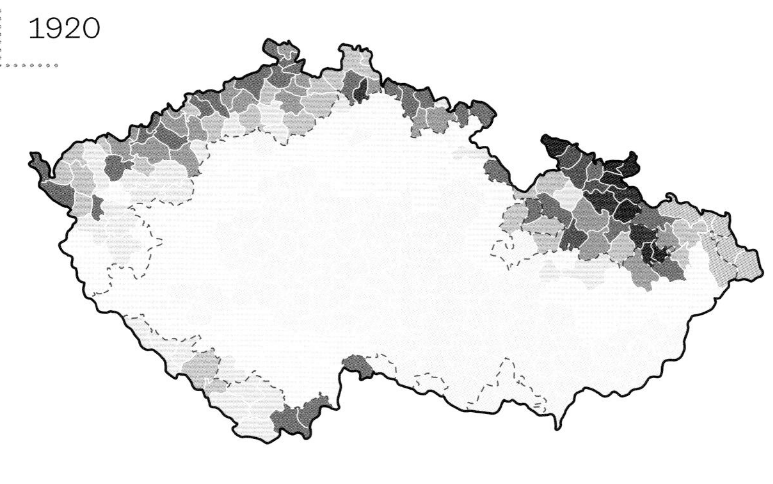

Sudetoněmecká strana (Sudetendeutsche Partei)
Sudeten German Party

1935

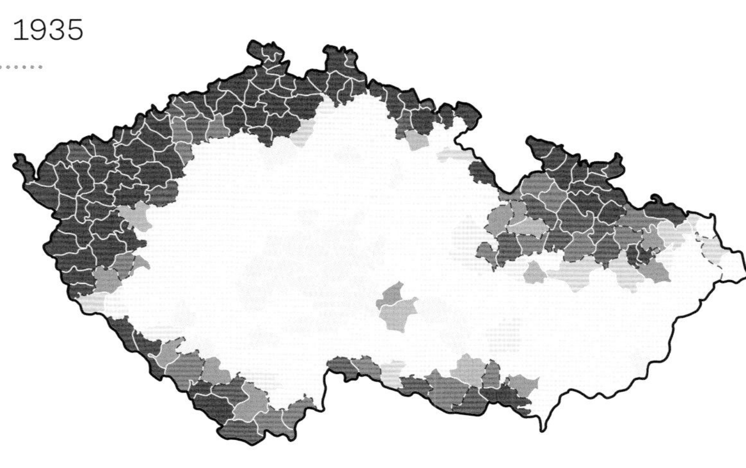

Podíl hlasů strany ze všech platných hlasů (v %)
Share of votes from total valid votes (in %)

59,3 78,2
50,0
40,0
30,0
20,0
15,0
10,0
5,0
0,0
11,0 24,3
0,1 0,1
DW 1920 SDP 1935

Volby se v okrese nekonaly.
No elections in the district.

Okresy s podílem obyvatelstva německé národnosti vyšším než 50 % v roce 1930.
Districts with share of German population higher than 50% in 1930.

Německá národně socialistická strana dělnická (Deutsche Nationalsozialistische Arbeiterpartei) *German National Socialist Workers' Party*

Dělnická strana sociální spravedlnosti
Workers' Party of Social Justice

1929

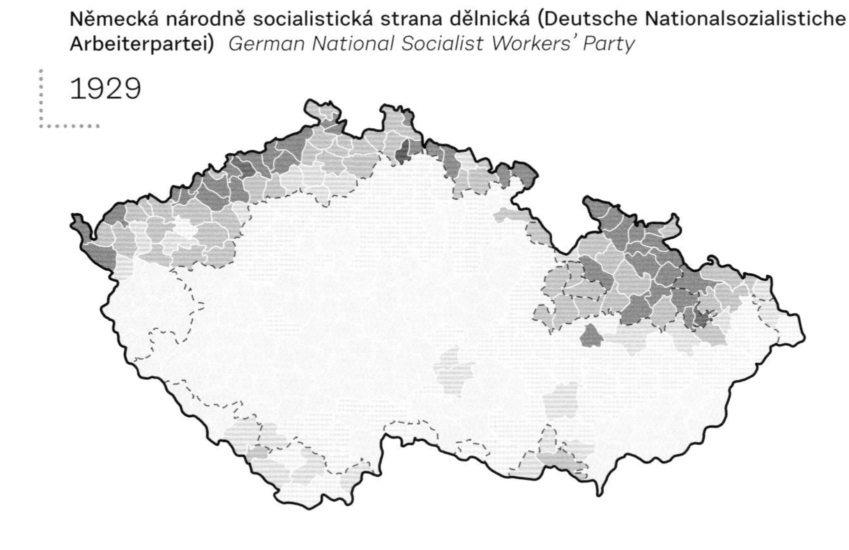

2013

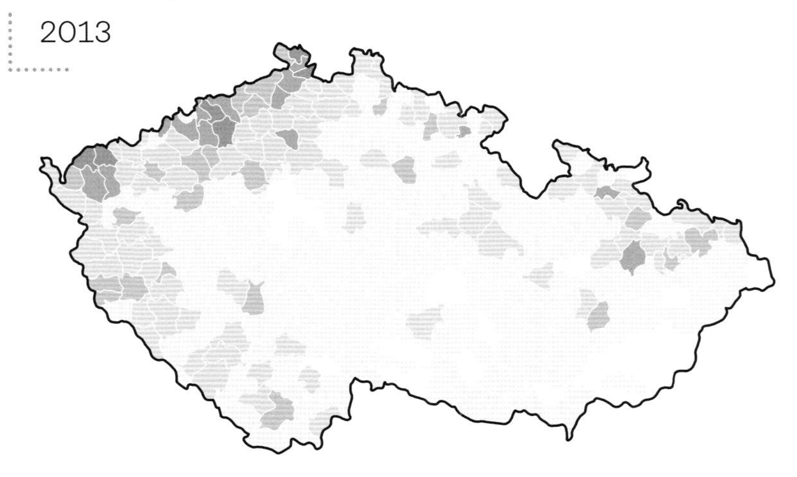

Podíl hlasů strany ze všech platných hlasů (v %)
Share of votes from total valid votes (in %)

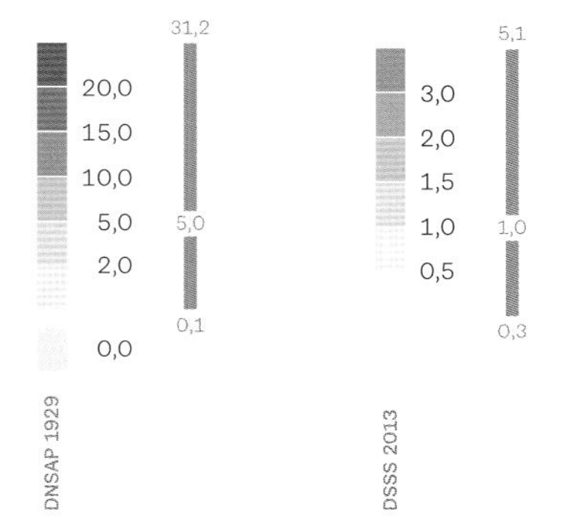
31,2
20,0
15,0
10,0
5,0
2,0
0,1
0,0
DNSAP 1929
5,1
3,0
2,0
1,5
1,0
0,5
0,3
DSSS 2013

Tematicky vymezené strany
Thematic focus parties

Hnutí za samosprávnou demokracii – Společnost pro Moravu a Slezsko
Movement for Autonomous Democracy – Party for Moravia and Silesia

1992

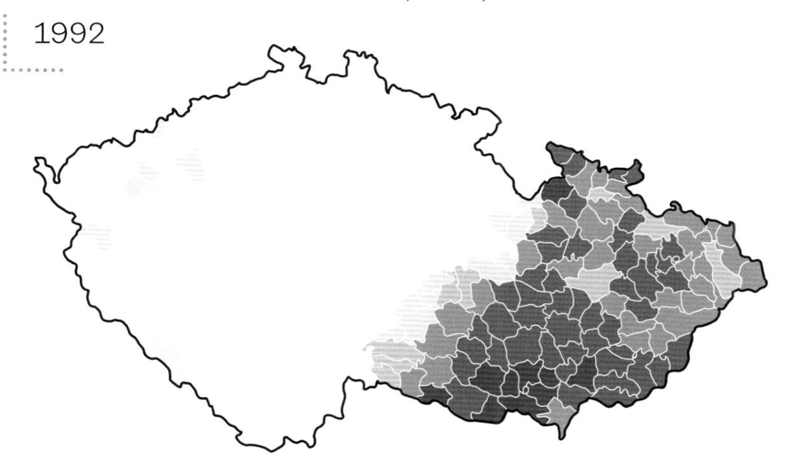

Hnutí samosprávné Moravy a Slezska
Movement for Self-Governing Democracy of Moravia and Silesia

1996

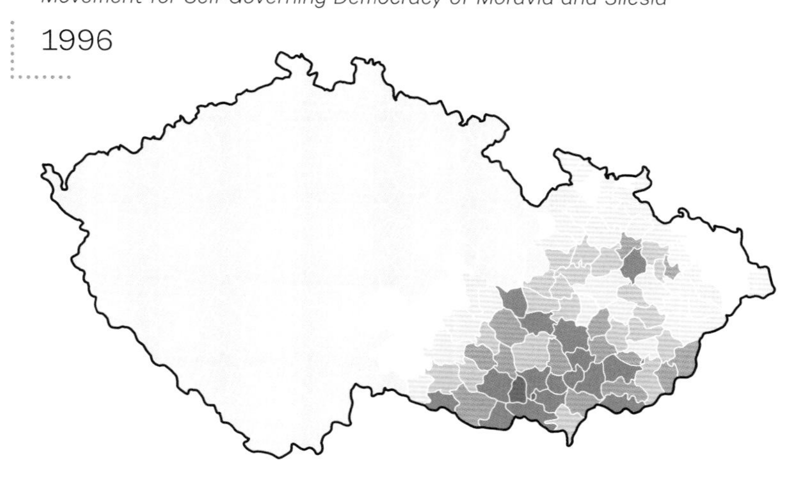

0 100 km
1 : 5 000 000

Podíl hlasů strany ze všech platných hlasů (v %)
Share of votes from total valid votes (in %)

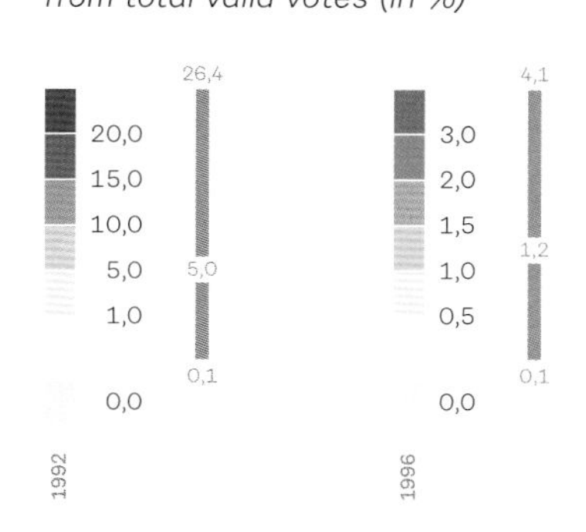
20,0
15,0
10,0
5,0
1,0
0,0
26,4
5,0
0,1
1992
3,0
2,0
1,5
1,0
0,5
0,0
4,1
1,2
0,1
1996

Strana přátel piva
Friends of Beer Party

1992

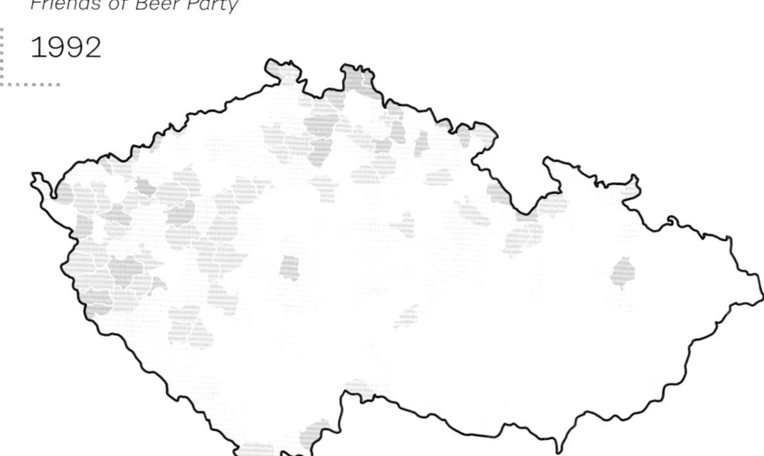

Česká pirátská strana
Czech Pirate Party

2013

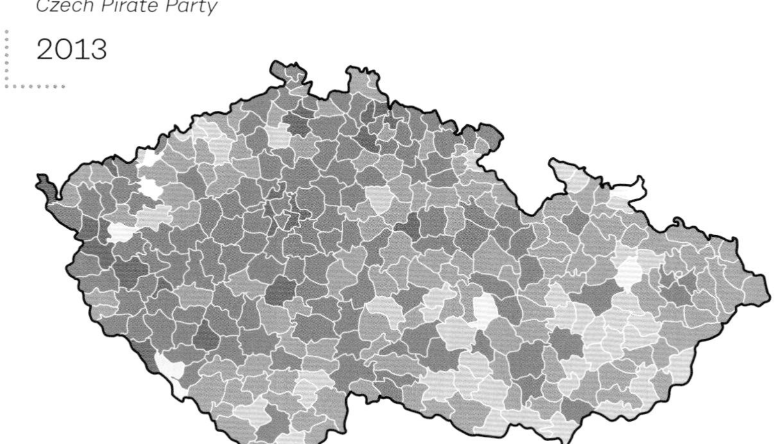

Podíl hlasů strany ze všech platných hlasů (v %)
Share of votes from total valid votes (in %)

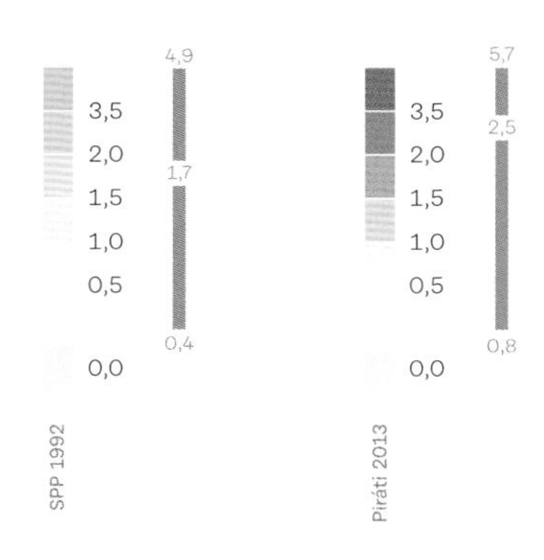
3,5
2,0
1,5
1,0
0,5
0,0
4,9
1,7
0,4
SPP 1992
5,7
2,5
0,8
Piráti 2013

Volební účast
Electoral participation

Účast ve volbách do Sněmovny lidu Federálního shromáždění
Participation in elections to the Chamber of People of Federal Assembly

1992

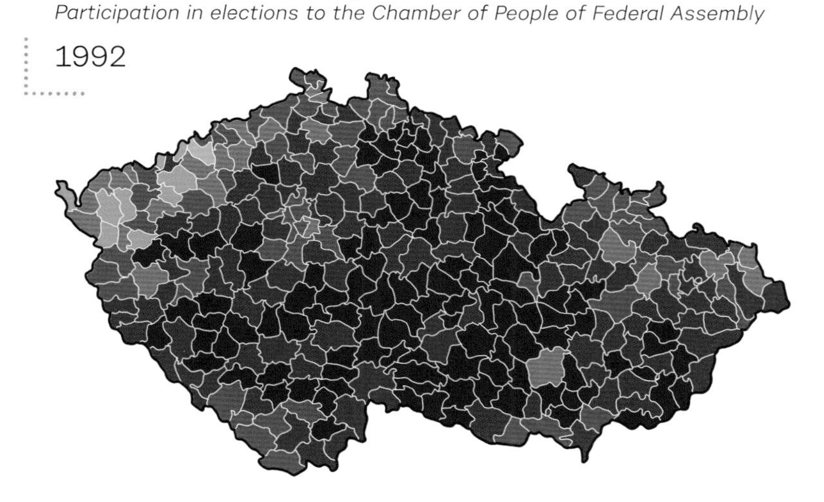

Účast ve volbách do Poslanecké sněmovny Parlamentu České republiky
Participation in elections to Chamber of Deputies of the Parliament of the Czech Republic

2006

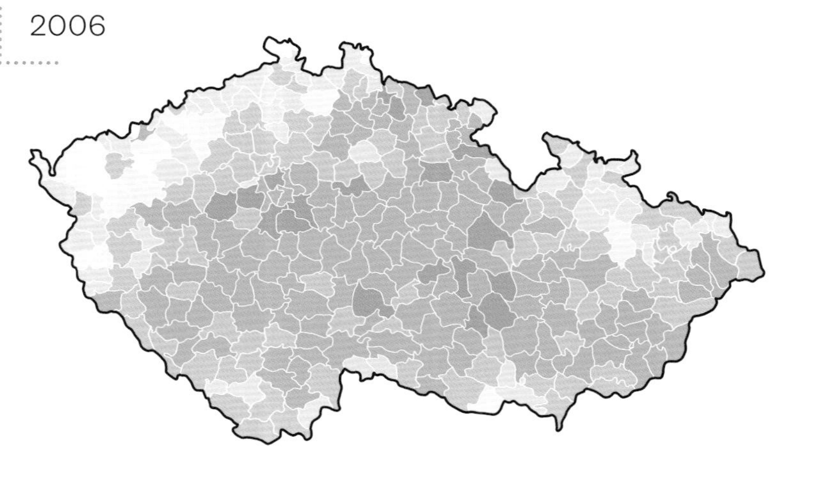

Volební účast (v %)
Electoral participation (in %)

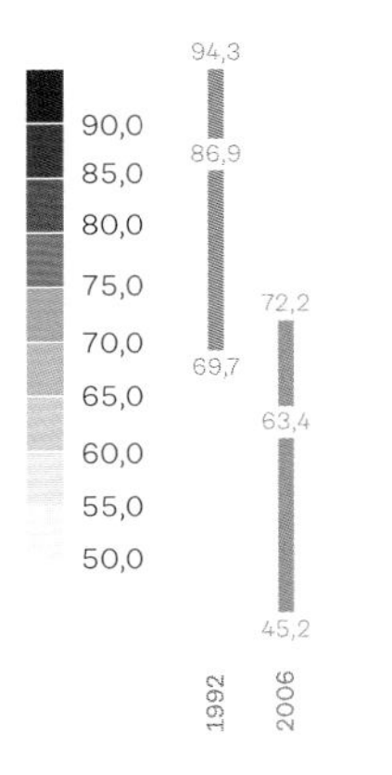
90,0
85,0
80,0
75,0
70,0
65,0
60,0
55,0
50,0
94,3
86,9
69,7
72,2
63,4
45,2
1992
2006

Prezidentské volby – volební účast (1. kolo)
Presidential elections – electoral participation (1st round)

2013

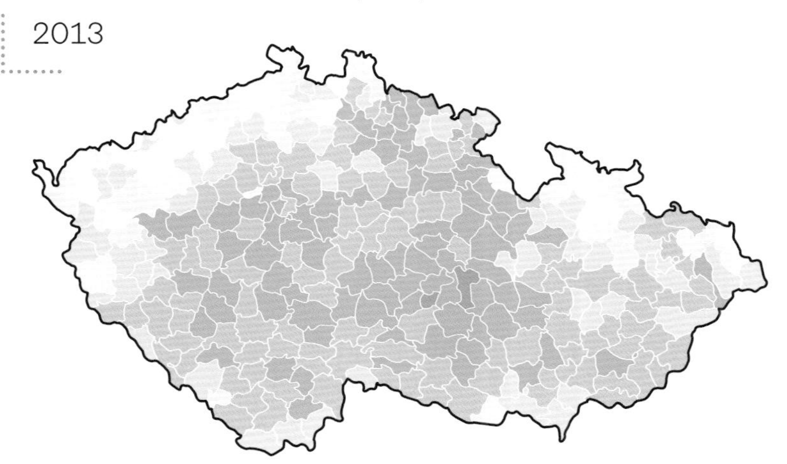

Prezidentské volby – výsledky voleb (2. kolo, M. Zeman a K. Schwarzenberg)
Presidential elections – electoral results (2nd round, M. Zeman and K. Schwarzenberg)

2013

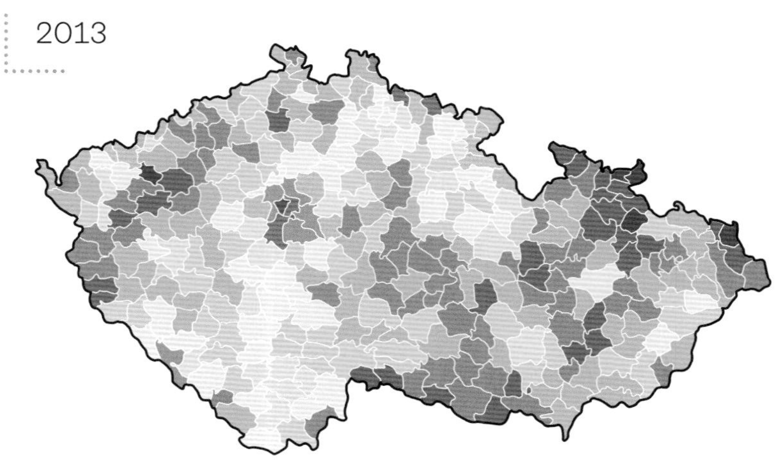

Volební účast (1. kolo, v %)
Electoral participation (1st round, in %)

70,0
65,0
60,0
55,0
50,0
71,0
60,6
37,6

Podíl hlasů (2. kolo, v %)
Share of votes (2nd round, in %)

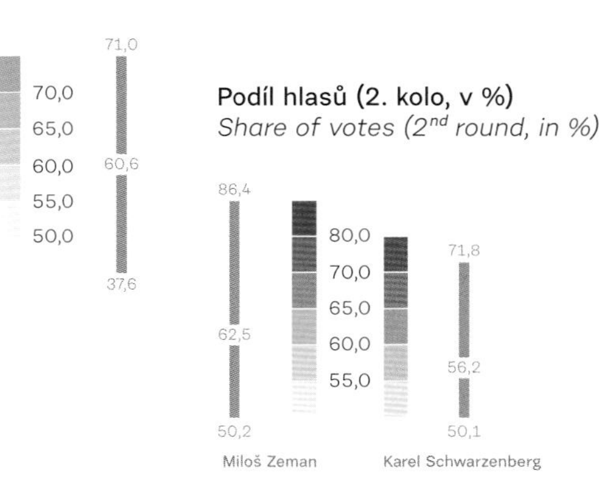
86,4
62,5
50,2
80,0
70,0
65,0
60,0
55,0
71,8
56,2
50,1
Miloš Zeman
Karel Schwarzenberg

12

Struktura osídlení
Settlement Structure

Garant oddílu
Section Editor
Martin Ouředníček

Zdroje dat
Data sources

12.1 11, 72, 73
12.2 30, 33, 34, 35, 36, 38, 42
12.3 31, 32
12.4 39, 41, 73, 114
12.5 73, 108

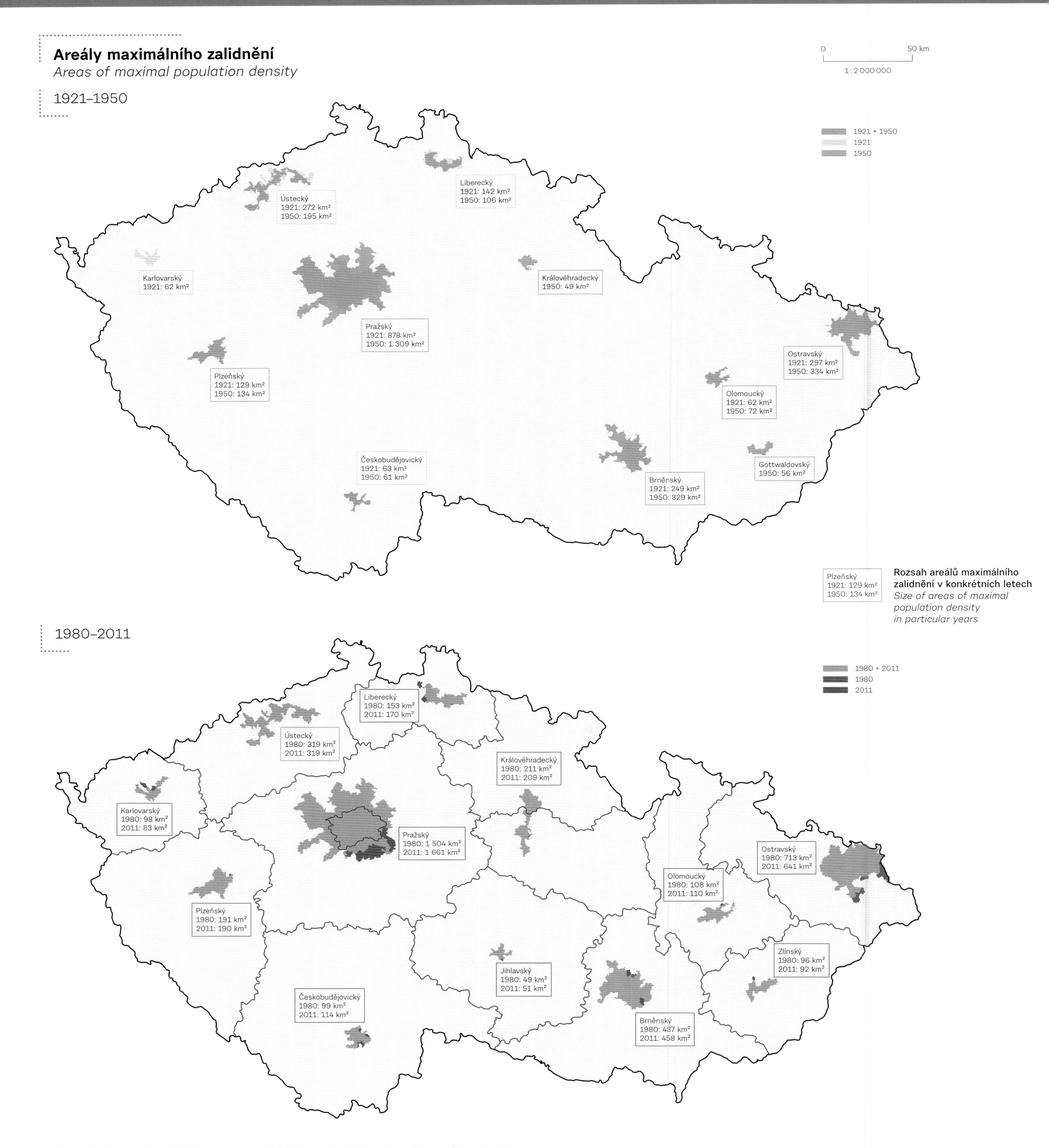
Areály maximálního zalidnění
Areas of maximal population density
1921–1950
0
50 km
1 : 2 000 000
1921 + 1950
1921
1950
Ústecký
1921: 272 km²
1950: 195 km²
Liberecký
1921: 142 km²
1950: 106 km²
Karlovarský
1921: 62 km²
Královéhradecký
1950: 49 km²
Pražský
1921: 878 km²
1950: 1 309 km²
Ostravský
1921: 297 km²
1950: 334 km²
Plzeňský
1921: 129 km²
1950: 134 km²
Olomoucký
1921: 62 km²
1950: 72 km²
Českobudějovický
1921: 63 km²
1950: 61 km²
Gottwaldovský
1950: 56 km²
Brněnský
1921: 249 km²
1950: 329 km²
Plzeňský
1921: 129 km²
1950: 134 km²
Rozsah areálů maximálního zalidnění v konkrétních letech
Size of areas of maximal population density in particular years
1980–2011
1980 + 2011
1980
2011
Liberecký
1980: 153 km²
2011: 170 km²
Ústecký
1980: 319 km²
2011: 319 km²
Královéhradecký
1980: 211 km²
2011: 209 km²
Karlovarský
1980: 98 km²
2011: 83 km²
Pražský
1980: 1 504 km²
2011: 1 661 km²
Ostravský
1980: 713 km²
2011: 641 km²
Olomoucký
1980: 108 km²
2011: 110 km²
Plzeňský
1980: 191 km²
2011: 190 km²
Zlínský
1980: 96 km²
2011: 92 km²
Jihlavský
1980: 49 km²
2011: 51 km²
Českobudějovický
1980: 99 km²
2011: 114 km²
Brněnský
1980: 437 km²
2011: 458 km²

Poznámka: Areály maximálního zalidnění jsou vymezeny na základě údajů za části obcí z Historického lexikonu obcí (stav k roku 2005, aktualizováno pro rok 2011) podle upravené Korčákovy (1966) definice (rozloha minimálně 45 km² a hustota zalidnění právě 1 000 obyvatel na km²). Části obcí jsou načítány tak, aby území vytvářelo největší možný kompaktní areál při dosažení kritické hustoty zalidnění.
Note: Areas of maximal population density are delimited on the basis of municipal parts data published in Historical lexicon of municipalities (from 2005, update to 2011) by modified Korčák's (1966) definition (at least 45 sq km and population density 1,000 inhabitants per 1 sq km exactly). The settlements are gradually added to reach maximal possible compact area and given critical population density.

Areály maximálního zalidnění ve velkých městech, 1921–2011
Areas of maximal population density in large cities, 1921–2011

Praha

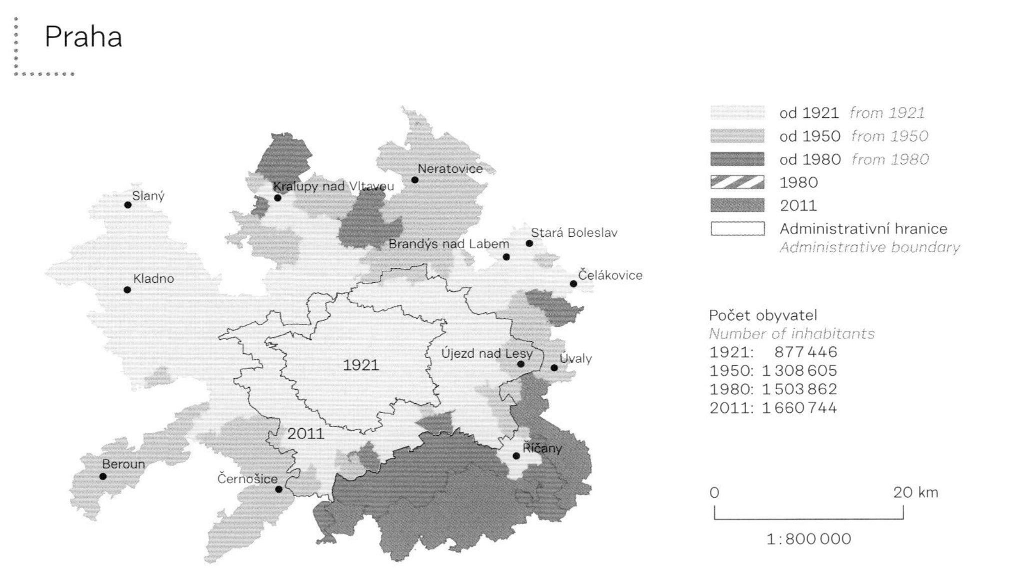
Slaný
Kralupy nad Vltavou
Neratovice
Brandýs nad Labem
Stará Boleslav
Čelákovice
Kladno
1921
Újezd nad Lesy
Úvaly
2011
Říčany
Beroun
Černošice
od 1921 *from 1921*
od 1950 *from 1950*
od 1980 *from 1980*
1980
2011
Administrativní hranice *Administrative boundary*
Počet obyvatel *Number of inhabitants*
1921: 877 446
1950: 1 308 605
1980: 1 503 862
2011: 1 660 744
0
20 km
1 : 800 000

Brno

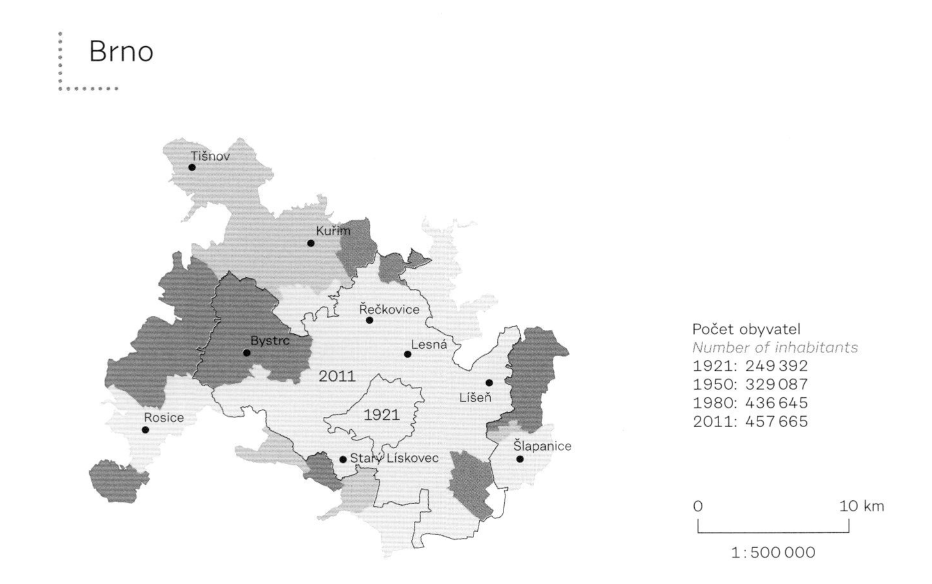
Tišnov
Kuřim
Řečkovice
Bystrc
Lesná
2011
1921
Líšeň
Rosice
Starý Lískovec
Šlapanice
Počet obyvatel *Number of inhabitants*
1921: 249 392
1950: 329 087
1980: 436 645
2011: 457 665
0
10 km
1 : 500 000

Ostrava

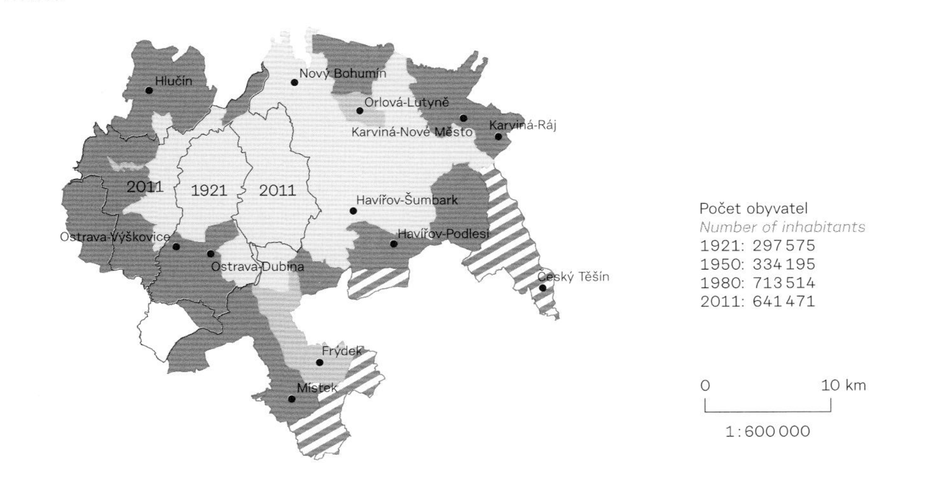
Hlučín
Nový Bohumín
Orlová-Lutyně
Karviná-Nové Město
Karviná-Ráj
2011
1921
2011
Havířov-Šumbark
Ostrava-Výškovice
Havířov-Podlesí
Ostrava-Dubina
Český Těšín
Frýdek
Místek
Počet obyvatel *Number of inhabitants*
1921: 297 575
1950: 334 195
1980: 713 514
2011: 641 471
0
10 km
1 : 600 000

Areály maximálního zalidnění (Korčák 1966)
Areas of maximal population density (Korčák 1966)

1966

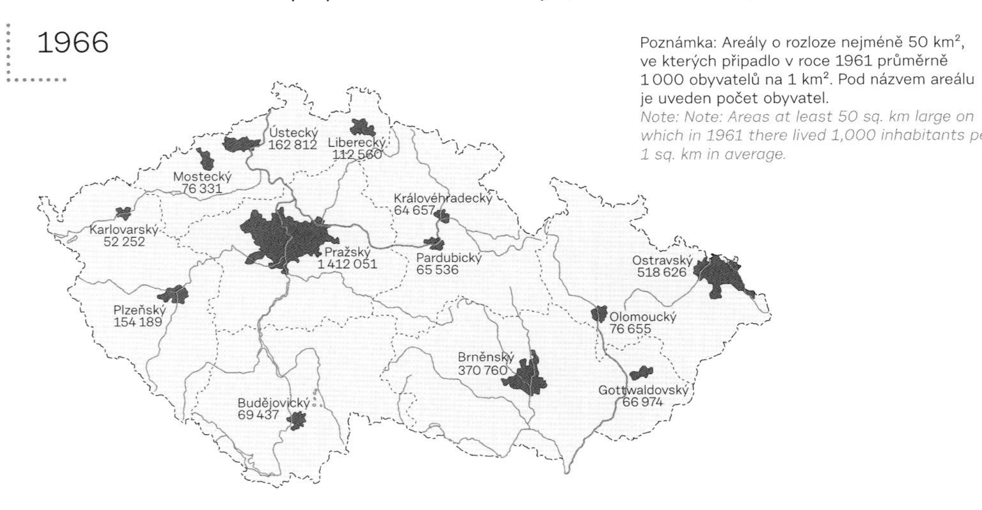
Ústecký 162 812
Liberecký 112 560
Mostecký 76 331
Královéhradecký 64 657
Karlovarský 52 252
Pražský 1 412 051
Pardubický 65 536
Ostravský 518 626
Plzeňský 154 189
Olomoucký 76 655
Brněnský 370 760
Gottwaldovský 66 974
Budějovický 69 437

Poznámka: Areály o rozloze nejméně 50 km², ve kterých připadlo v roce 1961 průměrně 1 000 obyvatelů na 1 km². Pod názvem areálu je uveden počet obyvatel.
Note: Note: Areas at least 50 sq. km large on which in 1961 there lived 1,000 inhabitants per 1 sq. km in average.

Nerovnoměrnost rozmístění obyvatelstva, 1921–2011
Differentiation of population distribution, 1921–2011

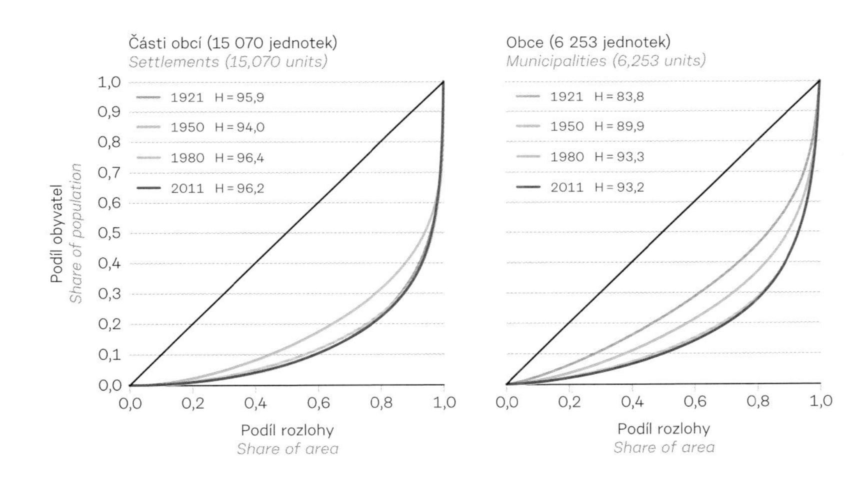
Části obcí (15 070 jednotek)
Settlements (15,070 units)
1921 H = 95,9
1950 H = 94,0
1980 H = 96,4
2011 H = 96,2
Obce (6 253 jednotek)
Municipalities (6,253 units)
1921 H = 83,8
1950 H = 89,9
1980 H = 93,3
2011 H = 93,2
Podíl obyvatel *Share of population*
Podíl rozlohy *Share of area*

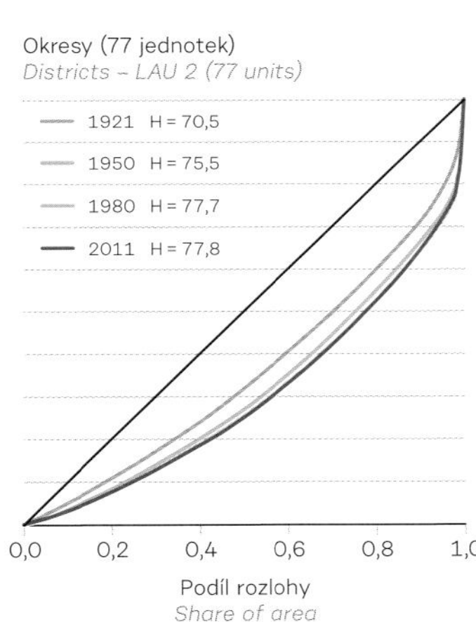
Okresy (77 jednotek)
Districts – LAU 2 (77 units)
1921 H = 70,5
1950 H = 75,5
1980 H = 77,7
2011 H = 77,8
Podíl rozlohy *Share of area*

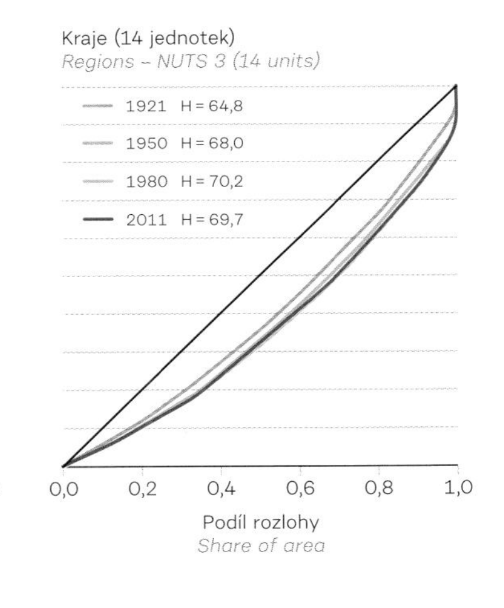
Kraje (14 jednotek)
Regions – NUTS 3 (14 units)
1921 H = 64,8
1950 H = 68,0
1980 H = 70,2
2011 H = 69,7
Podíl rozlohy *Share of area*

Poznámka: Lorenzův oblouk je konstruován ve čtyřech variantách na základě dat za části obcí, obce, okresy a kraje v roce 2014. Míra heterogenity H odpovídá bodu [50 %; H] na Lorenzově oblouku a určuje podíl rozlohy, kterou zaujímá méně koncentrovaná polovina obyvatelstva.
Note: The Lorenz curve is constructed in four versions on the basis of settlements, municipalities, districts (LAU1), and regions (NUTS3) data in 2014. The heterogeneity measure H corresponds with the point [50%; H] on Lorenz curve and determines the share of area with the less concentrated half of the population.

Obyvatelé areálů maximálního zalidnění, 1921–2011
Areas of maximal population density and their inhabitants, 1921–2011

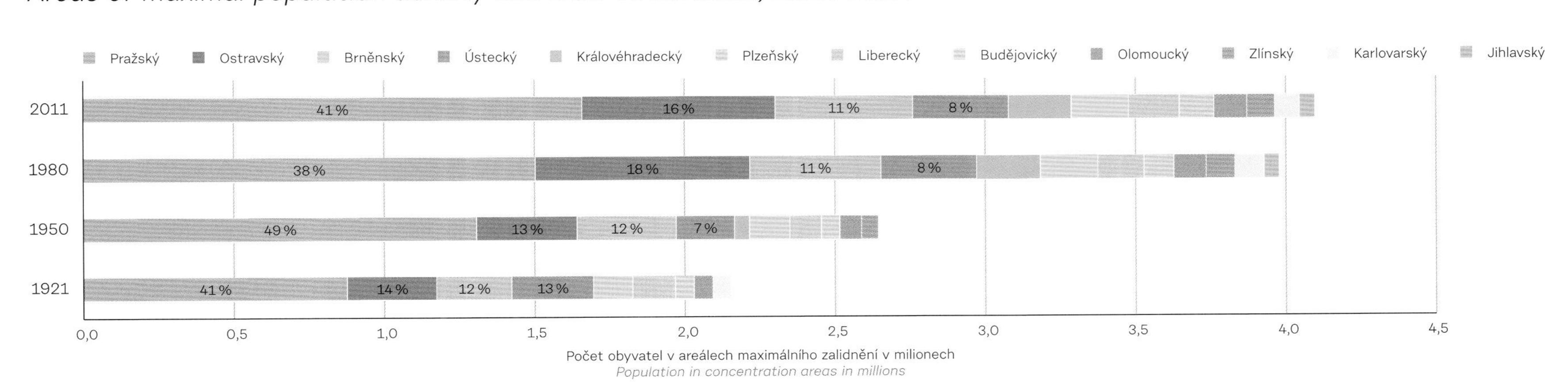
Pražský
Ostravský
Brněnský
Ústecký
Královéhradecký
Plzeňský
Liberecký
Budějovický
Olomoucký
Zlínský
Karlovarský
Jihlavský
2011
41 %
16 %
11 %
8 %
1980
38 %
18 %
11 %
8 %
1950
49 %
13 %
12 %
7 %
1921
41 %
14 %
12 %
13 %
Počet obyvatel v areálech maximálního zalidnění v milionech
Population in concentration areas in millions

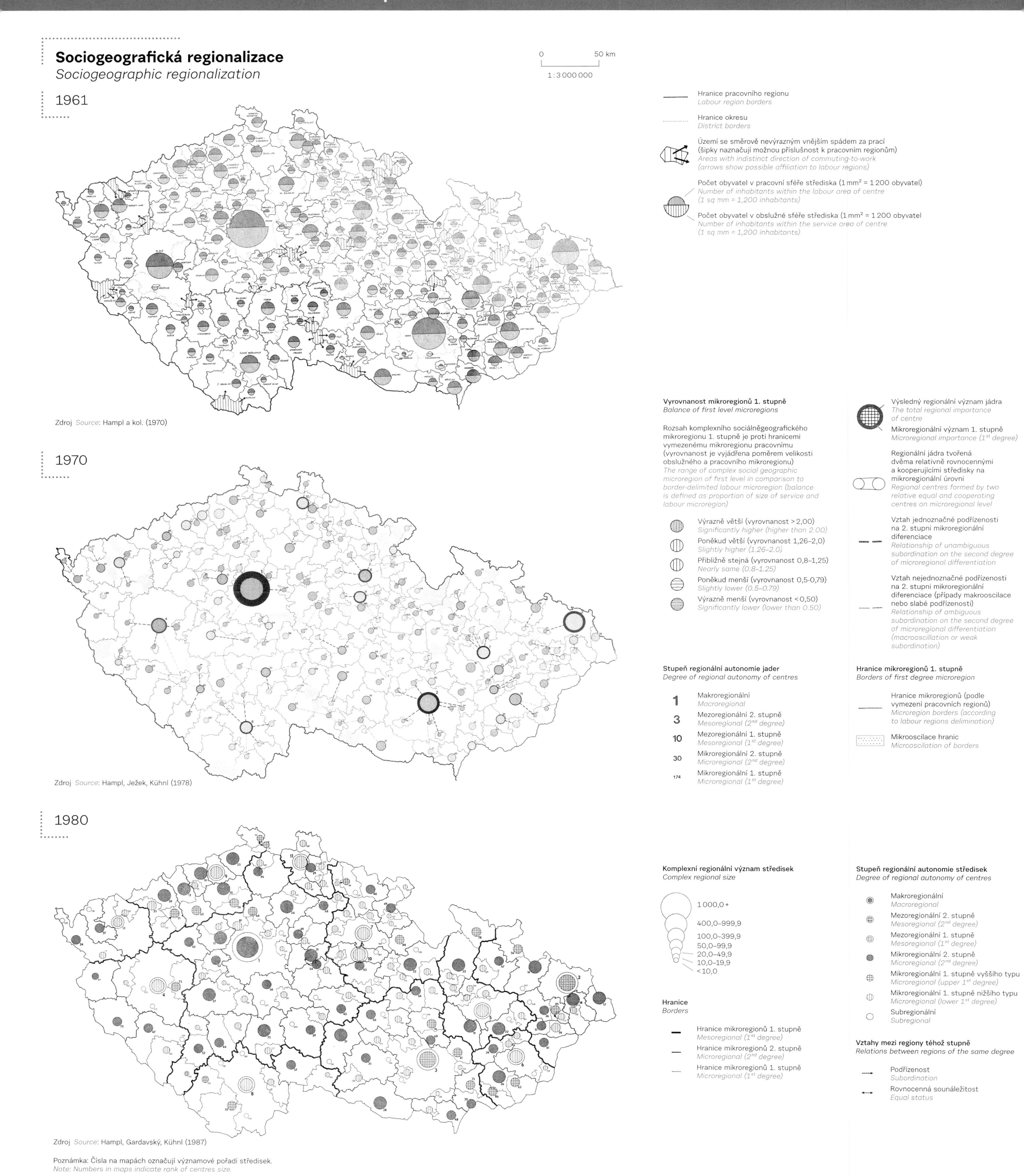
Sociogeografická regionalizace
Sociogeographic regionalization
0
50 km
1:3 000 000
1961
Hranice pracovního regionu
Labour region borders
Hranice okresu
District borders
Území se směrově nevýrazným vnějším spádem za prací (šipky naznačují možnou příslušnost k pracovním regionům)
Areas with indistinct direction of commuting-to-work (arrows show possible affiliation to labour regions)
Počet obyvatel v pracovní sféře střediska (1 mm² = 1 200 obyvatel)
Number of inhabitants within the labour area of centre (1 sq mm = 1,200 inhabitants)
Počet obyvatel v obslužné sféře střediska (1 mm² = 1 200 obyvatel
Number of inhabitants within the service area of centre (1 sq mm = 1,200 inhabitants)
Zdroj Source: Hampl a kol. (1970)
1970
Vyrovnanost mikroregionů 1. stupně
Balance of first level microregions
Rozsah komplexního sociálněgeografického mikroregionu 1. stupně je proti hranicemi vymezenému mikroregionu pracovnímu (vyrovnanost je vyjádřena poměrem velikosti obslužného a pracovního mikroregionu)
The range of complex social geographic microregion of first level in comparison to border-delimited labour microregion (balance is defined as proportion of size of service and labour microregion)
Výrazně větší (vyrovnanost > 2,00)
Significantly higher (higher than 2.00)
Poněkud větší (vyrovnanost 1,26–2,0)
Slightly higher (1.26–2.0)
Přibližně stejná (vyrovnanost 0,8–1,25)
Nearly same (0.8–1.25)
Poněkud menší (vyrovnanost 0,5–0,79)
Slightly lower (0.5–0.79)
Výrazně menší (vyrovnanost < 0,50)
Significantly lower (lower than 0.50)
Výsledný regionální význam jádra
The total regional importance of centre
Mikroregionální význam 1. stupně
Microregional importance (1st degree)
Regionální jádra tvořená dvěma relativně rovnocennými a kooperujícími středisky na mikroregionální úrovni
Regional centres formed by two relative equal and cooperating centres on microregional level
Vztah jednoznačné podřízenosti na 2. stupni mikroregionální diferenciace
Relationship of unambiguous subordination on the second degree of microregional differentiation
Vztah nejednoznačné podřízenosti na 2. stupni mikroregionální diferenciace (případy makrooscilace nebo slabé podřízenosti)
Relationship of ambiguous subordination on the second degree of microregional differentiation (macrooscillation or weak subordination)
Stupeň regionální autonomie jader
Degree of regional autonomy of centres
1 Makroregionální
Macroregional
3 Mezoregionální 2. stupně
Mesoregional (2nd degree)
10 Mezoregionální 1. stupně
Mesoregional (1st degree)
30 Mikroregionální 2. stupně
Microregional (2nd degree)
174 Mikroregionální 1. stupně
Microregional (1st degree)
Hranice mikroregionů 1. stupně
Borders of first degree microregion
Hranice mikroregionů (podle vymezení pracovních regionů)
Microregion borders (according to labour regions delimitation)
Mikrooscilace hranic
Microscilation of borders
Zdroj Source: Hampl, Ježek, Kühnl (1978)
1980
Komplexní regionální význam středisek
Complex regional size
1 000,0 +
400,0–999,9
100,0–399,9
50,0–99,9
20,0–49,9
10,0–19,9
< 10,0
Hranice
Borders
Hranice mikroregionů 1. stupně
Mesoregional (1st degree)
Hranice mikroregionů 2. stupně
Microregional (2nd degree)
Hranice mikroregionů 1. stupně
Microregional (1st degree)
Stupeň regionální autonomie středisek
Degree of regional autonomy of centres
Makroregionální
Macroregional
Mezoregionální 2. stupně
Mesoregional (2nd degree)
Mezoregionální 1. stupně
Mesoregional (1st degree)
Mikroregionální 2. stupně
Microregional (2nd degree)
Mikroregionální 1. stupně vyššího typu
Microregional (upper 1st degree)
Mikroregionální 1. stupně nižšího typu
Microregional (lower 1st degree)
Subregionální
Subregional
Vztahy mezi regiony téhož stupně
Relations between regions of the same degree
Podřízenost
Subordination
Rovnocenná sounáležitost
Equal status
Zdroj Source: Hampl, Gardavský, Kühnl (1987)
Poznámka: Čísla na mapách označují významové pořadí středisek.
Note: Numbers in maps indicate rank of centres size.

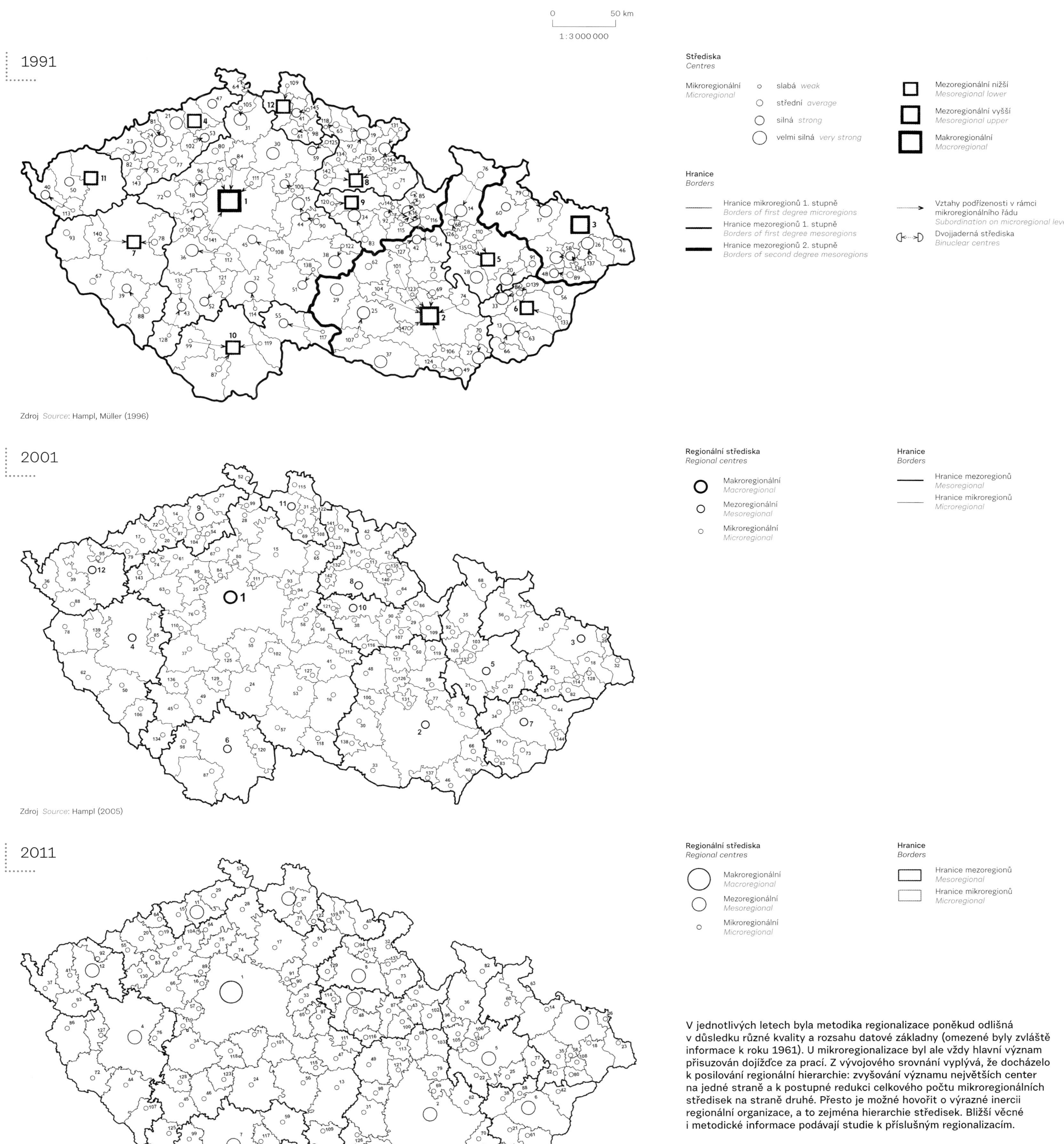

0 50 km
1 : 3 000 000
1991
Střediska
Centres
Mikroregionální
Microregional
slabá weak
střední average
silná strong
velmi silná very strong
Mezoregionální nižší
Mesoregional lower
Mezoregionální vyšší
Mesoregional upper
Makroregionální
Macroregional
Hranice
Borders
Hranice mikroregionů 1. stupně
Borders of first degree microregions
Hranice mezoregionů 1. stupně
Borders of first degree mesoregions
Hranice mezoregionů 2. stupně
Borders of second degree mesoregions
Vztahy podřízenosti v rámci mikroregionálního řádu
Subordination on microregional level
Dvojjaderná střediska
Binuclear centres
2001
Regionální střediska
Regional centres
Makroregionální
Macroregional
Mezoregionální
Mesoregional
Mikroregionální
Microregional
Hranice
Borders
Hranice mezoregionů
Mesoregional
Hranice mikroregionů
Microregional
2011
Regionální střediska
Regional centres
Makroregionální
Macroregional
Mezoregionální
Mesoregional
Mikroregionální
Microregional
Hranice
Borders
Hranice mezoregionů
Mesoregional
Hranice mikroregionů
Microregional

Zdroj *Source*: Hampl, Müller (1996)

Zdroj *Source*: Hampl (2005)

Zdroj *Source*: Hampl, Marada (2015)

V jednotlivých letech byla metodika regionalizace poněkud odlišná v důsledku různé kvality a rozsahu datové základny (omezené byly zvláště informace k roku 1961). U mikroregionalizace byl ale vždy hlavní význam přisuzován dojížďce za prací. Z vývojového srovnání vyplývá, že docházelo k posilování regionální hierarchie: zvyšování významu největších center na jedné straně a k postupné redukci celkového počtu mikroregionálních středisek na straně druhé. Přesto je možné hovořit o výrazné inercii regionální organizace, a to zejména hierarchie středisek. Bližší věcné i metodické informace podávají studie k příslušným regionalizacím.

Methodologies of regionalization differ slightly due to a different quality of statistical data (especially in 1961). The most important indicator for microregionalization was commuting-to-work. Comparison of regionalizations shows improving of regional hierarchy in two points: enhancing of the strongest centres and reducing number of microregional centres. Despite it, it is possible to recognise a significant inertia of regional organisation, especially in a hierarchy of centres. Additional information and methodology can be found in references.

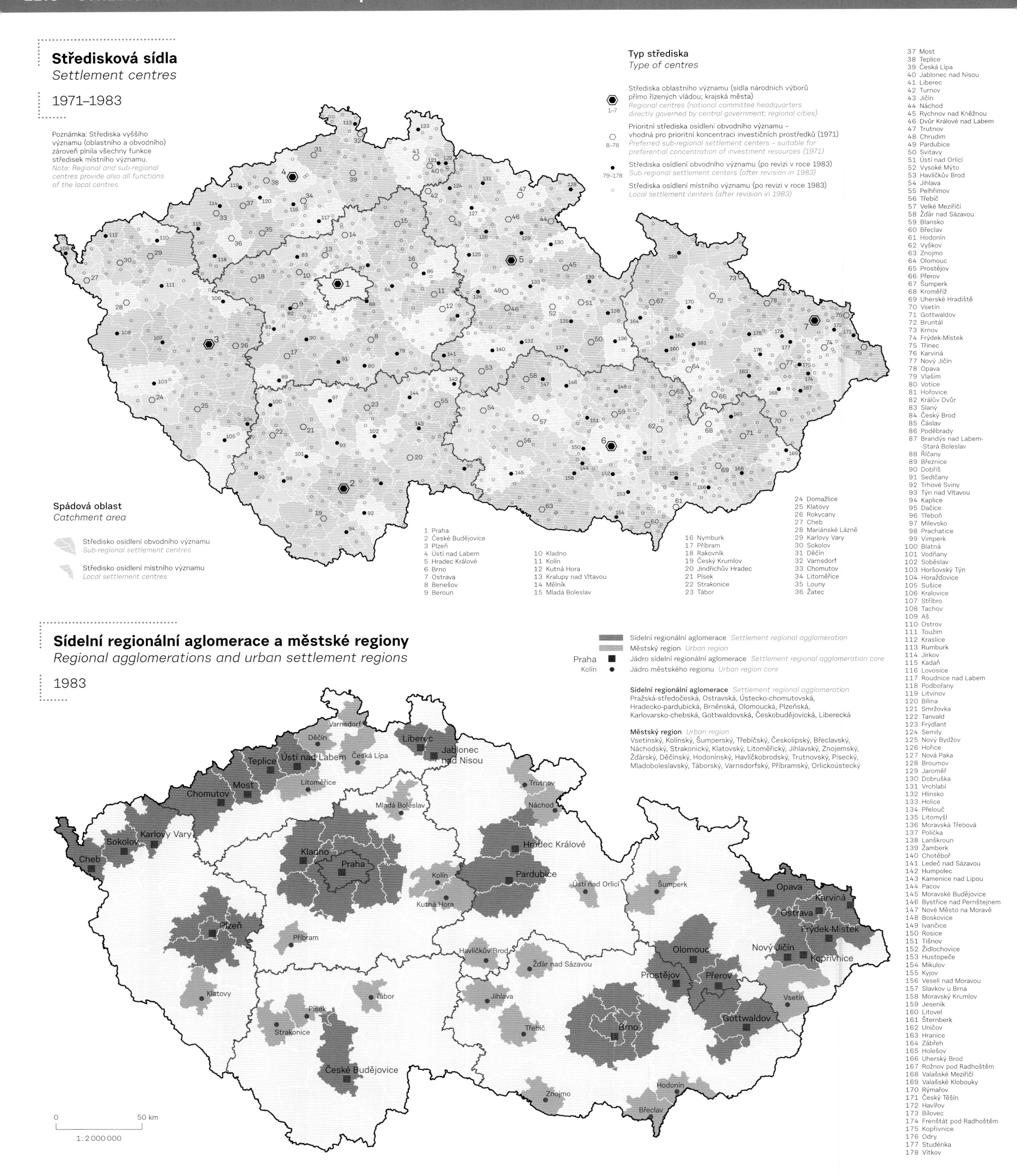
Střediskové sídla
Settlement centres
1971–1983
Poznámka: Střediska vyššího významu (oblastního a obvodního) zároveň plnila všechny funkce středisek místního významu.
Note: Regional and sub-regional centres provide also all functions of the local centres.
Typ střediska
Type of centres
Střediska oblastního významu (sídla národních výborů přímo řízených vládou; krajská města)
Regional centres (national committee headquarters directly governed by central government; regional cities)
1–7
Prioritní střediska osídlení obvodního významu – vhodná pro prioritní koncentraci investičních prostředků (1971)
Preferred sub-regional settlement centres – suitable for preferential concentration of investment resources (1971)
8–78
Střediska osídlení obvodního významu (po revizi v roce 1983)
Sub-regional settlement centers (after revision in 1983)
79–178
Střediska osídlení místního významu (po revizi v roce 1983)
Local settlement centers (after revision in 1983)
Spádová oblast
Catchment area
Středisko osídlení obvodního významu
Sub-regional settlement centres
Středisko osídlení místního významu
Local settlement centres
1 Praha
2 České Budějovice
3 Plzeň
4 Ústí nad Labem
5 Hradec Králové
6 Brno
7 Ostrava
8 Benešov
9 Beroun
10 Kladno
11 Kolín
12 Kutná Hora
13 Kralupy nad Vltavou
14 Mělník
15 Mladá Boleslav
16 Nymburk
17 Příbram
18 Rakovník
19 Český Krumlov
20 Jindřichův Hradec
21 Písek
22 Strakonice
23 Tábor
24 Domažlice
25 Klatovy
26 Rokycany
27 Cheb
28 Mariánské Lázně
29 Karlovy Vary
30 Sokolov
31 Děčín
32 Varnsdorf
33 Chomutov
34 Litoměřice
35 Louny
36 Žatec
37 Most
38 Teplice
39 Česká Lípa
40 Jablonec nad Nisou
41 Liberec
42 Turnov
43 Jičín
44 Náchod
45 Rychnov nad Kněžnou
46 Dvůr Králové nad Labem
47 Trutnov
48 Chrudim
49 Pardubice
50 Svitavy
51 Ústí nad Orlicí
52 Vysoké Mýto
53 Havlíčkův Brod
54 Jihlava
55 Pelhřimov
56 Třebíč
57 Velké Meziříčí
58 Žďár nad Sázavou
59 Blansko
60 Břeclav
61 Hodonín
62 Vyškov
63 Znojmo
64 Olomouc
65 Prostějov
66 Přerov
67 Šumperk
68 Kroměříž
69 Uherské Hradiště
70 Vsetín
71 Gottwaldov
72 Bruntál
73 Krnov
74 Frýdek-Místek
75 Třinec
76 Karviná
77 Nový Jičín
78 Opava
79 Vlašim
80 Votice
81 Hořovice
82 Králův Dvůr
83 Slaný
84 Český Brod
85 Čáslav
86 Poděbrady
87 Brandýs nad Labem-Stará Boleslav
88 Říčany
89 Březnice
90 Dobříš
91 Sedlčany
92 Trhové Sviny
93 Týn nad Vltavou
94 Kaplice
95 Dačice
96 Třeboň
97 Milevsko
98 Prachatice
99 Vimperk
100 Blatná
101 Vodňany
102 Soběslav
103 Horšovský Týn
104 Horažďovice
105 Sušice
106 Kralovice
107 Stříbro
108 Tachov
109 Aš
110 Ostrov
111 Toužim
112 Kraslice
113 Rumburk
114 Jirkov
115 Kadaň
116 Lovosice
117 Roudnice nad Labem
118 Podbořany
119 Litvínov
120 Bílina
121 Smržovka
122 Tanvald
123 Frýdlant
124 Semily
125 Nový Bydžov
126 Hořice
127 Nová Paka
128 Broumov
129 Jaroměř
130 Dobruška
131 Vrchlabí
132 Hlinsko
133 Holice
134 Přelouč
135 Litomyšl
136 Moravská Třebová
137 Polička
138 Lanškroun
139 Žamberk
140 Chotěboř
141 Ledeč nad Sázavou
142 Humpolec
143 Kamenice nad Lipou
144 Pacov
145 Moravské Budějovice
146 Bystřice nad Pernštejnem
147 Nové Město na Moravě
148 Boskovice
149 Ivančice
150 Rosice
151 Tišnov
152 Židlochovice
153 Hustopeče
154 Mikulov
155 Kyjov
156 Veselí nad Moravou
157 Slavkov u Brna
158 Moravský Krumlov
159 Jeseník
160 Litovel
161 Šternberk
162 Uničov
163 Hranice
164 Zábřeh
165 Holešov
166 Uherský Brod
167 Rožnov pod Radhoštěm
168 Valašské Meziříčí
169 Valašské Klobouky
170 Rýmařov
171 Český Těšín
172 Havířov
173 Bílovec
174 Frenštát pod Radhoštěm
175 Kopřivnice
176 Odry
177 Studénka
178 Vítkov
Sídelní regionální aglomerace a městské regiony
Regional agglomerations and urban settlement regions
1983
Sídelní regionální aglomerace Settlement regional agglomeration
Městský region Urban region
Praha Jádro sídelní regionální aglomerace Settlement regional agglomeration core
Kolín Jádro městského regionu Urban region core
Sídelní regionální aglomerace Settlement regional agglomeration
Pražská-středočeská, Ostravská, Ústecko-chomutovská, Hradecko-pardubická, Brněnská, Olomoucká, Plzeňská, Karlovarsko-chebská, Gottwaldovská, Českobudějovická, Liberecká
Městský region Urban region
Vsetínský, Kolínský, Šumperský, Třebíčský, Českolipský, Břeclavský, Náchodský, Strakonický, Klatovský, Litoměřický, Jihlavský, Znojemský, Žďárský, Děčínský, Hodonínský, Havlíčkobrodský, Trutnovský, Písecký, Mladoboleslavský, Táborský, Varnsdorfský, Příbramský, Orlickoústecký
Varnsdorf
Děčín
Liberec
Jablonec nad Nisou
Teplice
Ústí nad Labem
Česká Lípa
Most
Chomutov
Litoměřice
Trutnov
Náchod
Mladá Boleslav
Sokolov
Karlovy Vary
Cheb
Kladno
Praha
Hradec Králové
Pardubice
Kolín
Kutná Hora
Ústí nad Orlicí
Šumperk
Opava
Karviná
Ostrava
Frýdek-Místek
Plzeň
Příbram
Havlíčkův Brod
Žďár nad Sázavou
Olomouc
Nový Jičín
Kopřivnice
Prostějov
Přerov
Klatovy
Tábor
Jihlava
Vsetín
Písek
Strakonice
Třebíč
Brno
Gottwaldov
České Budějovice
Znojmo
Hodonín
Břeclav
0
50 km
1:2 000 000

Kategorizace sídel na území Východočeského kraje

Classification of settlement system for area of the East Bohemian region

1983

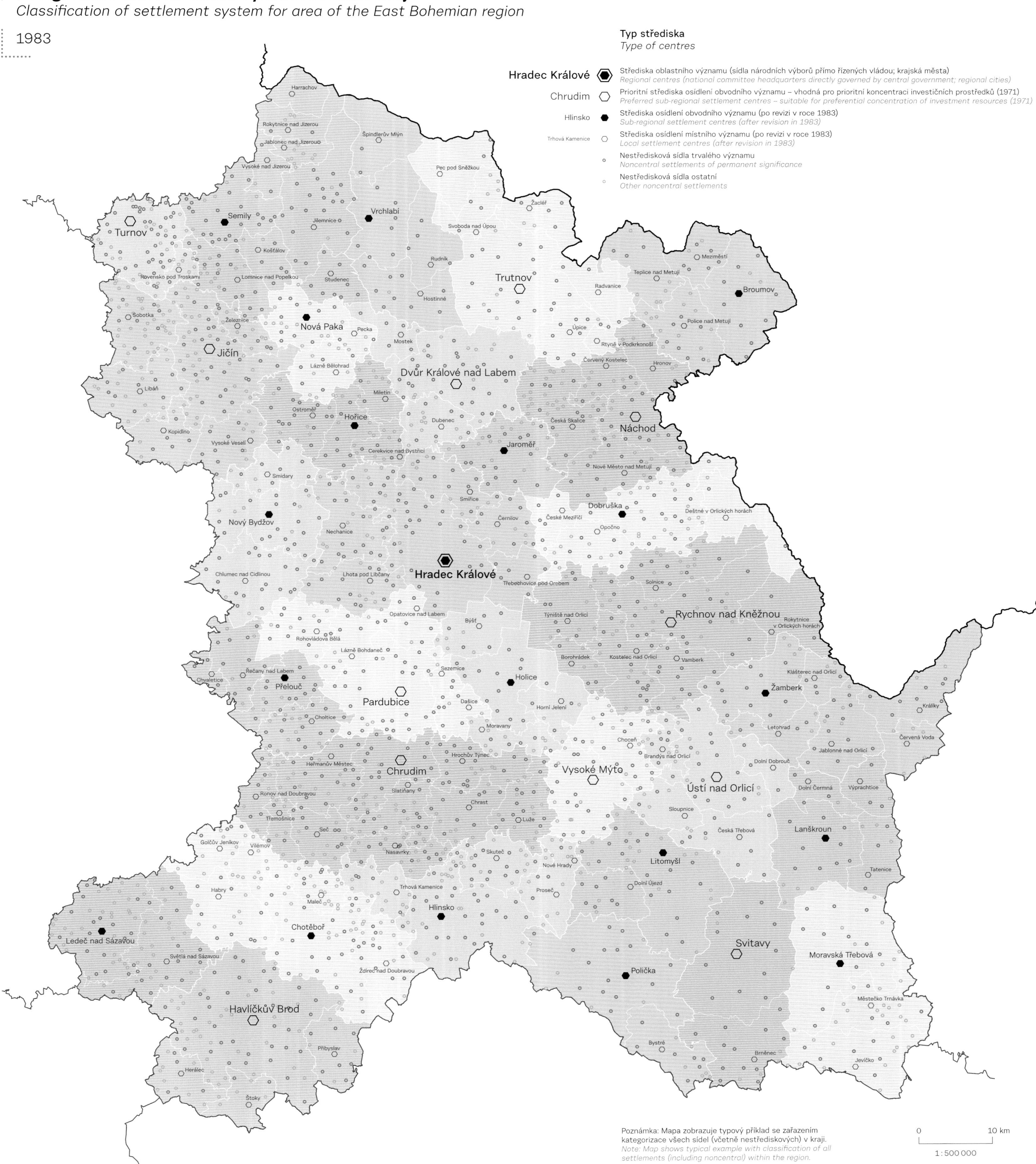
Typ střediska
Type of centres
Hradec Králové
Střediska oblastního významu (sídla národních výborů přímo řízených vládou; krajská města)
Regional centres (national committee headquarters directly governed by central government; regional cities)
Chrudim
Prioritní střediska osídlení obvodního významu – vhodná pro prioritní koncentraci investičních prostředků (1971)
Preferred sub-regional settlement centres – suitable for preferential concentration of investment resources (1971)
Hlinsko
Střediska osídlení obvodního významu (po revizi v roce 1983)
Sub-regional settlement centres (after revision in 1983)
Trhová Kamenice
Střediska osídlení místního významu (po revizi v roce 1983)
Local settlement centres (after revision in 1983)
Nestředisková sídla trvalého významu
Noncentral settlements of permanent significance
Nestředisková sídla ostatní
Other noncentral settlements
Turnov
Semily
Vrchlabí
Trutnov
Broumov
Nová Paka
Jičín
Dvůr Králové nad Labem
Hořice
Náchod
Jaroměř
Nový Bydžov
Dobruška
Hradec Králové
Rychnov nad Kněžnou
Přelouč
Pardubice
Holice
Žamberk
Chrudim
Vysoké Mýto
Ústí nad Orlicí
Lanškroun
Litomyšl
Hlinsko
Chotěboř
Ledeč nad Sázavou
Svitavy
Moravská Třebová
Polička
Havlíčkův Brod
Poznámka: Mapa zobrazuje typový příklad se zařazením kategorizace všech sídel (včetně nestřediskových) v kraji.
Note: Map shows typical example with classification of all settlements (including noncentral) within the region.
0
10 km
1 : 500 000

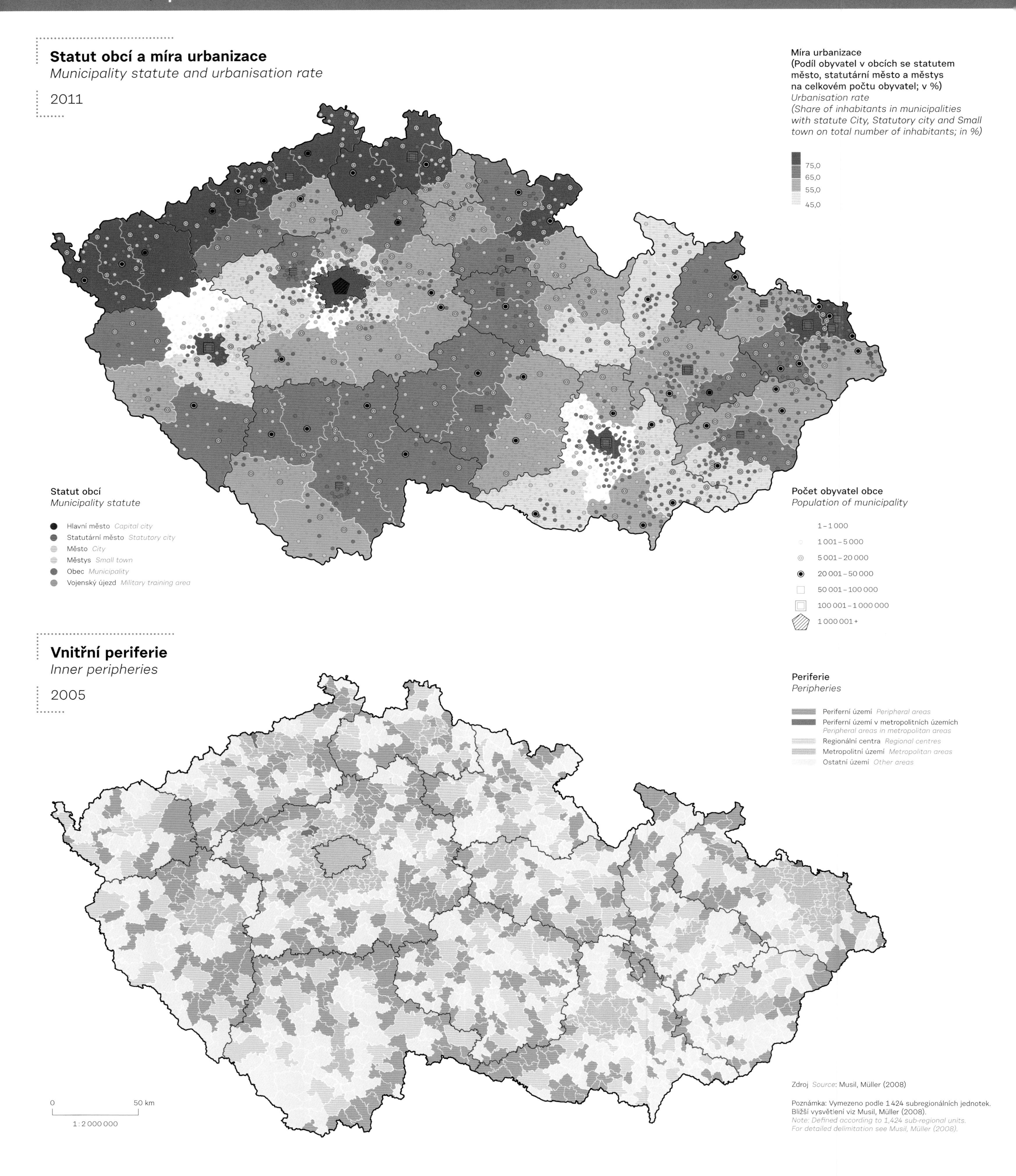
Statut obcí a míra urbanizace
Municipality statute and urbanisation rate
2011
Míra urbanizace
(Podíl obyvatel v obcích se statutem město, statutární město a městys na celkovém počtu obyvatel; v %)
Urbanisation rate
(Share of inhabitants in municipalities with statute City, Statutory city and Small town on total number of inhabitants; in %)
75,0
65,0
55,0
45,0
Statut obcí
Municipality statute
Hlavní město Capital city
Statutární město Statutory city
Město City
Městys Small town
Obec Municipality
Vojenský újezd Military training area
Počet obyvatel obce
Population of municipality
1 – 1 000
1 001 – 5 000
5 001 – 20 000
20 001 – 50 000
50 001 – 100 000
100 001 – 1 000 000
1 000 001 +
Vnitřní periferie
Inner peripheries
2005
Periferie
Peripheries
Periferní území Peripheral areas
Periferní území v metropolitních územích Peripheral areas in metropolitan areas
Regionální centra Regional centres
Metropolitní území Metropolitan areas
Ostatní území Other areas
0
50 km
1 : 2 000 000
Zdroj Source: Musil, Müller (2008)
Poznámka: Vymezeno podle 1 424 subregionálních jednotek. Bližší vysvětlení viz Musil, Müller (2008).
Note: Defined according to 1,424 sub-regional units. For detailed delimitation see Musil, Müller (2008).

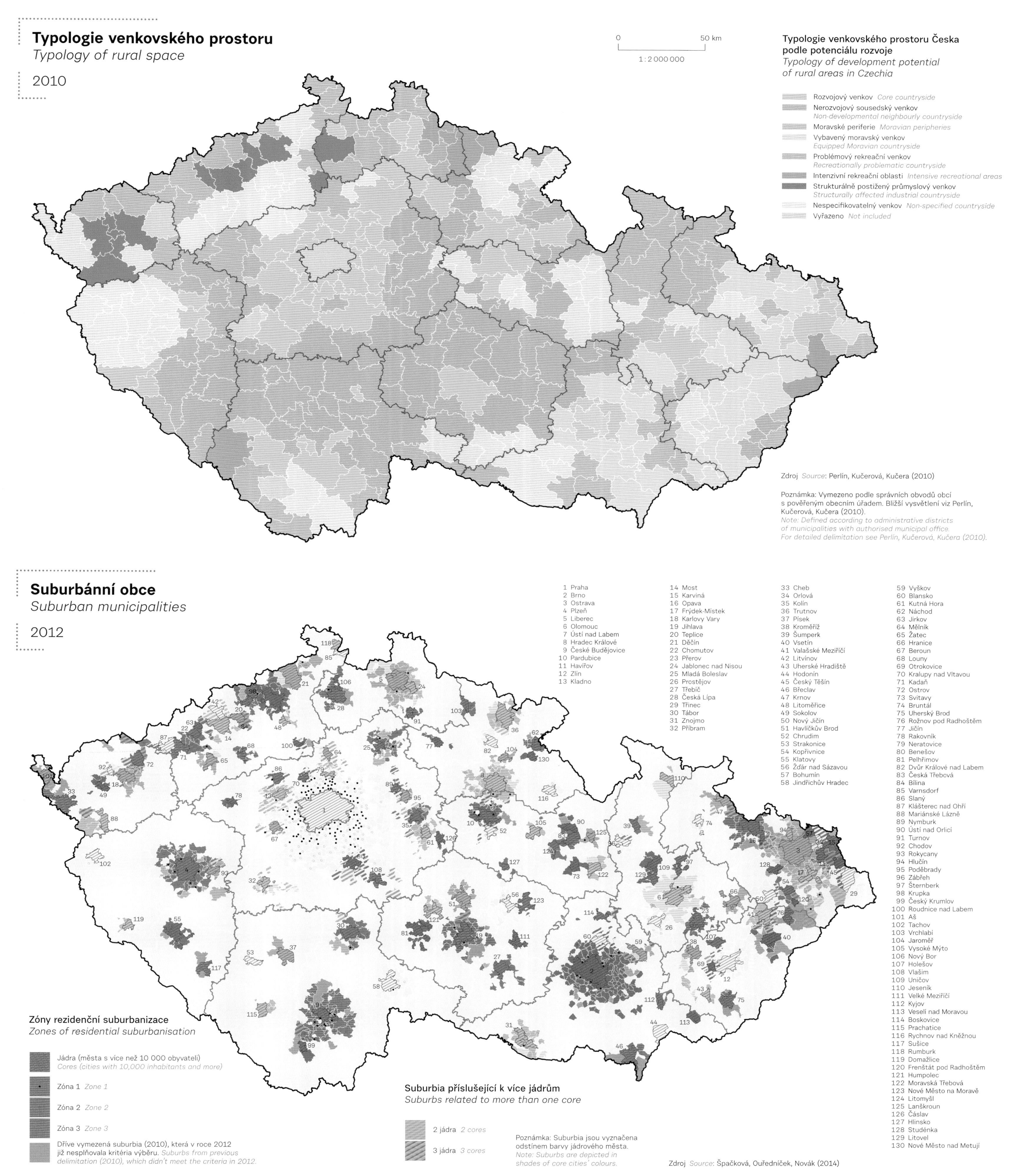

Typologie venkovského prostoru
Typology of rural space
2010
0 50 km
1 : 2 000 000
Typologie venkovského prostoru Česka podle potenciálu rozvoje
Typology of development potential of rural areas in Czechia
Rozvojový venkov Core countryside
Nerozvojový sousedský venkov Non-developmental neighbourly countryside
Moravské periferie Moravian peripheries
Vybavený moravský venkov Equipped Moravian countryside
Problémový rekreační venkov Recreationally problematic countryside
Intenzivní rekreační oblasti Intensive recreational areas
Strukturálně postižený průmyslový venkov Structurally affected industrial countryside
Nespecifikovatelný venkov Non-specified countryside
Vyřazeno Not included
Zdroj Source: Perlín, Kučerová, Kučera (2010)
Poznámka: Vymezeno podle správních obvodů obcí s pověřeným obecním úřadem. Bližší vysvětlení viz Perlín, Kučerová, Kučera (2010).
Note: Defined according to administrative districts of municipalities with authorised municipal office. For detailed delimitation see Perlín, Kučerová, Kučera (2010).
Suburbánní obce
Suburban municipalities
2012
1 Praha
2 Brno
3 Ostrava
4 Plzeň
5 Liberec
6 Olomouc
7 Ústí nad Labem
8 Hradec Králové
9 České Budějovice
10 Pardubice
11 Havířov
12 Zlín
13 Kladno
14 Most
15 Karviná
16 Opava
17 Frýdek-Místek
18 Karlovy Vary
19 Jihlava
20 Teplice
21 Děčín
22 Chomutov
23 Přerov
24 Jablonec nad Nisou
25 Mladá Boleslav
26 Prostějov
27 Třebíč
28 Česká Lípa
29 Třinec
30 Tábor
31 Znojmo
32 Příbram
33 Cheb
34 Orlová
35 Kolín
36 Trutnov
37 Písek
38 Kroměříž
39 Šumperk
40 Vsetín
41 Valašské Meziříčí
42 Litvínov
43 Uherské Hradiště
44 Hodonín
45 Český Těšín
46 Břeclav
47 Krnov
48 Litoměřice
49 Sokolov
50 Nový Jičín
51 Havlíčkův Brod
52 Chrudim
53 Strakonice
54 Kopřivnice
55 Klatovy
56 Žďár nad Sázavou
57 Bohumín
58 Jindřichův Hradec
59 Vyškov
60 Blansko
61 Kutná Hora
62 Náchod
63 Jirkov
64 Mělník
65 Žatec
66 Hranice
67 Beroun
68 Louny
69 Otrokovice
70 Kralupy nad Vltavou
71 Kadaň
72 Ostrov
73 Svitavy
74 Bruntál
75 Uherský Brod
76 Rožnov pod Radhoštěm
77 Jičín
78 Rakovník
79 Neratovice
80 Benešov
81 Pelhřimov
82 Dvůr Králové nad Labem
83 Česká Třebová
84 Bílina
85 Varnsdorf
86 Slaný
87 Klášterec nad Ohří
88 Mariánské Lázně
89 Nymburk
90 Ústí nad Orlicí
91 Turnov
92 Chodov
93 Rokycany
94 Hlučín
95 Poděbrady
96 Zábřeh
97 Šternberk
98 Krupka
99 Český Krumlov
100 Roudnice nad Labem
101 Aš
102 Tachov
103 Vrchlabí
104 Jaroměř
105 Vysoké Mýto
106 Nový Bor
107 Holešov
108 Vlašim
109 Uničov
110 Jeseník
111 Velké Meziříčí
112 Kyjov
113 Veselí nad Moravou
114 Boskovice
115 Prachatice
116 Rychnov nad Kněžnou
117 Sušice
118 Rumburk
119 Domažlice
120 Frenštát pod Radhoštěm
121 Humpolec
122 Moravská Třebová
123 Nové Město na Moravě
124 Litomyšl
125 Lanškroun
126 Čáslav
127 Hlinsko
128 Studénka
129 Litovel
130 Nové Město nad Metují
Zóny rezidenční suburbanizace
Zones of residential suburbanisation
Jádra (města s více než 10 000 obyvateli) Cores (cities with 10,000 inhabitants and more)
Zóna 1 Zone 1
Zóna 2 Zone 2
Zóna 3 Zone 3
Dříve vymezená suburbia (2010), která v roce 2012 již nesplňovala kritéria výběru. Suburbs from previous delimitation (2010), which didn't meet the criteria in 2012.
Suburbia příslušející k více jádrům
Suburbs related to more than one core
2 jádra 2 cores
3 jádra 3 cores
Poznámka: Suburbia jsou vyznačena odstínem barvy jádrového města.
Note: Suburbs are depicted in shades of core cities' colours.
Zdroj Source: Špačková, Ouředníček, Novák (2014)

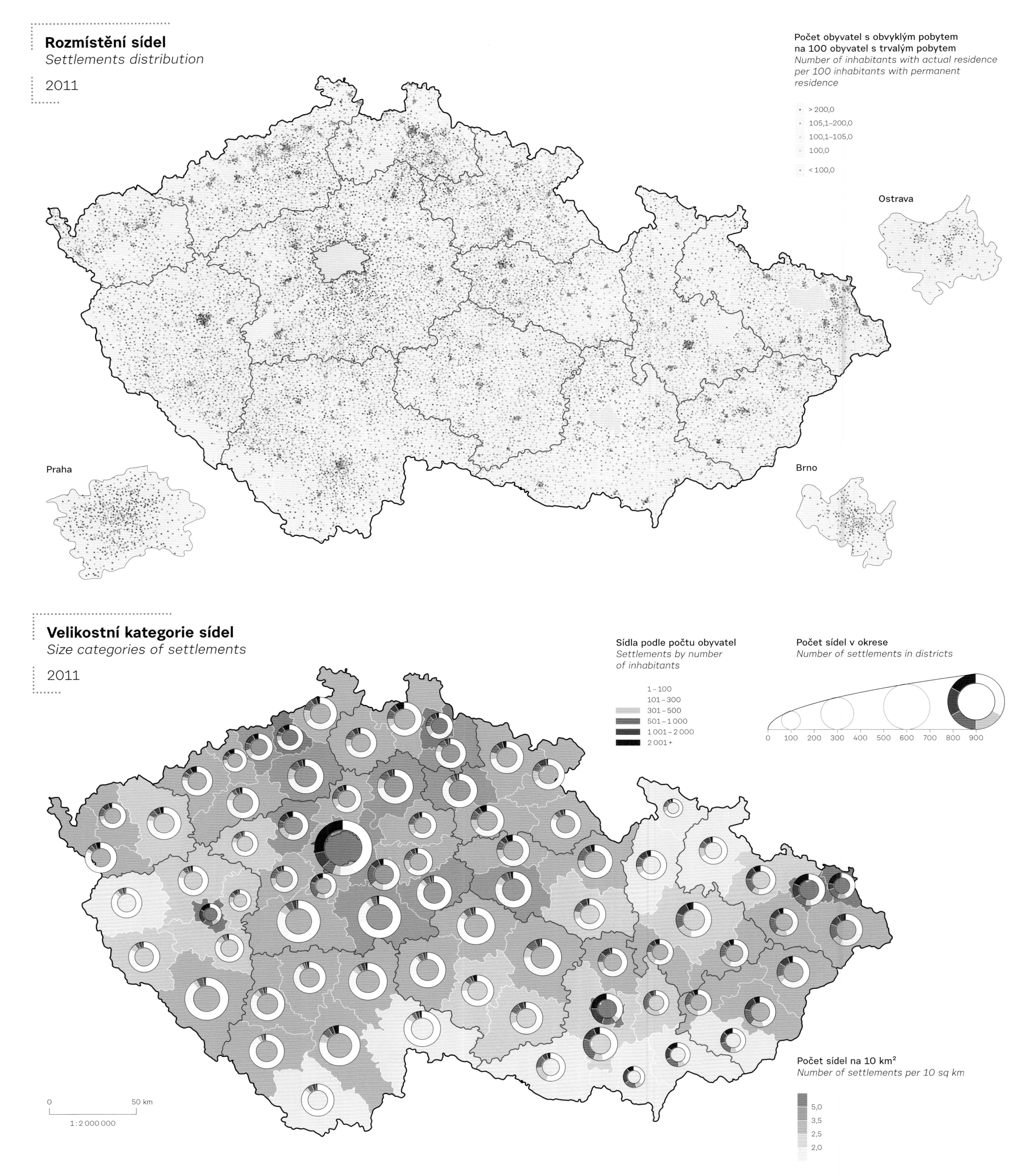
Rozmístění sídel
Settlements distribution
2011
Počet obyvatel s obvyklým pobytem na 100 obyvatel s trvalým pobytem
Number of inhabitants with actual residence per 100 inhabitants with permanent residence
> 200,0
105,1–200,0
100,1–105,0
100,0
< 100,0
Ostrava
Praha
Brno
Velikostní kategorie sídel
Size categories of settlements
2011
Sídla podle počtu obyvatel
Settlements by number of inhabitants
1 – 100
101 – 300
301 – 500
501 – 1 000
1 001 – 2 000
2 001 +
Počet sídel v okrese
Number of settlements in districts
0
100
200
300
400
500
600
700
800
900
Počet sídel na 10 km²
Number of settlements per 10 sq km
5,0
3,5
2,5
2,0
0
50 km
1 : 2 000 000

Rozmístění a velikost sídel, 2011
Distribution and size of settlements, 2011

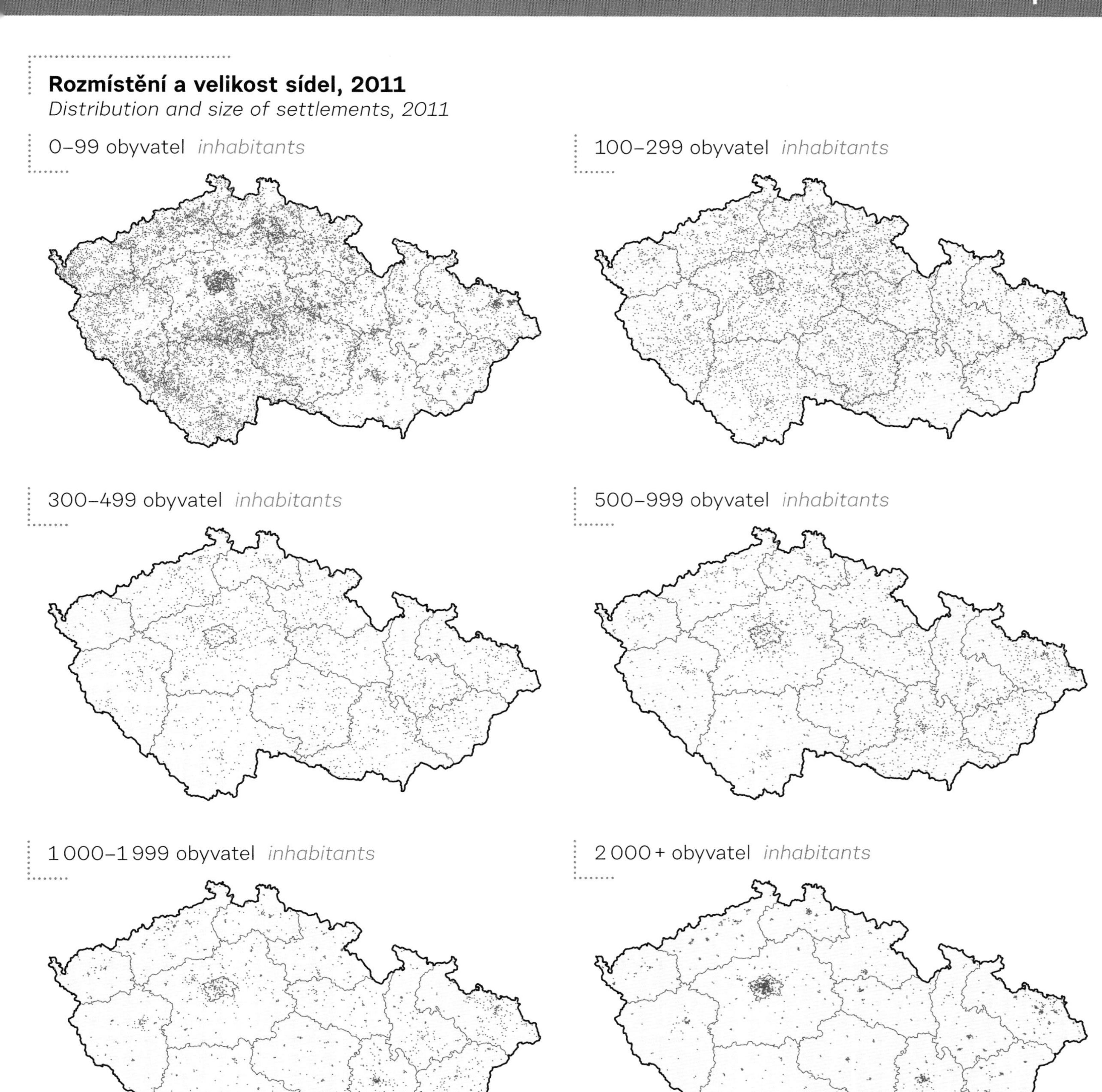
0–99 obyvatel *inhabitants*
100–299 obyvatel *inhabitants*
300–499 obyvatel *inhabitants*
500–999 obyvatel *inhabitants*
1 000–1 999 obyvatel *inhabitants*
2 000+ obyvatel *inhabitants*

0 100 km
1 : 5 000 000

Poznámka: V mapách jsou využity základní sídelní jednotky, které tvoří sídelní lokality na venkově a urbanistické obvody ve městech. Ve městech se tedy nejedná o územně oddělené lokality, ale stavebně a urbanisticky relativně autonomní sousedství.
Note: Basic settlement units are used in the maps, which create settlement localities in the countryside and urbanistic districts in cities. These units are not spatially separated localities within the cities, but rather relatively autonomous neighbourhoods.

Velikostní struktura sídel, 1980–2011
Size categories of settlements, 1980–2011

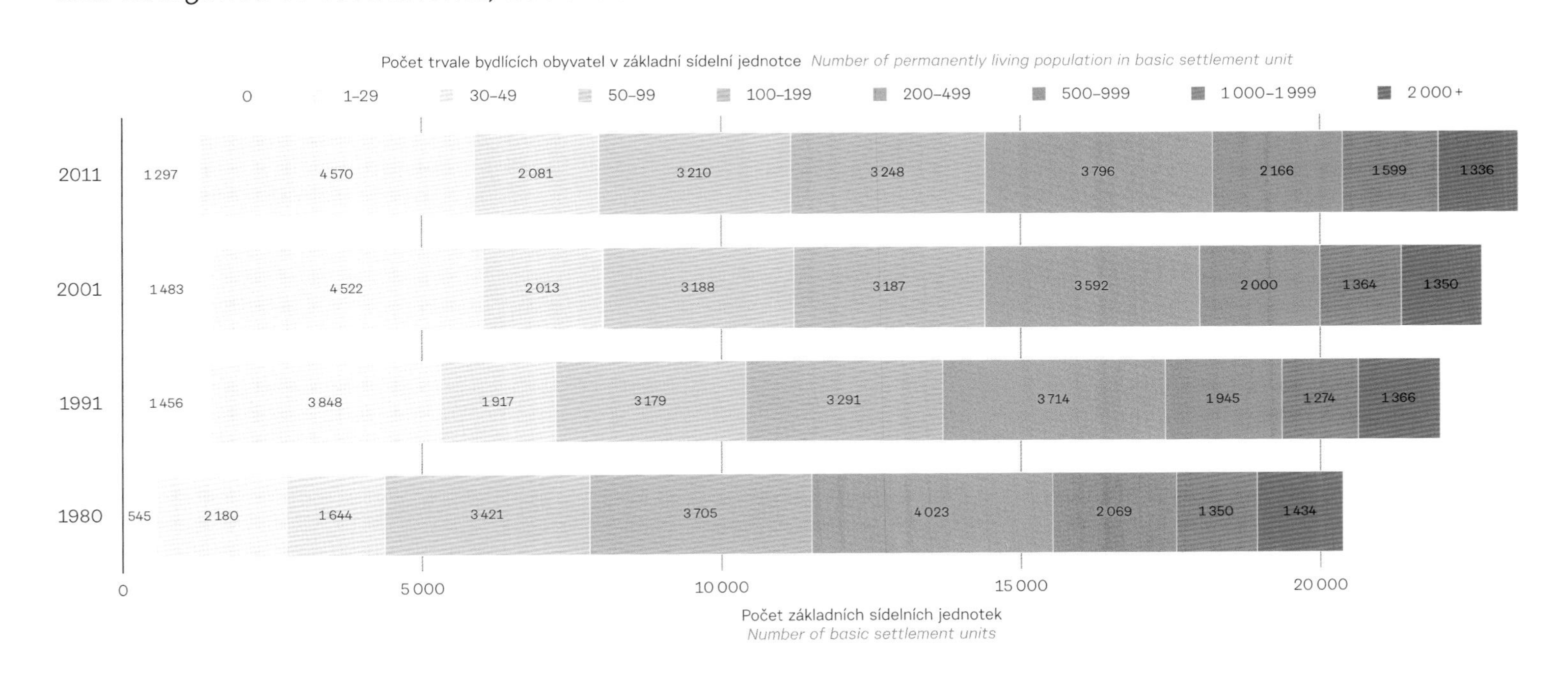
Počet trvale bydlících obyvatel v základní sídelní jednotce *Number of permanently living population in basic settlement unit*
0
1–29
30–49
50–99
100–199
200–499
500–999
1 000–1 999
2 000+
2011
1 297
4 570
2 081
3 210
3 248
3 796
2 166
1 599
1 336
2001
1 483
4 522
2 013
3 188
3 187
3 592
2 000
1 364
1 350
1991
1 456
3 848
1 917
3 179
3 291
3 714
1 945
1 274
1 366
1980
545
2 180
1 644
3 421
3 705
4 023
2 069
1 350
1 434
0
5 000
10 000
15 000
20 000
25 000
Počet základních sídelních jednotek
Number of basic settlement units

Poznámka: Ve všech sledovaných letech se jedná o základní sídelní jednotky včetně dílů.
Note: Basic settlement units including their parts are calculated in all census years.

LITERATURA A ZDROJE DAT
REFERENCES AND DATA SOURCES

Literatura citovaná v Úvodu
References from Introduction

Atlas republiky Československé. Česká akademie věd a umění za podpory ministerstva zahraničních věcí republiky, Praha, 1935.
Atlas československých dějin. Ústřední správa geodézie a kartografie, Praha, 1965.
Atlas Československé socialistické republiky. Ústřední správa geodézie a kartografie: Československá akademie věd, Praha, 1966.
Mazúr, E. ed. *Atlas Slovenskej socialistickej republiky.* SAV, SÚGK, Bratislava, 1980.
Atlas ze sčítání lidu, domů a bytů 1980: Česká socialistická republika. Český statistický úřad, Geografický ústav Československé akademie věd, Praha, Brno, 1984.
Atlas obyvatelstva ČSSR. Geografický ústav Československé akademie věd, Praha, 1987.
Mládek, J., Kusendová, D., Marenčáková, J. eds. *Atlas obyvateľstva Slovenska.* Prírodovedecká fakulta Univerzity Komenského, Bratislava, 2006.
Hrnčiarová, T., Mackovčin, P., Zvara, I. a kol. *Atlas krajiny České republiky.* Ministerstvo životního prostředí České republiky, Výzkumný ústav Silva Tarouccy pro krajinu a okrasné zahradnictví, Praha, Průhonice, 2009.
Ouředníček, M., Temelová, J., Pospíšilová, L. eds. *Atlas sociálně prostorové diferenciace České republiky.* Nakladatelství Karolinum, Praha, 2011.
Atlas sčítání 2011: podle výsledků Sčítání lidu, domů a bytů 2011. Český statistický úřad, Praha, 2013.
Semotanová, E., Cajthaml, J. a kol. *Akademický atlas českých dějin.* Academia, Praha, 2014.
Bleha, B., Vaňo, B., Bačík, V. eds. *Demografický atlas Slovenskej republiky: Zásadné demografické zmeny v priestore a čase.* Prírodovedecká fakulta Univerzity Komenského v Bratislave, Inštitút informatiky a štatistiky v Bratislavě, Bratislava, 2014. Dostupné na http://www.humannageografia.sk/demografickyatlas/stiahnutie/demograficky_atlas_2014.pdf.
Atlas obyvatelstva.cz. Specializovaný mapový portál. Univerzita Karlova, Přírodovědecká fakulta, katedra sociální geografie a regionálního rozvoje, Urbánní a regionální laboratoř, Praha. Dostupné na www.atlasobyvatelstva.cz.

Reprografie
Reprographies

1 *Republika československá: République Tchécoslovaque.* Měřítko neuvedeno. Vojenský zeměpisný ústav, Praha, mezi 1919–1939. © Historický ústav AV ČR, v. v. i., Praha. Sign. MAP A 2577.
2 *Volby do Národního shromáždění republiky Československé. Volby do Národního shromáždění v dubnu roku 1920 a všeobecné volby do obecních zastupitelstev v Čechách, na Moravě a ve Slezsku v červnu roku 1919.* Státní úřad statistický, Bursík a Kohout, Praha, 1922. © Archiv Poslanecké sněmovny, Praha.
3 *III. vojenské mapování.* Měřítko 1 : 75 000. Zeměpisný ústav Ministerstva vnitra, Praha, 1927.
4 *Přehledná mapa katastrálních území: Země Česká / Země Moravskoslezská.* Měřítko 1 : 144 000. Reprodukční ústav ministerstva financí, Praha, 1936.
5 *Mapa Československé republiky.* Měřítko 1 : 750 000. Barvič Novotný, Brno, 1938. © Historický ústav AV ČR, v. v. i., Praha. Sign. MAP A 2474.
6 *Země Česká a Moravskoslezská. Územní organizace politické správy před okupací a ke konci nesvobody.* Stav ke dni 29. září 1937 a ke dni 4. května 1945. Měřítko 1 : 1 mil. Zeměměřičský ústav, Praha, 1945. © Historický ústav AV ČR, v. v. i., Praha. Sign. MAP A 2580.
7 *Přehledná mapa katastrálních území země České a Moravskoslezské.* Měřítko 1 : 200 000. Reprodukční ústav ministerstva financí, Praha, 1947.
8 *Přehledná mapa územní organisace podle stavu ke dni 1. února 1949.* Měřítko 1 : 200 000. Reprodukční ústav ministerstva financí, Praha, 1949.
9 *Mapa správního rozdělení ČSR.* Měřítko 1 : 1 mil. Ústřední správa geodézie a kartografie, 1960. © Historický ústav AV ČR, v. v. i., Praha. Sign. MAP A 2595.
10 Häufler, V. Changes in the geographical distribution of population in Czechoslovakia (with a Czech summary). *Rozpravy ČSAV. Řada matematických a přírodních věd* 76, 1966, seš. 8.
11 Korčák, J. Areály maximálního zalidnění. In: *Atlas Československé socialistické republiky.* Hustota zalidnění I, list 26, mapa 6. měřítko 1 : 500 000. Ústřední správa geodézie a kartografie: Československá akademie věd, Praha, 1966.
12 *Mapa správního rozložení ČSSR.* Měřítko 1 : 2 mil. Český úřad geodetický a kartografický, Praha, 1971. © Ústřední archiv zeměměřictví a katastru – Zeměměřický úřad, inv. číslo II/1/485.
13 *Mapa správního rozdělen ČSSR.* Měřítko 1 : 200 000. Český úřad geodetický a kartografický, Praha, 1980–1982.
14 Kühnl, K. Regional differentiation of the age-specific migration in the Czech socialist republic. *Acta Universitatis Carolinae Geographica* 21, 1986, č. 1, s. 3–28.
15 Blažek, J., Jehlička, P., Kostelecký, T., Sýkora, L. *Výsledky voleb do Federálního shromáždění 1990.* Měřítko 1 : 2 mil. Geografický ústav ČSAV, Praha, 1990.
16 *Mapa správního rozdělení České republiky.* Mapový podklad, 2013. © Český úřad zeměměřičský a katastrální, www.cuzk.cz.

Atlasy
Atlases

17 *Atlas republiky Československé.* Česká akademie věd a umění za podpory ministerstva zahraničních věcí republiky, Praha, 1935.
18 Kučera, M., Srb, V. *Atlas obyvatelstva ČSSR.* Ústřední správa geodézie a kartografie, Praha, 1962.
19 *Atlas československých dějin.* Ústřední správa geodézie a kartografie, Praha, 1965.
20 *Atlas Československé socialistické republiky.* Ústřední správa geodézie a kartografie: Československá akademie věd, Praha, 1966.
21 *Atlas ze sčítání lidu, domů a bytů 1980: Česká socialistická republika.* Český statistický úřad, Geografický ústav Československé akademie věd, Praha, Brno, 1984.
22 *Atlas obyvatelstva ČSSR.* Geografický ústav Československé akademie věd, Praha, 1987.
23 Mládek, J., Kusendová, D., Marenčáková, J. eds. *Atlas obyvateľstva Slovenska.* Prírodovedecká fakulta Univerzity Komenského, Bratislava, 2006.
24 Hrnčiarová, T., Mackovčin, P., Zvara, I. a kol. *Atlas krajiny České republiky.* Ministerstvo životního prostředí České republiky, Výzkumný ústav Silva Tarouccy pro krajinu a okrasné zahradnictví, Praha, Průhonice, 2009.
25 Ouředníček, M., Temelová, J., Pospíšilová, L. eds. *Atlas sociálně prostorové diferenciace České republiky.* Nakladatelství Karolinum, Praha, 2011.
26 *Atlas sčítání 2011: podle výsledků Sčítání lidu, domů a bytů 2011.* Český statistický úřad, Praha, 2013.
27 Semotanová, E., Cajthaml, J. a kol. *Akademický atlas českých dějin.* Academia, Praha, 2014.
28 Bleha, B., Vaňo, B., Bačík, V. eds. *Demografický atlas Slovenskej republiky: Zásadné demografické zmeny v priestore a čase.* Prírodovedecká fakulta Univerzity Komenského v Bratislave, Inštitút informatiky a štatistiky v Bratislavě, Bratislava, 2014. Dostupné na http://www.humannageografia.sk/demografickyatlas/stiahnutie/demograficky_atlas_2014.pdf.
29 *Atlas obyvatelstva.cz.* Specializovaný mapový portál. Univerzita Karlova, Přírodovědecká fakulta, katedra sociální geografie a regionálního rozvoje, Urbánní a regionální laboratoř, Praha. Dostupné na www.atlasobyvatelstva.cz.

Další literatura
Other references

30 Hampl, M., Krajíček, L., Kühnl, K., Matějka, V. Příspěvek k sociálně geografické regionalizaci Českých zemí. In: Häufler, V.: *Sborník prací geografických kateder UK k 75. narozeninám prof. dr. Jaromíra Korčáka, DrSc.* Universita Karlova, Praha, 1970, s. 25–46.
31 *Usnesení vlády České socialistické republiky ze dne 24. listopadu 1971 č. 283 k návrhům dlouhodobého vývoje osídlení v České socialistické republice.*
32 *Současné problémy osídlení ČSR.* TERPLAN. Státní ústav pro územní plánování, Praha, 1972.
33 Hampl, M., Ježek, J., Kühnl, K. *Sociálně geografická regionalizace ČSR.* VÚSEI, Praha, 1978.
34 Hampl, M., Gardavský, V., Kühnl, K. *Regionální struktura a vývoj systému osídlení ČSR.* Univerzita Karlova, Praha, 1987.
35 Hampl, M. a kol. *Geografická organizace společnosti a transformační procesy v České republice.* Univerzita Karlova, Přírodovědecká fakulta, Praha, 1996.
36 Hampl, M., Müller, J. Komplexní organizace systému osídlení. In: M. Hampl a kol.: *Geografická organizace společnosti a transformační procesy v České republice.* Univerzita Karlova, Přírodovědecká fakulta, Praha, 1996, s. 53–89.
37 Srb, V. *1000 let obyvatelstva českých zemí.* Karolinum, Praha, 2004.
38 Hampl, M. *Geografická organizace společnosti v České republice: transformační procesy a jejich obecný kontext.* Univerzita Karlova, Přírodovědecká fakulta, katedra sociální geografie a regionálního rozvoje, Praha, 2005.
39 Musil, J., Müller, J. Vnitřní periferie v české republice jako mechanismus sociální exkluze. *Sociologický časopis / Czech Sociological Review* 44, 2008, č. 2, s. 321–348.
40 Drbohlav, D., Medová, L., Čermák, Z., Janská, E., Čermáková, D., Dzúrová, D. *Migrace a (i)migranti v Česku. Kdo jsme, odkud přicházíme, kam jdeme?* Slon, Praha, 2010.
41 Perlín, R., Kučerová, S., Kučera, Z. Typologie venkovského prostoru Česka. *Geografie* 115, 2010, č. 2, s. 161–187.
42 Hampl, M., Marada, M. Sociogeografická regionalizace Česka. *Geografie* 120, 2015, č. 3, s. 401–425.
43 Ouředníček, M., Kupková, L., Pospíšilová, L., Šimon, M., Svoboda, P., Soukup, M., Marvanová, P., Křivka, M. a kol. *Metodika vytvoření a využití historických prostorových dat v prostředí GIS: Administrativní hranice okresů v České republice.* Certifikovaná metodika MK ČR. Univerzita Karlova, Praha, 2015.

Datové zdroje
Data sources

44 *Volby do Národního shromáždění v dubnu roku 1920 a všeobecné volby do obecních zastupitelstev v Čechách, na Moravě a ve Slezsku v červnu roku 1919.* Státní úřad statistický, Bursík a Kohout, Praha, 1922.
45 *Sčítání lidu v Republice československé ze dne 15. února 1921.* 1. díl. Státní úřad statistický, Praha, 1924.
46 *Statistický lexikon obcí v republice Československé 1921: 1. Čechy.* Státní úřad statistický, Praha, 1924.
47 *Statistický lexikon obcí v republice Československé 1921: 2. Morava a Slezsko.* Státní úřad statistický, Praha, 1924.
48 *Sčítání lidu v republice Československé ze dne 15. února 1921. II. díl, Povolání obyvatelstva, 4. část: Československá republika.* Státní úřad statistický, Praha, 1927.
49 *Recensement de la population dans la République Tchécoslovaque le 15 février 1921. Tome III.* L'office de statistique de la République Tchécoslovaque, Prague, 1927.
50 *Národní shromáždění republiky Československé v prvém desetiletí.* Předsednictvo poslanecké sněmovny a senátu, Praha, 1928.

51 *Trestní statistika z republiky Československé v letech 1923–1927.* Státní úřad statistický, Praha, 1931.
52 *Sčítání lidu v Republice československé ze dne 1. prosince 1930. Díl 1, Růst, koncentrace a hustota obyvatelstva, pohlaví, věkové rozvrstvení, rodinný stav, státní příslušnost, národnost, náboženské vyznání.* Státní úřad statistický, Praha, 1934.
53 *Sčítání lidu v Republice československé ze dne 1. prosince 1930. Díl II. Povolání obyvatelstva, Část 1.* Státní úřad statistický, Praha, 1934.
54 *Sčítání lidu v Republice československé ze dne 1. prosince 1930. Díl II. Povolání obyvatelstva, Část 3.* Státní úřad statistický, Praha, 1935.
55 *Sčítání lidu v Republice Československé ze dne 1. prosince 1930. Díl 3, Ostatní data demografická (vnitřní stěhování, tělesné vady, znalosti čtení a psaní, cizinci).* Státní úřad statistický, Praha, 1937.
56 *Soupisy obyvatelstva ke dni 22. května 1947. Poměr obyvatelstva k povolání, skupiny objektivního povolání. Část V.* Státní úřad statistický, Praha, 1949.
57 *Sčítání lidu v Republice československé ke dni 1. března 1950. Díl II. Věkové složení a povolání obyvatelstva.* Státní úřad statistický, Praha, 1950.
58 *Soupisy obyvatelstva v Československu v letech 1946 a 1947.* Státní úřad statistický, Praha, 1951.
59 *Sčítání lidu a soupis domů a bytů v Republice československé ke dni 1. března 1950. Díl I, Nejdůležitější výsledky sčítání lidu a soupisu domů a bytů za kraje, okresy a města.* Státní úřad statistický, Praha, 1957.
60 *Sčítání lidu v Československé republice ke dni 1. března 1950. Československá statistika, řada B, 44. svazek.* Státní úřad statistický, Praha, 1958.
61 *Statistická ročenka republiky Československé 1958.* Státní úřad statistický Republiky československé, Orbis, Praha, 1958.
62 *Sčítání lidu, domů a bytů v Československé socialistické republice k 1. březnu 1961. Díl I, Demografické charakteristiky obyvatelstva.* Ústřední komise lidové kontroly a statistiky, Praha, 1965.
63 *Sčítání lidu, domů a bytů v Československé socialistické republice k 1. březnu 1961. Díl 4., Dojížďka do zaměstnání, věkové složení obyvatelstva za okresy a další doplňující data.* Státní statistický úřad, Praha, 1967.
64 *Databáze výsledků ze Sčítání lidu, domů a bytů k 1. 12. 1970.* Interní elektronická databáze, Český statistický úřad.
65 *Statistická ročenka Československé socialistické republiky 1970.* Federální statistický úřad, Český statistický úřad, Slovenský štatistický úrad, SNTL, Praha, 1970.
66 *Databáze výsledků ze Sčítání lidu, domů a bytů k 1. 11. 1980.* Interní elektronická databáze, Český statistický úřad.
67 *Historická statistická ročenka ČSSR.* Federální statistický úřad, Státní nakladatelství technické literatury. SNTL, Praha, 1985.
68 *Statistická ročenka České a Slovenské federativní republiky.* Federální statistický úřad, Český statistický úřad, Slovenský štatistický úrad, SNTL, Praha, 1990–1992.
69 *Databáze výsledků ze Sčítání lidu, domů a bytů k 3. 3. 1991.* Interní elektronická databáze, Český statistický úřad.
70 *Statistický lexikon obcí České republiky 1992.* Federální statistický úřad, Ministerstvo vnitra ČR, SEVT, Praha, 1994.
71 *Databáze výsledků ze Sčítání lidu, domů a bytů k 1. 3. 2001.* Interní elektronická databáze, Český statistický úřad.
72 *Historický lexikon obcí České republiky 1869–2005. I. díl.* Český statistický řad, Praha, 2006.
73 *Databáze výsledků ze Sčítání lidu, domů a bytů k 26. 3. 2011.* Interní elektronická databáze, Český statistický úřad.
74 *Malý lexikon obcí České republiky 2012.* Český statistický úřad, Praha, 2012.
75 *Počet trestných činů a stíhaných pachatelů od roku 1946.* Policejní prezidium ČR, Praha, 2013.
76 *Statistický lexikon obcí České republiky 2013.* Ministerstvo vnitra, Český statistický úřad, Praha, 2013.
77 *Vysokoškolští studenti podle formy a typu studijního programu a podle vysoké školy 1953–1994.* Interní elektronická databáze. Ministerstvo školství, mládeže a tělovýchovy ČR, 2014.
78 *Trvale a dlouhodobě usazení cizinci v ČR 1985–2012.* Český statistický úřad, Ředitelství služby cizinecké policie Ministerstva vnitra ČR, Praha, 2014.
79 *Míra registrované nezaměstnanosti 2000–2013.* Interní elektronická databáze. Ministerstvo práce a sociálních věcí ČR, Praha, 2014.
80 *Cizinci evidovaní ÚP podle ISCO 31. 12. 2011.* Český statistický úřad, Ministerstvo práce a sociální věcí ČR – Státní správa sociálního zabezpečení, 2014.
81 *Centrální statistické listy a výkaznictví 2010–2013.* Ministerstvo spravedlnosti ČR, Praha, 2015.

Víceleté datové zdroje
Long-term data sources

82 *Zprávy Státního úřadu statistického republiky Československé 1919–1923. Statistika práce. R. I–IV.* Státní úřad statistický, Praha, 1919–1923.
83 *Zprávy státního úřadu statistického republiky Československé 1923–1924. Pohyb obyvatelstva. R. IV–V.* Státní úřad statistický, Praha, 1923–1924.
84 *Zprávy Státního úřadu statistického republiky Československé 1924. Sociální statistika. R. V.* Státní úřad statistický, Praha, 1924.
85 *Zprávy Státního úřadu statistického republiky Československé 1925–1950. Řada E.: Statistika sociální. R. VI–XXXI.* Státní úřad statistický, Praha, 1924–1950.
86 *Zprávy státního úřadu statistického republiky Československé 1925–1928. Řada D.: Obyvatelstvo. R. VI–IX.* Státní úřad statistický, Praha, 1925–1928.
87 *Pohyb obyvatelstva v Československé republice v letech 1919–1922, 1928–1933.* Státní úřad statistický, Praha, 1929, 1936.
88 *Zprávy Státního úřadu statistického republiky Československé. Řada D: Obyvatelstvo. R. XII.* Státní úřad statistický, Praha, 1931.
89 *Zprávy Státního úřadu statistického republiky Československé. Řada D.: Obyvatelstvo. R. XXIX.* Státní úřad statistický, Praha, 1949.
90 *Pohyb obyvatelstva v roce 1945–1948.* Státní úřad statistický, Praha, 1949, 1951.
91 *Pohyb obyvatelstva v republice Československé v roce 1949–1952.* Ústřední komise lidové kontroly a statistiky, Praha, 1955–1957.
92 *Pohyb obyvatelstva v republice Československé v roce 1953–1959.* Státní úřad statistický, Praha, 1958–1961.
93 *Pohyb obyvatelstva v Československé socialistické republice v roce 1960.* Ústřední úřad státní kontroly a statistiky, Praha, 1962.
94 *Pohyb obyvatelstva v Československé socialistické republice v roce 1961–1963.* Ústřední komise lidové kontroly a statistiky, Praha, 1962–1966.
95 *Kriminální statistika veřejné bezpečnosti 1965–1969.* Ministerstvo vnitra ČSSR, Federální kriminální ústředna, Praha, 1965–1969.
96 *Pohyb obyvatelstva v Československé socialistické republice v roce 1964–1965.* Státní statistický úřad, Praha, 1967, 1968.
97 *Statistická ročenka kriminality 1968–1989.* Generální prokuratura ČSSR, Praha, 1968–1989.
98 *Pohyb obyvatelstva v Československé socialistické republice v roce 1966–1988.* Federální statistický úřad, Praha, 1970–1990.
99 *Pohyb obyvatelstva v České a Slovenské Federativní Republice v roce 1989: část 1–2.* Federální statistický úřad, Praha, 1990.
100 *Pohyb obyvatelstva v České a Slovenské Federativní Republice v roce 1990: část 1–2.* Federální statistický úřad, Praha, 1991.
101 *Pohyb obyvatelstva v ČR 1991.* Český statistický úřad, Praha, 1991, 1992.
102 *Statistická ročenka kriminality: rok 1994–2013.* Ministerstvo spravedlnosti ČR, Praha, 1994–2014.
103 *Pohyb obyvatelstva v České republice v roce 1992–2004.* Český statistický úřad, Praha, 1995–2005.
104 *Statistická ročenka České republiky 2004–2014.* Český statistický úřad, Scientia, Praha, 2004–2014.
105 *Evidenčně statistický systém kriminality 1994–2013.* Interní elektronická databáze. Policejní prezidium ČR, Praha, 2005–2013.
106 *Demografická ročenka České republiky 2005–2013.* Český statistický úřad, Praha, 2006–2014.
107 *Databáze individuálních migračních dat za obce Česka v letech 1992–2013.* Český statistický úřad, Praha, 2015.

Internetové zdroje
Internet sources

108 *Rozmístění a koncentrace obyvatelstva ČR – 2001. 4. Velikostní struktura základních sídelních jednotek v letech 1980–2001.* Český statistický úřad, 2003. Online dostupné: https://www.czso.cz/csu/czso/4120-03-casova_rada_1961_2001-4__velikostni_struktura_zakladnich_sidelnich_jednotek_v_letech_1980_2001_.
109 *Historie a vývoj vysokého školství 1919–2008.* Český statistický úřad, 2010. Online dostupné: https://www.czso.cz/csu/czso/historie-a-vyvoj-vysokeho-skolstvi-n-i46po3jjgu.
110 *Demografická příručka – 2012.* Český statistický úřad, 2013. Online dostupné: https://www.czso.cz/csu/czso/demograficka-prirucka-2012-xwafiyp4ne.
111 *Česká republika od roku 1989 v číslech.* Český statistický úřad, 2014. Online dostupné: https://www.czso.cz/csu/czso/ceska-republika-v-cislech-od-roku-1989-wau52m1y38.
112 *Demografická příručka – 2013.* Český statistický úřad, 2014. Online dostupné: https://www.czso.cz/csu/czso/demograficka-prirucka-2013-hjxznso9ab.
113 *Klasifikace zaměstnání (CZ-ISCO).* Český statistický úřad, 2014. Online dostupné: https://www.czso.cz/csu/czso/klasifikace_zamestnani_-cz_isco-.
114 Špačková, P., Ouředníček, M., Novák, J. Zóny rezidenční suburbanizace 2010. In: Ouředníček, M., Špačková, P. eds.: Rezidenční suburbanizace. Soubor specializovaných map. Praha: 2014. Online dostupné: http://www.atlasobyvatelstva.cz/cs/suburbanizace.
115 *Obyvatelstvo – roční časové řady.* Český statistický úřad, 2015. Online dostupné: https://www.czso.cz/csu/czso/obyvatelstvo_hu.
116 *Statistiky nezaměstnanosti na Integrovaném portálu MPSV 2004–2014.* Ministerstvo práce a sociálních věcí ČR, 2015. Online dostupné: https://portal.mpsv.cz/sz/stat/nz.
117 *Trh práce v ČR – časové řady – 1993–2014. Výběrové šetření pracovních sil.* Český statistický úřad, 2015. Online dostupné: https://www.czso.cz/csu/czso/trh-prace-v-cr-casove-rady-1993-az-2014.
118 *Volby.cz: Výsledky voleb do Poslanecké sněmovny 1920–2006.* Český statistický úřad, 2015. Online dostupné: http://volby.cz/.
119 *Věková struktura k 31. 12. 2015. Česká republika.* Český statistický úřad, 2015. Online dostupné: https://www.czso.cz/staticke/animgraf/cz/index.html?lang=cz.

SEZNAM ZKRATEK
LIST OF ABBREVIATIONS

ČR (CR) – Česká republika (Czech Republic)
ČSR (CSR) – Československá republika (Czechoslovak Republic)
ČSSR (CSSR) – Československá socialistická republika (Czechoslovak Socialist Republic)
ČSÚ (CSO) – Český statistický úřad (Czech Statistical Office)
EHP (EEA) – Evropský hospodářský prostor (European Economic Area)
EU (EU) – Evropská unie (European Union)
GIS (GIS) – Geografické informační systémy (Geographic Information Systems)
H (H) – Míra heterogenity (Heterogeneity measure) – Hampl
HMMO (NMR) – Hrubá míra migračního obratu (Net Migration Rate)
HMMS (GMR) – Hrubá míra migračního salda (Gross Migration Rate)
ISCO (ISCO) – Klasifikace zaměstnání (International Standard Classification of Occupation)
LAU 1 (LAU 1) – Místní správní jednotka – okres (Local Administrative Unit – district)
MPSV (MLSA) – Ministerstvo práce a sociálních věcí ČR (Ministry of Labour and Social Affairs)
NAKI (NAKI) – Národní a kulturní identita (National and Cultural Identity)
NUTS 3 (NUTS 3) – Nomenklatura územních statistických jednotek – kraj (Nomenclature of Units for Territorial Statistics – region)
RMSE (RMSE) – Střední průměrná kvadratická chyba (Mean Square error)
SDR (SDR) – Standardizovaný index úmrtnosti na danou skupinu příčin smrti (Age-Standardized Mortality Rate)
SLDB (Census) – Sčítání lidu, domů a bytů (Population Census)
SRR (SRR) - Standardizovaný index úmrtnosti (Standardized Rate Ratio)
VŠ – Vysoké školy (Universities)
ZŠ – Základní školy (Elementary school)

Martin Ouředníček – Jana Jíchová – Lucie Pospíšilová (eds.)

HISTORICKÝ ATLAS OBYVATELSTVA ČESKÝCH ZEMÍ
HISTORICAL POPULATION ATLAS OF THE CZECH LANDS

Vydala Univerzita Karlova *Published by Charles University*
Nakladatelství Karolinum *Karolinum Press*
Ovocný trh 560/5, 116 36 Praha 1
www.karolinum.cz
Praha *Prague* 2017

Kartografie *Cartography* Bohumil Ptáček
Jazyková korektura *Proof-reading* Peter Kirk Jensen
Obálka *Cover* Vít T. Luštinec
Grafická úprava a sazba *Graphic design and layout* Karel Kupka
Tisk *Print* Těšínské papírny, s. r. o.
Vydání první *First edition*

ISBN 978-80-246-3577-4